Grundbegriffe der Analysis

Texte zur Didaktik der Mathematik

Herausgegeben von
Prof. Dr. Norbert Knoche,
Universität Essen
und
Prof. Dr. Harald Scheid,
Bergische Universität Gesamthochschule Wuppertal

Horst Hischer / Harald Scheid

Grundbegriffe der Analysis

Genese und Beispiele
aus didaktischer Sicht

Spektrum Akademischer Verlag Heidelberg · Berlin · Oxford

Autoren:
OStD Dr. Horst Hischer,
Studienseminar Braunschweig II
für das Lehramt an Gymnasien,
Lehrbeauftragter für Didaktik der
Mathematik an der TU Braunschweig
und
Prof. Dr. Harald Scheid,
Bergische Universität
Gesamthochschule Wuppertal

Die Deutsche Bibliothek – CIP-Einheitsaufnahme

Hischer, Horst:
Grundbegriffe der Analysis : Genese und Beispiele aus didaktischer Sicht / Horst
Hischer/Harald Scheid. – Heidelberg ; Berlin ; Oxford : Spektrum, Akad. Verl., 1995
  (Texte zur Didaktik der Mathematik)
  ISBN 3-86025-498-7
NE: Scheid, Harald

© 1995 Spektrum Akademischer Verlag GmbH Heidelberg · Berlin · Oxford

Umschlaggestaltung: Kurt Bitsch, Birkenau
Druck und Verarbeitung: CSS Walter Flory GmbH, Speyer

Spektrum Akademischer Verlag GmbH Heidelberg · Berlin · Oxford

EIN VERLAG DER   *SPEKTRUM FACHVERLAGE GMBH*

Vorwort

Mathematikunterricht lebt von Ideen, und diese wiederum entwickeln sich in Wechselwirkung mit Begriffen, deren Verständnis unabdingbare Voraussetzung für mathematische Einsichten ist. Mathematische Begriffe sind jedoch weder absolut noch starr, sondern sowohl in kultur- und wissenschaftsgeschichtlicher als auch in anwendungs- und kontextbezogener Hinsicht dynamisch und vielfältig. Daher ist eine Kenntnis der Entwicklung mathematischer Begriffe im Sinne einer „historischen Verankerung" förderlich für das Verständnis mathematischer Ideen — und zwar sowohl für Unterrichtende als auch für Lernende.

Diese Auffassung ist tragend für das vorliegende Werk über die Grundbegriffe der Analysis, deren Anfänge ja in die Antike zurückreichen. Insbesondere wird dem klassifizierenden Aspekt des Begriffsbildungsprozesses durch zahlreiche Beispiele Rechnung getragen.

Die Begrifflichkeit der Analysis wird dabei nicht „linear" entwickelt, da die Kenntnis derselben bei der Leserschaft vorausgesetzt wird, vielmehr sind die Wechselbeziehungen im Begriffsgefüge von Interesse.

Das Werk ist in sechs Kapitel gegliedert:

Kapitel I widmet sich den *reellen Zahlen*. Zunächst wird die Begriffsgenese von der Antike bis hin zu Dedekind und Hilbert erörtert, ergänzt durch axiomatische Charakterisierungen von $\mathbb{N}$ und $\mathbb{R}$, insbesondere durch unterschiedliche Charakterisierungen der Vollständigkeit von $\mathbb{R}$. Betrachtungen zur Konstruktion von $\mathbb{R}$ und zu Irrationalitätsbeweisen, Kettenbruchentwicklungen und Abzählbarkeitsfragen runden dieses Kapitel ab.

In **Kapitel II** werden die für die Analysis grundlegenden Begriffe *Funktion, Folge* und *Reihe* in ihrer historischen Entwicklung dargestellt. Breiter Raum wird dabei den historisch und auch aktuell bedeutsamen arithmetischen, geometrischen und harmonischen Folgen und Reihen und darauf aufbauend den figurierten Zahlen, den Potenzsummen und Zahlendreiecken gewidmet. Algebraische Aspekte beim Rechnen mit Folgen und Funktionen beschließen das Kapitel.

In **Kapitel III** wird dargelegt, wie es zur Entwicklung des *Grenzwertbegriffs* kam. Besonderer Wert wird hier neben historischen Beispielen und Trugschlüssen auf die vergleichende Darstellung heute üblicher und für die Schule möglicher Begriffsbildungen gelegt.

6

Die *Stetigkeit* erweist sich in **Kapitel IV** als historisch ältester Grundbegriff der Analysis (verglichen mit Grenzwert, Differenzierbarkeit und Integrierbarkeit). Analog zum Grenzwertbegriff wird eine Gegenüberstellung verschiedener heutiger Begriffsbildungen präsentiert. Schließlich werden topologische Aspekte und der Kurvenbegriff untersucht, und alles wird durch zahlreiche, oft auch obskure, Beispiele ausgelotet.

Kapitel V ist der *Differenzierbarkeit* gewidmet. Die Anfänge der Differentialrechnung von Fermat über Hudde, Barrow, Newton, Leibniz, Joh. Bernoulli, Euler bis hin zu d'Alembert werden skizziert, und heute übliche, für den Schulunterricht mögliche, Begriffsfassungen werden vergleichend gegenübergestellt. Auch hier dienen verrückte Beispiele wie „überall stetige nirgends differenzierbare Funktionen" der Vertiefung des Begriffsverständnisses. Schuladäquate Wege zur Entwicklung der Ableitung von transzendenten Funktionen wie sin, cos, exp und ln werden aufgezeigt, und schließlich wird auf Einstiegsfragen, Extremwertaufgaben, den Mittelwertsatz, die Taylor-Entwicklung, die implizite Differentiation und auf Differentiale eingegangen.

Kapitel VI beschäftigt sich mit der *Integrierbarkeit* und führt damit alle Begriffe zusammen. Antike Quadraturfragen eröffnen das Thema und führen über Cavalieri und Guldin mit einem großen Sprung zu heutigen Integrierbarkeitsbegriffen: Riemann-Darboux-Integral und Regelfunktionen. Das Lebesgue-Integral wird nur angedeutet, weil es wohl für die Schule wenig bedeutsam ist. Die Stellung des Hauptsatzes und — damit verbunden — die Frage nach der Reihenfolge der unterrichtlichen Behandlung von Differenzierbarkeit und Integrierbarkeit wird diskutiert. Schließlich werden geometrische Anwendungen, uneigentliche Integrale, numerische Integration und Differentialgleichungen angesprochen.

Das vorliegende Buch ist eine grundlegende Neubearbeitung eines früheren Buchs der Autoren (*Materialien zum Analysis-Unterricht*, Freiburg 1982), welches schon seit einigen Jahren nicht mehr erhältlich ist. Neuere Einsichten und die Entwicklung auf dem Gebiet der Didaktik der Analysis veranlaßten uns, diese Neubearbeitung vorzulegen.

Braunschweig/Wuppertal,
im November 1994   Horst Hischer / Harald Scheid

Inhalt

I Reelle Zahlen

I.1 Genese der reellen Zahlen

Wir geben im folgenden einen Abriß der Entwicklung des Zahlbegriffs, indem wir diejenigen Stationen hervorheben, die uns zur Würdigung der heutigen Zahlbegriffsauffassung wesentlich erscheinen. Diese Darstellung wird durch historische Beispiele angereichert, die sich teilweise gut im Mathematikunterricht verwenden lassen. Als weiterführende Literatur seien die Darstellungen [Baron 1969], [Boyer 1968], [M. Cantor 1894 ff], [v. Fritz 1945], [Gericke 1970], [Struik 1965], [Toeplitz 1949] und [Volkert 1988] empfohlen, welche auch bei den folgenden Ausführungen benutzt wurden.

Wie Keilschrifttafeln aus der Zeit um etwa 2000 v. Chr. zeigen, konnten die Babylonier zwar schon sehr erfolgreich mit Sexagesimalbrüchen rechnen, sie kannten beispielsweise die recht guten Approximationen

$$1 + \frac{25}{60} \quad \text{und} \quad 1 + \frac{24}{60} + \frac{51}{60^2} + \frac{10}{60^3}$$

für $\sqrt{2}$, aber uns ist nicht bekannt, wie weit der Zahlbegriff damals problematisiert wurde.

Mehr wissen wir dagegen von griechischen Philosophen, beginnend mit Thales von Milet (624–548 v. Chr.) und Pythagoras von Samos (580–500 v. Chr.). Die nach dem Letzteren benannte Schule der „Pythagoreer" hatte ihre Blütezeit um 500 v. Chr. („ältere Pythagoreer") und bestand bis in den Anfang des 4. Jahrhunderts v. Chr. („jüngere Pythagoreer"), zuletzt in Unteritalien. Der Zahlbegriff der Pythagoreer, wie er sich z. B. in der *arithmetica universalis* von Archytas von Tarent (428–365 v. Chr.) offenbart, beschränkt sich auf die von Eins verschiedenen natürlichen Zahlen, die als das Wesen aller Dinge angesehen wurden („Alles ist Zahl"). Damit ist z. B. gemeint, daß sich „Größenverhältnisse" (*Proportionen*) stets durch „Zahlenverhältnisse" (im Sinne des o. g. Zahlbegriffs) ausdrücken lassen. Größen sind z. B. Längen, Flächeninhalte, Volumina, und solche Größen lassen sich vergleichen, sofern sie vom gleichen Typ sind, also „gleichartige" Größen sind.

Sind also a und b gleichartige Größen, so kann (in heutiger Schreibweise) entschieden werden, ob $a < b$, $a = b$ oder $a > b$ gilt (Trichotomie). Ferner kann $a + b$ und $a - b$ (falls $b < a$) gebildet werden. Da Größenverhältnisse durch Zahlenverhältnisse angegeben werden, müssen wir beachten, daß die Griechen nur „positive" Größen kannten.

Ist m eine Zahl und a eine Größe, so bedeute $m \cdot a$ oder ma die aus m Summanden bestehende Summe $a + a + \ldots + a$, was man heute induktiv definieren würde.

Wir wollen nun die wesentlichen Begriffsbildungen der Pythagoreer besprechen:

(1) Definition: Es seien a und e gleichartige Größen. Dann heißt e ein *Maß* für a, wenn eine „Zahl" m existiert mit $a = me$.

Man sagt dann, „e ist Maß für a" oder „a wird von e gemessen". Werden a und b von e gemessen, gibt es also „Zahlen" m und n mit $a = me$ und $b = ne$, dann heißt e ein *gemeinsames Maß* von a und b.

(2) Überzeugung der älteren Pythagoreer: Zu je zwei gleichartigen Größen existiert ein gemeinsames Maß.

Aus dieser Überzeugung ergibt sich dann auch die Existenz eines *größten* gemeinsamen Maßes für je zwei gleichartige Größen. Da sich diese Überzeugung später als falsch erwies, nannte man zwei Größen, wenn sie ein gemeinsames Maß besaßen, *kommensurabel*, andernfalls *inkommensurabel*. An dieser Stelle sind diese Begriffsbildungen natürlich noch nicht sinnvoll, weil die erste (noch) nicht abgrenzend und die zweite (noch) inhaltsleer ist. Dennoch werden wir schon jetzt gelegentlich die *Entdeckung der Inkommensurabilität* ankündigen.

Größenverhältnisse und Zahlenverhältnisse wollen wir in unhistorischer Weise mit einem Bruchstrich schreiben, der natürlich (noch) nicht die Bedeutung eines Divisionszeichens hat. Die folgende Definition beruht auf (1) und (2):

(3) Definition: Sind a, b gleichartige Größen mit einem gemeinsamen Maß e und ferner m, n Zahlen, dann sei

$$\frac{a}{b} = \frac{m}{n} : \Longleftrightarrow a = me \text{ und } b = ne.$$

Hier wird lediglich eine „Verhältnisgleichheit" definiert, während die

Verhältnisse selbst noch undefiniert bleiben.

Es stellt sich die Frage, wie man ein gemeinsames Maß oder sogar ein größtes gemeinsames Maß zweier gegebener gleichartiger Größen finden kann. Eine hierfür geeignete Methode ist die *Wechselwegnahme*, bekannt auch als *euklidischer Algorithmus* (nach Euklid von Alexandria, um 365–300 v. Chr.):

(4) **Definition:** Es seien a, b zwei gleichartige Größen. Unter der *Wechselwegnahme* von (a, b) versteht man den Algorithmus, der durch das folgende Struktogramm eindeutig beschrieben ist:

Tritt der Fall $a = b$ ein, bricht die Wechselwegnahme also ab und ist damit im strengen Sinn ein Algorithmus, dann endet das Verfahren mit der Ausgabe des größten gemeinsamen Maßes, das wir hier mit $\mathrm{ggM}(a, b)$ bezeichnen. Konstitutiv ist die Gleichung

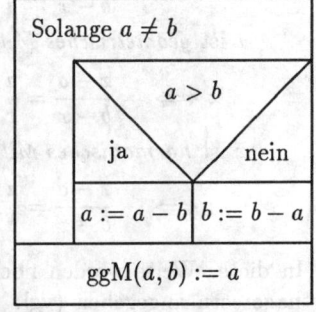

$$\mathrm{ggM}(a, b) = \mathrm{ggM}(a - b, b),$$

falls $a > b$.

Heute versteht man unter dem euklidischen Algorithmus das Verfahren zur Berechnung des größten gemeinsamen Teilers zweier natürlicher Zahlen, bei dem man in jedem Schritt ein möglichst großes Vielfaches der einen Zahl von der anderen subtrahiert.

Jamblichus von Chalkis (etwa 250–330 n. Chr.) berichtet, daß Pythagoras von den Babyloniern die Kenntnis der drei „stetigen Proportionen" und der „musikalischen Proportion" (s. u.) mitgebracht habe. Hiermit im Zusammenhang stehen die Mittelwerte (*Mediäteten*)

arithmetisches, geometrisches und harmonisches Mittel.

Diese Mittelwerte sollen nun sowohl in der damaligen Weise als auch in heute üblicher Form definiert werden. Dazu brauchen wir zunächst eine Festsetzung darüber, wann zwei Größenverhältnisse gleich sein sollen. Dies ergibt sich in naheliegender Weise aus (3):

(5) Definition: Genau dann ist

$$\frac{a}{b} = \frac{c}{d},$$

wenn Zahlen m, n existieren mit

$$\frac{a}{b} = \frac{m}{n} \quad \text{und} \quad \frac{c}{d} = \frac{m}{n}.$$

(6) Definition: Es seien a, b, x gleichartige Größen mit $a < x < b$.

x ist *arithmetisches Mittel* von a und b (kurz: $x = A(a, b)$)

$$: \Longleftrightarrow \quad \frac{x - a}{b - x} = \frac{a}{a} \qquad (\text{also } b - x = x - a).$$

x ist *geometrisches Mittel* von a und b (kurz: $x = G(a, b)$)

$$: \Longleftrightarrow \quad \frac{x - a}{b - x} = \frac{a}{x} \qquad (\text{also } \frac{b}{x} = \frac{x}{a}).$$

x ist *harmonisches Mittel* von a und b (kurz: $x = H(a, b)$)

$$: \Longleftrightarrow \quad \frac{x - a}{b - x} = \frac{a}{b} \qquad (\text{also } \frac{1}{b} - \frac{1}{x} = \frac{1}{x} - \frac{1}{a}).$$

In dieser Weise werden noch sieben weitere Proportionen von den Pythagoreern angegeben (vgl. [Hischer 1994 c]). Beim arithmetischen und beim geometrischen Mittel finden sich dabei auch die rechts stehenden Formulierungen, beim harmonischen Mittel ist die rechts stehende Formulierung vom damaligen Verständnis her aber nicht möglich. Die Lösungen der drei Proportionen in (6) sind in heutiger Formulierung

$$A(a, b) = \frac{a + b}{2}, \quad G(a, b) = \sqrt{ab}, \quad H(a, b) = \frac{2ab}{a + b},$$

und das ist dann auch für $a = b$ sinnvoll.

Der Name „geometrisches Mittel" rührt von der Aufgabe her, ein Rechteck durch ein flächengleiches Quadrat zu ersetzen, während „arithmetisches Mittel" bedeutet, die Summe zweier Zahlen durch die Summe zweier gleicher Zahlen zu ersetzen. Der Name „harmonisches Mittel" geht möglicherweise auch auf Zusammenhänge aus der Musik (Harmonielehre) zurück, kann aber auch mit der „geometrischen Harmonie" des Würfels mit seinen 12 Kanten, 8 Ecken und 6 Flächen zu tun haben:

$$\frac{1}{6} - \frac{1}{8} = \frac{1}{8} - \frac{1}{12} \quad \text{bzw.} \quad H(6, 12) = 8.$$

Das geometrische Mittel heißt auch *mittlere Proportionale*, was an die Schreibweise $\frac{b}{x} = \frac{x}{a}$ erinnert. Zu zwei Größen erklärte man auch mehrere mittlere Proportionale, z. B. durch $\frac{a}{x} = \frac{x}{y} = \frac{y}{b}$; eine Lösung kann als gemeinsamer Schnittpunkt der Kegelschnitte mit den Gleichungen $x^2 = ay$, $y^2 = bx$ und $xy = ab$ gedeutet werden. Zwischen den Quadraten a^2 und b^2 ist ab eine mittlere Proportionale, zwischen den Kuben a^3 und b^3 sind a^2b und ab^2 mittlere Proportionale (Euklid).

Pappus von Alexandria (3. Jh. n. Chr.) bewies den in Fig. 1 dargestellten Zusammenhang zwischen den Mittelwerten aus (6), der zur konstruktiven Bestimmung dieser Größen aus vorgegebenen Streckenlängen geeignet ist. Den Beweis kann man durch Betrachtung ähnlicher Dreiecke führen.

$$r = A(a,b)$$
$$c = G(a,b)$$
$$d = H(a,b)$$

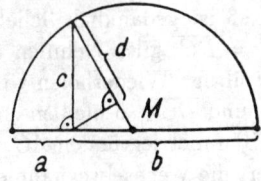

Fig. 1

Sind a, b gleichartige Größen, dann gilt

$$\frac{a}{A(a,b)} = \frac{H(a,b)}{b}\,.$$

Diese Beziehung nannte man *musikalische Proportion*. Der Grund dafür ist folgender: Von vier schwingenden Saiten gleicher Länge b und mit gleichem Grundton werden die Teillängen a, c, d derart abgegriffen, daß mit einem gemeinsamen Maß e gilt:

$$a = 6e, \quad b = 12e, \quad c = H(a,b) = 8e, \quad d = A(a,b) = 9e.$$

Schlägt man nun die Grundsaite b gemeinsam mit der Saite c an, so erklingt dasselbe Intervall wie beim Anschlagen der Seite d gemeinsam mit der Oktavsaite a, nämlich eine Quinte. Schlägt man die Saiten in der Reihenfolge $a - d - c - b$ an, so erklingt eine Kadenz.

Neben der heute meist genannten Auffassung, die Inkommensurabilität sei am Verhältnis zwischen Diagonalen- und Seitenlänge des Quadrats entdeckt worden, verdient die These [v. Fritz 1945] Aufmerksamkeit, daß Hippasos von Metapont (um 450 v. Chr.) dieses Phänomen als erster entdeckt habe, und zwar bei der Beschäftigung mit dem Pentagramm, das als Erkennungszeichen der Pythagoreer galt. Wir werden daher im folgenden ausführlich diese mögliche Inkommensurabilitätsentdeckung am regulären Fünfeck darstellen, und zwar in einer unserer Zeit gemäßen Weise.

(7) Satz von Hippasos: Seite und Diagonale eines regulären Fünfecks besitzen kein gemeinsames Maß.

Beweis: In einem regulären Fünfeck $ABCDE$ wollen wir zeigen, daß z. B. die Längen $\overline{DE}$ und $\overline{AD}$ kein gemeinsames Maß besitzen (Fig. 2). Würde ein solches Maß existieren, dann könnten wir es mit Hilfe der Wechselwegnahme bestimmen. Zeichnen wir die fünf Diagonalen ein, so bilden diese ein kleineres Fünfeck $A'B'C'D'E'$. Ebenso erhalten wir aus diesen ein wiederum kleineres Fünfeck $A''B''C''D''E''$ usw., und dieser Prozeß ist gedanklich beliebig weit fortsetzbar. Man zeigt leicht, daß $\overline{DE} = \overline{DC'}$ gilt. Nehmen wir $\overline{DE}$ ($= \overline{DC'}$) von $\overline{AD}$ „weg", so bleibt $\overline{AC'}$ übrig. Wiederholen wir dieses Wegnehmen mit den neuen Größen $\overline{AC'}$ und $\overline{DC'}$, so bleiben $\overline{AC'}$ und $\overline{B'C'}$ übrig; man beachte dabei, daß aus Symmetriegründen $\overline{AC'} = \overline{B'D}$ gilt. Weiterhin ist $\overline{AC'} = \overline{A'C'}$. Also liefert die Wechselwegnahme nach zweimaliger Ausführung:

$$(\text{Seite, Diagonale})_{ABCDE} \mapsto (\text{Seite, Diagonale})_{A'B'C'D'E'}$$

Da sich dieser Prozeß beliebig oft wiederholen läßt, bricht die Wechselwegnahme nicht ab, und der Satz ist bewiesen.

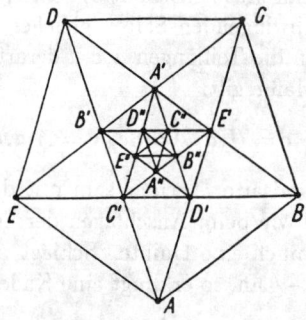

Fig. 2

Die Überzeugung (2) hat sich damit als falsch erwiesen. Dieses muß einen ungeheuren Eindruck auf die Pythagoreer gemacht haben, war doch damit die Grundlage ihrer Proportionenlehre zerstört. Die Legende berichtet, Hippasos sei für diese Entdeckung von den Göttern mit Schiffbruch und Untergang bestraft worden. Gemäß Jamblichus haben sich die Pythagoreer dann in zwei Gruppen geteilt, die Anhänger der alten Lehre (die „auf des Meisters Wort schwören") und die „Neuerer", die mit Hippasos von der Falschheit von (2) überzeugt sind [Heller 1965].

Die schon erwähnten Begriffe „kommensurabel" und „inkommensurabel" sind nun gerechtfertigt. Es gilt folgendes

(8) **Kriterium:** Zwei gleichartige Größen a, b sind genau dann kommensurabel, wenn ihre Wechselwegnahme abbricht.

Man erholte sich nun recht bald von dem Schock der Entdeckung der Inkommensurabilität, indem man sich bemühte, die Proportionenlehre auf inkommensurable Größenpaare auszudehnen. Es lag nahe, die neu zu fassenden Begriffe „Größenverhältnis" und „Verhältnisgleichheit" (für welche (3) und (5) nicht mehr taugten) durch den Algorithmus der Wechselwegnahme zu charakterisieren:

(9) **Definition:** Sind a, b gleichartige Größen und c, d gleichartige Größen, so gilt genau dann $\dfrac{a}{b} = \dfrac{c}{d}$, wenn (a, b) und (c, d) die gleiche Wechselwegnahme haben.

Hier wird also wiederum vorausgesetzt, daß zwei gleichartigen Größen stets ein Verhältnis zugeordnet ist, ohne konkret zu sagen, was dieses sei. „Die gleiche Wechselwegnahme" bedeutet, daß die Wechselwegnahmealgorithmen synchron ablaufen.

(10) **Beispiel:** Betrachten wir zwei Rechtecke mit gemeinsamer Höhe und den Grundseiten a, b und den Flächeninhalten A, B. Dann gilt $\dfrac{A}{B} = \dfrac{a}{b}$, weil die Wechselwegnahmen von (a, b) und (A, B) gleich sind: Kann man a genau n-mal von b wegnehmen, dann kann man auch A genau n-mal von B wegnehmen und umgekehrt. Wir haben damit den Satz gewonnen, daß Flächeninhalte von Rechtecken gleicher Höhe proportional zu deren Grundseiten sind, und das setzt keine kommensurablen Strecken voraus. Archimedes von Syrakus (287–212 v. Chr.) bewies das so.

Die Wechselwegnahme bei Seite und Diagonale des regulären Fünfecks (vgl. Beweis von (7)) verläuft denkbar einfach: Bei jedem Schritt wird die eine Länge genau einmal von der anderen weggenommen. Daraus folgt die Gleichheit der Verhältnisse von Diagonale und Seite bei *jedem* regulären Fünfeck. (Wir würden das heute mit dem Begriff der Ähnlichkeit ausdrücken.)

(11) Anwendung: Wir zeichnen in ein reguläres Fünfeck $ABCDE$ wie in Fig. 3 ein reguläres Fünfeck $B'E'CPD$ ein, wobei B' und E' Diagonalenschnittpunkte von $ABCDE$ sind. Dann gilt

$$\frac{\overline{AD}}{\overline{AE}} = \frac{\overline{B'C}}{\overline{B'D}}.$$

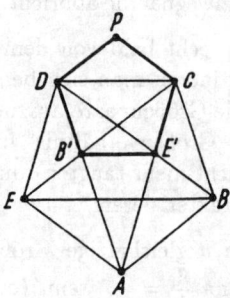

Fig. 3

Aus Symmetriegründen gilt $\overline{B'C} = \overline{AB'} = \overline{AE}$, mit $\overline{B'D} = \overline{AD} - \overline{AB'}$ ergibt sich also

$$\frac{\overline{AD}}{\overline{AB'}} = \frac{\overline{AB'}}{\overline{AD} - \overline{AB'}}.$$

Setzen wir $d := \overline{AD}$ und $s := \overline{AB'}$, dann wird die Strecke d durch den Punkt B' so in zwei Teilstrecken s und $d - s$ zerlegt, daß gilt:

$$\frac{d}{s} = \frac{s}{d - s}.$$

Diese Teilung heißt *Goldener Schnitt* oder *Stetige Teilung* von d. Lesen wir diese Gleichung in unserem heutigen Sinne, so können wir sie umformen zu

$$s^2 + ds - d^2 = 0,$$

woraus sich

$$\frac{s}{d} = \frac{1}{2}(\sqrt{5} - 1)$$

ergibt. (Weil s und d inkommensurabel sind, ergibt sich ein Beweis für die Irrationalität von $\sqrt{5}$).

Da sich also zwei Diagonalen im Goldenen Schnitt teilen, ergibt sich eine Methode, ein reguläres Fünfeck mit Zirkel und Lineal zu konstruieren: Bei gegebener Diagonalenlänge d konstruiere man zunächst $\frac{d}{2}\sqrt{5}$ aus $(\frac{d}{2}\sqrt{5})^2 = (\frac{d}{2})^2 + d^2$ und daraus s. Bei gegebener Seitenlänge s verfährt man ähnlich.

Über die Bedeutung des Goldenen Schnitts in Kunst und Mathematik informiert [Beutelspacher/Petri 1988].

(12) Bemerkung: Die Folge der Fibonacci-Zahlen F_n ist rekursiv definiert durch $F_0 = F_1 = 1$ und $F_n = F_{n-1} + F_{n-2}$ für $n \geq 2$. Bei der Wechselwegnahme für zwei benachbarte Fibonacci-Zahlen ergibt sich in jedem Schritt nach einmaliger Wegnahme das nächstkleinere Paar; die Wechselwegnahme endet bei $(1,1)$, so daß sich als größter gemeinsamer Teiler zweier benachbarter Fibonacci-Zahlen 1 ergibt. Es besteht hier eine Verwandtschaft mit der Wechselwegnahme beim regulären Fünfeck; bei diesem gilt

$$\left(\frac{s}{d}\right)^2 + \frac{s}{d} = 1,$$

für die Fibonacci-Zahlen gilt

$$\left(\frac{F_n}{F_{n+1}}\right)^2 + \frac{F_n}{F_{n+1}} = 1 + \frac{(-1)^n}{F_{n+1}^2}.$$

Daher ist es nicht verwunderlich, daß die Beziehung

$$\lim_{n\to\infty} \frac{F_n}{F_{n+1}} = \frac{1}{2}(\sqrt{5}-1)$$

gilt. Die Zahlen $\frac{1}{2}(\sqrt{5} \pm 1)$ zeichnen sich auch durch eine besonders einfache Kettenbruchentwicklung aus (vgl. I.5); die Näherungsbrüche sind dabei Quotienten aufeinanderfolgender Fibonacci-Zahlen.

Wir wollen noch kurz auf die bereits erwähnte Entdeckung der Irrationalität von $\sqrt{2}$ eingehen und skizzieren hierfür zwei auf die Pythagoreeer zurückgehende Beweise.

(13) Satz: Seite und Diagonale eines Quadrats sind inkommensurabel.

1. Beweis: Sei a Quadratseite, d Diagonale und e ein größtes gemeinsames Maß, also $a = pe$ und $d = qe$ mit teilerfremden Zahlen p, q. Dann liefert die folgende Implikationskette einen Widerspruch zur Teilerfremdheit von p und q:

$$d^2 = 2a^2 \Rightarrow q^2 = 2p^2 \Rightarrow 2|q \text{ und } 2|p.$$

2. Beweis: Anhand von Fig. 4 kann man eine nicht-abbrechende Wechselwegnahme für (a,d) angeben: Wir starten mit dem Quadrat $ABCD$ und wählen C' auf BD so, daß $\overline{BC'} = \overline{BC}$. Die Dreiecke ABB' und $B'BC$ sind kongruent, also gilt $\overline{AB'} = \overline{B'C'} = \overline{C'D}$. Wir ergänzen das Dreieck $B'C'D$ zum Quadrat $A'B'C'D$ und starten mit diesem Quadrat wie oben usw.

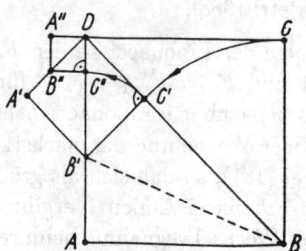

Fig. 4

Der erste Beweis hat ein sehr hohes Abstraktionsniveau, so daß es fraglich scheint, ob an $\sqrt{2}$ die Inkommensurabilität entdeckt worden ist [Boyer 1968]. Aber auch der zweite Beweis liegt keinesfalls auf der Hand, es sei denn, daß ein Inkommensurabilitätsbeweis schon auf diese Weise geführt worden wäre. Der Beweis von (7) springt dagegen beim Betrachten des Fünfecks und beim Einzeichnen der Diagonalen ins Auge, wenn die Wechselwegnahme als Algorithmus bereits bekannt ist. So ist mit [v. Fritz 1945] plausibel, daß die Inkommensurabilität (und damit die Existenz irrationaler Zahlen) möglicherweise an $\frac{1}{2}(\sqrt{5}-1)$ oder am Kehrwert $\frac{1}{2}(\sqrt{5}+1)$ und nicht an $\sqrt{2}$ entdeckt wurde.

Nach der Entdeckung der Inkommensurabilität fand ein weiterer Ausbau der Proportionenlehre durch Eudoxos von Knidos (408–355 v. Chr.) statt, wie es im 5. Buch der *Elemente* von Euklid dargestellt ist: Gleichartigkeit von Größen wird durch ein Axiom postuliert, das wir heute fälschlicherweise nach Archimedes benennen (*Meßbarkeitsaxiom*); die Gleichheit von Größenverhältnissen wird nach Eudoxos derart charakterisiert, daß er damit im wesentlichen das Dedekindsche Schnittaxiom vorwegnimmt. So bleibt festzuhalten, daß den griechischen Mathematikern des 4. Jahrhunderts v. Chr. über ihren „Größenbegriff" (in unhandlicher Form) etwas zur Verfügung stand, was wir heute als *archimedisch angeordneten Halbkörper der positiven reellen Zahlen* bezeichnen.

Wenn wir sagen, daß die Griechen die Inkommensurabilität „entdeckten", so heißt das, daß sie die — real bereits vorhandenen — reellen Zahlen eroberten, nicht aber diese „konstruierten". Sie haben somit die reellen Zahlen „axiomatisch" charakterisiert — eine Methode, die 1900 von Hilbert wieder verwendet wurde.

Statt „Größenverhältnis" sagen wir im folgenden „positive reelle Zahl". Wir wollen nun die Besprechung der für uns wesentlichen Stationen der Zahlbegriffsentwicklung in der Antike mit der Darstellung zweier Approximationsverfahren abschließen, die bereits damals bekannt waren: Die Approximation von Quadratwurzeln und die Approximation der Kreiszahl π. Dabei benutzen wir die uns geläufigen Umformungstechniken.

(14) **Algorithmus** zur Quadratwurzelapproximation: Es seien a, b positive reelle Zahlen mit $a < b$. Dann gilt

$$a < H(a,b) < G(a,b) < A(a,b) < b.$$

Aus der musikalischen Proportion (vgl. (6)) folgt $H(a,b)A(a,b) = ab$, also

$$G(H(a,b), A(a,b)) = G(a,b).$$

Es sei nun $\sqrt{c}$ für eine positive reelle Zahl c zu approximieren. Wir ermitteln zwei Zahlen a, b mit $ab = c$ und $a < b$ (etwa $a = 1$, $b = c$ oder umgekehrt). Damit ist

$$\sqrt{c} = \sqrt{ab} = G(a,b) = G(H(a,b), A(a,b)),$$

und $H(a,b), A(a,b)$ sind bessere Approximationen für $\sqrt{c}$ als a, b.

Dieser Algorithmus wird nach Archytas benannt, aber er trägt auch die Namen von Heron von Alexandria (etwa 100 n. Chr.) und Isaac Newton (1643–1727). Das alles ist jedoch nicht gerechtfertigt, weil bereits die Babylonier diesen Algorithmus kannten und damit die eingangs genannten Näherungen für $\sqrt{2}$ ermittelt haben. Der Algorithmus liefert eine Intervallschachtelung $\langle [H_n; A_n] \rangle$ für $\sqrt{c}$.

(15) **Beispiel:** Approximation von $\sqrt{2}$ mit achtstelligem Rechner: Es sei $H_1 := 1$, $A_1 := 2$, $G_1 := \sqrt{2}$, ferner für $n \geq 1$

$$H_{n+1} := H(H_n, A_n), \quad A_{n+1} := A(H_n, A_n), \quad G_{n+1} := G(H_n, A_n).$$

Stets ist also $G_n = \sqrt{2}$. Vorteilhaft berechnet man dabei erst den Wert

$$A_{n+1} = \tfrac{1}{2}(H_n + A_n) \text{ und dann } H_{n+1} = \frac{2}{A_{n+1}}:$$

n	H_n	A_n	G_n
1	$1,0000000$	$2,0000000$	$\sqrt{2}$
2	$1,3333333$	$1,5000000$	$\sqrt{2}$
3	$1,4117647$	$1,4166667$	$\sqrt{2}$
4	$1,4142114$	$1,4142157$	$\sqrt{2}$
5	$1,4142136$	$1,4142136$	$\sqrt{2}$

(16) Bemerkung: Die Pythagoreer entdeckten, daß schwingende Saiten mit bestimmten Längenverhältnissen bestimmte Intervalle ergaben, so beim Verhältnis 1:2 eine Oktave. Eine halbe Oktave ergab sich dann durch das geometrische Mittel, also beim Längenverhältnis 1:$\sqrt{2}$, was jedoch nicht gut klang (etwa c-fis bei wohltemperierter Stimmung, Bestandteil des C^0-Akkords c-dis-fis-a). Größere Erfolge erzielten sie mit den Näherungswerten $H_2 = \tfrac{4}{3}$ (Quarte, bezogen auf die kürzere Saite H_1) und $A_2 = \tfrac{3}{2}$ (Quinte, bezogen auf H_1).

Nun wenden wir uns der Kreiszahl π zu. Aus dem alten Ägypten ist der Näherungswert

$$\pi \approx 3 + \frac{1}{9} + \frac{1}{27} + \frac{1}{81} = \frac{256}{81} = \left(\frac{16}{9}\right)^2 \approx 3,1605$$

bekannt. Die Tatsache, daß π durch eine (rationale) Quadratzahl approximiert wird, weist darauf hin, daß es um die Berechnung des Flächeninhalts (und nicht des Umfangs) eines Kreises ging. Man kann die Überlegungen der ägyptischen Mathematiker leicht rekonstruieren: Einem Kreis vom Radius 1 werde ein Quadrat der halben Seitenlänge 1 umbeschrieben. Nun wird die halbe Seitenlänge des Quadrats um $\tfrac{1}{n}$ derart verkleinert, daß sich die dann überstehenden Teile des Quadrats und des Kreises möglichst gut kompensieren. Das beste Resultat erhält man für $n = 9$, wie schon eine einigermaßen ordentliche Zeichnung zeigt. Also hat der Kreis ziemlich genau den Inhalt $(2 \cdot (1 - \tfrac{1}{9}))^2$. Diese Art der Bestimmung von π enthält natürlich keinen Hinweis auf ein Verfahren zur (theoretisch unbegrenzten) Verbesserung des Resultats. Das leistet aber das nun zu besprechende Approximationsverfahren von Archimedes.

(17) Algorithmus zur Approximation von π (Archimedes): Die Methode besteht darin, den Kreisumfang mittels ein- und umbeschriebener regelmäßiger Polygone rekursiv zu approximieren, wobei der Rekursionsschritt in der Eckenverdopplung besteht. Nutzt man dabei die Proportionalität von Polygonumfang und Kreisdurchmesser aus, so kann man sich auf die Betrachtung des Einheitskreises beschränken.

Einbeschriebenes n-Eck (Fig. 5):
Es sei s_n die Seitenlänge und $E_n = n s_n$ der Umfang des einbeschriebenen regelmäßigen n-Ecks. Es gilt

$$s_{2n}^2 = \left(\frac{1}{2}s_n\right)^2 + \left(1 - \sqrt{1 - (\tfrac{1}{2}s_n)^2}\right)^2,$$

also

$$s_{2n} = \sqrt{2 - \sqrt{4 - s_n^2}} = \frac{s_n}{\sqrt{2 + \sqrt{4 - s_n^2}}}.$$

Den letzten Term benutzte Archimedes zur Berechnung von s_{2n} aus s_n. Der erste Term ist für numerische Handhabung zu ungünstig, da eine Differenz fast gleicher Zahlen im Radikanden steht (Nullkatastrophe!). Es ergibt sich

$$E_{2n} = \frac{2E_n}{\sqrt{2 + \sqrt{4 - (\frac{E_n}{n})^2}}} > E_n.$$

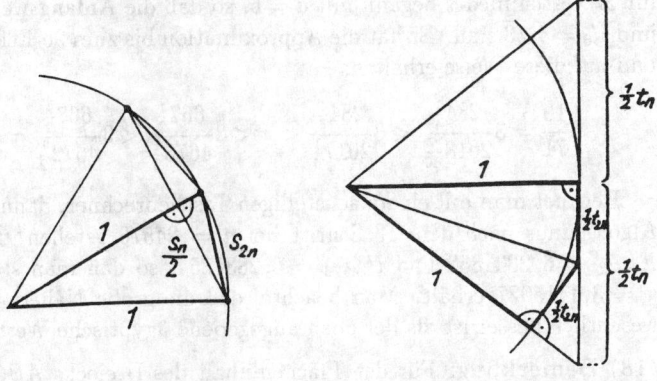

Fig. 5   Fig. 6

Umbeschriebenes n-Eck (Fig. 6):
Es sei t_n die Seitenlänge und $U_n = nt_n$ der Umfang des umbeschriebenen
regelmäßigen n-Ecks. Es gilt

$$\left(\frac{1}{2}t_n - \frac{1}{2}t_{2n}\right)^2 = \left(\frac{1}{2}t_{2n}\right)^2 + \left(\sqrt{1 + (\frac{1}{2}t_n)^2} - 1\right)^2,$$

und daraus ergibt sich nach einigen Umformungen

$$t_{2n} = \frac{2t_n}{2 + \sqrt{4 + t_n^2}}.$$

Hieraus folgt schließlich

$$U_{2n} = \frac{4U_n}{2 + \sqrt{4 + (\frac{U_n}{n})^2}} < U_n.$$

Selbstverständlich gilt stets $E_n < U_n$ (vgl. auch (18)), insgesamt ist also

$$E_n < E_{2n} < U_{2n} < U_n \text{ für alle } n.$$

Mit einem Anfangswert $n = a$ ergibt sich dann (unter Hinzunahme von
$U_n - E_n \to 0$ als evidenter Eigenschaft) eine Intervallschachtelung

$$[E_a; U_a], \ [E_{2a}; U_{2a}], \ [E_{4a}; U_{4a}], \ \ldots$$

für 2π. Archimedes begann mit $a = 6$, so daß die Anfangswerte $E_6 = 6$
und $U_6 = 4\sqrt{3}$ sind. Er hat die Approximation bis zum 96-Eck getrieben
und auf diese Weise erhalten:

$$3\frac{10}{71} = 3\frac{284\frac{1}{4}}{2018\frac{7}{40}} < 3\frac{284\frac{1}{4}}{2017\frac{1}{4}} < \pi < 3\frac{667\frac{1}{2}}{4673\frac{1}{2}} < 3\frac{667\frac{1}{2}}{4672\frac{1}{2}} = 3\frac{1}{7}.$$

Rechnet man mit einem achstelligen Taschenrechner, dann bleibt der
Algorithmus nach dem 13. Schritt bei $n = 24576$ „stehen" und liefert
$E_{24576} = 6,2831852$ und $U_{24576} = 6,2831854$, so daß man stellengenau
$\pi = 3,1415927$ erhält. Man beachte, daß die grobe Näherung $\pi \approx 3\frac{1}{7}$
wesentlich besser ist als der oben angegebene ägyptische Wert.

(18) Bemerkung: Für den Flächeninhalt des Dreiecks ABC in Fig. 7
erhält man

$$\frac{1}{2} \cdot 1 \cdot \frac{1}{2}t_n = \frac{1}{2} \cdot \sqrt{1 + (\frac{1}{2}t_n)^2} \cdot \frac{1}{2}s_n,$$

woraus sich

$$s_n^2\left(1 + \frac{1}{4}t_n^2\right) = t_n^2$$

und damit

$$E_n^2\left(1 + \frac{U_n^2}{4n^2}\right) = U_n^2$$

ergibt. Daraus folgt

$$E_n = \frac{U_n}{\sqrt{1 + \left(\frac{U_n}{2n}\right)^2}} < U_n \quad \text{und} \quad U_n = \frac{E_n}{\sqrt{1 - \left(\frac{E_n}{2n}\right)^2}} > E_n.$$

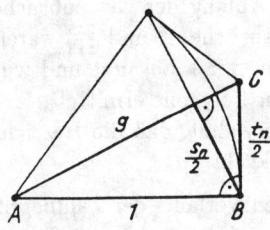

Fig. 7

Damit erhält man die interessanten Beziehungen

$$U_{2n} = H(E_n, U_n) \quad \text{und} \quad E_{2n} = G(E_n, U_{2n}).$$

Bei der Herleitung der zweiten Beziehung beachte man

$$E_{2n} = \frac{2E_n}{\sqrt{2 + 2\frac{E_n}{U_n}}} = \sqrt{E_n}\sqrt{\frac{2E_nU_n}{E_n + U_n}}$$

und benutze die erste Beziehung. Aufgrund dieser Gleichungen wird der Kreis auch *harmonisch-geometrisches Mittel* dieser beiden Polygonfolgen genannt ([Baron 1969], [M. Cantor 1894 ff]). Ob Archimedes diese Beziehungen gekannt hat, ist ungewiß, sie wurden spätestens von James Gregory (1638–1675) bewiesen. Diese Rekursionen für U_{2n} und E_{2n} führen zu einem eleganten Algorithmus (vgl. [Hischer 1994 c]).

Die Kettenbruchentwicklung von π beginnt folgendermaßen:

$$\pi = 3 + \cfrac{1}{7 + \cfrac{1}{15 + \cfrac{1}{1 + \cfrac{1}{\ddots}}}}.$$

Das ergibt der Reihe nach die Näherungsbrüche 3, $\frac{22}{7}$, $\frac{333}{106}$, $\frac{355}{113}$ mit

$$3 < \frac{333}{106} < \pi < \frac{355}{113} < \frac{22}{7}.$$

(Aus der Taschenrechner-Darstellung von π kann man mit Hilfe der $\frac{1}{x}$ − Taste leicht diesen Anfang der Kettenbruchentwicklung von π gewinnen.) Die Näherungsbrüche $\frac{22}{7}$ und $\frac{355}{113}$ waren schon dem Chinesen Tsu-Chung-Chih (3. Jh. n. Chr.) bekannt und wurden unter Benutzung ein- und umbeschriebener Polygone ermittelt.

Schließlich sei noch erwähnt, daß die Bezeichnung „π" auf William Jones (1675–1749) zurückgeht.

Bezüglich des weiteren Verlaufs der Zahlbegriffsentwicklung sei wieder auf [Gericke 1970] verwiesen, und so wollen wir uns gleich dem 19. Jahrhundert zuwenden, in dem — bedingt durch kritische Reflexion der bis dahin entwickelten Methoden der Analysis — eine tiefgehende Auseinandersetzung mit dem Begriff der reellen Zahl stattfand. Vor allem sind hier die Namen Georg Cantor (1845–1918) und Richard Dedekind (1831–1916) zu nennen.

Cantor hat Folgen betrachtet, die das (heute so genannte) *Cauchy-Kriterium* erfüllen, und er nennt sie *Fundamentalfolgen* (er sagt noch „Reihe" statt „Folge"; wir sagen heute auch „Cauchy-Folge" neben „Fundamentalfolge"). Die reellen Zahlen werden als „fiktive Grenzwerte" solcher Folgen definiert, und es wird die Schreibweise $\lim a_n = b$ benutzt. Cantor geht auf die Wohldefiniertheit (Repräsentantenunabhängigkeit) ein: Ist $\lim a'_n = b'$ und ist $\langle a_n - a'_n \rangle$ eine Nullfolge, so wird $b = b'$ gesetzt, was der Äquivalenzklassenbildung entspricht. Für diese so „definierten" Grenzwerte der Fundamentalfolgen erklärt Cantor die Rechenoperationen in bekannter Weise über Folgenoperationen. Die damit definierten reellen Zahlen erweisen sich als „vollständig" in dem Sinne, daß sie „lückenlos" sind. Der letztere Begriff wurde etwa zur selben Zeit (1872) von Dedekind mit Hilfe der nach ihm benannten „Schnitte" präzisiert, mit deren Hilfe er die reellen Zahlen „definiert" [Dedekind 1872]. Er schreibt hierzu:

Ist nun irgendeine Einteilung des Systems R (gemeint sind die rationalen Zahlen, Anm. d. Verf.) in zwei Klassen A_1, A_2 gegeben, welche nur die charakteristische Eigenschaft besitzt, daß jede Zahl a_1 in A_1 kleiner ist als jede Zahl a_2 in A_2, so wollen wir der Kürze halber eine solche Einteilung einen Schnitt nennen und mit (A_1, A_2) bezeichnen.

Damit werden unendlich viele Schnitte durch rationale Zahlen erzeugt, aber Dedekind beweist auch, daß unendlich viele Schnitte durch keine rationale Zahl „hervorgebracht" werden. Er sagt weiter:

In dieser Eigenschaft, daß nicht alle Schnitte durch rationale Zahlen hervorgebracht werden, besteht die Unvollständigkeit oder Unstetigkeit der Gebietes R aller rationalen Zahlen. Jedes Mal nun, wenn ein Schnitt (A_1, A_2) vorliegt, welcher durch keine rationale Zahl hervorgebracht wird, so erschaffen wir eine neue, eine irrationale Zahl, welche wir als durch diesen Schnitt vollständig definiert ansehen ....

Die Gesamtheit der rationalen und irrationalen Zahlen nennt er *reelle Zahlen.* Dedekind spricht zwar vom „Erschaffen" der irrationalen Zahlen durch Schnitte, identifiziert aber andererseits nicht Schnitte und irrationale Zahlen, so daß offen bleibt, was eine irrationale Zahl eigentlich ist. (Wir pflegen heute bei einer Konstruktion von IR mit Hilfe von Schnitten den Schnitt selbst als reelle Zahl zu bezeichnen.) Dedekinds Vorgehen kann man so verstehen, daß die (real bereits vorhandenen) reellen Zahlen durch diese Schnitte *charakterisiert* werden, so wie die Griechen positive reelle Zahlen (Größenverhältnisse) durch den Prozeß der Wechselwegnahme charakterisiert haben. (Vgl. hierzu I.4.) Dedekind überträgt dann die Rechenoperationen mit Hilfe der Schnitte von den rationalen auf die reellen Zahlen, worauf wir nicht weiter eingehen wollen. In diesem Zusammenhang prägt er den algebraischen Begriff *Körper.*

Neben diesen beiden Methoden von Cantor und Dedekind gibt Paul Bachmann (1837–1920) im Jahr 1892 eine Definition der reellen Zahlen mit Hilfe von Intervallschachtelungen an (vgl. I.3). Gänzlich anderer Art sind die *axiomatischen* Methoden der Zahlenbereichscharakterisierung, und zwar für die natürlichen Zahlen von Dedekind (1888) und Peano (1889) und für die reellen Zahlen von Hilbert (1900); vgl. [Gericke 1970]. Diesen axiomatischen Charakterisierungen wollen wir uns in den nächsten Abschnitten zuwenden.

I.2 Bemerkungen zur Axiomatik der natürlichen Zahlen

Kennzeichnend für die axiomatische Methode ist, daß die Existenz der Objekte, die in den Axiomen genannt werden, zunächst intuitiv vorausgesetzt wird, daß also diese Objekte und ihre Beziehungen untereinander nur mittels der Axiome beschrieben werden. Man beschreibt also axiomatisch die Struktur, die man ohnehin schon zu kennen meint.

Das hier vorzustellende Axiomensystem für die natürlichen Zahlen wird nach Giuseppe Peano (1852–1932) benannt, obwohl es schon ein Jahr vor ihm (1888) Dedekind in ähnlicher Form in seinem Buch *Was sind und was sollen die Zahlen?* publiziert hat. Eine ausführliche Darstellung befindet sich bei [Feigl/Rohrbach 1953], [Oberschelp 1976]; vgl. hierzu auch [Dedekind 1888].

(1) Definition (Dedekind 1888, Peano 1889): Es sei M eine Menge, e ein Objekt und φ eine einstellige Funktion. Dann heißt (M, e, φ) eine *Peano-Algebra*, wenn gilt:

(P1) $e \in M$ (insbesondere also $M \neq \emptyset$)
(P2) $\varphi : M \to M$ (die Funktion φ bildet M in M ab)
(P3) $e \notin \varphi[M]$ (das Element e kommt nicht als Bild vor)
(P4) φ ist injektiv (verschiedene Elemente haben verschiedene Bilder)
(P5) Für jede Teilmenge T von M gilt:

Ist $e \in T$ und $\varphi[T] \subseteq T$, dann ist $T = M$.

Man nennt $\{(P1), \ldots, (P5)\}$ das *Peanosche Axiomensystem für die natürlichen Zahlen.* Axiom (P5) heißt *Induktionsaxiom*. Die Frage, ob überhaupt ein Modell für dieses Axiomensystem existiert, führt auf die Frage der Widerspruchsfreiheit der Axiome der Mengenlehre. Wir helfen uns daher folgendermaßen:

(2) Überzeugung: Es gibt eine Peano-Algebra.

Die Überzeugung (2) ist von wesentlich anderer Qualität als die Überzeugung I.1 (2) der älteren Pythagoreer, die nach heutigem Verständnis lauten würde: Jede Zahl ist rational. Diese All-Aussage konnte leicht durch Angabe eines Gegenbeispiels widerlegt werden. Dagegen ist (2) eine Existenzaussage und somit schwer zu widerlegen. So dienen uns die Peano-Axiome nicht dazu, die natürlichen Zahlen zu definieren, sondern diese *bereits vorhandenen* Zahlen zu *charakterisieren*, d. h. in akzeptabler Form zu beschreiben, um eine Beweisgrundlage zu bekommen.

(In [Hischer/Lucht 1976] wird dargelegt, wie man aus unserer intuitiven Kenntnis der natürlichen Zahlen („Kettenmodell") auf ihre Beschreibung durch die Peano-Axione kommt.)

Sind (M, e, φ) und (N, f, ψ) zwei Peano-Algebren, so sind diese isomorph, d. h., es gibt eine bijektive Abbildung $\alpha : M \to N$ mit $\alpha(e) = f$ und $\alpha \circ \varphi = \psi \circ \alpha$. Statt dessen sagt man auch, das Peanosche Axiomensystem sei *monomorph* oder *kategorisch*. Im wesentlichen ist dies der Inhalt des *Rekursionssatzes* (vgl. etwa [Oberschelp 1976]). Es ist also völlig belanglos, ob wir etwa $\{0, 1, 2, \ldots\}$ oder $\{1, 2, 3, \ldots\}$ als die Menge der natürlichen Zahlen ansehen wollen. Wir werden uns mit

$$\mathbb{N} := \{0, 1, 2, \ldots\}$$

der DIN-Norm anschließen.

(3) Bezeichnungen: Unter allen (isomorphen) Peano-Algebren sei *eine* fest mit $(\mathbb{N}, 0, \nu)$ bezeichnet. $\mathbb{N}$ heißt *Menge der natürlichen Zahlen*, 0 heißt *Null*, ν heißt *Nachfolgerfunktion* auf $\mathbb{N}$. Ferner setzen wir $1 := \nu(0)$ (*Eins*) und $\mathbb{N}^* := \mathbb{N} \setminus \{0\}$. (Wegen (P2) ist $1 \in \mathbb{N}$, wegen (P3) ist $1 \neq 0$, also $1 \in \mathbb{N}^*$.)

(4) Beispiele für weitere Peano-Algebren: Jede Folge $\langle a_n \rangle$ mit paarweise verschiedenen Gliedern und $e := a_0$ sowie $\varphi : a_n \mapsto a_{n+1}$ bildet eine Peano-Algebra $(\{a_n \mid n \in \mathbb{N}\}, e, \varphi)$. Beispielsweise bildet die Folge der Quadratzahlen eine Peano-Algebra.

(5) Definition: Addition und Multiplikation in $\mathbb{N}$ definiert man nun induktiv:

$$\begin{aligned} n + 0 &:= n, & n + \nu(m) &:= \nu(n + m), \\ n \cdot 0 &:= 0, & n \cdot \nu(m) &:= n \cdot m + n. \end{aligned}$$

Insbesondere folgt daraus $\nu(n) = n + 1$. Mit Hilfe der Addition wird die Anordnung definiert:

$$m \leq n : \iff \text{ es gibt ein } k \in \mathbb{N} \text{ mit } m + k = n.$$

Damit haben wir das Gebilde $(\mathbb{N}, +, \cdot, \leq)$ gewonnen.

Den Nachweis der bekannten Rechenregeln (Kommutativität, Assoziativität, Distributivität, Monotoniegesetze) führt man im wesentlichen mit Hilfe des Induktionsaxioms (P5). Auch beim weiteren Aufbau der Arithmetik (Division mit Rest, Zifferndarstellung, Teilbarkeit, Primfaktorzerlegung usw.) wird immer wieder dieses Axiom benutzt. Daher soll die Bedeutung dieses Axioms nochmals hervorgehoben werden, wobei wir die logischen Symbole $\wedge$ (und), $\bigwedge$ (Allquantor) und $\implies$ (Implikation) verwenden.

(6) Satz (*Beweisen durch vollständige Induktion*): Es sei (M, e, φ) eine Peano-Algebra und $A(x)$ eine Aussageform auf der Grundmenge M. Dann gilt:

$$\left(A(e) \wedge \bigwedge_{x \in M} [A(x) \implies A(\varphi(x))] \right) \implies \bigwedge_{x \in M} A(x)$$

Dabei nennt man $A(e)$ den *Induktionsanfang* und

$$\bigwedge_{x \in M} [A(x) \implies A(\varphi(x))]$$

den *Induktionsschluß*; in letzterem heißt $A(x)$ die *Induktionsvoraussetzung* und $A(\varphi(x))$ die *Induktionsbehauptung*. Ferner ist $\bigwedge_{x \in M} A(x)$ die durch vollständige Induktion zu beweisende Aussage.

Beweis von (6): Es sei T die Lösungsmenge der Aussageform $A(x)$, also

$$T := \{x \in M \mid A(x)\}.$$

Dann ist $T \subseteq M$ und

$$\bigwedge_{x \in M} [x \in T \iff A(x)].$$

Damit können wir den Induktionsanfang und den Induktionsschluß folgendermaßen formulieren:

$$e \in T \wedge \bigwedge_{x \in M} [x \in T \implies \varphi(x) \in T]$$

Für den Induktionsschluß können wir offenbar noch kurz $\varphi[T] \subseteq T$ schreiben, und so folgt $T = M$ aus (P5).

Beim Beweisverfahren der vollständigen Induktion sind wir nicht auf das Anfangselement 0 oder 1 und auch nicht auf die „übliche" Nachfolgerfunktion $x \mapsto x + 1$ festgelegt, sondern wir brauchen lediglich irgendeine Peano-Algebra. Soll etwa eine Aussageform $A(n)$ als gültig für die Quadratzahlen 9, 16, 25, ...nachgewiesen werden, so ist $A(9)$ zu beweisen,

und der Induktionsschluß geht von einer beliebigen Quadratzahl auf die
nächste Quadratzahl.

Das Beweisverfahren der vollständigen Induktion wurde von Blaise
Pascal (1623–1662) „erfunden", und zwar im Zusammenhang mit dem
nach ihm benannten Zahlendreick der Binomialkoeffizienten (vgl. Abschnitt II.5). Die Namensgebung geht auf Augustus De Morgan (1806–
1871) zurück.

I.3 Axiomatik der reellen Zahlen

Die erste axiomatische Kennzeichnung der reellen Zahlen in der Neuzeit
stammt aus dem Jahr 1900 von David Hilbert (1862–1943), und zwar wird
der Strukturbereich *Reelle Zahlen* als „maximal" unter allen archimedisch
angeordneten Körpern gekennzeichnet (siehe etwa [Gericke 1970]). Es erwies sich dann, daß die von Cantor, Dedekind und Bachmann gelieferten
Definitionen der reellen Zahlen (vgl. I.1) hiermit gleichwertig sind.

Zunächst benötigen wir einige Vorbereitungen. Es sei M eine Menge
und R eine Teilmenge von $M \times M$, es liege also eine *Relation* in M vor.
Diese heißt

reflexiv, wenn aus $x \in M$ stets $(x, x) \in R$ folgt,
symmetrisch, wenn aus $(x, y) \in R$ stets $(y, x) \in R$ folgt,
antisymmetrisch, wenn aus $(x, y), (y, x) \in R$ stets $x = y$ folgt,
transitiv, wenn aus $(x, y) \in R$ und $(y, z) \in R$ stets $(x, z) \in R$ folgt,
linear, wenn aus $x, y \in M$ stets $(x, y) \in R$ oder $(y, x) \in R$ folgt.

Die Relation heißt eine *Totalordnung* in M, wenn sie reflexiv, antisymmetrisch, transitiv und linear ist. Wir bezeichnen diese Totalordnung hier mit (M, R). In einer Totalordnung (M, R) sind die Begriffe untere Schranke, obere Schranke, Infimum, Supremum, Minimum
und Maximum für nichtleere Teilmengen von M erklärt. Ferner ist
$(x, y) \in R \iff : x R y$.

Im folgenden sei $(K, +, \cdot)$ ein Körper mit dem Nullelement 0_K und
dem Einselement 1_K. Das additiv-inverse Element von $a \in K$ bezeichnen
wir mit $-a$, ferner sei $a + (-b) =: a - b$ für alle $a, b \in K$; das multiplikativ-
inverse Element von $a \in K \setminus \{0_k\}$ bezeichnen wir mit a^{-1}, ferner sei
$a \cdot b^{-1} =: \frac{a}{b}$ für alle $a \in K$, $b \in K \setminus \{0_K\}$. Weiterhin sei $\leq$ eine Relation
in K. Die Zeichen $+, \cdot, \leq$ sind hier als Variable anzusehen, wir verzichten
aber darauf, hierfür Abstrakta zu wählen (etwa $\oplus, \odot, \sqsubseteq$).

(1) Definition: $(K, +, \cdot, \leq)$ heißt *angeordneter Körper*, wenn gilt:

(A1) $(K, +, \cdot)$ ist ein Körper;

(A2) $(K, \leq)$ ist eine Totalordnung;

(A3) $(a \leq b \Rightarrow a + c \leq b + c)$ für alle $a, b, c \in K$;

(A4) $(a \leq b \wedge 0_K \leq c \Rightarrow a \cdot c \leq b \cdot c)$ für alle $a, b, c \in K$.

Die Axiome (A3) und (A4) sind Verträglichkeitsbedingungen und heißen auch *Monotoniegesetze*. Durch sie wird die Verträglichkeit der Relation $\leq$ mit den Verknüpfungen $+$ und $\cdot$ gefordert. Im folgenden werden auch die in üblicher Weise erklärten Symbole $<$, $\geq$, $>$ benutzt.

Nun müssen wir, um Hilbert zu folgen, die *Archimedizität* unter Benutzung der natürlichen Zahlen erklären:

Für alle $a, b \in K$ mit $0_K < a < b$ existiert ein $n \in \mathbb{N}^*$ mit $n \cdot a > b$.

Wir wollen aber die natürlichen Zahlen als Teilstruktur der reellen Zahlen charakterisieren, sie daher an dieser Stelle noch nicht verwenden. Wir gehen in Anlehnung an Dedekind einen anderen Weg (vgl. I.1):

(2) Definition: Es sei $(M, \leq)$ eine Totalordnung und $S, T \subseteq M$.

(a) (S, T) heißt ein *Dedekindscher Schnitt* in $(M, \leq)$, wenn gilt:

   (i) $\{S, T\}$ ist eine Zerlegung von M, also
        $S, T \neq \emptyset$, $S \cup T = M$, $S \cap T = \emptyset$;

   (ii) für alle $s \in S$ und $t \in T$ ist $s < t$.

(b) Ist (S, T) ein Schnitt in $(M, \leq)$, so heißt S *Unterklasse* und T *Oberklasse* von (S, T).

(c) Ein Schnitt in $(M, \leq)$ heißt *Lücke*, wenn die Unterklasse kein Maximum und die Oberklasse kein Minimum besitzt.

(d) $(M, \leq)$ heißt *lückenlos*, wenn keine Lücke in $(M, \leq)$ existiert.

Ist $(K, +, \cdot, \leq)$ ein angeordneter Körper und $(K, \leq)$ lückenlos, so wollen wir auch $(K, +, \cdot, \leq)$ *lückenlos* nennen. Es erhebt sich nun die Frage, ob ein lückenloser, angeordneter Körper existiert und wie sich gegebenenfalls verschiedene solche Körper unterscheiden. Denken wir im naiven Sinn an die Zahlengerade, bei der wir Addition und Multiplikation mittels Streckenrechnung realisieren können (Multiplikation durch Anwendung des Strahlensatzes), und bei der auch die Ordnungsrelation durch die Lagebeziehungen der Punkte auf der Zahlengeraden anschaulich klar ist, so gelangen wir zu der

(3) Überzeugung: Es gibt einen lückenlosen, angeordneten Körper.

Diesen Körper bezeichnen wir mit $(\mathbb{R}, +, \cdot, \leq)$ und nennen die Elemente von $\mathbb{R}$ *reelle Zahlen*.

Nun können wir die Menge der natürlichen Zahlen, die wir in Abschnitt I.2 *axiomatisch charakterisiert* haben, als eine Teilmenge der ihrerseits axiomatisch charakterisierten Menge $\mathbb{R}$ *definieren*. Ebenso können wir $\mathbb{Z}$ (*ganze Zahlen*) und $\mathbb{Q}$ (*rationale Zahlen*) definieren, wobei wir die Abkürzungen $0 := 0_{\mathbb{R}}$ und $1 := 1_{\mathbb{R}}$ benutzen.

(4) Definition: Die kleinste Teilmenge von $\mathbb{R}$, die 0 enthält und mit jedem Element n auch den Nachfolger $n + 1$, bezeichnen wir mit $\mathbb{N}$, also

$$\mathbb{N} := \bigcap \left\{ T \mid 0 \in T \subseteq \mathbb{R} \;\wedge\; \bigwedge_n (n \in T \Rightarrow n + 1 \in T) \right\}.$$

Wir setzen dann $\mathbb{N}^* := \mathbb{N} \setminus \{0\}$ und

$$\mathbb{Z} := \{m - n \mid m, n \in \mathbb{N}\}, \quad \mathbb{Q} := \{\frac{m}{n} \mid m \in \mathbb{Z}, \; n \in \mathbb{N}^*\},$$

ferner $\mathbb{Q}^+ := \{q \in \mathbb{Q} \mid q > 0\}$, $\mathbb{Q}_0^+ := \mathbb{Q}^+ \cup \{0\}$ und $\mathbb{Q}^* := \mathbb{Q} \setminus \{0\}$. Weiterhin sei $\mathbb{R}^+ := \{r \in \mathbb{R} \mid r > 0\}$, $\mathbb{R}_0^+ := \mathbb{R}^+ \cup \{0\}$ und ferner $\mathbb{R}^* := \mathbb{R} \setminus \{0\}$. (Diese Bezeichnungen sind zwar nicht in Übereinstimmung mit den einschlägigen DIN-Festlegungen, aber nach wie vor üblich.)

Es gilt dann $\mathbb{N} \subset \mathbb{Z} \subset \mathbb{Q} \subset \mathbb{R}$.

Durch Anwenden der Bruchrechenregeln im Körper der reellen Zahlen ergibt sich, daß $(\mathbb{Q}, +, \cdot, \leq)$ ein angeordneter Körper ist. Jeder angeordnete Körper $(K, +, \cdot, \leq)$ enthält einen zu $(\mathbb{Q}, +, \cdot, \leq)$ isomorphen Unterkörper: Mit 1_K sind alle endlichen Summen $1_K + 1_K + \dots + 1_K$ in K enthalten; mit $0_K < 1_K$ und (A3) aus (1) folgt, daß diese Summen paarweise verschieden sind, und daraus folgt obige Behauptung. Insbesondere ist damit $(\mathbb{Q}, +, \cdot, \leq)$ bis auf Isomorphie der „kleinste" angeordnete Körper.

(5) Voraussetzung: $(K, +, \cdot, \leq)$ sei ein angeordneter Körper mit $(\mathbb{Q}, +, \cdot, \leq)$ als Unterkörper.

Damit erreichen wir ohne Verlust an Allgemeinheit eine erhebliche Vereinfachung in der Darstellung. Das sehen wir z. B. an der Definition der Archimedizität:

(6) Definition: $(K, +, \cdot, \leq)$ heißt *archimedisch angeordnet*, wenn gilt: Für jedes $a \in K$ existiert ein $n \in \mathbb{N}^*$ mit $a < n$.

Archimedes sagt im Zusammenhang mit der Quadratur des Parabel-segments, daß er sich, wie frühere Autoren auch, des folgenden Hilfssatzes bedienen wolle: „Es ist möglich, ein Vielfaches der Differenz zweier gege-bener Größen zu finden, das größer ist als eine beliebig gegebene Größe." Daher rührt die Bezeichnung in (6); vgl. [Volkert 1988].

Mit Hilfe der Bruchrechenregeln erweist sich $(\mathbb{Q}, +, \cdot, \leq)$ als archi-medisch angeordnet, also ist dies der *kleinste* archimedisch angeordnete Körper.

(7) **Beispiel** für einen nicht-archimedisch angeordneten Körper: Es sei $(\mathbb{Q}(x), +, \cdot)$ der Quotientenkörper des Polynomrings $(\mathbb{Q}[x], +, \cdot)$, also der Körper aller Polynomquotienten mit rationalen Koeffizienten. In be-kannter Weise ergibt sich $(\mathbb{Q}(x), +, \cdot)$ als Oberkörper des Körpers der rationalen Zahlen. Die Gleichheit von Polynomquotienten ist wie bei Brüchen erklärt: $\frac{a}{b} = \frac{c}{d} : \iff ad = bc$. Eine Anordnung erhält man folgendermaßen: Ist

$$f(x) := \frac{a_n x^n + \ldots + a_0}{b_m x^m + \ldots + b_0} \in \mathbb{Q}(x) \text{ mit } a_n, b_m \neq 0,$$

dann setzen wir

$$0 \sqsubset f(x) : \iff a_n \cdot b_m > 0$$

(lies „$\sqsubset$" als „vor"). Für $f(x), g(x) \in \mathbb{Q}(x)$ setzen wir

$$f(x) \sqsubset g(x) : \iff 0 \sqsubset g(x) - f(x)$$

und schließlich

$$f(x) \sqsubseteq g(x) : \iff f(x) \sqsubset g(x) \text{ oder } f(x) = g(x).$$

Es läßt sich dann nachrechnen, daß $(\mathbb{Q}(x), +, \cdot, \sqsubseteq)$ ein angeordneter Körper ist, und zwar stimmt $\sqsubseteq$ auf $\mathbb{Q}$ mit $\leq$ überein (Fortsetzung). Für $k \in \mathbb{N}^*$ betrachten wir $x^k \in \mathbb{Q}(x) \setminus \mathbb{Q}$. Wäre $\mathbb{Q}(x)$ archimedisch ange-ordnet, so würde ein $n \in \mathbb{N}^*$ mit $x^k \sqsubset n$ existieren. Dies ergibt einen Widerspruch:

$$x^k \sqsubset n \iff 0 \sqsubset n - x^k \iff 0 \sqsubset \frac{(-1) \cdot x^k + n \cdot x^0}{1 \cdot x^0} \iff (-1) \cdot 1 > 0$$

Elemente wie x^k $(k > 0)$ heißen *unendlich groß*, weil für alle $n \in \mathbb{N}^*$ die Beziehung $n \sqsubset x^k$ gilt. Entsprechend heißt x^{-k} *unendlich klein* oder *infinitesimal*, weil $x^{-k} < \frac{1}{n}$ für alle $n \in \mathbb{N}^*$ gilt.

I.3 Axiomatik der reellen Zahlen33

In K definiert man den Betrag $|a|$ eines Elementes a wie üblich durch $|a| := \max\{a, -a\}$. Es gelten dann die bekannten Rechenregeln. Zudem verwenden wir folgende

(8) Intervallschreibweise: Für $a, b \in K$ und $\emptyset \neq T \subseteq K$ ist

$$
\begin{aligned}
[a; b]_T &:= \{x \in T \mid a \leq x \leq b\}, & [a; b[_T &:= \{x \in T \mid a \leq x < b\}, \\
]a; b]_T &:= \{x \in T \mid a < x \leq b\}, &]a; b[_T &:= \{x \in T \mid a < x < b\}, \\
[a; \to [_T &:= \{x \in T \mid a \leq x\}, &]a; \to [_T &:= \{x \in T \mid a < x\}, \\
] \leftarrow; b]_T &:= \{x \in T \mid x \leq b\}, &] \leftarrow; b[_T &:= \{x \in T \mid x < b\}.
\end{aligned}
$$

Den Index T lassen wir fort, wenn keine Mißverständnisse zu befürchten sind. Es wurde nicht $a \leq b$ vorausgesetzt, so daß das Intervall $[a; b]$ auch leer sein kann.

Nun soll der Begriff der *Vollständigkeit* eines angeordneten Körpers definiert werden. Es gibt viele verschiedene Fassungen der Vollständigkeit, von denen einige bereits das archimedische Axiom enthalten, andere wiederum nicht.

Wir benötigen in folgenden einige Begriffe im Zusammenhang mit Folgen und Funktionen, bezüglich welcher auf Kapitel III bzw. Kapitel IV verwiesen sei.

(9) Satz: Für einen angeordneten Körper $(K, +, \cdot, \leq)$ sind folgende Axiome bzw. Axiomengruppen paarweise äquivalent:

(V1) *Dedekind-Axiom*
  $(K, +, \cdot, \leq)$ ist lückenlos.

(V2) *Archimedes-Axiom und Cauchy-Axiom*
  $(K, +, \cdot, \leq)$ ist archimedisch angeordnet, und jede Fundamentalfolge (Cauchy-Folge) aus K konvergiert in K.

(V3) *Monotonieaxiom*
  Jede monotone, beschränkte Folge aus K konvergiert in K.

(V4) *Archimedes-Axiom und Intervallschachtelungsaxiom*
  $(K, +, \cdot, \leq)$ ist archimedisch angeordnet, und jede Intervallschachtelung in K besitzt einen Kern in K.

(V5) *Archimedes-Axiom und Halbierungsaxiom*
  $(K, +, \cdot, \leq)$ ist archimedisch angeordnet, und jede fortgesetzte Halbierung in K besitzt einen Kern in K.

(V6) *Supremumsaxiom*
  Jede nicht leere, nach oben beschränkte Teilmenge von K besitzt ein Supremum in K.

(V7)   *Infimumsaxiom*
       Jede nicht leere, nach unten beschränkte Teilmenge
       von K besitzt ein Infimum in K.

(V8)   *Bolzano-Weierstraß-Axiom*
       Jede unendliche, beschränkte Teilmenge von K besitzt
       mindestens einen Häufungspunkt in K.

(V9)   *Heine-Borel-Axiom*
       Zu jeder offenen Überdeckung $\mathcal{B}$ einer kompakten
       Teilmenge T von K existiert eine endliche
       Teilmenge $\mathcal{T}$ von $\mathcal{B}$, die bereits T überdeckt.

(V10) *Zusammenhangsaxiom*
       Es gibt keine Zerlegung von K in zwei offene Teilmengen.

(V11) *Zwischenwert-Axiom*
       Jede auf einem abgeschlossenen Intervall aus K definierte
       stetige Funktion besitzt die Zwischenwerteigenschaft.

(V12) *IN-Beschränktheitsaxiom*
       Jede auf einem abgeschlossenen Intervall stetige Funktion
       ist dort durch eine natürliche Zahl beschränkt.

(V13) *Maximumsaxiom*
       Jede auf einem abgeschlossenen Intervall stetige Funktion
       nimmt dort ihr Maximum an.

Zum Beweis, der zweckmäßigerweise in einem geeigneten Ringschluß geführt wird, verweisen wir auf [Cohen/Ehrlich 1963], [Isaacs 1968], [Steiner 1966]; vgl. hierzu auch [Knoche/Wippermann 1986]. Wir haben die Reihenfolge der Axiome nach Ähnlichkeitsgesichtspunkten gewählt, nicht nach Gründen der Beweisökonomie. (V2), (V4) und (V5) benutzen explizit das Archimedes-Axiom, in allen anderen Axiomen ist die Archimedizität implizit enthalten. (V2), (V3), (V4) und (V5) benutzen den Folgen- und Folgenkonvergenzbegriff. (V8), (V9) und (V10) sind topologischer Art. (Zu (V9): $\mathcal{B}$ ist eine *Überdeckung* von T, wenn $T \subseteq \bigcup_{B \in \mathcal{B}} B$ gilt; *offen* heißt die Überdeckung, wenn die Elemente von $\mathcal{B}$ offene Mengen sind.) (V11), (V12) und (V13) schließlich benutzen den Stetigkeitsbegriff.

Man beachte, daß in (V4) und (V5) nicht die *Eindeutigkeit des Kerns* gefordert wird; diese läßt sich ja *beweisen*. (Ein *Kern* einer Intervallschachtelung ist ein Element aus der Schnittmenge aller Intervalle der Schachtelung.)

Jeder angeordnete Körper, der einem der Axiome aus (9) genügt, ist ein archimedisch angeordneter, *vollständiger* Körper. Unsere Überzeugung (3) können wir nun so formulieren: Es gibt einen archimedisch angeordneten, vollständigen Körper.

An jedem einzelnen der Axiome aus (9) soll nun gezeigt werden, daß der Körper der rationalen Zahlen *nicht* vollständig ist. Stets benutzen wir dabei die Irrationalität von $\sqrt{2}$.

(V1): Die Mengen

$$M_1 := \{x \in \mathbb{Q} \mid x < 0 \text{ oder } x^2 < 2\},$$
$$M_2 := \{x \in \mathbb{Q} \mid x > 0 \text{ und } x^2 > 2\}$$

bilden einen Schnitt in $\mathbb{Q}$, aber M_1 besitzt kein maximales und M_2 kein minimales Element.

(V2): Die Folge $\langle a_n \rangle$ mit $a_0 := 2$ und

$$a_{n+1} := \frac{1}{2} \left(a_n + \frac{2}{a_n} \right) \text{ für } n \geq 1$$

ist eine Fundamentalfolge in $\mathbb{Q}$, besitzt dort aber keinen Grenzwert.

(V3): Obige Folge $\langle a_n \rangle$ ist monoton fallend und nach unten beschränkt, besitzt aber keinen Grenzwert in $\mathbb{Q}$.

(V4): Mit obiger Folge $\langle a_n \rangle$ bilde man die Folge $\langle b_n \rangle$ mit $a_n b_n = 2$ für $n \in \mathbb{N}$; dann ist $\langle [b_n; a_n] \rangle$ eine Intervallschachtelung in $\mathbb{Q}$, welche dort keinen Kern besitzt.

(V5): Man setze $a_0 := 1$, $b_0 = 2$ und

$$[a_{n+1}; b_{n+1}] := \begin{cases} \left[a_n; \frac{a_n+b_n}{2} \right], & \text{falls } \frac{a_n+b_n}{2} \in M_1, \\ \left[\frac{a_n+b_n}{2}; b_n \right], & \text{falls } \frac{a_n+b_n}{2} \in M_2 \end{cases}$$

für $n \in \mathbb{N}$, wobei M_1, M_2 die oben definierten Mengen sind. Die so definierte fortgesetzte Halbierung hat keinen Kern.

(V6) und (V7): Die Menge $\{x \in \mathbb{Q} \mid x^2 < 2\}$ ist nach oben und nach unten beschränkt, hat aber in $\mathbb{Q}$ weder ein Supremum noch ein Infimum.

(V8): Die Glieder der Folge $\langle a_n \rangle$ im Beispiel zu (V2) bilden eine beschränkte unendliche Menge rationaler Zahlen, die keinen Häufungspunkt in $\mathbb{Q}$ besitzt.

(V9) Es sei M die Menge der Glieder der im Beispiel zu (V2) benutzten Folge $\langle a_n \rangle$. Diese Menge ist beschränkt und, da sie keinen Häufungspunkt in $\mathbb{Q}$ besitzt, dort abgeschlossen. Wir betrachten die Menge

$$\mathcal{B} := \left\{]\frac{3}{2}; \frac{5}{2}[\right\} \cup \bigcup_{n \in \mathbb{N}} \left\{]a_{n+2}; a_n[\right\}.$$

Da $\langle a_n \rangle$ streng monoton fällt, gilt $a_{n+1} \in\;]a_{n+2}; a_n[$ für alle $n \in \mathbb{N}$, folglich ist $\mathcal{B}$ eine offene Überdeckung von M. Wir nehmen an, es sei $\mathcal{T}$ eine endliche Teilmenge von $\mathcal{B}$. Wegen der Endlichkeit von $\mathcal{T}$ existiert dann ein $m \in \mathbb{N}$ mit $]a_{m+2}; a_m[\; \in \mathcal{T}$ und $]a_{n+2}; a_n[\; \notin \mathcal{T}$ für $n > m$. Wegen $a_{m+3} < a_{m+2}$ existiert dann aber kein $I \in \mathcal{T}$ mit $a_{m+3} \in I$, also ist $\mathcal{T}$ keine Überdeckung von M.

(V10): Die obigen Mengen M_1 und M_2 bilden eine Zerlegung von $\mathbb{Q}$ in zwei offene Teilmengen.

(V11): Man betrachte $f : x \mapsto x^2 - 2$ auf dem Intervall $[0; 2]_{\mathbb{Q}}$.

(V12) und (V13): Man betrachte $f : x \mapsto \dfrac{1}{|x^2 - 2|}$ auf $[0; 2]_{\mathbb{Q}}$.

Unter einer *fortgesetzten Halbierung* versteht man in (V5) eine Intervallschachtelung, bei welcher jedes Intervall die linke oder die rechte Hälfte des vorangehenden Intervalls ist. Diese Spezialisierung des Intervallschachtelungsaxioms erweist sich als besonders günstig, wenn man (V6), (V3) oder (V11) herleiten will, also den Satz von der oberen Grenze, den Hauptsatz über monotone Folgen oder den Zwischenwertsatz:

(10) Beweise einiger Sätze mit Hilfe des Halbierungsaxioms.

Satz von der oberen Grenze: Jede nach oben beschränkte, nichtleere Menge M reeller Zahlen besitzt eine obere Grenze (Supremum).

Beweis: Es sei s eine obere Schranke von M, ferner $a_0 \in M$ und $b_0 := s$. Wir definieren rekursiv

$$[a_{n+1}; b_{n+1}] := \begin{cases} \left[a_n; \dfrac{a_n + b_n}{2} \right], & \text{falls } m \leq \dfrac{a_n + b_n}{2} \text{ für alle } m \in M, \\[2mm] \left[\dfrac{a_n + b_n}{2}; b_n \right] & \text{sonst.} \end{cases}$$

Der Kern dieser Halbierung ist das Supremum von M, wie leicht einzusehen ist.

Hauptsatz über monotone Folgen: Jede nach oben beschränkte, monoton wachsende Folge $\langle d_n \rangle$ reeller Zahlen konvergiert.

Beweis: Es sei s eine obere Schranke der Menge der Folgenglieder, ferner $a_0 := d_0$ und $b_0 := s$. Wir definieren rekursiv

$$[a_{n+1}; b_{n+1}] := \begin{cases} \left[a_n; \dfrac{a_n + b_n}{2}\right], & \text{falls } d_i \leq \dfrac{a_n + b_n}{2} \text{ für alle } i \in \mathbb{N}, \\[2ex] \left[\dfrac{a_n + b_n}{2}; b_n\right] & \text{sonst.} \end{cases}$$

Der Kern der Intervallschachtelung sei d. Wir wollen ausführlich zeigen, daß dies der Grenzwert der Folge $\langle d_n \rangle$ ist, um die Rolle des Archimedes-Axioms erkennbar zu machen. Mit vollständiger Induktion sehen wir, daß zu jedem $k \in \mathbb{N}$ ein $n_k \in \mathbb{N}$ mit $d_{n_k} \in [a_k; b_k]$ existiert, also $d_\nu \in [a_k; b_k]$ für alle $\nu \geq n_k$. Wegen $d \in [a_k; b_k]$ haben wir also gezeigt, daß

$$|d_\nu - d| \leq \frac{1}{2^k}(s - d_0) \text{ für alle } \nu \geq n_k.$$

Ist nun $\varepsilon \in \mathbb{R}^+$ gegeben, dann gilt für hinreichend große k

$$\frac{1}{2^k}(s - d_0) < \varepsilon, \text{ also } \frac{s - d_0}{\varepsilon} < 2^k.$$

Denn mit vollständiger Induktion beweist man $k < 2^k$ für alle $k \in \mathbb{N}$, und *wegen der Archimedizität* existiert ein $n_\varepsilon \in \mathbb{N}^*$ mit

$$\frac{s - d_0}{\varepsilon} < n_\varepsilon, \text{ also } \frac{s - d_0}{\varepsilon} < 2^k$$

für alle $k \geq n_\varepsilon$. Mit $n_0 := \max\{n_k, n_\varepsilon\}$ haben wir daher bewiesen:

$$|d_\nu - d| \leq \varepsilon \text{ für alle } \nu \geq n_0,$$

die Folge $\langle d_n \rangle$ hat also den Grenzwert d.

Zwischenwertsatz: Zu jeder in $[a; b]$ stetigen Funktion f mit $f(a) < f(b)$ und jeder reellen Zahl d mit $f(a) \leq d \leq f(b)$ gibt es ein $c \in [a; b]$ mit $f(c) = b$.

Beweis: Es sei $[a_0; b_0] := [a; b]$. Wir definieren rekursiv

$$[a_{n+1}; b_{n+1}] := \begin{cases} \left[a_n; \dfrac{a_n + b_n}{2}\right], & \text{falls } f\left(\dfrac{a_n + b_n}{2}\right) \geq d, \\[2ex] \left[\dfrac{a_n + b_n}{2}; b_n\right] & \text{sonst.} \end{cases}$$

Der Kern der Intervallschachtelung sei c. Es gilt $c \in [a; b]$ und

(*) $f(a_n) \leq d \leq f(b_n)$ für alle $n \in \mathbb{N}$.

Wegen der Stetigkeit von f speziell an der Stelle c gilt

$$\lim\langle f(a_n)\rangle = f(\lim\langle a_n\rangle) = f(c),$$
$$\lim\langle f(b_n)\rangle = f(\lim\langle b_n\rangle) = f(c).$$

Mit (*) folgt daher $f(c) = d$.

(11) Bemerkung: Unsere Überzeugung (3) können wir nun, wie oben schon gesagt, folgendermaßen formulieren: Es gibt einen archimedisch angeordneten, vollständigen Körper. Man kann zeigen, daß zwei archimedisch angeordnete, vollständige Körper isomorph sind (vgl. z. B. [Oberschelp 1976]). Wir wissen damit, daß das Axiomensystem { (A1), (A2), (A3), (A4), (V) } *monomorph* ist, wobei (V) für eines der Axiome bzw. eine der Axiomengruppen (V1) bis (V13) steht. Hilbert verwendet zur Kennzeichnung der reellen Zahlen ein *Maximalitätsaxiom*, das $(\mathbb{R}, +, \cdot, \leq)$ als maximal unter allen archimedisch angeordneten Körpern kennzeichnet. Auch dieses so gegebene Axiomensystem ist äquivalent zu den obigen. Ist $(K, +, \cdot, \leq)$ vollständig, aber nicht archimedisch, so ist K nicht isomorph zu $\mathbb{R}$. Wegen $\mathbb{Q} \subseteq K$ und der Vollständigkeit von K konvergiert jede Cauchy-Folge (Fundamentalfolge) in K, also ist $\mathbb{R} \subseteq K$. Damit erhalten wir im Sinne der Isomorphie: Unter allen archimedisch angeordneten Körpern ist

$$(\mathbb{Q}, +, \cdot, \leq) \text{ minimal und } (\mathbb{R}, +, \cdot, \leq) \text{ maximal}.$$

I.4 Zur Konstruktion der reellen Zahlen

Die Erweiterung der Menge der natürlichen Zahlen zur Menge der ganzen Zahlen einerseits und zur Menge der Bruchzahlen (nichtnegative rationale Zahlen) andererseits und schließlich die Erweiterung dieser beiden zur Menge der rationalen Zahlen erfolgt unter algebraischen Gesichtspunkten: Es handelt sich um die Erweiterung einer kommutativen regulären Halbgruppe zu einer Gruppe (Quotientengruppe) bzw. eines Integritätsbereichs oder eines Halbkörpers zu einem Körper (Quotientenkörper). Ein solcher Konstruktionsprozeß wird von dem Bestreben geleitet, eine „Unvollständigkeit" des vorliegenden Zahlenbereichs zu beseitigen, indem man eine bis auf Isomorphie eindeutig bestimmte kleinste Oberstruktur konstruiert, die diese Unvollständigkeit nicht besitzt. Dabei besteht diese Oberstruktur bei der Konstruktion der ganzen Zahlen, der Bruchzahlen oder der rationalen Zahlen zunächst aus Äquivalenzklassen von Paaren der gegebenen Struktur. Beispielsweise ist eine Lösung von $a + x = b$ durch Angabe des Paares (a, b) oder (b, a) eindeutig festgelegt. Andererseits hat $(a + k) + x = (b + k)$ offensichtlich dieselbe Lösung, so daß die Paare (a, b) und $(a + k, b + k)$ als äquivalent anzusehen sind, was zur Definition der Äquivalenzrelation

$$(a, b) \sim (c, d) \ :\Longleftrightarrow \ a + d = b + c$$

führt. Die Äquivalenzklassen selbst sind dann als neue Objekte anzusehen, und das ist typisch für alle Zahlenbereichserweiterungen: Man definiert eine neue Struktur, die ein isomorphes Bild der alten Struktur enthält, welche aber die „Unvollständigkeit" der alten Struktur nicht mehr aufweist. Vgl. hierzu etwa [Feigl/Rohrbach 1953].

Zwecks Konstruktion der reellen Zahlen stellen wir uns nun die Frage, welches die „Unvollständigkeiten" des archimedisch angeordneten Körpers der rationalen Zahlen sind. Wir erkennen eine solche leicht darin, daß nicht jede Gleichung der Form $x^2 = a$ mit rationalem a in $\mathbb{Q}$ lösbar ist. Diese Unvollständigkeit läßt sich leicht durch algebraische Erweiterung von $\mathbb{Q}$ beseitigen, führt aber nocht nicht zu $\mathbb{R}$. (Der Körper der algebraischen Zahlen ist noch „himmelweit" von $\mathbb{R}$ entfernt, was etwa durch seine Abzählbarkeit belegt wird; vgl. I.6.)

Die Unvollständigkeit von $\mathbb{Q}$, welche den Anstoß zur Konstruktion von $\mathbb{R}$ liefert, wird durch jedes der Axiome (V1) bis (V13) ausgedrückt. Jedes dieser Axiome ist gleichermaßen geeignet, durch Beseitigung der jeweiligen Unvollständigkeit $\mathbb{R}$ aus $\mathbb{Q}$ zu konstruieren. Üblich sind vor allem Konstruktionsverfahren, die auf der Erfüllung von

(V1) (kein Dedekindscher Schnitt ist eine Lücke)

(V2) (jede Fundamentalfolge konvergiert),

(V4) (jede Intervallschachtelung hat einen Kern),

beruhen.

Die Konstruktion über Dedekindsche Schnitte liefert in sehr eleganter, schneller Form die lückenlose Totalordnung $(\mathbb{R}, \leq)$, recht großen Aufwand muß man dagegen bei der Fortsetzung der Addition und der Multiplikation von $\mathbb{Q}$ auf $\mathbb{R}$ treiben (klassische Literatur [Landau 1960];

vgl. auch [Bürger/Schweiger 1973]). So hat sich die Konstruktion von
IR mittels Fundamentalfolgen (Cauchy-Folgen) durchgesetzt (vgl.
etwa [Oberschelp 1976]), wohl auch deshalb, weil hier der für die Analysis
wesentliche Begriff der Fundamentalfolge („Cauchysches Konvergenzkriterium") zur Geltung kommt. Als drittes Verfahren ist die Konstruktion mit Hilfe von Intervallschachtelungen zu nennen, die gerade für die
Schule interessant ist, weil hier die Idee der approximativen Einschachtelung irrationaler Zahlen zum Tragen kommt. Alle drei Methoden werden
in [Knoche/Wippermann 1986] unter dem Aspekt ihrer Behandlung im
Schulunterricht dargestellt und diskutiert. Dort wird auch die Möglichkeit besprochen, die reellen Zahlen in der Schule auf der Grundlage von
Dezimalbruchentwicklungen zu untersuchen; die Vollständigkeit von IR
erweist sich dann in Gestalt der Gültigkeit des Supremumsaxiom. Zur
Konstruktion von IR vgl. auch [Artmann 1983].

Wie man nun auch die Konstruktion der reellen Zahlen, ausgehend
von den natürlichen Zahlen, vornimmt, stets ist bei sorgfältigem Vorgehen ein äußerst großer Aufwand erforderlich. Das Ziel wäre dabei, die
Existenz eines Modells für das Axiomensystem der reellen Zahlen zu sichern. Man müßte von einer Peano-Algebra ausgehen, deren Existenz
nur mittels der axiomatischen Mengenlehre „gesichert" werden kann, indem man ein Modell konstruiert. Viel klüger wäre man dann aber auch
nicht, man hätte nur gezeigt: *Die reellen Zahlen existieren, falls die
axiomatische Mengenlehre widerspruchsfrei ist.* Das ist zwar grundla-
gentheoretisch von großem Interesse, weil damit die Argumentationsbasis
möglicht klein gehalten wird, jedoch sollte dies zu Konsequenzen für eine
Behandlung der reellen Zahlen im Schulunterricht führen: Eine strenge
Konstruktion der reellen Zahlen scheidet schon wegen des enormen Auf-
wandes für den Schulunterricht aus. Andeutungen sind aber nur für den
verständlich, der ohnehin schon weiß, worum es geht. Eine rein axiomatische Charakterisierung der reellen Zahlen in dem Sinne, daß man
sich „verbietet", IN, Z und Q zu kennen, um diese Bereiche dann als
Teilmengen von IR zu definieren, muß auch ausscheiden, weil sie nicht an
das *Vorwissen der Schüler* anknüpft [Kirsch 1976]. So bleibt als dritte
Möglichkeit ein Mittelweg, wie wir ihn schon in I.1 angedeutet haben:
Die Gesamtheit der reellen Zahlen ist durch die Punkte der Zahlengeraden bereits real gegeben, der Schüler „entdeckt" — seinem jeweiligen
Entwicklungsstand gemäß — die Eigenschaften der Zahlenbereiche. Man
könnte diese axiomatisch-konstruierende Mischmethode vielleicht als *ent-
deckende Beschreibung* der reellen Zahlen kennzeichnen.

Wir beschließen diesen Abschnitt mit einem Zitat von Freudenthal [Freudenthal 1973, Bd. 1, S. 195]: *Die Zahlengerade soll ... fast vom Anfang des Rechnens an gebraucht werden. Zunächst werden auf ihr nur die natürlichen Zahlen bemerkt und markiert; dann melden sich beim Subtrahieren die negativen ganzen Zahlen an und werden angezeichnet, beim Teilen oder Schrumpfen kommen die gewöhnlichen Brüche hinzu, beim Messen sind es vielmehr die Dezimalbrüche, erst die endlichen dann die unendlichen. So wird die Zahlengerade gefüllt — ich meine nicht mit Zahlen oder Punkten, sondern mit zahlenmäßig erfaßten Punkten. Es gibt bei diesem Verfahren keine Einführung von neuen Zahlen, keine prinzipielle Erweiterung des Zahlenbereichs, sondern ein immer wachsendes „erforschtes Gebiet". Die reellen Zahlen sind von vornherein durch ihr anschauliches Bild gegeben, ebenso die Operationen: die Addition als Verschiebung, die Multiplikation als Streckung, und auch die Rechengesetze sind evident oder leicht zu veranschaulichen.*

I.5 Irrationalitätsbeweise

Je nach Beschreibung einer reellen Zahl gibt es verschiedene Methoden, gegebenenfalls ihre Irrationalität zu beweisen.

(1) Nichtperiodische Dezimalbruchentwicklungen:
Da genau die rationalen Zahlen eine periodische Dezimalbruchentwicklung besitzen (geometrische Reihe!), lassen sich hierauf aufbauend sofort irrationale Zahlen angeben. Es ist ein nützliche Beweisübung, etwa die Nichtperiodizität der folgenden Entwicklungen zu begründen:

$$0, 1\ 2\ 3\ 4\ 5\ 6\ 7\ 8\ 9\ 10\ 11\ 12\ 13\ \ldots$$
$$0, 3\ 6\ 9\ 12\ 15\ 18\ 21\ 24\ 27\ 30\ 33\ \ldots$$
$$0, 2\ 3\ 5\ 7\ 11\ 13\ 17\ 19\ 23\ 29\ 31\ \ldots$$
$$0, 10\ 100\ 1000\ 10000\ 100000\ 1000000\ \ldots$$
$$0, 1\ 4\ 9\ 16\ 25\ 36\ 49\ 64\ 81\ 100\ 121\ \ldots$$

Die Nichtperiodizität der erstgenannten Entwicklung sieht man z. B. folgendermaßen ein: Läge eine Periode der Länge n vor, so müßte diese aus lauter Ziffern 0 bestehen, da in der Entwicklung die Ziffernfolgen $1000\ldots0$ mit beliebig vielen Nullen vorkommen; die Entwicklung wäre also abbrechend, was aber offensichtlich nicht der Fall ist. Ein weiteres

Beispiel ist die *Liouvillesche Zahl*

$$\sum_{k=0}^{\infty} 10^{-k!},$$

welche nicht nur irrational, sondern sogar transzendent (nicht-algebra-isch) ist.

(2) Nichtabbrechende Kettenbruchentwicklungen

(vgl. [Perron 1960]): Mit Hilfe des Euklidischen Algorithmus (Wechsel-wegnahme, vgl. I.1) läßt sich jede positive rationale Zahl als *Kettenbruch* schreiben:

$$\frac{a}{b} = q_0 + \cfrac{1}{q_1 + \cfrac{1}{q_2 + \cfrac{1}{\ddots + \cfrac{1}{q_n}}}} =: [q_0; q_1, q_2, \ldots, q_n].$$

$[q_0; q_1, q_2, \ldots, q_n]$ heißt *regulärer $(n+1)$-gliedriger Kettenbruch* mit dem *Anfangsglied* q_0 und den *Teilnennern* $q_1, \ldots, q_n$. Diese sind eindeutig durch $\frac{a}{b}$ bestimmt, wenn man $q_n = 1$ ausschließt. Für $a < b$ ist $q_0 = 0$. Bricht man den Kettenbruch beim k-ten Teilnenner q_k ab, so entsteht der *k-te Näherungsbruch* $[q_0; q_1, \ldots, q_k]$ von $\frac{a}{b}$. (Der Zusatz „regulär" bedeutet, daß alle Teilzähler den Wert 1 haben.)

Die Theorie der Kettenbrüche entwickelte sich historisch aus dem Bedürfnis, Brüche mit großem Zähler und Nenner durch einfachere Brüche zu approximieren. Dies geht auf Christian Huygens (1629-1695) zurück. Er stand vor der Aufgabe, ein Zahnradmodell des Sonnensystems zu bauen. Für gekoppelte Zahnräder mußte dabei gelten:

$$\frac{\text{Zahnanzahl von Zahnrad 1}}{\text{Zahnanzahl von Zahnrad 2}} = \frac{\text{Umlaufzeit von Planet 1}}{\text{Umlaufzeit von Planet 2}}$$

Wegen der durch gute Messungen bedingten sehr großen Zahnanzah-len war eine technische Realisierung nur mit einem Näherungsmodell möglich. Die Kettenbruchentwicklung leistet hier gute Dienste: Soll etwa $\frac{1355}{946}$ durch einen Bruch approximiert werden, bei dem Zähler und Nenner aus technischen Gründen kleiner als 100 sein müssen, so betrachtet man die Näherungsbrüche von

$$\frac{1355}{946} = [1; 2, 3, 5, 8, 3].$$

Der dritte Näherungsbruch berechnet sich zu $\frac{53}{37}$ mit

$$\left|\frac{1355}{946} - \frac{53}{37}\right| = 0,00008571 < 10^{-4}.$$

Für die Approximation mit Hilfe eines Dezimalbruchs hätte man bei gleicher Güte also den Nenner 10 000 benötigt, während wir so mit dem Nenner 37 ausgekommen sind. (Weitere schöne Beispiele zu elementaren Approximationsfragen findet man z. B. in [Rademacher/Toeplitz 1930].) Das folgende für den Unterricht interessante Beispiel für Kettenbruchnäherungen findet man bei [Vollrath 1973]: Aus Widerständen mit dem gleichen Widerstandswert $r = 30\Omega$ soll ein Komplexwiderstand mit dem Wert $R = 52\Omega$ zusammengelötet werden, wobei Kontaktwiderstände zu vernachlässigen sind. Dann ist also

$$R = \frac{52}{30}r.$$

Eine erste Realisierung erhalten wir durch 30 Reihen zu je 52 Widerständen (oder umgekehrt) in Parallelschaltung, was 1560 Widerstände erfordert. Wer die Nützlichkeit der Kürzens von Brüchen noch nicht erlebt hat, kann hier vielleicht überzeugt werden, weil man dann nur noch 390 Widerstände benötigt, was aber immer noch sehr viel ist. Die Zerlegung

$$R = r + \frac{11}{15}r$$

liefert bei der Kombination von Reihen- und Parallelschaltung einen Bedarf von $1 + 11 \cdot 15 = 166$ Widerständen. Entwickeln wir aber $\frac{26}{15}$ in einen Kettenbruch, also

$$\frac{26}{15} = [1; 1, 2, 1, 3],$$

so liefert Fig. 1 das zugehörige Schaltbild, und wir kommen mit 8 Widerständen aus. Wählen wir nun gar den Näherungsbruch

$$[1; 1, 2, 1] = \frac{7}{4}$$

und nehmen den Fehler $|\frac{26}{15} - \frac{7}{4}| = \frac{1}{60}$ in Kauf, so reichen sogar 5 Widerstände, wie Fig. 2 zeigt.

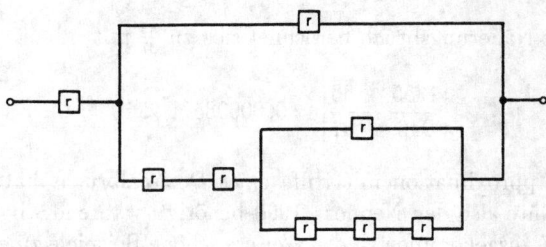

Fig. 1

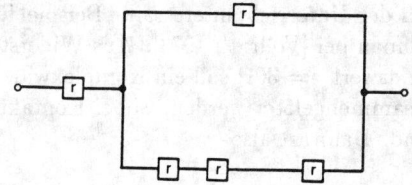

Fig. 2

Wenn nun eine *irrationale* Zahl eine Kettenbruchentwicklung besitzt, so kann diese nicht abbrechen, da sonst eine rationale Zahl vorläge. Für uns ist vor allem die Umkehrung dieser Aussage interessant, und wir fragen daher, wie man eine irrationale Zahl $\alpha > 0$ in einen Kettenbruch entwickeln kann. Dazu benutzen wir wieder die Wechselwegnahme, indem wir zunächst 1 so oft wie möglich von α wegnehmen. Das geht $[\alpha]$-mal (Ganzteilfunktion, $[\alpha] = \text{int}(\alpha)$). Also bilden wir

$$\alpha = [\alpha] + (\alpha - [\alpha]) = [\alpha] + \cfrac{1}{\cfrac{1}{\alpha - [\alpha]}}$$

und setzen $q_0 := [\alpha]$. Wegen $0 < \alpha - [\alpha] < 1$ ist $\frac{1}{\alpha - [\alpha]} > 1$, und wir bilden $q_1 := \left[\frac{1}{\alpha - [\alpha]}\right]$. Damit ist die Rekursion klar, und wir brauchen das nicht allgemein aufzuschreiben. (Für rationales α stimmt dies Verfahren mit dem aus dem Euklidischen Algorithmus gewonnenen überein.) Die so entstehenden „unendlichen regulären Kettenbrüche" können wir beim k-ten Teilnenner abbrechen und erhalten *Näherungsbrüche* $\frac{A_k}{B_k}$ mit $\text{ggT}(A_k, B_k) = 1$, für welche gilt:

$$\left|\alpha - \frac{A_k}{B_k}\right| < \frac{1}{B_k^2}.$$

Es ergibt sich also das folgende *Irrationalitätskriterium*: Eine positive reelle Zahl ist genau dann irrational, wenn die Kettenbruchdarstellung nicht abbricht. (Vgl. hierzu das Kriterium I.1 (8)).

Als Anwendung dieses Kriteriums ergibt sich die Irrationalität der Quadratwurzeln $\sqrt{a^2+1}$ für $a \in \mathbb{N}^*$. Denn für $x := \sqrt{a^2+1}$ ist $x^2 - a^2 = 1$, also $x - a = \frac{1}{x+a}$ bzw.

$$x = a + \frac{1}{a+x}.$$

Wegen $a + x > 1$ ist dies gerade der Rekursionsschritt zur Kettenbruchentwicklung, und wir erhalten den nicht abbrechenden *periodischen* Kettenbruch

$$\sqrt{a^2+1} = [a; 2a, 2a, 2a, \ldots].$$

Damit sind $\sqrt{2}$, $\sqrt{5}$, $\sqrt{10}$, $\sqrt{17}$ ... irrational. Andere Irrationalitätsbeweise für nicht-ganze Quadratwurzeln aus natürlichen Zahlen finden sich in (3) und (4).

(3) Verwendung der Primfaktorzerlegung:

Die Irrationalität von Logarithmen ergibt sich aus dem Satz über die Existenz und Eindeutigkeit der Primfaktorzerlegung natürlicher Zahlen (Hauptsatz der elementaren Zahlentheorie). Ist $\log_b a = \frac{r}{s}$ mit $r, s \in \mathbb{N}^*$, so folgt $b^r = a^s$. Sind α_i, β_i die Vielfachheiten des Primfaktors p_i in a bzw. b, dann muß also das Verhältnis $\alpha_i : \beta_i$ für alle i denselben Wert $\frac{r}{s}$ haben. Ist diese Bedingung nicht erfüllt, dann ist $\log_b a$ irrational. Insbesondere ist damit $\log_b a$ irrational für $a, b \in \mathbb{N}$ mit $a, b \geq 2$, wenn $\mathrm{ggT}(a, b) = 1$ gilt.

Analog verfährt man bei Wurzeln: Ist $\sqrt[k]{a} = \frac{r}{s}$ $(k, a, r, s \in \mathbb{N}^*)$, dann ist $r^k = as^k$. Für die Vielfachheiten $\alpha_i, \varrho_i, \sigma_i$ des Primfaktors p_i in den Primfaktorzerlegungen der Zahlen a, r, s muß also $k\varrho_i = \alpha_i + k\sigma_i$ gelten, α_i muß daher ein Vielfaches von k sein. Ist also a keine k-te Potenz einer natürlichen Zahl, dann ist $\sqrt[k]{a}$ irrational.

Allgemeiner gilt: Jede ganzalgebraische Zahl ist entweder ganz (ganzrational) oder irrational. (Eine reelle Zahl heißt *algebraisch*, wenn sie Nullstelle eines Polynoms mit Koeffizienten aus $\mathbb{Z}$ ist; sie heißt *ganzalgebraisch*, wenn sie Nullstelle eines solchen Polynoms mit dem führenden Koeffizient 1 ist.) Ist etwa α eine reelle Nullstelle des Polynoms

$$x^n + a_{n-1} x^{n-1} + \ldots + a_2 x^2 + a_1 x + a_0$$

mit $n \in \mathbb{N}^*$ und $a_0, a_1, a_2, \ldots, a_{n-1} \in \mathbb{Z}$, und ist $\alpha = \frac{r}{s}$ mit $r, s \in \mathbb{N}^*$, dann gilt

$$r^n + a_{n-1} r^{n-1} s + \ldots + a_2 r^2 s^{n-2} + a_1 r s^{n-1} + a_0 s^n = 0.$$

Alle Summanden sind ganze Zahlen, die letzten n Summanden sind offensichtlich durch s teilbar, also ist r^n durch s teilbar. Nimmt man $\mathrm{ggT}(r, s)=1$ an, so geht dies offenbar nur für $s = 1$, also ist α eine ganzrationale Zahl.

(4) Die Irrationalität der Eulerschen Zahl

Üblicherweise benutzt man beim Beweis der Irrationalität der Eulerschen Zahl e die Darstellung als Reihe, also

$$e = \sum_{n=0}^{\infty} \frac{1}{n!}.$$

Der Beweis ist indirekt: Wäre $e = \frac{p}{q}$ mit $p, q \in \mathbb{N}^*$, so wäre $q!e$ ganz und daher auch

$$\alpha := \sum_{n=q+1}^{\infty} \frac{q!}{n!} = q!e - \left(q! + \frac{q!}{1!} + \frac{q!}{2!} + \ldots + \frac{q!}{q!} \right)$$

eine ganze Zahl. Wegen

$$0 < \alpha = \frac{1}{q+1} + \frac{1}{(q+1)(q+2)} + \ldots < \sum_{n=1}^{\infty} \frac{1}{(q+1)^n} = \frac{1}{q} \leq 1$$

entsteht ein Widerspruch.

Mit einem ähnlichen Gedankengang kann man auch leicht die Irrationalität von Quadratwurzeln beweisen und somit obiges Verfahren nicht zu isoliert erscheinen lassen: Ist $\sqrt{k}$ mit $k \in \mathbb{N}^*$ nicht ganz, dann ist $0 < \sqrt{k} - [\sqrt{k}] < 1$. Wäre $\sqrt{k}$ rational und q die kleinste natürliche Zahl mit $q\sqrt{k} \in \mathbb{N}$, dann wäre auch

$$qk - q[\sqrt{k}]\sqrt{k} \in \mathbb{N}, \quad \text{also} \quad (q\sqrt{k} - q[\sqrt{k}])\sqrt{k} \in \mathbb{N}.$$

Dies widerspricht wegen $0 < q\sqrt{k} - q[\sqrt{k}] < q$ der Minimalität von q.

Ein weiterer Beweis der Irrationalität von e stammt von Euler; er benutzt die nicht-abbrechende Kettenbruchentwicklung

$$\frac{e+1}{e-1} = [2; 6, 10, 14, 18, 22, 26, \ldots],$$

welche die Irrationalität von $\frac{e+1}{e-1}$ und damit von e belegt. Aus obiger Kettenbruchentwicklung hat Euler auch eine solche für e hergeleitet:

$$e = [2; 1, 2, 1, 1, 4, 1, 1, 6, 1, \ldots]$$

Die Kettenbruchentwicklung von $\frac{e+1}{e-1}$ ist übrigens ein Spezialfall von

$$\frac{\sqrt[k]{e^2}+1}{\sqrt[k]{e^2}-1} = [k; 3k, 5k, 7k, \ldots]$$

mit $k \in \mathbb{N}^*$ (vgl. [Perron 1960]), und damit ist auch $\sqrt[k]{e^2}$ für alle $k \in \mathbb{N}^*$ irrational.

(5) Die Irrationalität der Kreiszahl

Die Entwicklung der Kreiszahl π in einen unendlichen regulären Kettenbruch weist keine Regelmäßigkeiten wie die der Eulerschen Zahl auf:

$$\pi = [3; 7, 15, 1, 292, 1, 1, 1, 2, 1, 3, 1, 14, 2, \ldots]$$

Es fällt also schwer, einen Irrationalitätsbeweis aus der Kettenbruchentwicklung zu gewinnen. In gewisser Weise kann die Art der Irrationalität von π also als „schlimmer" als diejenige von e angesehen werden. Es ist daher zu erwarten, daß ein Irrationalitätsbeweis von π nicht sehr einfach ist; man kommt aber mit Hilfsmitteln der Analysis aus, welche auch in der Schule verfügbar sind. Wir beginnen mit zwei Vorüberlegungen (i) und (ii):

(i): Für $n \in \mathbb{N}$ sei die ganzrationale Funktion $f_n : \mathbb{R} \to \mathbb{R}$ definiert durch

$$f_n(x) = \frac{x^n(1-x)^n}{n!}.$$

Ausmultiplizieren liefert

$$f_n(x) = \frac{1}{n!} \sum_{\nu=n}^{2n} a_\nu x^\nu$$

mit ganzzahligen Koeffizienten a_ν. Für die k-te Ableitung von f_n gilt

$$f_n^{(k)}(0) = (-1)^k f_n^{(k)}(1) = \begin{cases} a_k \cdot \frac{k!}{n!} & \text{für } n \le k \le 2n, \\ 0 & \text{sonst.} \end{cases}$$

Dabei muß man die Symmetrie $f_n(\frac{1}{2} - x) = f_n(\frac{1}{2} + x)$ beachten. Für alle $k \in \mathbb{N}$ sind somit $f_n^{(k)}(0)$ und $f_n^{(k)}(1)$ ganz.

(ii): Es sei g eine auf $\mathbb{R}$ beliebig oft differenzierbare Funktion. Mit zweimaliger partieller Integration erhalten wir

$$\pi \int_0^1 g(x) \sin(\pi x) \, dx$$

$$= g(0) + g(1) + \int_0^1 g'(x) \cos(\pi x)\, dx$$

$$= g(0) + g(1) - \frac{1}{\pi^2} \cdot \pi \int_0^1 g''(x) \sin(\pi x)\, dx$$

$$= g(0) + g(1) - \frac{1}{\pi^2} \left(g''(0) + g''(1) + \int_0^1 g^{(3)}(x) \cos(\pi x)\, dx \right)$$

$$= g(0) + g(1) - \frac{1}{\pi^2}(g''(0) + g''(1)) + \frac{1}{\pi^4} \cdot \pi \int_0^1 g^{(4)}(x) \sin(\pi x)\, dx\,.$$

Mit vollständiger Induktion gewinnen wir daraus

$$\pi \int_0^1 g(x) \sin(\pi x)\, dx$$

$$= \sum_{\nu=0}^n (-1)^\nu \cdot \frac{g^{(2\nu)}(0) + g^{(2\nu)}(1)}{\pi^{2\nu}} + \frac{(-1)^{n+1}}{\pi^{2n+2}} \cdot \pi \int_0^1 g^{(2n+2)}(x) \sin(\pi x)\, dx\,.$$

Speziell für $g := f_n$ ist wegen $f_n^{(2n+2)}(x) \equiv 0$

$$\pi \int_0^1 f_n(x) \sin(\pi x)\, dx = \sum_{\nu=0}^n \left(-\frac{1}{\pi^2} \right)^\nu (f_n^{(2\nu)}(0) + f_n^{(2\nu)}(1))\,.$$

Nun führen wir den indirekten Beweis für die Irrationalität von π. Wir nehmen an, π sei rational. Dann gilt dies auch für $\frac{1}{\pi^2}$, und wir setzen $\frac{1}{\pi^2} = \frac{p}{q}$ mit $p, q \in \mathbb{N}^*$. Nach (i) und (ii) gilt dann

$$(*) \qquad q^n \pi \int_0^1 f_n(x) \sin(\pi x)\, dx \ \in \ \mathbb{Z}\,.$$

Im Integrationsintervall liegt der Integrand zwischen 0 und $\frac{1}{n!}$, also gilt

$$0 < q^n \pi \int_0^1 f_n(x) \sin(\pi x)\, dx < \frac{q^n \pi}{n!}\,.$$

Über n können wir nun wegen $\lim\limits_{n \to \infty} \frac{q^n}{n!} = 0$ so verfügen, daß

$$0 < \frac{q^n \pi}{n!} < 1$$

gilt, womit ein Widerspruch zu (*) vorliegt.

I.6 Abzählbarkeitsfragen

Unter den irrationalen Zahlen fallen zunächst die algebraischen Zahlen ins Auge, also jene Zahlen, welche (wie die Wurzeln aus rationalen Zahlen) Lösungen von Polynomgleichungen mit ganzzahligen Koeffizienten sind. Auch die rationalen Zahlen zählen als Lösungen von solchen Polynomgleichungen ersten Grades zu den algebraischen Zahlen. Die algebraischen Zahlen bilden einen Unterkörper des Körpers der reellen Zahlen. Eine nicht-algebraische reelle Zahl heißt *transzendent*. Es ist nun unverhältnismäßig viel schwieriger, die Transzendenz gewisser Zahlen wie e und π zu beweisen als deren Irrationalität. Vielleicht erstaunt es dann, daß im Sinne der nun folgenden Betrachtungen die algebraischen Zahlen sehr dünn unter den reellen Zahlen gesät sind, daß in gewissem Sinne sogar „fast alle" reellen Zahlen transzendent sind.

(1) Definition: Eine unendliche Menge M heißt *abzählbar*, wenn eine bijektive Abbildung α von $\mathbb{N}$ auf M existiert. Andernfalls heißt M *überabzählbar*.

Man könnte statt abzählbar auch *numerierbar* sagen, um eine Verwechselung mit der Endlichkeit auszuschließen. Die oben genannte bijektive Abbildung nennt man auch eine *Abzählung* oder *Numerierung* der Menge M. Eine unendliche Menge ist genau dann abzählbar, wenn sie als eine Peano-Algebra zu strukturieren ist. Man kann dann ihre Elemente als Glieder einer Folge anordnen.

(2) Satz: Die Menge der rationalen Zahlen ist abzählbar.

Für diesen Satz führen wir verschiedene Beweise an.

1. Beweis (vgl. Fig. 1): Wir fassen jede rationale Zahl $\frac{p}{q}$ als Paar (p, q) ganzer Zahlen mit $q \neq 0$ auf und stellen die rationalen Zahlen demgemäß als Gitterpunkte in einem Koordinatenkreuz dar. Die rationalen Zahlen werden dabei wegen der Kürzbarkeit der Brüche mehrdeutig dargestellt. Auf jeden Fall tritt jede rationale Zahl mindestens einmal als Gitterpunkt auf. Eine Abzählung erhalten wir dann wie folgt: Wir beginnen beim Punkt (0;1) (eine Darstellung für 0) und durchlaufen dann spiralig alle Gitterpunkte, deren zweite Koordinate nicht 0 ist. Dabei werden die rationalen Zahlen in der Reihenfolge ihres Auftretens numeriert, sofern sie nicht bereits vorher erfaßt waren. (Die so numerierten Zahlen sind in Fig. 1 durch einen kleinen Kreis markiert.)

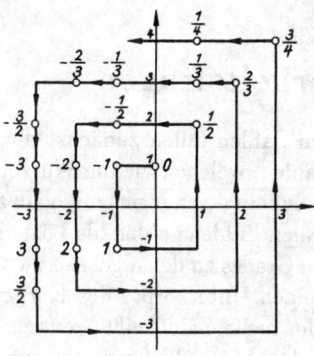

Fig. 1

2. Beweis (vgl. Fig. 2): Dieser benutzt zunächst eine Abzählung für die Menge der *positiven* rationalen Zahlen, wie sie in Fig. 2 angedeutet ist. Sind $q_0, q_1, q_2, \ldots$ die derart numerierten Zahlen, dann ist $0, q_0, -q_0, q_1, -q_1, \ldots$ eine Abzählung für $\mathbb{Q}$.

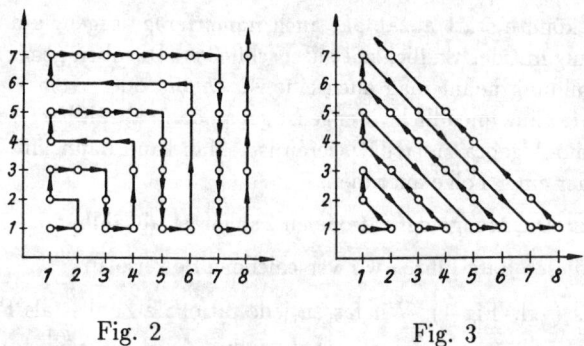

Fig. 2   Fig. 3

3. Beweis (vgl. Fig. 3): Gemäß Fig. 3 wird ebenfalls zunächst nur die Menge der *positiven* rationalen Zahlen abgezählt, was dann wiederum zu einer Abzählung für $\mathbb{Q}$ erweitert wird.

Die drei Beweise unterscheiden sich nicht wesentlich; sicher kann man sich noch eine Vielzahl ähnlicher Abzählverfahren ausdenken. Das Verfahren im 3. Beweis heißt *Erstes Cantorsches Diagonalverfahren*. Man könnte ein Abzählverfahren für $\mathbb{Q}^+$ auch ohne Rückgriff auf die Anschauung folgendermaßen formulieren:

4. Beweis: Man stelle alle positiven rationalen Zahlen als gekürzte Brüche dar und ordne jedem solchen Bruch $\frac{p}{q}$ seine *Höhe*

$$h(\frac{p}{q}) := p + q$$

zu. Es gibt nur endliche viele Brüche gegebener Höhe. Man numeriere nun der Reihe nach die Brüche

der Höhe 1 (kein Bruch),

der Höhe 2 ($\{\frac{1}{1}\}$),

der Höhe 3 ($\{\frac{1}{2}, \frac{2}{1}\}$),

der Höhe 4 ($\{\frac{1}{3}, \frac{3}{1}\}$),

der Höhe 5 ($\{\frac{1}{4}, \frac{2}{3}, \frac{3}{2}, \frac{4}{1}\}$)

usw. Die Brüche einer festen Höhe können dabei beliebig numeriert werden.

Die Grundidee des vierten Beweises für (2) führt auch auf einen Beweis für die Abzählbarkeit der algebraischen Zahlen, wie wir jetzt zeigen werden.

(3) **Satz:** Die Menge der algebraischen Zahlen ist abzählbar.

Beweis: Einem Polynom

$$f(x) := \sum_{\nu=0}^{n} a_\nu x^\nu$$

mit ganzzahligen Koeffizienten a_ν und $a_n \neq 0$ ordnen wir seine *Höhe*

$$h(f) := n + \sum_{\nu=0}^{n} |a_\nu|$$

zu. Es gibt nur endlich viele solche Polynome gegebener Höhe, und jedes Polynom hat nur endlich viele Nullstellen, und die Menge dieser Nullstellen ist definitionsgemäß die Menge der algebraischen Zahlen. Man numeriere nun der Reihe nach die Nullstellen von Polynomen der Höhe 1, der Höhe 2, der Höhe 3 usw., wobei man bereits vorher aufgetretene Zahlen überspringe.

Der Verdacht, jede Menge sei abzählbar, wird durch den folgenden sehr nützlichen Satz widerlegt:

(4) Satz: Die Potenzmenge einer abzählbaren Menge ist überabzählbar.

Beweis: Sei M abzählbar und $\mathcal{P}(M) := \{T \mid T \subseteq M\}$ die Potenzmenge von M. Ist $\mathcal{P}(M)$ abzählbar, gibt es also eine Bijektion $\alpha : M \to \mathcal{P}(M)$, dann betrachten wir die Teilmenge

$$A := \{x \in M \mid x \notin \alpha(x)\}$$

von M. Es existiert dann ein $m \in M$ mit $\alpha(m) = A$. Nun ergibt sich folgendermaßen ein Widerspruch: Ist $m \in A = \alpha(m)$, dann ist $m \notin A$; ist aber $m \notin A$, dann ist $m \in \alpha(m) = A$.

Damit ist die Existenz überabzählbarer Mengen gesichert; beispielsweise ist $\mathcal{P}(\mathbb{N})$ eine solche.

(5) Ergänzung: Die Menge aller *endlichen* Teilmengen einer abzählbaren Menge ist abzählbar. Zum Beweis betrachte man die abzählbare Menge $\mathbb{N}$ und numeriere zunächst die Teilmengen mit dem größten Element 0, dann die mit dem größten Element 1, dann die mit dem größten Element 2 usw., von denen es jeweils nur endlich viele gibt. Es folgt, daß schon die Menge der *unendlichen Teilmengen* einer abzählbaren Menge überabzählbar ist. Die Überabzählbarkeit der Potenzmenge einer abzählbaren Menge wird also von ihren unendlichen Teilmengen erzeugt.

Nun wollen wir wieder auf verschiedene Arten beweisen, daß $\mathbb{R}$ überabzählbar ist.

(6) Satz: Die Menge der reellen Zahlen ist überabzählbar.

1. Beweis (Zweites Cantorsches Diagonalverfahren): Wäre $\mathbb{R}$ abzählbar, dann wäre auch die unendliche Teilmenge $[0;1[$ von $\mathbb{R}$ abzählbar. Wir schreiben die Zahlen aus diesem Intervall eindeutig als Dezimalzahlen ohne Neunerperioden ($1 = 0,\bar{9}$). Könnten wir diese numerieren, dann gäbe es eine Liste der folgenden Form, in der jede Zahl x_m aus dem Intervall vorkäme:

$$
\begin{aligned}
x_1 &= 0, a_{11}a_{12}a_{13} \ldots a_{1n} \ldots \\
x_2 &= 0, a_{21}a_{22}a_{23} \ldots a_{2n} \ldots \\
x_3 &= 0, a_{31}a_{32}a_{33} \ldots a_{3n} \ldots \\
&\vdots \\
x_m &= 0, a_{m1}a_{m2}a_{m3} \ldots a_{mn} \ldots \\
&\vdots
\end{aligned}
$$

Dabei gilt $a_{\mu\nu} \in \{0,1,2,\ldots,9\}$. Wir definieren nun $x := 0, a_1 a_2 a_3 \ldots$
durch

$$a_n := \begin{cases} 1, & \text{falls } a_{nn} = 0, \\ 0, & \text{falls } a_{nn} \neq 0. \end{cases}$$

Dann ist $x \neq x_m$ für alle $m \in \mathbb{N}$, aber $x \in [0;1[$. Widerspruch!

Hätte man diesen Beweis statt mit der Dezimalbruchentwicklung mit
der Dualbruchentwicklung geführt, so hätte man vielleicht gemerkt, daß
sich die Behauptung auch aus (4) und (5) ergibt:

2. Beweis: Jede unendliche Teilmenge T von $\mathbb{N}^*$ bestimmt umkehrbar
eindeutig eine reelle Zahl aus $]0;1]$: Setze für $n \in \mathbb{N}$

$$a_n := \begin{cases} 1, & \text{falls } n \in T, \\ 0 & \text{sonst.} \end{cases}$$

Ordnet man der Menge T die Zahl $x := (0, a_1 a_2 a_3 \ldots)_2$ (Dualbruchentwicklung) zu, dann liegt eine Bijektion von der (überabzählbaren!)
Menge der unendlichen Teilmengen von $\mathbb{N}^*$ (vgl. (5)) auf die Menge der
reellen Zahlen des Intervalls $]0;1]$ vor. Die reellen Zahlen sind dabei als
nicht-abbrechende Dualbrüche geschrieben.

3. Beweis: Wir beweisen die Überabzählbarkeit des reellen Intervalls $[0;1[$
mit Hilfe einer Intervallschachtelung: Es sei $M = \{x_0, x_1, x_2, \ldots\}$ eine
abzählbare Teilmenge von $[0;1]$. Wir wollen zeigen, daß M nicht alle
reellen Zahlen aus $[0;1]$ enthält. Es sei $I_0 = [a_0; b_0]$ das erste der Intervalle

$$[0; \frac{1}{3}], \ [\frac{1}{3}; \frac{2}{3}], \ [\frac{2}{3}; 1],$$

in dem x_0 *nicht* liegt. Ist $I_n = [a_n; b_n]$ definiert, dann sei $I_{n+1} = [a_{n+1}; b_{n+1}]$ das erste der Intervalle

$$[a_n; a_n + \frac{1}{3^{n+1}}], \ [a_n + \frac{1}{3^{n+1}}; a_n + \frac{2}{3^{n+1}}], \ [a_n + \frac{2}{3^{n+1}}; b_n],$$

in welchem x_{n+1} *nicht* liegt. Die Folge $I_0, I_1, I_2, \ldots$ definiert eine Intervallschachtelung und damit eine reelle Zahl; diese reelle Zahl liegt zwar
in $[0;1]$, aber nicht in M.

4. Beweis: Wir beweisen jetzt die Überabzählbarkeit von $[0;1]$ mit Hilfe
des Heine-Borel-Axioms (I.3 (V9)): Wir nehmen an, $[0;1]$ wäre abzählbar,
also $[0;1] = \{x_1, x_2, x_3, \ldots\}$. Jedem x_n ordnen wir ein offenes Intervall I_n
mit $x_n \in I_n$ der Länge $(\frac{1}{2})^n$ zu. Wir erhalten eine offene Überdeckung

von [0;1]. Nach dem Axiom von Heine-Borel gibt es unter den Intervallen I_n bereits endlich viele, welche [0;1] überdecken. Wegen

$$\sum_{i=1}^{k} \frac{1}{2^i} < 1 \quad \text{für jedes } k \in \mathbb{N}$$

ist dies aber nicht möglich.

(7) Bemerkung: Es gibt weitere Überabzählbarkeitsbeweise für $\mathbb{R}$, die auf der Definition der reellen Zahlen als Äquivalenzklassen von Cauchy-Folgen beruhen oder (wie der dritte hier dargestellte Beweis) Intervallschachtelungen benutzen. Welchen dieser Beweise man eventuell im Unterricht behandeln könnte, hängt von der Art der „Einführung" der reellen Zahlen ab ([Kießwetter 1966], [Wenner 1969], [Köhnen 1973]). [Andersen 1968] schlägt sogar vor, die Überabzählbarkeit von $\mathbb{R}$ zur „Einführung der reellen Zahlen" zu benutzen.

(8) Folgerung aus (3) und (6): Es gibt transzendente Zahlen.

Es gibt sogar überabzählbar viele transzendente Zahlen, während die Menge der algebraischen Zahlen abzählbar ist. In diesem Sinne sind „fast alle" reellen Zahlen transzendent. Trotz dieser Tatsache ist es äußerst schwer, transzendente Zahlen explizit anzugeben. Im Jahr 1844 konstruierte Joseph Liouville (1809–1882) die nach ihm benannte Klasse der *Liouvilleschen Zahlen*, zu welcher z. B. die Zahl

$$\sum_{n=1}^{\infty} 10^{-n!} = 0,110001000\ldots$$

gehört; die Irrationalität dieser Zahl ist sofort zu erkennen, der Nachweis ihrer Transzendenz bedarf aber größerer Anstrengungen. Vgl. hierzu [Artmann 1983], [Courant/Robbins 1967], [Perron 1960], [Siegel 1967]. Im Jahr 1873 erbrachte Charles Hermite (1822–1901) den Nachweis der Transzendenz der Eulerschen Zahl e. Das Geheimnis der Zahl π konnte erst neun Jahre später von Ferdinand v. Lindemann (1852–1939) gelüftet werden. Er bewies, daß $e^{ix} + 1 = 0$ (i imaginäre Einheit) für keine algebraische Zahl x möglich ist. Euler hatte aber schon vorher $e^{i\pi} + 1 = 0$ bewiesen, und somit war die Transzendenz von π (basierend auf der Transzendenz von e) bewiesen. Damit war auch endgültig geklärt, daß der Kreis nicht mit Zirkel und Lineal in ein flächengleiches Quadrat verwandelt werden kann (*Quadratur des Kreises*), obwohl Hobbymathematiker noch heute wegen eines Mißverständnisses der Fragestellung „Lösungen" hierfür anbieten.

I.7 Ergänzungen

Im Sinne des Dedekind-Axioms (I.3 (V1)) besitzt $\mathbb{Q}$ Lücken. Andererseits liegt zwischen je zwei rationalen Zahlen und auch zwischen je zwei reellen Zahlen wieder eine rationale Zahl; es gibt kein — noch so kleines — Intervall aus $\mathbb{R}$, welches keine rationale Zahl enthält. Um diesen Sachverhalt prägnanter beschreiben zu können, führt man eine passende Sprechweise ein:

(1) **Definition:** Es sei $(A, \leq)$ eine Totalordnung und T eine nichtleere Teilmenge von A. Dann heißt T *dicht* in A, wenn gilt: Für alle $a, b \in A$ mit $a < b$ gibt es ein $c \in T$ mit $a < c < b$.

Man kann leicht zeigen, daß K bei einem angeordneten Körper $(K, +, \cdot, \leq)$ dicht in sich liegt; beispielsweise sind die rationalen Zahlen dicht in sich, d. h. zwischen je zwei rationalen Zahlen liegt wieder eine rationale Zahl (z. B. das arithmetische Mittel). Weniger selbstverständlich ist folgende Aussage:

(2) **Satz:** $\mathbb{Q}$ ist dicht in $\mathbb{R}$.

Beweis: Es sei $a, b \in \mathbb{R}$ mit $a < b$. Wegen $b - a > 0$ ist $\frac{1}{b-a} > 0$. Es gibt nun ein $n \in \mathbb{N}^*$ mit $\frac{1}{b-a} < n$ (Archimedes-Axiom!), und daraus folgt $0 < \frac{1}{n} < b - a$, also auch $b - \frac{1}{n} > a$. Ferner existiert ein $m \in \mathbb{N}^*$ mit $nb \leq m$, also $\frac{m}{n} \geq b$. Wählen wir nun m minimal, so gilt $\frac{m-1}{n} < b$, insgesamt also

$$a < b - \frac{1}{n} \leq \frac{m}{n} - \frac{1}{n} = \frac{m-1}{n} =: c < b.$$

(3) **Bemerkung:** Man kann auch leicht zeigen, daß die Menge der irrationalen Zahlen dicht in $\mathbb{R}$ ist. Daraus und aus (2) kann man schließen, daß zwischen je zwei irrationalen Zahlen unendlich viele rationale Zahlen liegen, und daß zwischen je zwei rationalen Zahlen unendlich viele irrationale Zahlen liegen.

Die für die Analysis so wichtige Erweiterung des Körpers der rationalen zu dem der reellen Zahlen läßt die Frage aufkommen, ob auch noch jenseits von $\mathbb{R}$ „Rechenbereiche" liegen, deren Elemente man als „Zahlen" anerkennen könnte.

Die Erweiterung des Körpers der reellen Zahlen zum *Körper* $\mathbb{C}$ der komplexen Zahlen ist zwar für den Analysisunterricht bisher noch ohne Bedeutung, sie könnte sich aber in der Geometrie bzw. in der Linearen Algebra als interessantes Thema erweisen. Ferner ist im Zusammenhang mit Computeralgebrasystemen (CAS, „Formelmanipulationssysteme") zu erwarten, daß komplexe Analysis auch für den Schulunterricht an Bedeutung gewinnt (vgl. [Hanisch 1992]).

Die Interpretation der Addition in $\mathbb{C}$ als Verkettung von Verschiebungen und der Multiplikation als Verkettung von Drehstreckungen läßt $\mathbb{C}$ als einen Zahlenbereich erscheinen, der dienlich für die Beschreibung von Fragen der ebenen Geometrie ist. Es läge daher folgende Definition von $\mathbb{C}$ nahe:

(4) Definition: Unter einer *komplexen Zahl* verstehen wir eine Matrix der Form

$$\begin{pmatrix} a & -b \\ b & a \end{pmatrix} \quad (a, b \in \mathbb{R}).$$

Die Menge aller komplexen Zahlen bezeichnen wir mit $\mathbb{C}$.

Deutet man die Matrix in (4) als Abbildungsmatrix einer affinen Abbildung in einem kartesischen Koordinatensystem, so handelt es sich um eine Drehstreckung mit dem Fixpunkt O, dem Streckfaktor $k := \sqrt{a^2 + b^2}$ und dem Drehwinkel $\varphi := \arccos \frac{a}{\sqrt{a^2+b^2}}$, sie kann also auch in der Form

$$k \begin{pmatrix} \cos\varphi & -\sin\varphi \\ \sin\varphi & \cos\varphi \end{pmatrix}$$

geschrieben werden.

(5) Satz: Bezüglich der Matrizenaddition und -multiplikation bildet $\mathbb{C}$ einen Körper. Dieser enthält in Gestalt der Diagonalmatrizen ein isomorphes Bild des Körpers der reellen Zahlen.

Die Verifikation dieses Satzes setzt lediglich die Kenntnis des Rechnens mit 2×2-Matrizen voraus. Die mit (4) und (5) gegebene Einführung der komplexen Zahlen hat den Vorzug, daß keine obskure „Multiplikation von Paaren" vom Himmel fällt und die angestrebte Lösbarkeit der Gleichung $x^2 + 1 = 0$ nicht am Anfang steht. (Man könnte ja auch versuchen, der Gleichung $e^x = 0$ zu einer Lösung zu verhelfen!)

Nun läßt sich $\mathbb{C}$ — wie jede Menge — zwar linear ordnen, trotzdem läßt sich $\mathbb{C}$ nicht zu einem angeordneten Körper machen; zu beachten ist nämlich, daß in einem angeordneten Körper die Monotoniegesetze (I.3 (A3), (A4)) gelten müssen. Um nun die Grundideen der Analysis auf Funktionen komplexer Variabler auszudehnen, definiert man in bekannter

Weise eine *Metrik* in $\mathbb{C}$, basierend auf der Norm

$$N \begin{pmatrix} a & -b \\ b & a \end{pmatrix} := \sqrt{\det \begin{pmatrix} a & -b \\ b & a \end{pmatrix}} = \sqrt{a^2 + b^2},$$

welche geometrisch als Entfernung von Punkten in einer Ebene (Gauß-sche Zahlenebene) zu deuten ist. Damit ist dann der Begriff der Konvergenz von Folgen und der Cauchy-Folge in $\mathbb{C}$ zu definieren, und $\mathbb{C}$ erweist sich als vollständig in dem Sinne, daß jede Cauchy-Folge komplexer Zahlen in $\mathbb{C}$ konvergiert.

Die Erweiterung von $\mathbb{R}$ zu $\mathbb{C}$ bringt einen algebraischen Gewinn, insofern jede algebraische Gleichung in $\mathbb{C}$ lösbar ist (Hauptsatz der Algebra); die Anordnung geht aber verloren. Bei einer Erweiterung von $\mathbb{C}$ zu einem umfassenden Körper muß man weitere Strukturverluste in Kauf nehmen.

(6) Definition: Unter einer *Quaternion* verstehen wir eine Matrix der Form

$$\begin{pmatrix} \alpha & -\overline{\beta} \\ \beta & \overline{\alpha} \end{pmatrix} \quad (\alpha, \beta \in \mathbb{C}).$$

Dabei sind $\bar{\alpha}, \bar{\beta}$ die zu α, β konjugiert-komplexen Zahlen. Die Menge aller Quaternionen bezeichnen wir mit $\mathcal{Q}$.

(7) Satz: Bezüglich der Matrizenaddition und -multiplikation bildet $\mathcal{Q}$ einen Schiefkörper (nichtkommutativer Körper). Dieser enthält in Gestalt der Diagonalmatrizen ein isomorphes Bild des Körpers der komplexen Zahlen.

Bei der Verifikation dieses Satzes beachte man, daß man mit Matrizen mit komplexen Einträgen wie mit solchen mit reellen Einträgen rechnet, da man dabei nur die Körpereigenschaften von $\mathbb{C}$ bzw. von $\mathbb{R}$ verwendet. Der Quaternionenschiefkörper wurde von William R. Hamilton (1805–1865) bei dem Versuch entdeckt, die räumliche Geometrie so durch „Zahlen" zu beschreiben, wie die ebene Geometrie durch komplexe Zahlen beschrieben werden kann. Bemerkenswert ist, daß Hamilton in diesem Zusammenhang die Begriffe „Skalarprodukt" und „Vektorprodukt" im Vektorraum $\mathbb{R}^3$ eingeführt hat: Es ist

$$\begin{pmatrix} ia_1 & -a_2 + ia_3 \\ a_2 + ia_3 & -ia_1 \end{pmatrix} \begin{pmatrix} ib_1 & -b_2 + ib_3 \\ b_2 + ib_3 & -ib_1 \end{pmatrix}$$

$$= \begin{pmatrix} c_0 + ic_1 & -c_2 + ic_3 \\ c_2 + ic_3 & c_0 - ic_1 \end{pmatrix}$$

mit

$$c_0 = - \begin{pmatrix} a_1 \\ a_2 \\ a_3 \end{pmatrix} \cdot \begin{pmatrix} b_1 \\ b_2 \\ b_3 \end{pmatrix} \qquad \text{(Skalarprodukt)},$$

$$\begin{pmatrix} c_1 \\ c_2 \\ c_3 \end{pmatrix} = \begin{pmatrix} a_1 \\ a_2 \\ a_3 \end{pmatrix} \times \begin{pmatrix} b_1 \\ b_2 \\ b_3 \end{pmatrix} \qquad \text{(Vektorprodukt)}.$$

Diese Andeutungen sollen zeigen, daß die über $\mathbb{R}$ hinausgehenden Zahlenbereichserweiterungen in sehr natürlicher Weise in einen geometrischen Kontext eingebettet sind, wodurch diese Zahlenbereiche — zumindest der Körper der komplexen Zahlen — einen zugänglichen und zudem äußerst fruchtbaren Unterrichtsgegenstand bilden könnten.

II Funktionen, Folgen und Reihen

Wir werden diese drei Begriffe gemeinsam abhandeln, weil sie im heutigen Verständnis derart zusammenhängen, daß Reihen spezielle Folgen und Folgen spezielle Funktionen sind.

II.1 Zur Entwicklung des Funktionsbegriffs

In seinem Vortrag *Funktion und Begriff* am 9. 1. 1891 vor der Jenaischen Gesellschaft für Medizin und Naturwissenschaften sagte Gottlob Frege (1848–1925) (vgl. [Patzig 1962]): *Ich gehe von dem aus, was in der Mathematik Funktion genannt wird. Dieses Wort hat nicht gleich anfangs eine so weite Bedeutung gehabt, als es später erlangt hat. Es wird gut sein, unsere Betrachtung bei der ursprünglichen Gebrauchsweise zu beginnen und erst dann die späteren Erweiterungen ins Auge zu fassen. Ich will zunächst nur von Funktionen eines einzigen Arguments sprechen. Ein wissenschaftlicher Ausdruck erscheint da zuerst in seiner ausgeprägten Bedeutung, wo man seiner zum Aussprechen einer Gesetzmäßigkeit bedarf. Dieser Fall trat für die Funktion ein bei der Entdeckung der höheren Analysis. Da zuerst handelte es sich darum, Gesetze aufzustellen, die von Funktionen im Allgemeinen gelten. In die Zeit der Entdeckung der höheren Analysis ist also zurückzugehen, wenn man wissen will, was zuerst in der Mathematik unter dem Wort „Funktion" verstanden wurde.*

Der Funktions- oder Abbildungsbegriff ist einer der zentralen Begriffe der Mathematik. Aber noch heute finden wir so unverträgliche Angaben wie

„die Funktion $f(x)$",

„die Funktion $y = f(x)$",

„die Funktion f"

nebeneinander. Diese Angaben spiegeln zugleich einen Wandel der Auffassung wider, und daher wollen wir uns kurz der Entwicklung des Funktionsbegriffs zuwenden.

Man könnte vom „geometrischen", „rechnerischen" und „Dirichletschen" Funktionsbegriff sprechen, ferner vom „Funktionsbegriff der kritischen Analysis" und schließlich vom „mengentheoretischen" und „logischen" Funktionsbegriff (vgl. [Steiner 1969]). Damit ist in grober Weise eine chronologische Reihenfolge der Begriffsentwicklung gekennzeichnet, wobei diese Phasen sich aber überlappen.

Der Aspekt der eindeutigen Zuordnung, wie er beim Dirichletschen Funktionsbegriff hervortritt (siehe (5)), kann natürlich auch — bei endlichem Definitionsbereich — an Tabellen erkannt werden. In diesem Sinne begegnet uns der Funktionsbegriff bereits bei den Babyloniern in deren astronomischen Tabellen, in späteren Zeiten etwa bei Galilei, Kepler und Newton.

Reelle Funktionen lassen sich auch graphisch darstellen. Diesen geometrischen Funktionsaspekt findet man im späten Mittelalter. Im berühmten Merton-College in Oxford (1328 bis 1350) befaßte man sich mit Untersuchungen von Bewegung und Raum und stellte die *Merton-Regel* auf, die in heutiger Formulierung besagt:

(1) Merton-Regel: Bei einer gleichförmig beschleunigten Bewegung mit der Anfangsgeschwindigkeit v_1, der Endgeschwindigkeit v_2 und dem während der Zeit t zurückgelegten Weg s gilt

$$s = \frac{v_1 + v_2}{2} \cdot t \, .$$

Hierfür wurden verschiedene Beweise geliefert, einige z.T. unter Benutzung unendlicher Reihen ([Baron 1969]). Nicole Oresme (1323–1382, Bischof von Lisieux) gelang es, die Merton-Regel graphisch zu veranschaulichen. In den Jahren 1348 bis 1362 entwickelte er seine zweidimensionale geometrische Darstellungsweise und beschreibt diese wie folgt: *Abgesehen von Zahlen ist jede meßbare Größe als kontinuierlich anzusehen. Wir müssen uns daher Punkte, Linien und Flächen vorstellen, die die Messung solcher Größen darstellen.* Wir erläutern seine Methode an folgendem

(2) Beispiel (Fig. 1): Über jedem Punkt einer waagerechten Strecke, die die Zeitpunkte kontinuierlich darstellt, werden zugehörig die jeweiligen Geschwindigkeiten als senkrechte Strecken dargestellt. Man läßt die Anfangsstrecke v_1 parallel zu sich bis zur Lage v_2 kontinuierlich laufen, wobei sie „gleichförmig" wächst. Dabei wird die Trapezfläche überstrichen, die das Maß für den zurückgelegten Weg ist. Daraus ergibt sich unmittelbar die Richtigkeit der Merton-Regel.

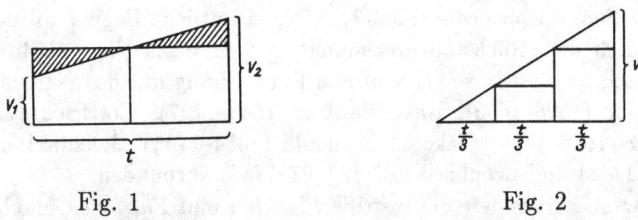

Fig. 1   Fig. 2

(3) Bemerkung ([Wieleitner 1911]): Oresme benutzte damit schon Abszisse und Ordinate und hat das wesentliche Prinzip erkannt, daß eine (reelle stetige) Funktion einer Variablen durch eine „Kurve" dargestellt werden kann. (Er konnte dies aber nur im Fall einer „linearen" Funktion effektiv anwenden.) Bei Oresme tritt somit die Verbindung zweier Konzepte auf: Die Darstellung einer physikalischen Größe als Fläche und die Auffassung einer Fläche als Bewegung einer Strecke parallel zu sich selbst. Auch führte Fig. 1 unmittelbar zu Galileis Fallgesetz, welcher dieses (für $v_1 = 0$) an jener Figur bewies. Bereits Oresme bemerkte, daß (für $v_1 = 0$) bei Aufteilung der Zeitintervalle in zwei gleiche Teile die zugehörigen Flächen sich wie 1:3 verhalten, und bei Aufteilung in drei gleiche Zeitintervalle wie 1:3:5 (Fig. 2). Galileo Galilei (1564–1642) entdeckte dann, daß bei Aufteilung in n gleiche Intervalle sich die Flächen wie $1 : 3 : 5 : \ldots : (2n-1)$ verhalten. Wegen

$$1 + 3 + 5 + \ldots + (2n-1) = n^2$$

ergab sich die Proportionalität von s und t^2.

Ein bedeutender Vertreter des Merton-Colleges war Thomas Bradwardine (1290–1349, zuletzt Erzbischof von Canterbury). Mit seinem *tractatus de proportionibus* (1328) verfaßte er eine neue Proportionenlehre. Gemäß Aristoteles (384–233 v. Chr.) war die Geschwindigkeit v eines Körpers proportional zu $\frac{F}{R}$, wobei F die „antreibende Kraft" und R die „bewegungshemmende Kraft" ist. Dies führte zu Unstimmigkeiten.

Wie sollte man dies etwa im Fall $F = R$ deuten? Bradwardine entwickelte daher eine andere Vorstellung: Soll sich v verdoppeln, so muß $\frac{F}{R}$ quadriert werden usw., was in heutiger Formulierung die Proportionalität von v und $\log \frac{F}{R}$ bedeutet. Damit war aus unserer Sicht bereits im 14. Jahrhundert die logarithmische bzw. exponentielle Wachstumsfunktion bekannt ([Baron 1969], [Boyer 1968]). Bradwardine hat sein „Gesetz" natürlich nicht experimentell überprüft.

Vage könnten wir also bei Bradwardine einen Vorläufer des rechnerischen Funktionsbegriffs erkennen. Der eigentliche Beginn wurde aber erst durch die „Buchstabenrechnung" von Francois Viète (1540–1603) ermöglicht und ist in seiner weiteren Entwicklung mit den Namen René Descartes (1596–1650), Isaac Newton (1643–1727), Gottfried Wilhelm Leibniz (1646–1716), Jakob I Bernoulli (1654–1705), Johann Bernoulli (1667–1748) und Leonhard Euler (1707–1783) verbunden.

Newton verwendete die Begriffe *Fluenten* und *Fluxionen*, die bereits im Merton-College auftauchten. Kurz können wir sagen, daß Fluenten zeitabhängige Größen und Fluxionen deren zeitliche Ableitungen sind. Wie heute noch die Physiker kennzeichnet Newton Fluxionen durch einen darüber gesetzten Punkt (etwa $\dot{x}$). Fluxionen sind wieder Fluenten, man kann also Fluxionen von Fluxionen bilden ($\ddot{x}$ usw.). Auch sieht Newton die schwierige Aufgabe, die Fluenten der Fluxionen zu gewinnen („Umkehrung" der Differentiation). Betrachtet man die Fluente x als Fluxion, so nennt er „deren" Fluente $\acute{x}$.

Jakob Bernoulli verwendet 1691 bereits die Funktionszeichen sin., tang. und sec. ([v. Braunmühl 1900]), aber das Wort *Funktion* tritt offenbar erstmals bei Leibniz im Jahr 1694 auf. Jakob Bernoulli bedient sich noch im selben Jahr dieses Worts und ... *schon im Juni 1698 spricht Johann Bernoulli von irgendwelchen Functionen der Ordinaten beim isoperimetrischen Problem. Leibniz anwortet Ende Juli, er sei entzückt, dass Bernoulli das Wort Function grade so gebrauche wie er selbst. Im August schlägt Bernoulli vor, eine Function von x durch X oder durch ξ zu bezeichnen.* ([M. Cantor 1901]). Anzumerken ist, daß es noch heute in der Wahrscheinlichkeitsrechnung im Zusammenhang mit Zufallsgrößen üblich ist, eine Funktion von x mit X zu bezeichnen.

Im Jahr 1706 benutzte Johann Bernoulli das Wort *Funktion* in einer Abhandlung der Pariser Académie des Sciences, aber erst 1718 definierte er in einer weiteren Abhandlung vage ([Cantor 1901]):

(4) Definition (Johann Bernoulli 1718): Eine *Funktion* einer veränderlichen Größe ist ein Ausdruck, der auf irgendeine Weise aus der veränderlichen Größe und Konstanten zusammengesetzt ist.

„Funktion" erscheint hier als *Term*, wie wir heute sagen würden, und das korrespondiert mit der eingangs erwähnten Sprechweise „die Funktion $f(x)$". Johann Bernoulli experimentierte übrigens mit verschiedenen Bezeichnungen, von denen „Φx" unserer heutigen am nächsten kommt. 1730 unterschied er auch zwischen „algebraischen" und „transzendenten" Funktionen, letztere aber in engerem Sinne als heute.

Im Jahre 1748 veröffentlichte Euler sein zweibändiges Werk *Introductio in analysis infinitorum*, das eine wichtige Grundlage für die Entwicklung der Mathematik in der zweiten Hälfte des 18. Jahrhunderts wurde. In dieser Zeit wurde der Begriff der Funktion grundlegend für die Analysis. In §4 definiert Euler „Funktion" gemäß (4) als einen beliebigen „analytischen Ausdruck", der aus variablen Größen und Zahlen oder konstanten Größen zusammengesetzt ist. Seine Präzisierung gegenüber (4) besteht darin, daß er zuvor definiert, was veränderliche und konstante Größen sind. Seine Definition bleibt jedoch unbefriedigend, weil er nicht erklärt, was ein „analytischer Ausdruck" ist. Zum Teil sieht Euler den Funktionsbegriff auch als Beziehung zwischen den Koordinaten der Punkte einer freihändig in der Ebene gezeichneten Kurve. Somit verquickt er eine rechnerische mit einer geometrischen Funktionsauffasssung.

Peter Gustav Lejeune-Dirichlet (1805–1859), Nachfolger von Gauß und Vorgänger von Riemann in Göttingen, war neben diesen beiden und Cauchy, Abel, Jacobi, Weierstraß, Hermite, G. Cantor und Dedekind maßgeblich an der exakten Grundlegung der Analysis beteiligt. Auf ihn geht die moderne Auffassung des Funktionsbegriffs als Abbildungsvorschrift zurück ([Kropp 1969], [Steiner 1969]), wobei er jedoch die Begriffe „Menge" und „reelle Zahl" noch nicht benutzen kann.

(5) Definition (Dirichlet 1837): Steht eine Variable y so in Beziehung zu einer Variablen x, daß zu jedem numerischen Wert von x gemäß einer Vorschrift ein eindeutiger Wert von y gehört, so heißt y eine *Funktion* der unabhängigen Variablen x.

Die somit gegebene Sprechweise „y ist Funktion von x" korrespondiert mit der heute noch anzutreffenden Sprechweise „die Funktion $y = f(x)$".

Um die Allgemeinheit der in (5) genannten „Vorschrift" zu demonstrieren, gab Dirichlet eine „sich sehr schlecht verhaltende" Funktion an, die wir heute nach ihm benennen. Wir werden sie in der folgenden Definition verallgemeinern und mit $\text{dir}_{a,b}$ bezeichnen.

(6) Definition (*Dirichlet-Funktion*): Für beliebige $a, b \in \mathbb{R}$ mit $a \neq b$ ist

$$\text{dir}_{a,b}(x) := \begin{cases} a \text{ für } x \in \mathbb{Q}, \\ b \text{ für } x \in \mathbb{R} \setminus \mathbb{Q}. \end{cases}$$

(7) Satz: Für jedes reelle x gilt

$$\text{dir}_{1,0} = \lim_{n \to \infty} \left(\lim_{k \to \infty} (\cos(n!\pi x))^{2k} \right).$$

Beweis: Ist x rational, so gilt $|\cos(n!\pi x)| = 1$ für alle hinreichend großen n; ist x dagegen irrational, dann ist $|\cos(n!\pi x)| < 1$ für alle n, also $\lim_{k \to \infty} (\cos(n!\pi x))^{2k} = 0$.

Mit

$$\text{dir}_{a,b}(x) = (a - b) \cdot \text{dir}_{1,0}(x) + b$$

ist also jede Dirichlet-Funktion mittels doppelten Grenzübergangs aus überall stetigen Funktionen gebildet und dennoch überall unstetig. So sehen wir in (5) eine wirkliche Verallgemeinerung gegenüber der Definition (4) von Bernoulli und von Euler. Insbesondere wird der undefinierte und problematische Begriff „analytischer Ausdruck" vermieden. Weiterhin erscheint hier schon die Menge der Paare (x, y) als Funktion und nicht nur der Funktionsterm $f(x)$. Da in zunehmendem Maße die Funktionen selbst untersucht und verknüpft wurden, hat man in der Folgezeit gelernt, zwischen der Funktion f und ihren Funktionswerten $f(x)$ zu unterscheiden. Dies führt zur mengentheoretischen Fassung des Funktionsbegriffs als spezieller Relation.

(8) Definition: Es seien A, B Mengen und R eine Teilmenge des kartesischen Produktes $A \times B$. Dann nennt man das Tripel (R, A, B) eine *Relation zwischen A und B*. Ist $A = B =: M$, dann spricht man von einer *Relation in M*.

Häufig nennt man eine solche Relation *binär*, wir verzichten aber auf diesen Zusatz. Statt „Relation *zwischen A und B*" könnte man deutlicher „Relation *aus A in B*" oder „Relation *von A nach B*" sagen, um die Unsymmetrie bezüglich der Mengen A und B deutlicher werden zu lassen, wir wollen aber die etwas weniger präzise Sprechweise aus (8) beibehalten.

Oft wird eine Relation zwischen A und B einfach nur als eine Teilmenge R von $A \times B$ ohne deutlichen Bezug auf die Mengen A und B definiert. Diese Teilmenge ändert sich nicht, wenn man sie als Teilmenge von $A' \times B'$ mit $A \subset A'$ und $B \subset B'$ auffaßt, wohl ändert sich aber die Relation! Ohne Bezug auf die Mengen A, B wären z. B. die unten erklärten

Begriffe „linkstotal" und „rechtstotal" überhaupt nicht definierbar. Weil aber die Schreib- und Sprechweise (R, A, B) sehr schwerfällig ist, wollen wir im folgenden oft kurz von der „Relation R" sprechen. Statt $(a, b) \in R$ schreiben wir abkürzend $a\,R\,b$ (vgl. S. 29).

(9) Definition: Es sei R eine Relation zwischen A und B.

Die Menge $D_R := \{a \in A \mid$ es gibt ein $b \in B$ mit $aRb\}$ heißt *Vorbereich* oder *Definitionsmenge* von R. Ist $D_R = A$, dann heißt R *linksvollständig* oder *linkstotal*.

Die Menge $W_R := \{b \in B \mid$ es gibt ein $a \in A$ mit $aRb\}$ heißt *Nachbereich* oder *Wertemenge* von R. Ist $W_R = B$, dann heißt R *rechtsvollständig* oder *rechtstotal*.

Das Tripel (R^{-1}, B, A) mit $R^{-1} := \{(b, a) \mid aRb\}$ heißt *konverse Relation* oder *Umkehrrelation* von (R, A, B).

Die Relation R heißt

— *linkseindeutig*, wenn aus $a_1 Rb$ und $a_2 Rb$ stets $a_1 = a_2$ folgt,

— *rechtseindeutig*, wenn aus aRb_1 und aRb_2 stets $b_1 = b_2$ folgt,

— *eineindeutig*, wenn sie links- und rechtseindeutig ist.

Mit dieser Terminologie für Relationen läßt sich nun definieren, was eine Abbildung bzw. eine Funktion ist. Als Variable für eine Funktion verwenden wir dabei in (10) den Buchstaben f.

(10) Definition: Eine linkstotale und rechtseindeutige Relation (f, A, B) heißt eine *Abbildung von A in B* oder eine *Funktion von A in B*.

Es gibt im Zusammenhang mit dem Namen „Funktion" verschiedene Sprechweisen: Man nennt die Menge $A = D_f$ neben *Definitionsmenge* auch *Definitionsbereich* oder *Ausgangsmenge* von f, die Menge B *Zielmenge* bzw. (weniger glücklich auch im Fall $B \neq W_f$!) *Wertemenge* oder *Wertebereich* von f. Man spricht dann auch von einer *auf A definierten Funktion mit Werten in B*.

Es gibt auch den Vorschlag, zunächst bei der Definition des Funktionsbegriffs auf die Linksvollständigkeit zu verzichten, also nur die Rechtseindeutigkeit zu fordern. In diesem Fall nennt man f eine Funktion *aus* (statt *von*) A in B. Man reserviert dann auch zuweilen den Namen „Abbildung" für solche Funktionen, die linkstotal sind. Trotz der Vorteile, die dies für die Systematik bietet, wollen wir uns diesem Vorschlag hier

nicht anschließen und die Namen „Abbildung" und „Funktion" synonym
verwenden, obwohl das nicht ökonomisch ist.

Funktionen pflegt man gerne als „eindeutige Zuordnungen" einzuführen, und das trifft natürlich das Wesentliche. Unbefriedigend mag
lediglich das Wort „Zuordnung" sein, das hier als undefinierter Grundbegriff verwendet wird. Mit Hilfe des Relationsbegriffs haben wir hier eine
Präzisierung erreicht: Ist f eine Funktion, so existiert zu jedem $x \in D_f$
genau ein $y \in W_f$, und damit haben wir das Wesentliche erfaßt.

Die Elemente von D_f werden *Argumente* von f genannt, das zu jedem
$x \in D_f$ eindeutig existierende $y \in W_f$ mit $(x,y) \in f$ heißt *Funktionswert*
von f an der Stelle x und wird mit $f(x)$ bezeichnet: $y = f(x)$. Eine
zweckmäßige Schreibweise für eine Funktion (f, A, B) ist $f : A \to B$
oder ausführlicher

$$f : \left\{ \begin{array}{l} A \to B \\ x \mapsto f(x) \end{array} \right. ,$$

wobei $f(x)$ in der Regel ein Term mit der Variablen x ist. Dabei sind
die Zuordnungspfeile $\to$ und $\mapsto$ zu unterscheiden. Oft spricht man einfach von der „Funktion $x \mapsto f(x)$", wenn die übrigen Bestimmungsstücke
der Funktion aus dem Kontext hervorgehen oder im vorliegenden Sachverhalt irrelevant sind. Diese Kurzschreibweise ist gerade in der reellen
Analysis zweckmäßig, weil stets $D_f \subseteq \mathbb{R}$ gilt und man somit bei vorge-
legter „Zuordnungsvorschrift" $x \mapsto f(x)$ die Frage nach dem „maximal
zulässigen Definitionsbereich" stellen und den Wertebereich bestimmen
lassen kann. Neben $D_f \subseteq \mathbb{R}$ gilt in der reellen Analysis für die dort
betrachteten Funktionen f auch $W_f \subseteq \mathbb{R}$, und solche Funktionen nennt
man *reelle Funktionen*.

Anstelle von $f(x)$ sind auch die Bezeichnungen fx, xf, x^f gebräuch-
lich; vgl. etwa $\sin x$, $x!$, x^α; bei Folgen (Abschnitt II.2) werden wir das
Argument als unteren Index schreiben.

Ist die Funktion $f : A \to B$ *rechtstotal*, dann nennt man sie auch
surjektiv oder eine *Surjektion* und spricht von einer Funktion bzw. Abbildung von A *auf* B. Ist die Funktion $f : A \to B$ *linkseindeutig*,
dann nennt man sie auch *injektiv* oder eine *Injektion*. Ist die Funktion
$f : A \to B$ surjektiv *und* injektiv, dann nennt man sie *bijektiv* oder eine
Bijektion. Genau dann ist $f : A \to B$ eine Bijektion, wenn die Umkehrrelation (f^{-1}, B, A) eine Funktion ist, welche dann die *Umkehrfunktion*
von $f : A \to B$ heißt und mit $f^{-1} : B \to A$ bezeichnet wird. Daher nennt
man eine Bijektion auch eine *umkehrbare Funktion*. Die Bezeichnung f^{-1}
für die Umkehrfunktion von f ist zwar unglücklich, weil man $f^{-1}(x)$ mit

$(f(x))^{-1}$ (Kehrfunktion!) verwechseln kann, sie ist jedoch üblich bis hin zur Symbolik bei Taschenrechnern.

In der Analysis spielt das Verketten von Funktionen eine große Rolle. Dieses findet seine Verallgemeinerung im Verketten von Relationen.

(11) Definition: Es seien (R, A, B) und (S, C, D) zwei Relationen. Dann definiert man die *Verkettung* $(S \circ R, A, D)$ durch

$$S \circ R := \{(a, d) \in A \times D \mid \text{es gibt ein } x \in B \cap C \text{ mit } aRx \text{ und } xSd\}.$$

Ist $W_R \cap D_S = \emptyset$, dann ist auch $S \circ R = \emptyset$.

(12) Satz: Sind (f, A, B) und (g, B, C) Funktionen, dann ist auch die Verkettung $(g \circ f, A, C)$ eine Funktion, und es gilt

$$g \circ f = \{(x, g(f(x))) \mid x \in A, \ f(x) \in B\},$$

also $(g \circ f)(x) = g(f(x))$ für alle $x \in A$.

Die Verkettung $g \circ f$ liest man „g nach f" oder ähnlich, um die Reihenfolge anzudeuten; i. allg. ist nämlich $g \circ f \neq f \circ g$. Schreibt man das Funktionssymbol als Exponent, wie es etwa bei geometrischen Abbildungen üblich ist, dann empfiehlt sich eine andere Reihenfolge, nämlich „erst g, dann f":

$$x^{g \circ f} := (x^g)^f$$

(13) Definition: Sind $f_1 : A_1 \to B$ und $f_2 : A_2 \to B$ zwei Funktionen mit

$$A_1 \subset A_2 \quad \text{und} \quad f_1(x) = f_2(x) \text{ für alle } x \in A_1,$$

dann nennt man f_1 *die Restriktion (Einschränkung)* von f_2 auf A_1 und f_2 *eine Fortsetzung* von f_1 auf A_2 und schreibt $f_1 = f_2|A_1$.

Der bisher skizzierte systematische Aufbau eines mengentheoretischen Funktionsbegriffs hat vielleicht noch den Mangel, daß für einige häufig auftretenden Funktionen keine verbindlichen Konventionen für ihre Bezeichnungen existieren. Entsprechend den Bezeichnungen

sin, cos, tan, cot, log, exp, abs, sgn ...

könnte man weitere solche einführen:

(14) Bezeichnungen: Es seien $a, b \in \mathbb{R}$.

$\underline{a} : \mathbb{R} \to \mathbb{R}$ mit $\underline{a}(x) = a$ *(konstante Funktion mit dem Wert a)*;

3*

$\text{int} : \mathbb{R} \to \mathbb{Z}$ mit $\text{int}(x) = [x]$ (*Ganzteilfunktion*);

$\text{lin}_a : \mathbb{R} \to \mathbb{R}$ mit $\text{lin}_a(x) = ax$ (*lineare Funktion*);

$\text{aff}_{a,b} : \mathbb{R} \to \mathbb{R}$ mit $\text{aff}_{a,b}(x) = ax + b$ (*affine Funktion*);

$\text{pot}_a : \mathbb{R}^+ \to \mathbb{R}$ mit $\text{pot}_a(x) = x^a$ (*Potenzfunktion*).

Moderne Computerprogramme (Programmiersprachen, Tabellenkalkulationsprogramme, Datenbanksysteme, Textverarbeitungsprogramme usw.) und neuartige Taschenrechner machen von entsprechenden Möglichkeiten der sinnhaften Namensgebung vielfältig Gebrauch (sog. „Standardfunktionen"), wenn auch (noch) nicht standardisiert.

Befreit man den mengentheoretischen Funktionsbegriff von formalem Ballast, so bleibt als wesentliches Kennzeichen die rechtseindeutige Menge von Paaren

$$\{(x, f(x)) \mid x \in D_f\}.$$

Diese ist in einem kartesischen Koordinatensystem als Punktmenge zu deuten (Graph von f), so daß mit dem mengentheoretischen Funktionsbegriff auch ein geometrischer Aspekt verbunden ist. Dem *geometrisch-mengentheoretischen* Funktionsbegriff kann man einen *rechnerisch-logischen* Funktionsbegriff gegenüberstellen, bei welchem es vor allen auf den konstruktiven Aspekt des Zuordnens gemäß $x \mapsto T(x)$ mit einem Term $T(x)$ ankommt. Dieser Aspekt ist in unsere Begriffsbildung im Anschluß an (10) bereits eingeflossen. Der *wesentliche Unterschied* zwischen den beiden genannten Funktionsbegriffen besteht darin, daß beim mengentheoretischen Funktionsbegriff eine *Definition* unter Rückgriff auf den Mengenbegriff erfolgt, beim logischen Funktionsbegriff jedoch „Funktion" ein *undefinierter Grundbegriff* ist, der in seinen konstruktiven Aspekten beschrieben wird. Man kann einen Unterschied auch darin sehen, daß im erstgenannten Fall eine statisch-beschreibende Sichtweise vorliegt, im zweitgenannten Fall aber eher eine dynamisch-konstruktive Sichtweise.

Die Situation ähnelt derjenigen, die bei der „Einführung" der Zahlenbereiche $\mathbb{N}$ und $\mathbb{R}$ vorliegt: Man kann diese entweder mit erheblichem Aufwand auf der axiomatischen Mengenlehre aufbauend konstruieren (wobei die Frage nach ihrer Existenz nur verlagert wird), oder man kann ihre Existenz als *evident* voraussetzen und ihre Eigenschaften „axiomatisch" beschreiben. So kann man auch den Funktionsbegriff auf den Mengenbegriff zurückführen, man wird es aber — zumindest im Schulunterricht — für sinnvoller halten, den (rechnerisch-logischen) Funktionsbegriff als Grundbegriff einzuführen.

Selbstverständlich besteht ein enger Zusammenhang zwischen beiden Funktionsbegriffen, der durch die Gegenüberstellung von

$$x \mapsto T(x), \quad x \in D_f \qquad \text{und} \qquad \{(x,y) \mid y = f(x), x \in D_f\}$$

angedeutet wird, wobei $T(x)$ ein Term in der Variablen x bedeutet. (Vgl. hierzu auch [Steiner 1969].)

II.2 Folgen und Reihen

Die Begriffe „Folge" und „Reihe" werden in der älteren Literatur als intuitiv einsichtige (z. T. synonyme) Grundbegriffe verwendet, häufig in der Kombination „Zahlenfolge" oder „Zahlenreihe". Auch benutzte man die Bezeichnungen „Reihe" und „summierende Reihe" für „Folge" bzw. „Reihe" in heutigem Sinn. Auch stand das Wort „Progression" für „Folge", was man heute allenfalls noch in Form der „arithmetischen Progession" finden kann. Ferner ist oft von *endlichen* Folgen bzw. Reihen die Rede, gegen welche man dann die *unendlichen* Folgen und Reihen abgrenzte. Es ist einzusehen, daß ohne eine Präzisierung des Funktionsbegriffs (vgl. Abschnitt II.1) auch hier keine große Begriffsschärfe zu erwarten war.

Auch heute hat man sich noch nicht auf eine befriedigende Diktion in diesem Zusammenhang einigen können. Hier seien zwei markante Punkte hervorgehoben:

1) Ohne Zweifel ist eine Zahlen-Reihe auch eine Zahlen-Folge (Folge der Partialsummen) und eine Folge auch eine Reihe (Reihe der Differenzen). Warum hat man also zwei Namen für dieselbe Sache? (Wir werden auch Folgen von Elementen aus einer Menge, in welcher keine Addition erklärt ist, betrachten, etwa Folgen von Figuren oder Folgen von Zerlegungen. In diesem Fall ist dann der Begriff der Reihe im heutigen Sinn nicht erklärt, so daß man auch nicht über den Unterschied von „Folge" und „Reihe" nachdenken muß.)

2) Was ist unter einer unendlichen Reihe zu verstehen, wenn man schreibt: Die unendliche Reihe $\sum\limits_{n=0}^{\infty} a_n$ konvergiert, und es gilt $\sum\limits_{n=0}^{\infty} a_n = a$? Ist die unendliche Reihe eine Folge von Zahlen oder deren Grenzwert?

Der Hinweis darauf, daß nach ausführlicher Erklärung doch jedermann weiß, was gemeint ist, scheint uns da nicht angebracht. Angesichts des sonst üblichen Strebens nach klaren Begriffsbildungen und möglichst unmißverständlichen Bezeichnungen in der Mathematik muß man darauf bestehen, auch hier begriffliche Klarheit zu schaffen.

(1) Definition: Es sei A eine nichtleere Menge. Ist f eine Abbildung von $\mathbb{N}$ in A, dann heißt f eine *Folge* in A. Die Menge aller Folgen in A bezeichet man mit $A^{\mathbb{N}}$. Für $n \in \mathbb{N}$ heißt $f(n)$ das n-te *Folgenglied* der Folge f.

Es hat sich als zweckmäßig erwiesen, das Argument bei Folgengliedern als Index zu schreiben und dann als Variable für Folgen Schreibweisen wie $\langle a_n \rangle$ zu benutzen. Schreibt man deutlicher $\langle a_n \rangle_{n \in \mathbb{N}}$, dann kann man dies zu $\langle a_n \rangle_{n \in T}$ für $T \subseteq \mathbb{N}$ verallgemeinern und damit den Begriff der *Teilfolge* und schließlich auch der *endlichen Folge* definieren. (Zuweilen lassen wir den Zusatz „$n \in T$" weg, wenn keine Mißverständnisse zu befürchten sind.) Man beachte dabei stets, daß n in $\langle a_n \rangle$ eine gebundene Variable ist. Die Verwendung von $A^{\mathbb{N}}$ als Bezeichnung für die Menge aller Folgen in A wird sich zu Beginn von Abschnitt II.6 als naheliegend erweisen.

Um Summen von Folgengliedern betrachten zu können, wollen wir die Verwendung des Summenzeichens klären:

(2) Definition: Es sei $\langle a_n \rangle \in \mathbb{R}^{\mathbb{N}}$ und $k, m \in \mathbb{N}$. Dann ist

$$\sum_{\nu=k}^{m} a_\nu := \begin{cases} 0 & \text{für } m < k, \\ a_k & \text{für } m = k, \\ \displaystyle\sum_{\nu=k}^{m-1} a_\nu + a_m & \text{für } m > k. \end{cases}$$

Bei dieser Definition und auch bei (3) kann man natürlich ($\mathbb{R},+$) durch eine beliebige Gruppe ($G, +$) ersetzen.

Es lassen sich nun folgende nützliche Funktionen von $\mathbb{R}^{\mathbb{N}}$ in $\mathbb{R}^{\mathbb{N}}$ definieren, die wir — dem Sprachgebrauch folgend — *Operatoren* nennen, weil sie auf Mengen von Funktionen (hier speziell Folgen) *operieren*.

(3) Definition: Die Abbildung Δ von $\mathbb{R}^{\mathbb{N}}$ in sich mit

$$\Delta \langle a_n \rangle := \langle a_{n+1} - a_n \rangle$$

heißt *Differenzenoperator*. Die Folge $\Delta \langle a_n \rangle$ heißt *Differenzenfolge* von $\langle a_n \rangle$. Die Abbildung Σ von $\mathbb{R}^{\mathbb{N}}$ in sich mit

$$\Sigma \langle a_n \rangle := \langle \sum_{\nu=0}^{n} a_\nu \rangle$$

heißt *Summenoperator*. Die Folge $\Sigma\langle a_n \rangle$ heißt *Summenfolge* von $\langle a_n \rangle$.

In [Bourbaki 1951] wird vorgeschlagen, eine unendliche Reihe als ein *Folgenpaar* zu verstehen, nämlich

$$(\langle a_n \rangle, \langle s_n \rangle) \text{ mit } s_n := \sum_{\nu=0}^{n} a_\nu.$$

Damit wird aber auch nur ausgedrückt, daß eine unendliche Reihe eine Folge ist, die als Summenfolge einer anderen Folge definiert ist.

Wir wollen die Folge $\Sigma\langle a_n \rangle$ *Summenfolge* (in Analogie zu *Differenzenfolge*) nennen und die auch üblichen Bezeichnungen *Teilsummenfolge* oder *Partialsummenfolge* vermeiden. Ferner wollen wir auch die Schreibweise $\Delta a_n = a_{n+1} - a_0$ (ohne spitze Klammern) vermeiden; unter $\Delta n^2 = 2n+1$ könnte man sich noch etwas vorstellen, bei $\Delta a_0 = a_1 - a_0$ wird es schon schwieriger, und $\Delta 0 = 1$ ist völlig unverständlich. Unsere Operatoren Δ und Σ wirken also nur auf Folgen!

Bei der Definition der „unendlichen Reihe" als Summenfolge einer gegebenen Folge $\langle a_n \rangle$ stellt sich nicht die Frage der „Umordnung der Reihenglieder", da die Reihenfolge der Summanden durch die gegebene Folge $\langle a_n \rangle$ festgelegt ist. Bestehen die Folgen $\langle a_n \rangle$ und $\langle b_n \rangle$ bis auf die Reihenfolge aus den gleichen Zahlen, dann ist i. allg. weder $\langle a_n \rangle = \langle b_n \rangle$ noch $\Sigma\langle a_n \rangle = \Sigma\langle b_n \rangle$. Im Falle der Konvergenz können die Grenzwerte zwar übereinstimmen, was aber nicht die Regel ist.

Die Operatoren Δ und Σ kann man verketten und auch mehrfach ausführen, wobei wir auf das Verkettungssymbol $\circ$ verzichten wollen.

(4) **Satz:** Für jede Folge $\langle a_n \rangle \in \mathbb{R}^{\mathbb{N}}$ gilt

$$\Delta\Sigma\langle a_n \rangle = \langle a_{n+1} \rangle \quad \text{und} \quad \Sigma\Delta\langle a_n \rangle = \langle a_{n+1} - a_0 \rangle.$$

In gewisser Weise sind also die Operatoren Δ und Σ Umkehrungen voneinander, denn der eine macht den anderen in der in (4) angegebenen Weise wieder rückgängig.

Die Idee, mehr über eine Folge in Erfahrung zu bringen, indem man ihre Differenzenfolge untersucht, geht auf die Schrift *De arte combinatoria* von Leibniz zurück. Die entsprechende Idee bei der Untersuchung von Funktionen, deren Definitionsmenge eine Teilmenge von $\mathbb{R}$ ist, ist von grundlegender Bedeutung für die Analysis: Um mehr über eine Funktion zu erfahren, untersucht man ihren Differentialquotient bzw. ihre Ableitungsfunktion. Die Aussagen in (4) haben dementsprechend auch ein

Pendant in der Infinitesimalrechnung, nämlich

$$\frac{\mathrm{d}}{\mathrm{d}x}\int_{x_0}^{x} f(t)\,\mathrm{d}t = f(x) \quad \text{und} \quad \int_{x_0}^{x} \frac{\mathrm{d}}{\mathrm{d}t} f(t)\,\mathrm{d}t = f(x) - f(x_0)$$

für jede stetige bzw. stetig differenzierbare Funktion f.

(5) **Definition:** Es sei $\langle a_n \rangle \in \mathcal{F}_{\mathbb{R}}$ und $k \in \mathbb{N}$. Dann sei

$$\Delta^0 \langle a_n \rangle := \langle a_n \rangle \quad \text{und} \quad \Delta^{k+1} \langle a_n \rangle := \Delta\Delta^k \langle a_n \rangle$$

und

$$\Sigma^0 \langle a_n \rangle := \langle a_n \rangle \quad \text{und} \quad \Sigma^{k+1} \langle a_n \rangle := \Sigma\Sigma^k \langle a_n \rangle.$$

Man nennt $\Delta^k \langle a_n \rangle$ die *k-te Differenzenfolge* und $\Sigma^k \langle a_n \rangle$ die *k-te Summenfolge* von $\langle a_n \rangle$.

(6) **Beispiel:** Es gilt

$$\begin{aligned}
\Delta \langle n^2 \rangle &= \langle 2n+1 \rangle, \\
\Delta^2 \langle n^2 \rangle &= \Delta \langle 2n+1 \rangle = \langle 2 \rangle, \\
\Delta^k \langle n^2 \rangle &= \langle 0 \rangle \text{ für alle } k \geq 3.
\end{aligned}$$

Ferner gilt bekanntlich

$$\Sigma \langle n^2 \rangle = \langle \frac{1}{6} n(n+1)(2n+1) \rangle.$$

Hier ist (wegen $a_0 = 0$)

$$\Delta\Sigma \langle n^2 \rangle = \Sigma\Delta \langle n^2 \rangle = \langle (n+1)^2 \rangle.$$

In diesem Beispiel fällt eine weitere Analogie zur Differential- und Integralrechnung auf:

$$\begin{aligned}
\Delta \langle n^2 \rangle &= \langle 2n+1 \rangle && \text{analog zu} && \frac{\mathrm{d}}{\mathrm{d}x}x^2 = 2x \\
\Sigma \langle n^2 \rangle &= \langle \tfrac{1}{3}x^3 + \ldots \rangle && \text{analog zu} && \int x^2\,\mathrm{d}x = \tfrac{1}{3}x^3 + C
\end{aligned}$$

Die folgenden Sätze offenbaren weitere Ähnlichkeiten zwischen dem Differenzenoperator Δ und dem Differentialoperator $\frac{\mathrm{d}}{\mathrm{d}x}$ bzw. zwischen dem Summenoperator Σ und dem Integraloperator $\int \ldots \mathrm{d}x$. (Vgl. hierzu auch [Cigler 1992].)

Für Folgen reeller Zahlen sind in bekannter Weise eine Addition, eine Vervielfachung mit einer reellen Zahl und eine Multiplikation definiert („gliedweise" Addition, Vervielfachung, Multiplikation). Offensichtlich bildet $\mathbb{R}^{\mathbb{N}}$ bezüglich der Addition und Vervielfachung einen $\mathbb{R}$-Vektorraum. Der folgende (leicht zu beweisende) Satz besagt, daß Δ und Σ (und damit selbstverständlich auch Δ^k und Σ^k für $k \in \mathbb{N}$) Endomorphismen dieses Vektorraums sind:

(7) Satz: Für alle $\langle a_n \rangle$, $\langle b_n \rangle \in \mathbb{R}^{\mathbb{N}}$ und $r \in \mathbb{R}$ gilt

$$\Delta(\langle a_n \rangle + \langle b_n \rangle) = \Delta\langle a_n \rangle + \Delta\langle b_n \rangle$$
$$\Delta r\langle a_n \rangle = r\Delta\langle a_n \rangle$$

und

$$\Sigma(\langle a_n \rangle + \langle b_n \rangle) = \Sigma\langle a_n \rangle + \Sigma\langle b_n \rangle$$
$$\Sigma r\langle a_n \rangle = r\Sigma\langle a_n \rangle$$

Die Analoga dieser Aussagen in der Differential- und Integralrechnung sind

$$(f + g)' = f' + g', \quad (rf)' = rf'$$

bzw.

$$\int (f + g) = \int f + \int g, \quad \int (rf) = r \int f.$$

Es ist auch von Interesse, das Verhalten der beiden Operatoren bei der Multiplikation von Folgen zu untersuchen:

(8) Satz: Für alle $\langle a_n \rangle$, $\langle b_n \rangle \in \mathbb{R}^{\mathbb{N}}$ und $r \in \mathbb{R}$ gilt

$$\Delta(\langle a_n \rangle \cdot \langle b_n \rangle) = (\Delta\langle a_n \rangle) \cdot \langle b_{n+1} \rangle + \langle a_n \rangle \cdot \Delta\langle b_n \rangle$$

und

$$\Sigma(\langle a_n \rangle \cdot \langle b_n \rangle) = (\Sigma\langle a_n \rangle) \cdot \langle b_{n+1} \rangle - \Sigma((\Sigma\langle a_n \rangle) \cdot \Delta\langle b_n \rangle).$$

Die Regel in (8) für Δ ist ein Analogon zur Produktregel der Differentiation, die Regel für Σ ein Analogon für die Produktregel der Integration („partielle Integration"). Die letztgenannte Regel ist auch unter dem Namen *Abelsche partielle Summation* bekannt. Die Verifikation der Behauptungen in (8) bereitet keine große Mühe.

Auf den Begriff des Folgengrenzwerts werden wir erst in Abschnitt III.2 eingehen. In Abschnitt II.4 werden wir zeigen, wie die Operatoren Δ und Σ für die Bestimmung gewisser Summenformeln verwendet werden können.

II.3 Arithmetische, geometrische und harmonische Folgen

Der Schotte Henry Rhind entdeckte im Jahr 1858 in Ägypten eine Papyrusrolle, die 'nach ihm *Papyrus Rhind* benannt und größtenteils im Britischen Museum in London aufbewahrt wird. Dieser Papyrus wurde von dem Schreiber Ahmes gegen 1650 v. Chr. geschrieben und enthält ein mathematisches Handbuch, das auch *Rechenbuch des Ahmes* genannt wird. Nach Ahmes ist dies eine Kopie eines früheren Werkes, das etwa zwischen 2000 und 1800 v. Chr. entstanden ist. *Vorschrift zu gelangen zur Kenntnis aller dunklen Dinge* ist der Anfangstext des Rechenbuchs, und in Form von Aufgaben lehrt Ahmes die einzelnen Vorschriften. So finden sich dort drei Aufgaben, die für unser Thema bedeutsam sind: Nr. 40 und Nr. 64 handeln von der Summe einer endlichen arithmetischen Reihe und setzen die Kenntnis der Summenformel voraus. Nr. 79 kann mit der Summenformel für eine „endliche geometrische Reihe" gelöst werden, aber auch mit Hilfe des Horner-Schemas. Wir wollen diese drei Aufgaben in heutiger Formulierung vorstellen:

(1) Aufgabe Nr. 40 aus dem Rechenbuch des Ahmes:
100 Brote sind so an 5 Personen zu verteilen, daß diese Anzahlen die Anfangsglieder einer arithmetischen Folge bilden. Die beiden Personen mit den wenigsten Broten sollen dabei zusammen den siebenten Teil dessen erhalten, was die drei anderen zusammen bekommen.

(2) Aufgabe Nr. 64 aus dem Rechenbuch des Ahmes:
10 Maß Getreide sind so an 10 Personen zu verteilen, daß der Unterschied von jeder Person zur nächsten ein Achtel Maß Getreide ist.

(3) Aufgabe Nr. 79 aus dem Rechenbuch des Ahmes:
7 Personen besitzen je 7 Katzen, jede Katze vertilgt 7 Mäuse, jede Maus frißt 7 Ähren Getreide, aus jeder Ähre können 7 Maß Getreidekörner entstehen. Welches ist die Gesamtanzahl?

Die letzte Aufgabe findet sich ähnlich auch etwa 3000 Jahre später im *Liber abbaci* von Leonardo von Pisa (ca. 1170–1240), einem weitgereisten Kaufmann, der auch unter dem Namen Fibonacci („Sohn des Bonaccio") bekannt geworden ist. Bei ihm sind es 7 Alte, die nach Rom gehen. Jede hat 7 Maulesel, von denen jeder 7 Säcke trägt usw. Neben

$$7 + 49 + 343 + \ldots + 117649 = 137256$$

rechnet er auch so wie Ahmes (der aber einen Summanden weniger hat), nämlich gemäß dem Horner-Schema:

$$
\begin{aligned}
7 \cdot 1 \ + \ 1 &= 8 \\
7 \cdot 8 \ + \ 1 &= 57 \\
7 \cdot 57 \ + \ 1 &= 400 \\
7 \cdot 400 \ + \ 1 &= 2801 \\
7 \cdot 2801 \ + \ 1 &= 19608 \\
7 \cdot 19608 &= 137256
\end{aligned}
$$

Im Jahr 1881 wurde in der Nähe des Dorfes Bakhshâli in Nordwestindien ein auf Birkenrinde geschriebenes Manuskript aus dem 7. oder 8. Jh. n. Chr. gefunden. Dieses Buch enthält auch eine Aufgabe über arithmetische Reihen ([M. Cantor 1894]):

(4) Aufgabe aus dem Rechenbuch von Bakhshâli:
Ein Reisender legt am ersten Tag 2 Wegeinheiten zurück, jeden folgenden Tag 3 mehr. Ein zweiter Reisender legt am ersten Tag 3 Wegeinheiten zurück, jeden folgenden Tag 2 mehr. Wann treffen sie zugleich an einem Punkte ein?

In Abschnitt I.1 haben wir das arithmetische, geometrische und harmonische Mittel für positive Zahlen a, b definiert, nämlich

$$
A(a,b) := \frac{a+b}{2}, \quad G(a,b) := \sqrt{ab}, \quad H(a,b) := \frac{2ab}{a+b}.
$$

Diese Mittelwerte benutzen wir nun, um drei spezielle Folgentypen zu definieren, wobei wir uns zunächst auf positive Folgenglieder beschränken:

(5) Definition: Es sei $\langle a_n \rangle$ eine Folge positiver reeller Zahlen.

a) $\langle a_n \rangle$ heißt *arithmetische Folge*, wenn jedes Folgenglied bis auf das erste das arithmetische Mittel seiner beiden Nachbarglieder ist, also

$$
a_{n+1} = A(a_n, a_{n+2}) \text{ für alle } n \in \mathbb{N}.
$$

b) $\langle a_n \rangle$ heißt *geometrische Folge*, wenn jedes Folgenglied bis auf das erste das geometrische Mittel seiner beiden Nachbarglieder ist, also

$$
a_{n+1} = G(a_n, a_{n+2}) \text{ für alle } n \in \mathbb{N}.
$$

c) $\langle a_n \rangle$ heißt *harmonische Folge*, wenn jedes Folgenglied bis auf das erste das harmonische Mittel seiner beiden Nachbarglieder ist, also

$$
a_{n+1} = H(a_n, a_{n+2}) \text{ für alle } n \in \mathbb{N}.
$$

(6) Satz:

a) Ist $\langle a_n \rangle$ eine arithmetische Folge mit $d := a_1 - a_0$, dann gilt

$$a_{n+1} = a_n + d \quad \text{und} \quad a_n = a_0 + n \cdot d \quad \text{für alle } n \in \mathbb{N}.$$

b) Ist $\langle g_n \rangle$ eine geometrische Folge mit $q := \dfrac{g_1}{g_0}$, dann gilt

$$g_{n+1} = g_n \cdot q \quad \text{und} \quad g_n = g_0 \cdot q^n \quad \text{für alle } n \in \mathbb{N}.$$

c) Ist $\langle h_n \rangle$ eine harmonische Folge mit $D := \dfrac{1}{h_1} - \dfrac{1}{h_0}$, dann gilt

$$h_{n+1} = \frac{1}{\dfrac{1}{h_n} + D} \quad \text{und} \quad h_n = \frac{1}{\dfrac{1}{h_0} + D \cdot n} \quad \text{für alle } n \in \mathbb{N}.$$

Zum Beweis von c) beachte man die Beziehung

$$\frac{1}{H(a,b)} = A(\frac{1}{a}, \frac{1}{b}).$$

Bei a) und b) können wir uns von der Beschränkung auf positive Zahlen befreien, bei c) müssen wir lediglich von Null verschiedene Folgenglieder voraussetzen. Damit können wir arithmetische, geometrische und harmonische Folgen allgemeiner durch die Eigenschaften in (6) definieren, was wir im folgenden voraussetzen.

Die Kehrwertfolge einer arithmetischen Folge ist eine harmonische Folge und umgekehrt, und die Kehrwertfolge einer geometrischen Folge ist wieder eine geometrische Folge. (Dabei darf natürlich kein Folgenglied 0 sein.) Der logarithmische bzw. exponentielle Zusammenhang zwischen arithmetischen und geometrischen Folgen ist offensichtlich.

Die nächsten Begriffe könnten vielleicht die weitere Verwendung von „Reihe" rechtfertigen, weil hier keinesfalls „Reihe" durch „Folge" ersetzt werden darf. Man könnte natürlich auch bei der längeren Bezeichnung „Summenfolge von ..." bleiben.

(7) Definition: Die Summenfolge einer arithmetischen, geometrischen bzw. harmonischen Folge heißt *arithmetische, geometrische* bzw. *harmonische Reihe.*

Üblicherweise spricht man bei der Summenfolge von $\langle \frac{1}{n+1} \rangle$ von *der* harmonischen Reihe. Die vorliegende Verallgemeinerung ist jedoch folgerichtig und auch historisch korrekt, da Euler eine Arbeit über *harmonische Reihen* im Sinne von (7) verfaßt hat ([M. Cantor 1901]).

Der Vollständigkeit halber seien noch die bekannten Summenformeln für arithmetische und geometrische Reihen angefügt:

(8) Satz:

a) Ist $\langle a_n \rangle$ eine arithmetische Folge, so gilt für alle $n \in \mathbb{N}$

$$\sum_{\nu=0}^{n} a_\nu = \frac{n+1}{2}(a_0 + a_n).$$

b) Ist $\langle g_n \rangle$ eine geometrische Folge mit $\dfrac{g_1}{g_0} =: q \neq 1$, dann gilt für alle $n \in \mathbb{N}$

$$\sum_{\nu=0}^{n} g_\nu = g_0 \cdot \frac{q^{n+1} - 1}{q - 1}.$$

Die Differenzenfolge einer arithmetischen Folge ist eine konstante Folge. Die Differenzenfolge der Folge der Quadratzahlen ist eine arithmetische Folge, also ist $\Delta^2 \langle n^2 \rangle$ konstant. Diese Beobachtung führt auf den von Euler eingeführten Begriff der *arithmetischen Folgen höherer Ordnung*:

(9) Definition: Es sei $\langle a_n \rangle \in \mathbb{R}^{\mathbb{N}}$ und $k \in \mathbb{N}^*$. Die Folge $\langle a_n \rangle$ heißt *arithmetische Folge k-ter Ordnung*, wenn $\Delta^k \langle a_n \rangle$ konstant und $\Delta^{k-1} \langle a_n \rangle$ nicht konstant ist. Eine konstante Folge wollen wir als eine arithmetische Folge der Ordnung 0 betrachten.

(10) Beispiele: Jede nicht konstante arithmetische Folge ist eine arithmetische Folge 1. Ordnung. Jede arithmetische Reihe ist eine arithmetische Folge 2. Ordnung, sofern sie Summenfolge einer nicht konstanten arithmetischen Folge ist. Die Folge der Quadratzahlen ist wegen $\Delta^2 \langle n^2 \rangle = \langle 2 \rangle$ eine arithmetische Folge 2. Ordnung. Die Folge der Kubikzahlen ist wegen $\Delta^3 \langle n^3 \rangle = \langle 6 \rangle$ eine arithmetische Folge 3. Ordnung. Dies wird in folgendem Satz verallgemeinert.

(11) Satz: Für $k \in \mathbb{N}$ ist die Folge der k-ten Potenzen eine arithmetische Folge k-ter Ordnung. Genauer gilt mit $\langle k! \rangle = \langle k! \rangle_{n \in \mathbb{N}}$:

$$\Delta^k \langle n^k \rangle = \langle k! \rangle.$$

Diesen Satz kann man induktiv beweisen, wobei der Induktionsschritt folgendermaßen aussieht:

$$\Delta^{k+1} \langle n^{k+1} \rangle = \Delta^k (\Delta \langle n^{k+1} \rangle) = \Delta^k \langle (n+1)^{k+1} - n^{k+1} \rangle$$

$$= \Delta^k \langle \sum_{i=0}^{k} c_i n^i \rangle = \sum_{i=0}^{k} c_i \Delta^k \langle n^i \rangle$$

mit $c_i = \binom{k+1}{i}$ $(i = 0, \ldots, k)$. Die Induktionsvoraussetzung $\Delta^i \langle n^i \rangle = \langle i! \rangle$ für $i \leq k$ liefert dann

$$\Delta^{k+1} \langle n^{k+1} \rangle = \binom{k+1}{k} \langle k! \rangle = \langle (k+1)! \rangle.$$

Die arithmetischen Folgen höchstens k-ter Ordnung bilden einen Unterraum des Vektorraums aller Folgen reeller Zahlen. Dieser besitzt die Dimension $k + 1$, wie aus dem nun folgenden Satz hervorgeht.

(12) Satz: Die Folgen

$$\langle 1 \rangle, \langle n \rangle, \langle n^2 \rangle, \ \ldots \ , \langle n^k \rangle$$

bilden eine Basis des Vektorraums der arithmetischen Folgen höchstens k-ter Ordnung.

Zum Beweis: Die lineare Unabhängigkeit der genannten Folgen ergibt sich z. B. daraus, daß ein Polynom über $\mathbb{R}$ nur endlich viele Nullstellen haben kann. Die Darstellbarkeit einer arithmetischen Folge höchstens k-ter Ordnung als Linearkombination der genannten Folgen ergibt sich induktiv, wenn man die spezielle arithmetische Folge $\Sigma \langle n^k \rangle$ $(k+1)$-ter Ordnung als Linearkombination von $\langle 1 \rangle, \langle n \rangle, \langle n^2 \rangle, \ \ldots \ , \langle n^{k+1} \rangle$ dargestellt hat, da eine arithmetische Folge $(k+1)$-ter Ordnung die Summenfolge einer arithmetischen Folge k-ter Ordnung ist. Die genannte Darstellung von $\Sigma \langle n^k \rangle$ ergibt sich induktiv: Aus

$$\Delta \langle n^{k+1} \rangle = \langle (n+1)^{k+1} - n^{k+1} \rangle = \sum_{i=0}^{k} \binom{k+1}{i} \langle n^i \rangle$$

folgt durch Anwenden des Summenoperators

$$\langle (n+1)^{k+1} \rangle = \sum_{i=0}^{k} \binom{k+1}{i} \Sigma \langle n^i \rangle,$$

also

$$\begin{aligned}
\Sigma \langle n^k \rangle &= \frac{1}{k+1} \left(\langle (n+1)^{k+1} \rangle - \sum_{i=0}^{k-1} \binom{k+1}{i} \Sigma \langle n^i \rangle \right) \\
&= \frac{1}{k+1} \left(\sum_{i=0}^{k+1} \binom{k+1}{i} \langle n^i \rangle - \sum_{i=0}^{k-1} \binom{k+1}{i} \Sigma \langle n^i \rangle \right).
\end{aligned}$$

Nun wollen wir noch drei historische Beispiele aus verschiedenen Epochen für geometrische Reihen darstellen.

(13) Beispiel (Euklid von Alexandria, 365–300 v. Chr.): Geometrische Folgen wurden bei Euklid mit Hilfe der *mittleren Proportionalen* (vgl. Abschnitt I.1) und damit im Sinne von (5 b) charakterisiert. Im 9. Buch seiner *Elemente* (Satz 35) gibt er eine Formel für das allgemeine Glied einer geometrischen Reihe an. Ist $\langle g_n \rangle$ eine geometrische Folge mit der Summenfolge $\langle s_n \rangle := \Sigma \langle g_n \rangle$, so lautet seine Formel in unserer Notation:

$$\frac{g_1 - g_0}{g_0} = \frac{g_{n+1} - g_0}{s_n}.$$

Hieraus erhält man sofort die Summenformel aus II.3 (8 b).

Im Anschluß daran führt Euklid noch einen Satz über vollkommene Zahlen an, also über Zahlen, welche gleich der Summe ihrer echten Teiler sind: Betrachte

$$\langle s_n \rangle := \Sigma \langle 2^n \rangle.$$

Falls s_n für ein n eine Primzahl ist, so ist $2^n s_n$ vollkommen. Dies ist leicht einzusehen: Gemäß der Summenformel ist $s_n = 2^{n+1} - 1$. Weil s_n nach Voraussetzung eine Primzahl ist, sind die einzigen echten Teiler von $2^n s_n$ die Zahlen $1, 2, 2^2, \ldots, 2^n, s_n, 2s_n, 2^2 s_n, \ldots, 2^{n-1} s_n$, und deren Summe ist offensichtlich $2^n s_n$. Damals waren die vollkommenen Zahlen 6, 28, 496 und 8128 bekannt, heute (1994) kennt man insgesamt 32 vollkommene Zahlen. Euler hat bewiesen, daß jede gerade vollkommene Zahl von obiger Form $2^n(2^{n+1} - 1)$ ist, wobei $(2^{n+1} - 1$ eine Primzahl ist. Eine ungerade vollkommene Zahl konnte bis heute nicht gefunden werden.

(14) Beispiel (Torricelli, 1608–1647): Eine sehr reizvolle geometrische Methode zur „Summierung" einer geometrischen Folge $\langle g_n \rangle$ mit $g_0 > 0$ und $q := \dfrac{g_1}{g_0} > 0$ entwickelte Torricelli. Wir erläutern das Verfahren an Fig. 1, wobei wir $q = \frac{3}{4}$ gewählt haben. Wir zeichnen zwei parallele Strecken $A_0 B_0, A_1 B_1$ mit

$$\overline{A_0 B_0} = g_0, \quad \overline{A_1 B_1} = g_1.$$

Dann zeichnen wir die Geraden durch A_0, A_1 und durch B_0, B_1 mit dem Schnittpunkt C. Wir zeichnen dann $B_0 A_1$ und dazu eine Parallele durch B_1, was uns A_2 liefert. Eine Parallele zu $A_1 B_1$ durch A_2 liefert B_2, usw. Elementargeometrisch ergibt sich die Ähnlichkeit der Dreiecke $A_i B_i A_{i+1}$ $(i = 0, 1, 2, \ldots)$ bzw. $B_i B_{i+1} A_{i+1}$ $(i = 0, 1, 2, \ldots)$. Daher gilt

$$\frac{\overline{A_0B_0}}{\overline{B_0A_1}} = \frac{\overline{A_1B_1}}{\overline{B_1A_2}} = \frac{\overline{A_2B_2}}{\overline{B_2A_3}} = \dots$$

und

$$\frac{\overline{B_0A_1}}{\overline{A_1B_1}} = \frac{\overline{B_1A_2}}{\overline{A_2B_2}} = \frac{\overline{B_2A_3}}{\overline{A_3B_3}} = \dots .$$

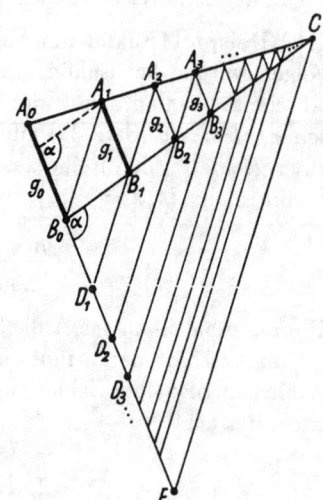

Aus diesen Gleichungsketten folgt

$$\frac{\overline{A_0B_0}}{\overline{B_0A_1}} \cdot \frac{\overline{B_0A_1}}{\overline{A_1B_1}} = \frac{\overline{A_1B_1}}{\overline{B_1A_2}} \cdot \frac{\overline{B_1A_2}}{\overline{A_2B_2}}$$

$$= \frac{\overline{A_2B_2}}{\overline{B_2A_3}} \cdot \frac{\overline{B_2A_3}}{\overline{A_3B_3}}$$

$$= \dots,$$

also

$$\frac{\overline{A_0B_0}}{\overline{A_1B_1}} = \frac{\overline{A_1B_1}}{\overline{A_2A_2}} = \frac{\overline{A_2B_2}}{\overline{A_3B_3}} = \dots .$$

Fig. 1

Wegen $\overline{A_0B_0} = g_0$, $\overline{A_1B_1} = g_1$ und

$$\frac{g_0}{g_1} = \frac{g_1}{g_2} = \frac{g_2}{g_3} = \dots = \frac{1}{q}$$

folgt induktiv

$$g_n = \overline{A_nB_n} \text{ für alle } n \in \mathbb{N}.$$

Wir verlängern nun $A_0B_0, A_2B_1, A_3B_2, \dots$ in der angegebenen Weise, was die neuen Punkte $D_1, D_2, \dots$ liefert. Schließlich zeichnen wir noch eine Parallele zu A_1B_0 durch C, was zum Punkt E führt. Dann sind die Vierecke

$$A_iB_{i-1}D_iB_i \quad (i = 1, 2, \dots)$$

Parallelogramme, so daß also

$$\overline{A_1B_1} = \overline{B_0D_1}, \ \overline{A_2B_2} = \overline{D_1D_2}, \dots$$

gilt. Mit $\langle s_n \rangle := \Sigma\langle g_n \rangle$ ist also

$$s_n = \overline{A_0D_n} \text{ für alle } n \in \mathbb{N}^*.$$

Insbesondere erhielt Torricelli $\overline{A_0 E} := s$ als „Summe der unendlichen geometrischen Reihe". Sein Ziel war aber nicht nur die geometrische Konstruierbarkeit dieser Summe, vielmehr las er auch aus der Zeichnung die Summenformel ab: Aufgrund der Ähnlichkeit der Dreiecke $A_0 E C$ und $A_0 B_0 A_1$ gilt nämlich

$$\frac{s}{g_0} = \frac{g_0}{g_0 - g_1}.$$

Das bedeutet, daß das Anfangsglied g_0 die mittlere Proportionale (geometrisches Mittel) zwischen der Summe s und der Differenz $g_0 - g_1$ der ersten beiden Summanden ist. Weitere Umformung führt mit $q = \dfrac{g_1}{g_0}$ auf

$$s = \frac{g_0}{1 - q}.$$

(Ähnlich läßt sich auch die Summenformel für das allgemeine Glied einer geometrischen Reihe an Fig. 1 ablesen.) Mit diesem Ergebnis konnte Torricelli dann den Flächeninhalt eines Parabelsegments berechnen, wobei er die Methode von Archimedes ausnutzte (vgl. Kapitel VI).

(15) **Beispiel** (Helge von Koch, 1870–1924): Im Jahr 1906 publizierte von Koch eine Arbeit über eine „Kurve", die geeignet ist, allzu naiv-anschauliche Vorstellungen vom Kurvenbegriff zu verhüten. Sie ist ein Beispiel für eine Punktmenge mit fraktaler Dimension im Sinne des Hausdorffschen Dimensionsbegriffs (vgl. Kapitel IV). Die hier dargestellte Modifikation der von Kochschen Kurve ist eine ebene, geschlossene „Kurve" unendlicher Länge, die eine ebene Fläche von endlichem Inhalt einschließt. Von einem gleichseitigen Dreieck ausgehend wird sie folgendermaßen konstruiert: Jede Seite wird in drei gleich lange Strecken geteilt, über der mittleren Strecke wird jeweils ein gleichseitiges Dreieck errichtet und dann diese mittlere Strecke weggelassen. So fährt man ad infinitum fort und erhält eine Folge (C_n) von Kurven, die man heute sehr schön mit Hilfe entsprechender Computerprogramme auf hochauflösenden Bildschirmen veranschaulichen kann („Schneeflockenkurve"). Die ersten drei Glieder sind in Fig. 2 dargestellt. Die von Kochsche Kurve ergibt sich dann als „Grenzkurve". Ist l_n die Länge von C_n und I_n der Inhalt der von C_n umschlossenen Fläche, dann findet man induktiv

$$l_n = l_0 \cdot \left(\frac{4}{3}\right)^{n-1} \quad \text{und} \quad I_n = I_0 \left(1 + \frac{3}{4} \sum_{\nu=1}^{n} \left(\frac{4}{9}\right)^{\nu}\right).$$

Wir sehen, daß l_n beliebig groß wird, daß aber die Folge der I_n den Grenzwert $\frac{8}{5}I_0$ hat. Dieses Beispiel ist u. a. zur Vorbeitung der uneigentlichen Integrale geeignet, die man ja auch als Flächeninhalt eines ebenen Gebietes mit unendlich langer Begrenzung ansehen kann.

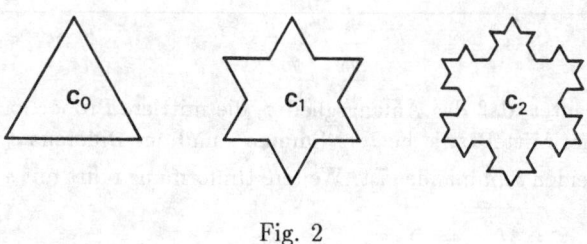

Fig. 2

II.4 Figurierte Zahlen und Potenzsummen

Die Pythagoreer teilten die „Zahlen" in Klassen ein, und zwar in ungerade und gerade, in Primzahlen und zusammengesetzte Zahlen, um nur einiges zu nennen. In den geraden bzw. ungeraden Zahlen erkannten sie Folgenglieder, und mit Hilfe dieser speziellen arithmetischen Folgen konstruierten sie durch Summenbildung (Summenoperator aus Abschnitt II.2) neue Folgen, etwa

$$1, 1 + 3 = 4, 1 + 3 + 5 = 9, \dots$$

Die so erhaltenen Zahlen veranschaulichten sie mit deren aufbauenden Summanden durch Punktfiguren wie in Fig. 1, von denen man einige bereits auf Töpferarbeiten der Jungsteinzeit fand.

Fig. 1   Fig. 2

Da diese Zahlen am Quadrat veranschaulicht wurden, hießen sie *Quadratzahlen*. Auch ist offensichtlich, wie man aus einer Figur diejenige der nächsten Quadratzahl erhält: Es wird eine Punktanordnung in Form eines „rechten Winkels" wie in Fig. 2 hinzugefügt.

Die hinzugefügte Figur in Fig. 2 nannten die Pythagoreer *Gnomon*. Wörtlich bedeutet dies „Erkenner", und zwar Erkenner der Zeit, was mit dem senkrechten schattenwerfenden Stab der Sonnenuhr zusammenhängt. Der *Gnomon* wurde dann zu einem Ausdruck der Geometrie, nämlich für eine Figur, die von einem Quadrat übrigbleibt, wenn man aus einer Ecke ein kleineres Quadrat entfernt. Euklid verallgemeinerte diese Definition auf Parallelogramme gemäß Fig. 3.

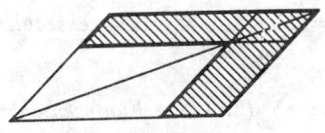

Fig. 3

Noch allgemeiner ist schließlich die folgende

(1) **Definition** (Heron von Alexandria, um 100 v. Chr.): Alles was zu einer Zahl oder Figur hinzugefügt das Ganze dem ähnlich macht, zu welchem es hinzugefügt worden ist, heißt *Gnomon*.

(2) **Bemerkung:** Aus diesem Grunde nannte man eine ungerade Zahl auch eine *Gnomonzahl*, denn für die ungeraden Zahlen $2n + 1$ gilt

$$n^2 + (2n + 1) = (n + 1)^2,$$

d. h., aus einer Quadratzahl wird wieder eine Quadratzahl. Diese Formel bietet auch die einzig sinnvolle Methode, eine Tafel von Quadratzahlen zu erstellen. Sie dient in Fibonaccis *Liber quadratorum* aus dem Jahr 1225 geradezu als *Definition* der Quadratzahlen, aus ihr leitet er die grundlegenden Eigenschaften dieser Zahlen her.

Anstatt die Summenfolge von $\langle 2n+1 \rangle$ zu betrachten, liegt es vielleicht näher, zunächst die Summenfolge von $\langle n \rangle$ zu untersuchen. Dies führt auf die *Dreieckszahlen*. Hier wird, von 1 ausgehend, jeweils die um 1 größere Zahl addiert; bei den Quadratzahlen war es jeweils die um 2 größere Zahl.

Addiert man jeweils die um 3 größere Zahl, dann entsteht die Folge der *Fünfeckszahlen*

$$1, 1 + 4 = 5, 1 + 4 + 7 = 12, \dots$$

Dies ist in folgender Definition nochmals zusammengefaßt, in welcher *figurierte Zahlen* erklärt werden, die als *Punktanzahlen* in geeigneten *Figuren* erscheinen.

(3) Definition: Für $n \in \mathbb{N}^*$ heißen die Zahlen

$$D_n := \sum_{\nu=1}^{n} \nu \qquad \text{Dreieckszahlen, (Fig. 4),}$$

$$Q_n := \sum_{\nu=1}^{n} (2\nu - 1) \qquad \text{Viereckszahlen, (Fig. 5),}$$

$$F_n := \sum_{\nu=1}^{n} (3\nu - 2) \qquad \text{Fünfeckszahlen, (Fig. 6).}$$

Dabei beginnt der Folgenindex n bei 1. Der Systematik zuliebe haben wir hier die Quadratzahlen „Viereckszahlen" genannt.

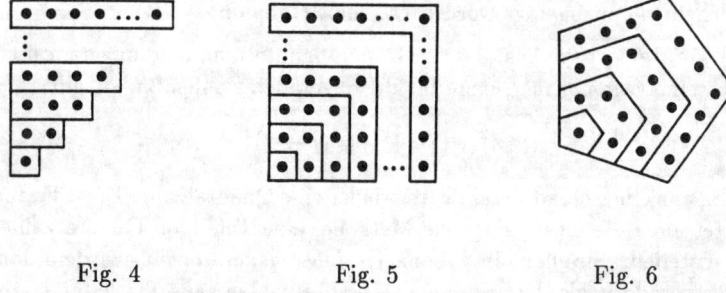

Fig. 4   Fig. 5   Fig. 6

Definiert man analog weitere figurierte Zahlen wie *Sechseckszahlen* 1, 6, 15, 28, …, *Siebeneckszahlen* 1, 7, 18, 34, … usw., dann ergeben sich natürlich Schwierigkeiten in der zeichnerischen Darstellung dieser Zahlen. Gemäß [Boyer 1968] empfiehlt sich die „Spinnennetzdarstellung" in Fig. 7.

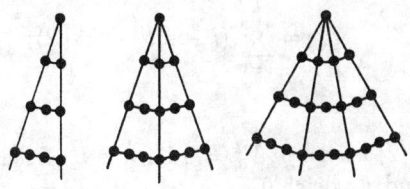

Fig. 7

Die Glieder der Zahlenfolgen in (3) sind als Summen zunächst rekursiv definiert, nämlich durch $D_1 = Q_1 = F_1 = 1$ und

$$D_n = D_{n-1} + n, \quad Q_n = Q_{n-1} + (2n - 1), \quad F_n = F_{n-1} + (3n - 2)$$

für $n \geq 2$. Nun wollen wir rekursionsfreie („explizite") Darstellungen bestimmen, das n-te Glied also durch einen Term in der Variablen n ausdrücken.

(4) Satz: Für alle $n \in \mathbb{N}^*$ gilt

$$D_n = \frac{n(n + 1)}{2}, \quad Q_n = n^2, \quad F_n = \frac{n(3n - 1)}{2}.$$

Beweis: Ergänzt man das Dreiecksmuster für D_n mit sich selbst, so entsteht ein Rechteck aus $n(n + 1)$ Punkten. Daraus folgt die Formel für D_n. Die Formel für Q_n liest man unmittelbar aus Fig. 5 ab. An Fig. 7 erkennt man $F_n = Q_n + D_{n-1}$ ab, woraus die Formel für F_n folgt.

Entfernt man in Fig. 5 eine Diagonale (aus n Punkten), so liest man $2D_{n-1} = n^2 - n$ ab, was ebenfalls zur Formel für D_n führt. Man kann hierfür auch die Zerlegung $D_n + D_{n-1} = Q_n$ benutzen (Fig. 5). Die Beziehungen

$$Q_n = 2D_n - n \quad \text{und} \quad Q_n = D_n + D_{n-1}$$

bzw.

$$F_n = 3D_n - 2n \quad \text{und} \quad F_n = Q_n + D_{n-1}$$

legen eine Verallgemeinerung von (3) nahe, nämlich die die *Vieleckszahlen* oder *Polygonalzahlen* definieren:

(5) Definition: Für $n \in \mathbb{N}$ und $k \in \mathbb{N}^*$ mit $k \geq 3$ heißt die Zahl

$$V_n^k := \sum_{\nu=1}^{n} ((k-2)\nu - (k-3))$$

n-te k-Eckszahl.

Gemäß II.2 (2) ist damit $V_0^k = 0$ für alle k. Nachträglich setzen wir daher D_0, Q_0 und F_0 gleich 0.

Die Folge der k-Eckszahlen ist die Summenfolge einer arithmetischen Folge mit dem Anfangsglied 1 und der Differenz $k-2$. So hat bereits Hypsikles von Alexandria (etwa 200–100 v. Chr.) die Vieleckszahlen verbal definiert. Wegen $k \geq 3$ sind diese Summenfolgen *arithmetische Folgen 2. Ordnung*:

$$\Delta^2 \langle V_n^k \rangle = \Delta \langle (k-2)n + 1 \rangle = \langle k - 2 \rangle .$$

(6) Satz: Für alle $k, n \in \mathbb{N}^*$ mit $k \geq 3$ gilt

$$V_n^k = \frac{n}{2}((k-2)n - (k-4)) .$$

Diesen Satz kann man auf vielfache Art beweisen, z. B. aus der Definition der Vieleckszahlen mit Hilfe vollständiger Induktion oder wegen

$$V_n^k = (k-2)D_n - (k-3)n$$

mit Hilfe der Formel für D_n. Man kann auch den ebenfalls an der Spinnennetzdarstellung (Fig. 7) erkennbaren Zusammenhang

$$V_n^k = V_n^{k-1} + D_{n-1}$$

verwenden.

Für die Pythagoreer stellten die Vieleckszahlen ein Bindeglied zwischen Geometrie und Arithmetik dar, und sie machten sie zum Mittelpunkt einer „kosmischen Philosophie", die alle Beziehungen durch Zahlen ausdrücken will („Alles ist Zahl"; vgl. auch Abschnitt I.1). Für die moderne Zahlentheorie wurden diese Zahlen durch folgenden Sachverhalt wieder von Interesse:

(7) Satz: Ist k eine natürliche Zahl, die größer als 2 ist, dann ist jede natürliche Zahl als Summe von höchstens k k-Eckszahlen darstellbar.

Im Jahr 1654 schickte Pierre de Fermat (1601–1665) an Blaise Pascal (1623–1662), einen „mathematischen Dilettanten" ([Boyer 1968]), dieses als eine zu beweisende Vermutung in der Absicht, Pascal für die Zahlentheorie zu interessieren. Bewiesen wurde dieser Satz erst im 19. Jahrhundert von Cauchy. Der Spezialfall $k = 4$ wurde schon von Joseph Louis Lagrange (1736–1813) bewiesen und ist unter dem Namen *Vier-Quadrate-Satz von Lagrange* bekannt.

Die Vieleckszahlen lassen sich mit Hilfe der Gnomondarstellung durch zweidimensionale Figuren veranschaulichen. Legen wir nun für ein festes k der Reihe nach die zu den V_n^k gehörigen k-Ecke übereinander, so entstehen dreidimensionale pyramidenförmige Körper, deren Punktzahlen *Pyramidalzahlen* genannt werden:

(8) Definition: Ist V_n^k die n-te k-Eckszahl, dann nennt man

$$P_n^k := \sum_{\nu=1}^{n} V_\nu^k$$

die n-te k-*Pyramidalzahl* $(k \in \mathbb{N}^*, n \in \mathbb{N})$.

Die Folge der k-ten Pyramidalzahlen ist also die Summenfolge der Folge der k-ten Polygonalzahlen.

(9) Beispiele:

a) $k = 3$ (dreieckige Pyramidalzahlen):

$$\langle P_n^3 \rangle = \Sigma \langle D_n \rangle = \Sigma^2 \langle n \rangle.$$

b) $k = 4$ (quadratische Pyramidalzahlen, Fig. 8):

$$\langle P_n^4 \rangle = \Sigma \langle Q_n \rangle = \Sigma^2 \langle 2n - 1 \rangle.$$

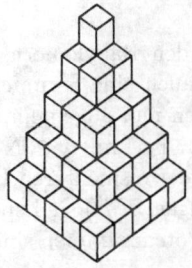

Fig. 8

Es ist

$$\langle P_n^3 \rangle = \frac{1}{2}\Sigma\langle n^2 \rangle + \frac{1}{2}\Sigma\langle n \rangle \quad \text{und} \quad \langle P_n^4 \rangle = \Sigma\langle n^2 \rangle.$$

Stets ist also ein Term für die Summe $\sum_{\nu=1}^{n} \nu^2$ zu bestimmen, um einen einfachen Term für die genannten Pyramidalzahlen zu finden. Dieses Problem ist uns schon früher begegnet und wird uns noch weiter unten beschäftigen.

(10) Bemerkung: Von den römischen Geometern Epaphroditus und Vitruvius Rufus (etwa um 150 n. Chr.), die Schüler von Heron waren, stammt die Pyramidalzahlformel

$$P_n^k = \frac{n+1}{6}(2V_n^k + n).$$

Pyramidalzahlen sind Punktanzahlen dreidimensionaler Körper; sie erweisen sich als arithmetische Folgen 3. Ordnung mit dem Anfangsglied 1, denn sie sind Summenfolgen von arithmetischen Folgen 2. Ordnung mit dem Anfangsglied 1. Analog könnte man Körper in höherdimensionalen Räumen betrachten. Dies führt zur allgemeinen Definition der *figurierten Zahlen* der Dimension r als Glieder einer arithmetischen Folge der Ordnung r mit dem Anfangsglied 1.

Aus der Formel in (10) ergibt sich für $k = 4$ die bekannte Summenformel für die Quadratzahlen, also

$$1^2 + 2^2 + 3^2 + \ldots + n^2 = \frac{n(n+1)(2n+1)}{6}.$$

Diese Formel war bereits den Babyloniern um 2000 v. Chr. bekannt. Aus römischen Zeiten ist auch eine Summenformel für die dritten Potenzen bekannt. Wir wollen nun allgemeiner nach Summenformeln für *Potenzsummen* $1^k + 2^k + \ldots + n^k$ mit $k \in \mathbb{N}^*$ fragen. Derartige Formeln kann man bekanntlich bei der elementaren Integration von Potenzfunktionen gebrauchen. Die Folgen $\Sigma\langle n^k \rangle$ sind spezielle arithmetische Folgen $(k+1)$-ter Ordnung, die Potenzsummen sind also figurierte Zahlen der Dimension $k + 1$.

Wir stellen zunächst einige historische Beweise für Potenzsummenformeln vor.

(11) Zusammenstellung: Für alle $n \in \mathbb{N}^*$ gilt:

a) $\displaystyle\sum_{\nu=1}^{n} \nu \;\; = D_n \hspace{3cm} = \frac{n(n+1)}{2}$

b) $\displaystyle\sum_{\nu=1}^{n} \nu^2 = D_n \cdot \frac{2n+1}{3} \hspace{2cm} = \frac{n(n+1)(2n+1)}{6}$

c) $\displaystyle\sum_{\nu=1}^{n} \nu^3 = D_n \cdot D_n \hspace{2.5cm} = \frac{n^2(n+1)^2}{4}$

d) $\displaystyle\sum_{\nu=1}^{n} \nu^4 = D_n \cdot \frac{2n+1}{3} \cdot \frac{6D_n-1}{5} = \frac{n(n+1)(2n+1)(3n^2+3n-1)}{30}$

(12) Beweise von Misrachi: Elias Misrachi (1455–1526), ein Oberrabbiner aus Konstantinopel, beweist a), b) und c) mit einer Methode, die der vollständigen Induktion schon sehr ähnelt:

Zu a): Es ist

$$\frac{1}{2} = \frac{1}{2}\,, \quad \frac{1+2}{3} = \frac{2}{2}\,, \quad \frac{1+2+3}{4} = \frac{3}{2}\,,$$

„also"

$$\frac{1+2+3+\ldots+n}{n+1} = \frac{n}{2}\,.$$

Zu b): Es ist

$$\frac{1^2}{1} = 1\,, \quad \frac{1^2+2^2}{1+2} = 1 + \frac{2}{3}\,, \quad \frac{1^2+2^2+3^2}{1+2+3} = 1 + 2 \cdot \frac{3}{2}\,,$$

„also"

$$\frac{1^2+2^2+3^2+\ldots+n^2}{1+2+3+\ldots+n} = 1 + (n-1) \cdot \frac{2}{3} = \frac{2n+1}{3}\,.$$

Zu c): Es ist

$$\frac{1^3+2^3}{1+2} - \frac{1^3}{1} = 2\,, \quad \frac{1^3+2^3+3^3}{1+2+3} - \frac{1^3+2^3}{1+2} = 3\,,$$

„also"

$$\frac{1^3+2^3+3^3+\ldots+n^3}{1+2+3+\ldots+n} - \frac{1^3+2^3+3^3+\ldots+(n-1)^3}{1+2+3+\ldots+(n-1)} = n\,,$$

und Addition der Differenzen liefert nach Umformung

$$1^3 + 2^3 + 3^3 + \ldots + n^3 = (1 + 2 + 3 + \ldots + n)^2.$$

(13) Beweise von Ibn-al-Haitham: Für a) und b) benutzt Ibn-al-Haitham (965–1039) eine Veranschaulichung der Summen als Flächeninhalt von geometrischen Figuren.

Zu a): Für $n = 4$ veranschaulicht die dick umrandete Fläche in Fig. 9 die Summe $\sum_{\nu=1}^{n} \nu$. Offensichtlich ist

$$2 \cdot \sum_{\nu=1}^{n} \nu = n(n + 1),$$

woraus die Behauptung folgt. Die ist der bekannte pythagoreische Gnomon-Beweis.

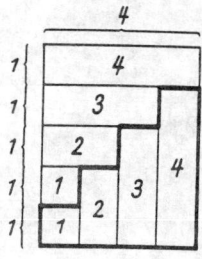 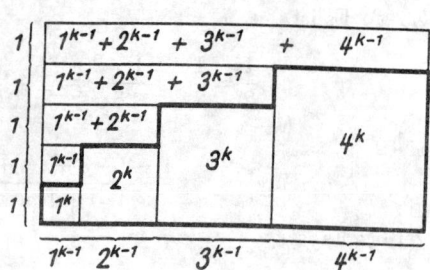

Fig. 9   Fig. 10

Zu b): In Fig. 10 veranschaulicht die dick umrandete Fläche die Summe $\sum_{\nu=1}^{n} \nu^2$ für $n = 4$. Das gesamte Rechteck hat die Höhe $n + 1$ und die Breite $1 + 2 + 3 + \ldots + n = D_n$, also gilt

$$(n + 1) \cdot D_n = \sum_{\nu=1}^{n} \nu^2 + \sum_{\nu=1}^{n} D_\nu.$$

Die Formel b) folgt daraus wegen

$$\sum_{\nu=1}^{n} D_\nu = \sum_{\nu=1}^{n} \frac{\nu(\nu + 1)}{2} = \frac{1}{2} \sum_{\nu=1}^{n} \nu^2 + \frac{1}{2} D_n.$$

Zu c) und d): In Fig. 10 entsprechen die Maße dem Fall $k = 2$, die mit n^k beschrifteten Flächen sind also Quadrate. Nun denken wir uns diese Figur horizontal so verzerrt, daß die eingetragenen Maße auch für $k > 2$ stimmen. Dann ergibt sich

$$(n+1) \cdot \sum_{\nu=1}^{n} \nu^{k-1} = \sum_{\nu=1}^{n} \nu^k + \sum_{\nu=1}^{n} \sum_{\mu=1}^{\nu} \mu^{k-1}.$$

Speziell für $k = 3$ ist also

$$(n+1) \cdot \sum_{\nu=1}^{n} \nu^2 = \sum_{\nu=1}^{n} \nu^3 + \sum_{\nu=1}^{n} \sum_{\mu=1}^{\nu} \mu^2,$$

woraus sich mit b) die Formel c) ergibt. Entsprechend erhält man für $k = 4$ eine Formel, die sich mit Hilfe von c) in d) umformen läßt.

Die Beweismethode von Ibn-al-Haitham gestattet also ebenso wie das schon in schon in (12) aus Abschnitt II.3 angegebene Verfahren die rekursive Berechnung der weiteren Potenzsummen für $k = 5, 6, \ldots$. Sie ist eine Verallgemeinerung des pythagoreischen Gnomon-Beweises für Dreieckszahlen.

Es existieren zahlreiche weitere Methoden zum Beweis der Beziehungen in (11); wir begnügen uns mit der Darstellung von drei weiteren Beweisen.

(14) **Beweis** der Formel für die Summe der Kuben durch Nikomachus von Gerasa (um 100 n. Chr.): Anhand von Fig. 11 „erkennt" man:

$$4 \cdot (1^3 + 2^3 + 3^3 + \ldots + n^3) = (n(n+1))^2.$$

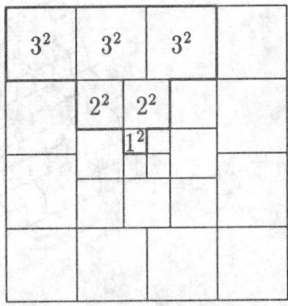

Fig. 11

(15) Beweis mit Hilfe der Dreieckszahlen: Aus

$$D_n - D_{n-1} = n \quad \text{und} \quad D_n + D_{n-1} = n^2$$

folgt

$$D_n^2 - D_{n-1}^2 = n^3,$$

also $\Delta \langle D_{n-1}^2 \rangle = \langle n^3 \rangle$. Anwenden des Summenoparators liefert $\langle D_n^2 \rangle = \Sigma \langle n^3 \rangle$, also

$$\Sigma \langle n^3 \rangle = \left\langle \left(\frac{n(n+1)}{2} \right)^2 \right\rangle.$$

(16) Beweis der Formel für die Summe der Quadratzahlen mittels Pyramidalzahlen: Wir interpretieren D_n als die Anzahl der Würfel in Fig. 12. Packen wir $2n + 1$ solcher Körper nebeneinander, so erhalten wir einen Treppenkörper, wie ihn Fig. 13 zeigt. Aus diesem Treppenkörper wird nun (dick umrandet) ein Teilkörper herausgelöst, so daß die beiden verbleibenden Teile jeweils aus P_n^4 Würfeln bestehen (vgl. Fig. 8). Der herausgelöste Teilkörper besteht nun ebenfalls aus P_n^4 Würfeln, denn die Würfelanzahl an seiner Rückwand ist offenbar D_n, die Anzahl aller seiner Würfel daher $D_n + D_{n-1} + \ldots + D_1 = P_n^4$. Es ergibt sich damit

$$(2n + 1) \cdot D_n = 3 \cdot P_n^4 = 3 \cdot \sum_{\nu=1}^{n} \nu^2.$$

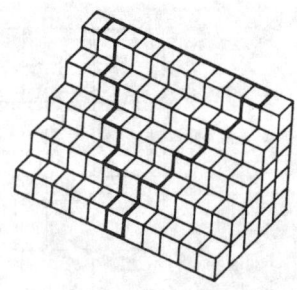

Fig. 12   Fig. 13

II.5 Zahlendreiecke

Das nach Pascal benannte Zahlendreieck gestattet die rekursive Berechnung der Binomialkoeffizienten. Pascal benutzte es u. a. für Fragen der Wahrscheinlichkeitsrechnung und nannte es *arithmetisches Dreieck*. Wir finden dieses bereits im *Kostbaren Spiegel* von Chu-Shih-Chieh (1280–1303) dargestellt (Fig. 1). Später tauchte das *harmonische Dreieck* auf, von dessen Analogie mit dem arithmetischen Dreieck insbesondere Gottfried Wilhelm Leibniz (1646–1716) fasziniert war.

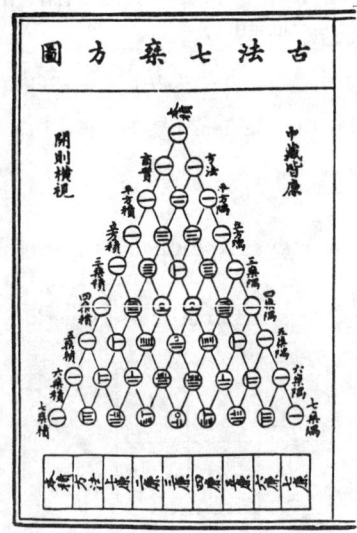

Fig. 1

Pascal verwendete nicht die heute übliche Dreiecksgestalt gemäß Fig. 1, sondern eine Matrixanordnung gemäß Fig. 2. In Fig. 3 ist das harmonische Dreieck angedeutet.

1	1	1	1	1	1	1
1	2	3	4	5	6	...
1	3	6	10	15	...	
1	4	10	20	...		
1	5	15	...			
1	6	...				
1	...					

Fig. 2

$\frac{1}{1}$	$\frac{1}{2}$	$\frac{1}{3}$	$\frac{1}{4}$	$\frac{1}{5}$	$\frac{1}{6}$	$\frac{1}{7}$
$\frac{1}{2}$	$\frac{1}{6}$	$\frac{1}{12}$	$\frac{1}{20}$	$\frac{1}{30}$	$\frac{1}{42}$	...
$\frac{1}{3}$	$\frac{1}{12}$	$\frac{1}{30}$	$\frac{1}{60}$	$\frac{1}{105}$	...	
$\frac{1}{4}$	$\frac{1}{20}$	$\frac{1}{60}$	$\frac{1}{140}$	...		
$\frac{1}{5}$	$\frac{1}{30}$	$\frac{1}{105}$	...			
$\frac{1}{6}$	$\frac{1}{42}$	...				
$\frac{1}{7}$	...					

Fig. 3

Der Aufbau dieser Dreiecke wird rekursiv erklärt:

(1) **Definition:** Für die Zahlen $a_{k,m}$ $(k, m \in \mathbb{N}^*)$ des arithmetischen Dreiecks gilt

$$a_{1,m} = a_{k,1} = 1 \quad \text{und} \quad a_{k+1,m+1} = a_{k+1,m} + a_{k,m+1}.$$

Für die Zahlen $h_{k,m}$ $(k, m \in \mathbb{N}^*)$ des harmonischen Dreiecks gilt

$$h_{1,m} = \frac{1}{m}, \ h_{k,1} = \frac{1}{k} \quad \text{und} \quad h_{k,m} = h_{k+1,m} + h_{k,m+1}.$$

Der rekursive Aufbau läßt sich folgendermaßen symbolisieren:

Arithmetisches Dreieck: Harmonisches Dreieck:

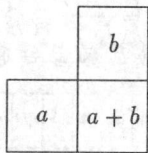   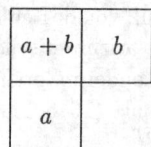

Man beachte, daß mit den oben definierten Zahlen $a_{k,m}$ die Beziehung

$$a_{k,m} = \binom{k+m-2}{k-1}$$

gilt.

Die beiden Dreiecke sind jeweils symmetrisch zur „Hauptdiagonalen"; aus diesem Grund mußten wir in obiger Definition nicht festlegen, welches der Zeilen- und welches der Spaltenindex sein soll.

(2) **Eigenschaften des arithmetischen Dreiecks:** In der k-ten Zeile (Spalte) steht eine arithmetische Folge der Ordnung $k-1$, denn für $k \geq 2$ ist

$$a_{k,m} = \sum_{\nu=1}^{m} a_{k-1,\nu}.$$

Die Zahlen

$$F_n := a_{1,n+1} + a_{2,n-1} + a_{3,n-3} + \ldots = \sum_{\nu=1}^{[\frac{n+2}{2}]} a_{\nu,n+3-2\nu}$$

genügen der Rekursion

$$F_0 = F_1 = 1, \quad F_n = F_{n-1} + F_{n-2} \text{ für } n \geq 2,$$

es handelt sich also um die Folge der *Fibonacci-Zahlen*.

(3) Eigenschaften des harmonischen Dreiecks: In der ersten Zeile (Spalte) steht die harmonische Folge $\langle \frac{1}{n} \rangle$. In der k-ten Zeile (Spalte) stehen die Kehrwerte der Folge $k \cdot \Sigma^{k-1} \langle 1 \rangle$ (vgl. II.2 (5)). In der zweiten Zeile (Spalte) stehen bespielsweise die halben Kehrwerte der Dreieckszahlen, in der dritten Zeile (Spalte) ein Drittel der Kehrwerte der dreieckigen Pyramidalzahlen. Bildet man in einer Zeile, irgendwo beginnend, die Summe aufeinanderfolgender Glieder und addiert dazu die Zahl schräg rechts über der letzten Zahl, so erhält man die Zahl, die über der ersten steht; beispielsweise ist

$$\left(\frac{1}{12} + \frac{1}{20} + \frac{1}{30} + \frac{1}{42} \right) + \frac{1}{7} = \frac{1}{3}.$$

Allgemein gilt für $j, k, m \in \mathbb{N}^*$ mit $k \geq 2, j \geq m$

$$\sum_{\nu=m}^{j} h_{k+1,\nu} + h_{k,j+1} = h_{k,m},$$

wie man induktiv beweisen kann. Da hierbei j beliebig groß sein darf, kann man das harmonische Dreieck, wie es bereits Leibniz tat, als Instrument zur Summierung gewisser Folgen benutzen. Beispielsweise ist

$$\frac{1}{2} + \frac{1}{6} + \frac{1}{12} + \frac{1}{20} + \ldots = 1$$

und

$$\frac{1}{3} + \frac{1}{12} + \frac{1}{30} + \frac{1}{60} + \ldots = \frac{1}{2}.$$

Mit der ersten Formel löste Leibniz das Problem, das ihm Huygens gestellt hatte: „Gesucht ist die Summe einer Folge abnehmender Brüche, deren Zähler alle gleich 1 sind und deren Nenner die Dreieckszahlen durchlaufen." Die gesuchte Summe ist offensichtlich 2. Somit werden hier Grenzwerte berechnet, ohne daß ein Konvergenzbegriff formuliert wird.

II.6 Algebraische Aspekte

Sind A und B nichtleere endliche Mengen, so gibt es genau $|B|^{|A|}$ Funktionen von A in B. Daher bezeichnet man mit B^A die Menge aller Funktionen von A in B (also $|B^A| = |B|^{|A|}$) und benutzt dieses Symbol auch für beliebige (nicht notwendig endliche) Mengen A, B. Demgemäß ist $f \in B^A$ gleichbedeutend mit $f : A \to B$. Speziell ist $\mathbb{R}^{\mathbb{N}}$ die Menge der Folgen reeller Zahlen und $\mathbb{Q}^{\mathbb{N}}$ die Menge der Folgen rationaler Zahlen. Wir können nun solche Funktionenmengen algebraisch strukturieren:

(1) Definition: Es sei A eine nichtleere Menge und $(B, \star)$ ein Verknüpfungsgebilde. Dann sei für $f, g \in B^A$ die Funktion $f \star g \in B^A$ definiert durch

$$x \mapsto f(x) \star g(x).$$

Damit sind z. B. die Summe und das Produkt von reellen Funktionen und speziell von Zahlenfolgen erklärt. Dabei übertragen sich wesentliche Strukturmerkmale von $(B, \star)$ auf $(B^A, \star)$.

(2) Satz: Ist A eine nichtleere Teilmenge von $\mathbb{R}$, dann gilt:

a) $(\mathbb{R}^A, +, \cdot)$ ist ein kommutativer Ring mit Einselement.

b) $(\mathbb{R}^A, +)$ ist ein $\mathbb{R}$-Vektorraum.

c) $(\mathbb{R}^A, +, \cdot)$ ist eine $\mathbb{R}$-Algebra.

Nullelement bzw. Einselement sind die konstanten Funktionen $\underline{0}$ bzw. $\underline{1}$ auf A. Besitzt A mindestens zwei Elemente, so besitzt der Ring $(\mathbb{R}^A, +, \cdot)$ Nullteiler. Einheiten (bzgl. der Multiplikation invertierbare Elemente) des Ringes sind diejenigen Funktionen aus $\mathbb{R}^A$, die keine Nullstelle in A besitzen. Die Vervielfachung einer Funktion f mit einem Faktor $\lambda \in \mathbb{R}$ ist durch $(\lambda f)(x) := \lambda \cdot f(x)$ definiert. Es liegt eine $\mathbb{R}$-Algebra vor, weil $(\mathbb{R}^A, +, \cdot)$ ein Ring und $(\mathbb{R}^A, +)$ ein $\mathbb{R}$-Vektorraum ist und darüber hinaus stets $\lambda(f \cdot g) = (\lambda f) \cdot g = f \cdot (\lambda g)$ gilt.

Je nach Strukturierungsaspekt können wir also $\mathbb{R}^A$ als Ring, als Vektorraum oder als Algebra ansehen. Dabei ist es einerseits von Interesse, $\mathbb{R}^A$ für spezielle Mengen A zu betrachten (etwa für $A = \mathbb{N}$ die Menge aller *Folgen* reeller Zahlen) und andererseits Teilstrukturen von $\mathbb{R}^A$ auszusondern (etwa die Algebra der differenzierbaren Funktionen). Denn die *Struktursätze der Analysis* besagen u. a., daß gewisse Mengen von Folgen oder Funktionen abgeschlossen bezüglich der Addition, der Multiplikation und der Vervielfachung sind. Statt „Summe, Produkt und Vielfaches einer konvergenten Folge sind wieder konvergente Folgen" sagt man eleganter: *Die konvergenten Folgen bilden eine Algebra* (genauer: *Teilalgebra von* ...).

Wie bei allen algebraischen Strukturen spielen auch bei den in der Analysis auftretenden Strukturen *verknüpfungstreue Abbildungen* (Homomorphismen) eine wichtige Rolle. Hier ist in erster Linie der Grenzwertoperator lim für Folgen bzw. $\lim_a$ für Funktionen zu nennen. Wir benutzen in diesem Zusammenhang die Schreibweisen $\lim\langle a_n \rangle$ bzw. $\lim_a f$, um deutlich den Charakter von lim als Operator hervorzuheben.

(3) **Satz:**

a) Es sei F_k die Menge aller konvergenten Folgen reeller Zahlen. Dann ist lim ein Epimorphismus von $(F_k, +, \cdot)$ auf $(\mathbb{R}, +, \cdot)$ und ein lineares Funktional auf dem $\mathbb{R}$-Vektorraum $(F_k, +)$.

b) Es sei $\mathcal{C}_a$ die Menge aller an der Stelle $a \in \mathbb{R}$ stetigen Funktionen f mit $a \in A \subseteq \mathbb{R}$. Dann ist $\lim_a$ ein Epimorphismus von $(\mathcal{C}_a, +, \cdot)$ auf $(\mathbb{R}, +, \cdot)$ und ein lineares Funktional auf dem Vektorraum $(\mathcal{C}_a, +)$.

Ein *Epimorphismus* ist ein surjektiver Homomorphismus. Die Epimorphismen in (3) sind nicht injektiv, also keine Monomorphismen. Eine lineare Abbildung eines K-Vektorraums in den Körper K heißt *lineares Funktional* oder auch *Linearform*.

(4) **Bemerkung** zu (3a): Es sei F_N die Menge der Nullfolgen reeller Zahlen. Es gilt Kern(lim) $= F_N$, denn genau die Nullfolgen werden von lim auf 0 abgebildet. Aus dem Homomorphiesatz für Ringe folgt nun, daß $F_k/$Kern(lim) $(= F_k/F_N)$ isomorph zu $\mathbb{R}$ ist. Die Elemente von F_k/F_N sind die Nebenklassen von F_N, und damit kennen wir die zugehörige Äquivalenzrelation:

$$\langle a_n \rangle \sim \langle b_n \rangle \iff \langle a_n - b_n \rangle \in F_N$$

Will man die reellen Zahlen mittels rationaler Zahlenfolgen konstruieren (vgl. I.3), dann kann das mit Hilfe der entsprechenden Äquivalenzrelation in der Menge aller Folgen rationaler Zahlen tun. Da wir hier $\mathbb{R}$ als gegeben voraussetzen, können wir auch schreiben:

$$\langle a_n \rangle \sim \langle b_n \rangle \iff \lim\langle a_n \rangle = \lim\langle b_n \rangle$$

„Grenzwertgleiche" Folgen werden also identifiziert, d. h., in Äquivalenzklassen zusammengefaßt:

$$[\langle a_n \rangle] := \{\langle x_n \rangle \in F_k \mid \langle x_n \rangle \sim \langle a_n \rangle\}$$

Die Menge dieser Äquivalenzklassen ist die Quotientenmenge von F_k nach $\sim$ und wird mit $F_k/\!\sim$ bzw. hier auch mit F_k/F_N bezeichnet (Faktorisierung von F_k nach dem Ideal F_N). Nun ist die Äquivalenzrelation $\sim$ verträglich mit den Verknüpfungen in F_k, so daß es sich um eine Kongruenzrelation handelt. Daher sind folgende Operationen auf F_k/F_N definiert („wohldefiniert"):

$$[\langle a_n\rangle] + [\langle b_n\rangle] := [\langle a_n + b_n\rangle], \quad [\langle a_n\rangle] \cdot [\langle b_n\rangle] := [\langle a_n + b_n\rangle].$$

Ferner ist die Abbildung

$$\varphi : \left\{ \begin{array}{l} F_k/F_N \to \mathbb{R} \\ [\langle a_n\rangle] \mapsto \lim\langle a_n\rangle \end{array} \right.$$

definiert. Zusammen mit der kanonischen Abbildung

$$\kappa : \left\{ \begin{array}{l} F_k \to F_k/F_N \\ \langle a_n\rangle \mapsto [\langle a_n\rangle] \end{array} \right.$$

erhalten wir das kommutative Diagramm in Fig. 1, das kennzeichnend für den *Homomorphiesatz* ist.

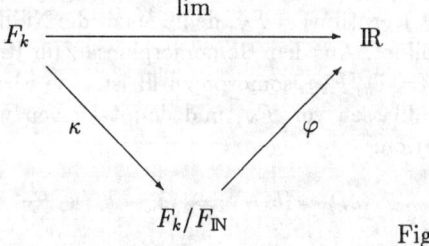

Fig. 1

(5) Bemerkung: In Abschnitt II.2 haben wir die Operatoren Δ und Σ als Endomorphismen des Vektorraums der reellen Zahlenfolgen kennengelernt. Entsprechende Endomorphismen von geeigneten Funktionenräumen liegen beim Differenzieren und Integrieren vor.

Die lineare Algebra zeigt ihre Nützlichkeit in der Analysis erst bei unendlichdimensionalen Funktionenräumen, hier vor allem in Hilbert-Räumen: Der von den Potenzfunktionen

$$x \mapsto x^n \quad (n \in \mathbb{N})$$

erzeugte Vektorraum wird untersucht, wenn es um Potenzreihen geht; der von den trigonometrischen Funktionen

$$x \mapsto \sin(nx), \quad x \mapsto \cos(nx) \quad (n \in \mathbb{N})$$

erzeugte Vektorraum liegt den Untersuchungen über Fourier-Reihen zugrunde. Die Begriffe der linearen Algebra kommen also in der Analysis erst in solchen Zusammenhängen zum Tragen, die im Analysisunterricht kaum behandelt werden können.

Neben der Addition und der Multiplikation hat vor allem die *Verkettung* von Funktionen interessante algebraische Eigenschaften. So kann der algebraische Aspekt der *Umkehrfunktion* im Zusammenhang mit dem Verketten von Funktionen dadurch herausgearbeitet werden, daß man gewisse (endliche) Funktionenmengen bezüglich der Verkettung betrachtet. Es bieten sich hier (schon im Unterricht der Sekundarstufe I) die folgenden Beispiele an:

(6) Beispiel: Für $x \in \mathbb{R} \setminus \{0\}$ sei

$$f_1(x) := x, \quad f_2(x) := -x, \quad f_3(x) := \frac{1}{x}, \quad f_4(x) := -\frac{1}{x}.$$

Mit $G := \{f_1, f_2, f_3, f_4\}$ ist dann $(G, \circ)$ die *Kleinsche Vierergruppe*.

(7) Beispiel: Für $x \in \mathbb{R} \setminus \{0, 1\}$ sei

$$f_1(x) := x, \qquad f_2(x) := \frac{1}{x}, \qquad f_3(x) := 1 - x,$$

$$f_4(x) := \frac{x}{x-1}, \quad f_5(x) := \frac{x-1}{x}, \quad f_6(x) := \frac{1}{1-x}.$$

Mit $G := \{f_1, f_2, f_3, f_4, f_5, f_6\}$ ist dann $(G, \circ)$ die *symmetrische Gruppe* vom Grad 3.

Der Nachweis der Gruppeneigenschaften in (6) und (7) ist eine in der Sekundarstufe I nützliche Übung zum Thema „Termumformungen".

Ein wesentlicher Begriff der modernen Algebra ist der Begriff der *Isomorphie*. Hierzu soll abschließend ein Beispiel betrachtet werden, welches einen „algebraischen" Weg zu den Potenzfunktionen mit reellen Exponenten und damit auch zu den Exponentialfunktionen ermöglicht.

(8) Beispiel: Für eine reelle Zahl a bezeichen wir mit pot$_a$ die Potenzfunktion $x \mapsto x^a$ mit der Definitionsmenge $\mathbb{R}^+$. Für positives a könnten wir die Definitionsmenge um 0 erweiteren, für ganzzahliges a sogar auf $\mathbb{R}^*$ bzw. $\mathbb{R}$ ausdehnen. Für eine einheitliche Betrachtung *aller* Potenzfunktionen ist aber $\mathbb{R}^+$ die größtmögliche Definitionsmenge. Für eine Teilmenge A von $\mathbb{R}$ setzen wir

$$P_A := \{\mathrm{pot}_a \mid a \in A\}.$$

Dann erweist sich $(P_{\mathbb{Q}}, \cdot, \circ)$ als isomorph zu $(\mathbb{Q}, +, \cdot)$:

$$\mathrm{pot}_{a+b} = \mathrm{pot}_a \cdot \mathrm{pot}_b$$
$$\mathrm{pot}_{a \cdot b} = \mathrm{pot}_a \circ \mathrm{pot}_b$$

Definiert man noch

$$\mathrm{pot}_a < \mathrm{pot}_b : \Longleftrightarrow a < b$$

und

$$\mathrm{pot}_a \leq \mathrm{pot}_b : \Longleftrightarrow \mathrm{pot}_a < \mathrm{pot}_b \text{ oder } a = b,$$

so ist $(P_{\mathbb{Q}}, \cdot, \circ, \leq)$ ein isomorphes und ordnungstreues Bild des angeordneten Körpers der rationalen Zahlen. Der Erweiterung der rationalen zu den reellen Zahlen entspricht daher die Erweiterung der Menge der „rationalen Potenzfunktionen" $P_{\mathbb{Q}}$ zur Menge der „reellen Potenzfunktionen" $P_{\mathbb{R}}$, welcher Weg dabei auch immer gewählt wird.

III Grenzwert

III.1 Genese des Grenzwertbegriffs

Zunächst sollen wesentliche historische Stationen der Begriffsentwicklung dargestellt werden, wobei wir uns vor allem auf [Baron 1969], [Boyer 1968], [M. Cantor 1894ff], [Kropp 1969] und [Volkert 1988] stützen. Bei Betrachtungen zur Entwicklung des Grenzwertbegriffs werden gerne die Antinomien des Zenon von Elea (um 480–435 v. Chr.) als Beispiele für das erste Auftreten infinitesimaler Probleme genannt (z. B. Wettlauf des Achilles mit der Schildkröte oder der fliegende Pfeil). In [v. d. Waerden 1940] wird aber die Ansicht vertreten, daß Zenon und die Infinitesimalmathematik nichts miteinander zu tun haben. Wir schließen uns diesem Urteil an und verzichten hier auf eine Diskussion der „Paradoxa" des Zenon. (Vgl. hierzu [Becker 1964].)

In der Antike begegnen uns bereits Problemstellungen, die in die heutige Integralrechnung einzuordnen sind, während das Tangentenproblem erst im 17. Jahrhundert auftauchte. So befaßte sich Archimedes mit der Berechnung von Bogenlängen, Flächeninhalten und Rauminhalten. Seine Integrationsmethode, die man später *Exhaustionsmethode* nannte (vgl. Kapitel VI), war zwar von beispielhafter Strenge, jedoch hatte er noch nicht den Grenzwertbegriff zur Verfügung. Er konnte damit seine „Integrale" nicht direkt berechnen, sondern nur die zuvor heuristisch gefundenen Ergebnisse mit einem Widerspruchsbeweis als richtig nachweisen. Selbst die Algorithmen zur Quadratwurzelapproximation und zur Kreisberechnung aus Abschnitt I.1, die wir heute so schön unter dem Aspekt der Folgenkonvergenz betrachten können, wurden damals nur als Näherungsverfahren verstanden und lassen noch nicht eindeutig die Idee vom „Grenzwert" erkennen. Es sollte noch fast 2000 Jahre dauern, bis dieser Begriff erst ahnungsvoll auftauchte und dann bis zur heutigen Fassung exaktifiziert wurde.

Dem Merton-College in Oxford gehörte Richard Swineshead (um 1350) an, der sich auch Suiseth nannte und oft nach seinem Hauptwerk *Calculator* genannt wurde. Von ihm stammt folgender Satz:

(1) Satz von Calculator: Während der ersten Hälfte eines gegebenen Zeitintervalls möge eine Durchschnittsgeschwindigkeit von v vorliegen, während der ersten Hälfte des restlichen Zeitintervalls die Geschwindigkeit $2v$, während der ersten Hälfte des restlichen Zeitintervalls $3v$ und so weiter ad infinitum. Die Durchschnittsgeschwindigkeit während des gesamten Zeitintervalls ist dann $2v$.

Formal heißt das offensichtlich

$$\frac{1}{2} + \frac{2}{4} + \frac{3}{8} + \ldots + \frac{n}{2^n} + \ldots = 2.$$

Calculator gab hierfür einen langatmigen, verbalen Beweis, während Oresme einen äußerst geschickten geometrischen Beweis lieferte:

(2) Beweis von Oresme: Man betrachte die in Fig. 1 angedeutete Fläche. „Zeilenweise" Summation der Rechtecksinhalte liefert

$$1 + \frac{1}{2} + \frac{1}{4} + \frac{1}{8} + \ldots = 2.$$

Dafür benötigt man keine Kenntnisse über geometrische Reihen, weil die bereits vorhandene Fläche, also der „Grenzwert", nur zerlegt wurde. „Spaltenweise" Summation der Rechtecksinhalte liefert

$$\frac{1}{2} + \frac{2}{4} + \frac{3}{8} + \ldots + \frac{n}{2^n} + \ldots,$$

und dies muß ebenfalls den Wert 2 haben.

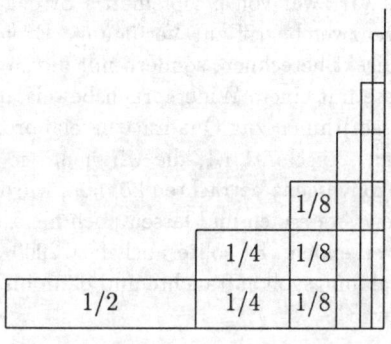

Fig. 1

Oresme wandte seine geometrische Methode auch auf andere Reihen an, so z. B.

$$\frac{1 \cdot 3}{4} + \frac{2 \cdot 3}{16} + \frac{3 \cdot 3}{64} + \ldots + \frac{n \cdot 3}{4^n} + \ldots = \frac{4}{3}.$$

Oresme bewies wohl auch als erster, daß die harmonische Reihe $\Sigma \langle \frac{1}{n} \rangle$ divergiert, indem er die Summanden in bekannter Weise zusammenfaßte:

$$\frac{1}{2}, \quad \frac{1}{3} + \frac{1}{4}, \quad \frac{1}{5} + \frac{1}{6} + \frac{1}{7} + \frac{1}{8}, \quad \ldots$$

Jede Summe ist dann nach unten durch $\frac{1}{2}$ abzuschätzen.

(3) Beispiel (nach Francois Viète (Vieta), 1540–1603): Vieta gab im Jahr 1579 die Formel

$$\frac{2}{\pi} = \sqrt{\frac{1}{2}} \cdot \sqrt{\frac{1}{2} + \frac{1}{2}\sqrt{\frac{1}{2}}} \cdot \sqrt{\frac{1}{2} + \sqrt{\frac{1}{2} + \frac{1}{2}\sqrt{\frac{1}{2}}}} \cdot \ldots$$

an (vgl. etwa [Volkert 1988]). Mit

$$a_0 := \sqrt{\frac{1}{2}} \quad \text{und} \quad a_{n+1} := \sqrt{\frac{1}{2} + \frac{1}{2}a_n} \quad \text{für } n \in \mathbb{N}$$

wird also behauptet, daß

$$\lim_{n \to \infty} (a_0 a_1 a_2 \cdot \ldots \cdot a_n)^{-1} = \frac{\pi}{2}.$$

Diese merkwürdige Darstellung von $\frac{\pi}{2}$ als unendliches Produkt würde man heute etwa folgendermaßen herleiten: Für $0 < \alpha \le \frac{\pi}{2}$ ist

$$\sin \alpha = 2 \cos \frac{\alpha}{2} \sin \frac{\alpha}{2}.$$

Daraus ergibt sich für $n \in \mathbb{N}^*$

$$\sin \alpha = 2^n \cos \frac{\alpha}{2} \cos \frac{\alpha}{4} \cos \frac{\alpha}{8} \ldots \cos \frac{\alpha}{2^n} \sin \frac{\alpha}{2^n}$$

bzw.

$$\cos \frac{\alpha}{2} \cos \frac{\alpha}{4} \cos \frac{\alpha}{8} \ldots \cos \frac{\alpha}{2^n} = \frac{\frac{\sin \alpha}{2^n}}{\sin \frac{\alpha}{2^n}} = \frac{\sin \alpha}{\alpha} \cdot \frac{\frac{\alpha}{2^n}}{\sin \frac{\alpha}{2^n}}.$$

Wegen $\lim\limits_{x\to 0}\dfrac{x}{\sin x}=1$ folgt

$$\lim_{n\to\infty}\cos\frac{\alpha}{2}\cos\frac{\alpha}{4}\cos\frac{\alpha}{8}\ldots\cos\frac{\alpha}{2^n}=\frac{\sin\alpha}{\alpha}.$$

Nun ist allgemein $\cos\varphi=\sqrt{\frac{1}{2}+\frac{1}{2}\cos 2\varphi}$ für $0\leq\varphi\leq\frac{\pi}{2}$, also ist für $n=2,3,4,\ldots$

$$\cos\frac{\alpha}{2^n}=\sqrt{\frac{1}{2}+\frac{1}{2}\cos\frac{\alpha}{2^{n-1}}}.$$

Mit $\alpha=\frac{\pi}{2}$ ergibt sich damit die Formel von Vieta.

Die ersten propädeutischen Ansätze zur Entwicklung des Grenzwertbegriffs werden heute dem Italiener Luca Valerio (1552–1618) zugeschrieben, dessen Beiträge zur Mathematik erst Anfang dieses Jahrhunderts gewürdigt wurden.

(4) Grenzwert-Propädeutik
(Valerio, *De centro gravitas solidorum*, Rom 1604): Er betrachtet konvexe, eben Kurven, z. B. ein Parabelsegment. Für uns sei dieses etwa durch

$$\{(x;y)\mid ax^2\leq y\leq ar^2\}$$

$(a,r$ positive reelle Zahlen) gekennzeichnet (Fig. 2). Die Höhe $h:=ar^2$ wird äquidistant in n Abschnitte aufgeteilt, die zugleich die Höhen von ein- bzw. umbeschriebenen Rechtecksflächen e_ν bzw. u_ν sind $(\nu=1,2,\ldots,n)$. Weil das Parabelsegment die „Grundseite" $2r$ hat, ist $u_n=\frac{h}{n}\cdot 2r$. Weiterhin ist $u_{\nu-1}=e_\nu$ $(\nu=2,3,\ldots,n)$ und $e_1=0$. Mit

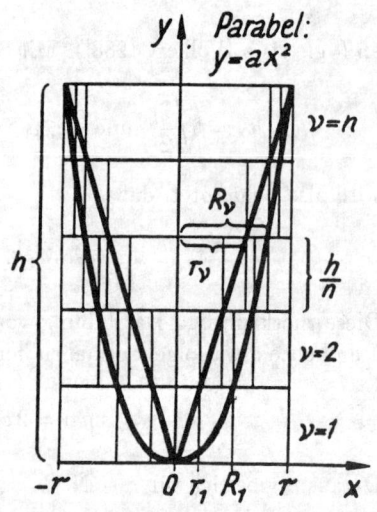

Fig. 2

$$U_n:=\sum_{\nu=1}^{n}u_\nu\quad\text{und}\quad E_n:=\sum_{\nu=1}^{n}e_\nu$$

ist dann

$$0 < U_n - E_n = u_n = \frac{1}{n} \cdot 2rh.$$

Damit läßt sich $U_n - E_n$ durch geeignete Wahl von n „beliebig klein" machen. Das gilt auch für andere Segmente mit entsprechendem Konvexitätsverhalten und darüber hinaus auch sinngemäß für Kappen konvexer Körper wie z. B. Paraboloid, Kegel und Kugel. Bezeichnen wir nun den zu untersuchenden Flächeninhalt (bzw. Rauminhalt) mit A, so hat Valerio in diesem propädeutischen Sinn bereits

$$\lim\langle E_n \rangle = \lim\langle U_n \rangle = A$$

erfaßt. Insbesondere nutzt er diese Erkenntnis folgerichtig aus und verwendet zur Berechnung von A nur noch *eine* der beiden Folgen.

Valerio verfügt auch über eine *Grenzwertrechenregel*, welche wir heute folgendermaßen kurz ausdrücken würden: *Der Grenzwert eines Quotienten ist gleich dem Quotienten der Grenzwerte.* Diese wird in folgendem Beispiel von Valerio benutzt.

(5) Beispiel (von Valerio): In Fig. 2 sei der Schnitt eines Rotationsparaboloids und des einhüllenden Zylinders mit der Höhe h und dem Radius r dargestellt. Zugleich ist als ebene Figur ein Dreieck mit der Grundseite $2r$ und der Höhe h eingezeichnet, wobei der Zylinderschnitt als einhüllendes Rechteck anzusehen ist. Wie in (4) wird nun h äquidistant in n Abschnitte geteilt. Für das *Paraboloid* erhalten wir dann *umbeschriebene Zylinder* mit den Rauminhalten $p_1, p_2, \ldots, p_n$, und für das *Dreieck* erhalten wir *umbeschriebene Rechtecke* mit den Flächeninhalten $d_1, d_2, \ldots, d_n$. Wir setzen

$$P_n := \sum_{\nu=1}^{n} p_\nu \quad \text{und} \quad D_n := \sum_{\nu=1}^{n} d_\nu \,.$$

Ist R_ν der Radius des ν-ten umbeschriebenen Zylinders, dann ist $\nu \cdot \frac{h}{n} = a \cdot R_\nu^2$, wegen $R_n = r$ also $a = \frac{h}{r^2}$. Ist $2r_\nu$ die Grundseite des ν-ten umbeschriebenen Rechtecks, dann ist $r_n = r$ und $r_\nu = \nu \cdot \frac{r}{n}$. Damit folgt

$$\frac{p_\nu}{p_n} = \frac{R_\nu^2}{r^2} = \frac{\nu \cdot \frac{h}{n}}{ar^2} = \frac{\nu}{n} = \frac{2r_\nu \cdot \frac{h}{n}}{2r \cdot \frac{h}{n}} = \frac{d_\nu}{d_n} \,.$$

Ist nun V_Z das Volumen des einhüllenden Zylinders und A_R der Flächeninhalt des einhüllenden Rechtecks, dann ist $V_Z = np_n$ und $A_R = nd_n$, also

$$\frac{P_n}{V_Z} = \frac{1}{V_Z} \sum_{\nu=1}^{n} p_\nu = \frac{1}{n} \sum_{\nu=1}^{n} \frac{p_\nu}{p_n} = \frac{1}{n} \sum_{\nu=1}^{n} \frac{d_\nu}{d_n} = \frac{1}{A_R} \sum_{\nu=1}^{n} d_\nu = \frac{D_n}{A_R}.$$

Ist V_P das gesuchte Volumen des Paraboloids und A_D der Dreiecksinhalt, dann folgt mit Hilfe obiger Grenzwertrechenregel

$$\frac{V_P}{V_Z} = \frac{A_D}{A_R} = \frac{1}{2}, \quad \text{also} \quad V_P = \frac{1}{2} V_Z = \frac{\pi}{2} r^2 h.$$

In ähnlicher Weise berechnet Valerio das Volumen einer Halbkugel (als doppeltes Volumen des einbeschriebenen Kegels). Diese Methode wird fälschlicherweise oft nach Cavalieri benannt, der diese nach einem eigenen Hinweis aber von Valerio entlehnt hat.

In der Folgezeit setzte nun eine stürmische Methodenentwicklung ein, so daß man das 17. Jahrhundert als die Epoche ansehen kann, in der die Infinitesimalrechnung ihre Anfänge nahm ([Kropp 1969]). Hier sind die Namen Johannes Kepler (1571–1630), Paul Guldin (1577–1643), Grégoire de Saint-Vincent oder Gregorius a S. Vincentio (1584–1667), Bonaventura Cavalieri (1591–1647), Pierre de Fermat (1601–1665) und Evangelista Torricelli (1608–1647) zu nennen. Diese Anfangsepoche wird geschlossen von John Wallis (1616–1703), Isaac Barrow (1630–1677) und James Gregory (1638–1675). Kennzeichnend für diese Mathematiker ist, daß sie sich von den strengen archimedischen Methoden lösten, die nicht geeignet waren, zu neuen Ergebnissen vorzustoßen. So sagt Kepler, *daß die Beweise von Archimedes absolut streng seien, ... aber er überlasse sie den Leuten, die durchaus exakten Beweisen frönen wollten. Jeder folgende Autor nahm sich nun die Freiheit, seine eigene Art der Strenge festzulegen oder auch ganz darauf zu verzichten* [Struik 1965].

Kepler benutzt in äußerst freizügiger Weise infinitesimale Methoden: Der Kreisumfang besteht für ihn aus so vielen Teilen, wie dieser Punkte hat, und jeder Teil bildete für ihn die Basis eines gleichschenkligen Dreiecks mit dem Kreismittelpunkt als Spitze. Somit besteht die Kreisfläche aus unendlich vielen derartigen Dreiecken, woraus sich der Kreisflächeninhalt zu „$\frac{1}{2}$ × Umfang × Radius" ergibt. In ähnlicher Weise betrachtete er Kreiszylinder, Kegel und Prismen. Die Kugel stellte er sich aus unendlich vielen Pyramiden zusammengesetzt vor, deren Spitze der Kugelmittelpunkt ist und deren Basisflächen insgesamt denselben Inhalt wie die Kugeloberfläche haben, woraus sich das Kugelvolumen zu „$\frac{1}{3}$ ×

Oberflächeninhalt × Radius" ergibt. Die Keplersche Argumentation wird noch heute im Unterricht der Sekundarstufe I benutzt, um den Zusammenhang zwischen Kreisumfang und Kreisinhalt bzw. zwischen Kugeloberfläche und Kugelvolumen zu erklären. Die Gefahren, die Keplers Argumentationsweise birgt, wird im folgenden Beispiel deutlich.

(6) **Trugschluß:** Man könnte geneigt sein, Keplers Verfahren zur Berechnung der Kugeloberfläche anzuwenden, indem man die Halbkugelfläche in „gleichschenklige" Dreiecke mit der Spitze im Pol zerlegt. Die „Summe" dieser unendlich vielen Basislängen ist dann $2\pi r$, die „Höhe" der Dreiecke ist $\frac{1}{2}\pi r$, und daraus würde der falsche Wert $\pi^2 r^2$ für den Inhalt der Kugeloberfläche folgen. Hier fragt sich, ob Kepler bei seinen Berechnungen nur Glück gehabt hat, oder ob er sich bewußt war, wann sein Verfahren angewendet werden durfte.

Cavalieri benutzt als infinitesimale Größen die von den Scholastikern so genannten *Indivisibeln* und knüpft damit über Kepler an die *Atomlinien* des Demokrit von Abdera (etwa 460–370 v. Chr.) an. Beispielsweise faßt er eine ebene Fläche als eine Gesamtheit („Summe") von Strecken (den Indivisibeln) auf. Guldin, uns wohlbekannt durch die Schwerpunktregeln (vgl. Abschnitt VI.3), entdeckte hier einen Widerspruch: Zerlegt man etwa ein spitzwinkliges, nicht gleichschenkliges Dreieck durch eine Höhe in zwei rechtwinklige Dreiecke und betrachtet die zu dieser Höhe parallelen Strecken innerhalb des Dreiecks als Indivisibeln dieser Dreiecksfläche, so kommt jede dieser Strecken in beiden Teildreiecken zugleich vor. Mithin ist die „Summe" der Indivisibeln, also der Flächeninhalt, in beiden Teildreiecken gleich, was offensichtlich falsch ist.

Torricelli war dem Grenzwertbegriff für Folgen schon sehr nahe. So gelang ihm die Quadratur (Flächenbestimmung) des Parabelsegments in Anlehnung an Archimedes direkt (also ohne Widerspruchsbeweis) mittels seiner Summierung einer geometrischen Folge (vgl. Abschnitt II.3).

Wallis arithmetisierte die Indivisibelnmethode von Cavalieri 1656 in seinem Werk *Arithmetica infinitorum*, um Flächen- und Rauminhalte zu berechnen:

(7) **Beispiel** (Integration der Potenzfunktion nach Wallis 1656): In unserer Sprechweise geht es um die Berechnung von $\int_0^1 x^k \, dx$. Dabei sei Zunächst $x \in \mathbb{N}^*$. Die zu messende Fläche wird gemäß der Cavalierischen Indivisibelnmethode als „Summe" von Streckenlängen

$$\overline{PQ} \text{ mit } P = (x;0) \text{ und } Q = (x;x^k) \; (x \in [0;1])$$

aufgefaßt und mit dem Inhalt des Einheitsquadrats $[0;1] \times [0;1]$ verglichen. Teilt man das Intervall $[0;1]$ der x-Achse zunächst äquidistant in n Teile, so wird also das Verhältnis

$$\frac{0^k + 1^k + 2^k + \ldots + n^k}{n^k + n^k + n^k + \ldots + n^k} = \frac{1}{(n+1)n^k} \sum_{\nu=1}^{n} \nu^k$$

gebildet. Da die Fläche aus unendlich vielen Indivisibeln zusammengesetzt ist, muß man „n gegen ∞ gehen lassen". Wallis hat damit den heute üblichen Grenzübergang erfunden, auch das Symbol ∞ stammt von ihm. Zur effektiven Berechnung des Grenzwerts benötigt man nun die Formeln für Potenzsummen aus Abschnitt II.4. Für $k = 1, 2, 3$ ergibt sich der Reihe nach:

$$\frac{1}{(n+1)n} \sum_{\nu=1}^{n} \nu = \frac{D_n}{n(n+1)} = \frac{1}{2}, \quad \text{„also"} \int_0^1 x \, \mathrm{d}x = \frac{1}{2}$$

$$\frac{1}{(n+1)n^2} \sum_{\nu=1}^{n} \nu^2 = \frac{D_n(2n+1)}{3n^2(n+1)} = \frac{1}{3} + \frac{1}{6n} \to \frac{1}{3}, \quad \text{„also"} \int_0^1 x^2 \, \mathrm{d}x = \frac{1}{3}$$

$$\frac{1}{(n+1)n^3} \sum_{\nu=1}^{n} \nu^3 = \frac{D_n^2}{n^3(n+1)} = \frac{1}{4} + \frac{1}{4n} \to \frac{1}{4}, \quad \text{„also"} \int_0^1 x^3 \, \mathrm{d}x = \frac{1}{4}$$

Wallis erhält so $\int_0^1 x^k \, \mathrm{d}x = \frac{1}{k+1}$ für $k \in \mathbb{N}^*$. Wegen

$$\int_0^1 \sqrt{x} \, \mathrm{d}x = 1 - \int_0^1 x^2 \, \mathrm{d}x = \frac{2}{3} = \frac{1}{\frac{1}{2} + 1}$$

kam Wallis auf die Schreibweise $\sqrt{x} = x^{\frac{1}{2}}$ und erhielt schließlich

$$\int_0^1 x^k \, \mathrm{d}x = \frac{1}{k+1} \quad \text{für alle } k \in \mathbb{Q}^+.$$

Diese für uns unbefriedigende Methode würde auch unseren Ansprüchen genügen, wenn man die Indivisibeln x^k jeweils mit der Intervallbreite $\frac{1}{n}$ multiplizierte. Und weil sich das wieder herauskürzt, hatte Wallis mit seiner Methode Erfolg. Für $k \in \{1, 2, 3, \ldots, 9\}$ waren die Ergebnisse bereits von Cavalieri erzielt worden. Das Verdienst von Wallis besteht in der Arithmetisierung der Darstellung und in der Verallgemeinerung.

    In dem bisher Dargestellten konnten wir vor allem propädeutische Ansätze für den „Folgengrenzwert" finden. Fermat hatte zwar auch noch nicht den Begriff „Grenzwert" in irgendeinem formalen Sinn, aber die Idee konvergierender Werte tauchte bereits auf, und zwar zusätzlich im Sinne des Funktionsgrenzwerts. So befaßte er sich mit Extremalproblemen und entwickelte 1629 ein Tangentenverfahren, das an die Definition der Ableitung als Grenzwert des Differenzenquotienten heranführt (1638 brieflich an Descartes mitgeteilt). Des weiteren ersann er eine raffinierte Methode zur Berechnung von $\int_0^a x^k \, dx$.

(8) Beispiel (Integration der Potenzfunktion nach Fermat um 1650): Es sei

$$A_k := \int_0^a x^k \, dx \quad (a \in \mathbb{R}^+, \ k \in \mathbb{Q}^+).$$

Wir wählen ein Zahl $q \in \,]0; 1[$ beliebig und bilden damit die Teilpunkte $a, aq, aq^2, aq^3, \ldots$, die also eine fallende geometrische Folge bilden (Fig. 3). Die unendlich vielen umbeschriebenen Rechtecke haben die Flächeninhalte

$$(aq^i - aq^{i+1})(aq^i)^k = (1 - q)a^{k+1}(q^{k+1})^i \quad (i = 0, 1, 2, 3 \ldots).$$

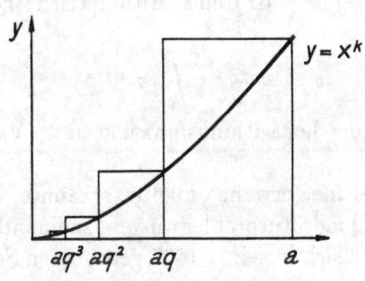

Fig. 3

Sie bilden eine „Obersumme" mit dem „Grenzwert" (vgl. II.3 (14))

$$s_q = \frac{(1 - q)a^{k+1}}{1 - q^{k+1}}.$$

Diese approximiert A_k offenbar umso besser, je näher q bei 1 liegt. Wegen

$$s_q = \frac{a^{k+1}}{\sum_{\nu=0}^{k} q^\nu} \quad \text{und} \quad \lim_{q \to 1} \sum_{\nu=0}^{k} q^\nu = k + 1$$

ergibt sich zunächst

$$A_k = \lim_{q \to 1} s_q = \frac{a^{k+1}}{k+1} \quad \text{für } k \in \mathbb{N}^*.$$

Für $k \in \mathbb{Q}^+$, etwa $k = \frac{u}{v}$ mit $u, v \in \mathbb{N}^*$, ergibt sich

$$s_q = \frac{(1 - r^v)a^{k+1}}{1 - r^{u+v}} \quad \text{mit } r = q^{\frac{1}{v}}.$$

Wegen

$$\frac{1 - r^v}{1 - r^{u+v}} = \frac{1 + r + r^2 + \ldots + r^{v-1}}{1 + r + r^2 + \ldots + r^{u+v-1}} \to \frac{v}{u+v} = \frac{1}{k+1} \text{ für } q \to 1$$

erhält Fermat hier dasselbe Resultat wie für $k \in \mathbb{N}^*$.

Fermat berechnete A_k auf ähnliche Art auch für ganze Zahlen k mit $k < 0$, $k \neq -1$. Für $k = -1$ versagte aber sein Verfahren. Grégoire bearbeitete diesen Fall folgendermaßen: Er wählte eine geometrische Folge $\langle aq^n \rangle$ mit $a > 0, q > 1$ und zeigte, daß die zugehörigen Flächeninhalte (also die Integrale $\int_a^{aq^n} \frac{1}{x}\,dx$) eine arithmetische Folge bilden. Damit entdeckte er, daß

$$x \mapsto \int_1^x \frac{1}{t}\,dt$$

die Eigenschaften der Logarithmusfunktion hat. (Vgl. hierzu auch [Volkert 1988].)

Von Barrow sei hier erwähnt, daß er erkannte, daß das Tangentenproblem und das Quadraturproblem invers zueinander sind.

Gregory befaßte sich in seiner 1667 gedruckten Schrift *Vera circuli et hyperbolae quadratura* mit Quadraturfragen, indem er die Algorithmen von Archimedes anwandte. *Gregory zeigte in einer für Kreis, Ellipse und Hyperbel gemeinschaftlichen Beweisführung, dass, sofern Vielecke, deren Seitenzahl fortwährend zunimmt, der Curve einbeschrieben und umbeschrieben werden, die Vielecke höherer Seitenzahl einen immer weniger voneinander verschiedenen Flächeninhalt besitzen. Es bildet sich, wie Gregory schon in seiner Vorrede sagt, eine series polygorum convergens, cuius terminatio est circulus, und dieses Wort der C o n v e r g e n s kehrt im Verlaufe der Schrift immer und immer wieder auf und ist von da an der Wissenschaft erhalten geblieben. Der Kreis ist also die Grenze, welcher beide Vielecksreihen zustreben, und zwar unter Anwendung eines Namens unserer Neuzeit als harmonisch-geometrisches Mittel.* ([M. Cantor 1900]; vgl. hierzu auch S. 23)

So verdanken wir zwar Gregory die Bezeichnung „Konvergenz", aber eine Begriffsdefinition fehlt noch, sie wurde erst etwa 200 Jahre später geliefert. Auf die Epoche der Anfänge folgt die der *Begründung* der Infinitesimalrechnung durch Newton und Leibniz. Beide sind vor allem darauf bedacht, die Methoden weiter zu entwickeln, um neue Resultate gewinnen zu können, statt die logische Zuverlässigkeit dieser Methoden zu sichern. So arbeitete man mit „unendlich kleinen Größen", ohne diesen Begriff zu erklären, und man arbeitete mit „unendlichen Reihen", ohne nach deren Konvergenz zu fragen.

Newton ist in seiner Arbeit *De quadratura curvarum* (1676) dem Grenzwertbegriff sehr nahe, indem er bei der Bildung der Fluxion von x (vgl. Abschnitt II.1) vom „letzten Verhältnis der verschwindenden Incremente" spricht. Im Jahr 1687 verwendet er in seinem berühmten Buch *Philosophiae naturalis principia mathematica* den Begriff „limes": *Jene letzten Verhältnisse, mit denen die Größen verschwinden, sind in Wahrheit ... die Grenzen (limites), denen sich die Verhältnisse ... nähern ....*

Leibniz führt 1675 die Symbole $\int$ für „summa" und $\frac{x}{d}$ für die dazu inverse Operation ein, für Letztere schreibt er bald dx im Sinne von *id est differentia inter duas x proximas*. Die Erklärung der Grundlagen seines neuen Kalküls sind aber unbestimmt wie bei Newton: dx, dy sind mal „endliche" Größen, mal kleiner als jede positive Zahl und doch nicht Null. Wir verdanken aber Newton und Leibniz den *Kalkül* der Infinitesimalrechnung und die z. T. noch heute übliche Symbolik. Die Leibnizschen Begriffe *Calculus differentialis* (Differentialrechnung) und *Calculus summatoris* (Integralrechnung) leben noch heute in dem angelsächsischen *Calculus* für „Infinitesimalrechnung" weiter. Im Jahr 1691 sagt Leibniz auch *integral* statt „summa" (und folgt damit einem Vorschlag der Brüder Bernoulli).

Dieser Begründung der Infinitesimalrechnung folgt die Epoche des weiteren Ausbaus, in der reichhaltige Erkenntnisse und Methoden gewonnen werden, während die Begriffe „Grenzwert" und „Konvergenz" noch wenig präzisiert sind. Mit dieser Epoche sind berühmte Namen verbunden, so die Sippe der Bernoulli (insgesamt dreizehn Mathematiker aus sechs Generationen), Abraham de Moivre (1667–1754), Brook Taylor (1685–1731), James Stirling (1692–1770), Leonhard Euler (1707–1783), Alexis Claude Clairaut (1713–1765), Jean le Rond d'Alembert (1717–1783), Joseph Louis Lagrange (1736–1813), Pierre Simon Laplace (1749–1827) und Adrien Marie Legendre (1752–1833).

Jakob I Bernoulli (1654–1705) spricht 1689 den uns bekannten Satz aus, daß bei konvergenten Reihen die Summanden „schließlich verschwinden" müssen, und Leibniz teilt 1714 das nach ihm benannte Reihenkonvergenzkriterium in einem Brief an Johann I Bernoulli (1667–1748) mit. Da man damals wegen des fehlenden Konvergenzbegriffs noch naiv mit „divergenten" Reihen rechnete, waren Trugschlüsse wie der folgende möglich, den wir der Einfachheit halber für einen Spezialfall darstellen.

(9) **Trugschluß** (Jakob I Bernoulli, 1689): Es sei

$$a := \sum_{\nu=1}^{\infty} \frac{1}{\nu}, \quad b := \sum_{\nu=2}^{\infty} \frac{1}{\nu}, \quad c := \sum_{\nu=1}^{\infty} \frac{\nu+1}{\nu}, \quad d := \sum_{\nu=2}^{\infty} \frac{\nu+1}{\nu}.$$

Dann ist einerseits

$$\sum_{\nu=1}^{\infty} \frac{1}{\nu(\nu+1)} = \sum_{\nu=1}^{\infty} \left(\frac{1}{\nu} - \frac{1}{\nu+1} \right) = a - b = 1$$

und andererseits

$$\sum_{\nu=1}^{\infty} \frac{1}{\nu(\nu+1)} = \sum_{\nu=1}^{\infty} \left(\frac{\nu+1}{\nu} - \frac{\nu+2}{\nu+1} \right) = c - d = 2.$$

Jakob I Bernoulli empfand wohl das Bedenkliche dieses Verfahrens und gab auch eine Begründung dafür an. Johann I Bernoulli hatte aus einer ähnlichen Situation auf die Divergenz der harmonischen Reihe geschlossen. Jakob I Bernoulli untersuchte weiterhin $\Sigma\langle \frac{1}{n^2} \rangle$; durch Vergleich mit $\Sigma\langle \frac{1}{n(n+1)} \rangle$ war ihm zwar die Konvergenz klar, aber er konnte nicht den Grenzwert angeben. Erst Euler gelang die Bestimmung des Grenzwerts (nämlich $\frac{\pi^2}{6}$), wenn auch durch einen höchst bedenklichen Umgang mit unendlichen Reihen. Der Begriff „Divergenz" wurde für Reihen erstmals von Nikolaus I Bernoulli (1662–1716) im Jahr 1712 benutzt, aber ohne Angabe einer Definition.

Einen Höhepunkt der Epoche des Ausbaus der „Analysis", wie dieses Gebiet seit Eulers *Introductio in analysin infinitorum* auch hieß, können wir bezüglich des Grenzwertbegriffs bei d'Alembert sehen, dem wir eine erste Definition zu verdanken haben, die in seiner 28bändigen *Encyclopédie* (gemeinsam mit Diderot, in den Jahren 1751 bis 1765 erschienen) zu finden ist:

(10) **Definition** (d'Alembert im Artikel *Limite* der *Encyclopédie*, etwa 1760): Man sagt, eine Größe sei *Grenzwert* einer anderen, wenn die letztere der ersteren näherkommt als jede vorgegebene Schranke, wie klein

diese vorausgesetzt sein mag. Dabei kann die sich nähernde Größe niemals den Grenzwert überschreiten, weswegen die Differenz einer solchen Größe von ihrem Grenzwert absolut unwesentlich ist.

Zufriedenstellend ist diese Definition nicht, zumal sie den Eindruck erweckt, als habe d'Alembert nur eine monotone Konvergenz im Sinn. Sie läßt aber schon die Grundidee des exakten Grenzwertbegriffs ahnen. Das 19. Jahrhundert ist die Epoche der exakten Grundlegung der Analysis. Diese ist verbunden mit den Namen Augustin-Louis Cauchy (1789–1857), Niels Henrik Abel (1802–1829), Carl Gustav Jacobi (1804–1851), Peter Gustav Lejeune-Dirichlet (1805–1859), Karl Weierstraß (1815–1897), Charles Hermite (1822–1901), Bernhard Riemann (1826–1866), Richard Dedekind (1831–1916) und Georg Cantor (1845–1918). Cauchy machte den Grenzwertbegriff von d'Alembert in seinem *Cours d'analyse* zu einem grundlegenden Begriff, indem er ihn etwa wie folgt präzisierte:

(11) Definition (Cauchy 1821): Wenn sich die zu einer Variablen gehörenden, aufeinanderfolgenden Werte einem festen Wert unbeschränkt in der Weise nähern, daß sie sich von diesem so wenig unterscheiden, wie man möchte, dann heißt dieser feste Wert *Grenzwert* des anderen.

Während im 18. Jahrhundert die Integration als Umkehrung der Differentiation angesehen wurde, sieht Cauchy das bestimmte Integral als Grenzwert einer Summenfolge an, wenn auch noch nicht im Sinne von Riemann (vgl. Abschnitt VI.3). Auch die Ableitung $f'(x)$ erklärt Cauchy mit Hilfe seines Grenzwertbegriffs, und schließlich bewies er das nach ihm benannte Folgenkonvergenzkriterium (für Reihen). Aber das kannte bereits vor ihm Bernhard Bolzano (1781–1848) und möglicherweise sogar schon Euler. Gegen Ende seines Lebens wurde sich Cauchy des wichtigen Begriffs der *gleichmäßigen Konvergenz* bewußt, was ihm aber schon Gabriel Stokes (1819–1903) vorweggenommen hatte.

Wenn zwar die von Cauchy in (11) benutzten Sprechweisen didaktisch durchaus bequem waren, so ließen sie doch die von den Mathematikern des 19. Jahrhunderts in zunehmendem Maße erwartete Präzision vermissen. Weierstraß verbesserte das entscheidend und kam zu Begriffsbildungen, die den heutigen sehr nahe stehen; vgl. hierzu den Aufsatz [Heine 1872] seines Schülers Eduard Heine (1821–1881).

Damit beenden wir den historischen Überblick und wenden uns in den nächsten Abschnitten der heutigen Grenzwertauffassung zu.

III.2 Folgengrenzwert

Die Schwierigkeit der Analysis kommt von den Quantoren, deren Gebrauch sie erzwingt ([Papy 1970]). Die Quantoren kann man natürlich in Verbalisierungen verstecken, damit sind sie aber nicht verschwunden. Wir wollen uns im folgenden systematisch der Quantorenschreibweise bedienen:

$$\bigwedge_{x \in A} \qquad \text{für alle } x \in A \qquad \text{(Allquantor)}$$

$$\bigvee_{x \in A} \qquad \text{es gibt ein } x \in A \qquad \text{(Existenzquantor)}$$

(1) Definition: Es seien $\langle a_n \rangle \in \mathbb{R}^{\mathbb{N}}$ und $a \in \mathbb{R}$. Genau dann ist a *Grenzwert* von $\langle a_n \rangle$, wenn

$$\bigwedge_{\varepsilon \in \mathbb{R}^+} \bigvee_{n_0 \in \mathbb{N}} \bigwedge_{n \in \mathbb{N}} (n \geq n_0 \Rightarrow |a_n - a| < \varepsilon).$$

Die Folge $\langle a_n \rangle$ *konvergiert* genau dann, wenn ein Grenzwert von $\langle a_n \rangle$ existiert, also wenn

$$\bigvee_{a \in \mathbb{R}} \bigwedge_{\varepsilon \in \mathbb{R}^+} \bigvee_{n_0 \in \mathbb{N}} \bigwedge_{n \in \mathbb{N}} (n \geq n_0 \Rightarrow |a_n - a| < \varepsilon).$$

Man sagt dann auch, die Folge $\langle a_n \rangle$ sei *konvergent*. *Divergenz* ist als Negation der Konvergenz definiert.

Der erste nun zu beweisende Satz ist der *Eindeutigkeitssatz*: Sind a und b Grenzwerte von $\langle a_n \rangle$, dann ist $a = b$. Damit ist die Definition des lim-Operators möglich:

(2) Definition: Es sei $\mathcal{F}_k$ die Menge aller konvergenten Folgen reeller Zahlen. Dann ist

$$\lim : \begin{cases} \mathcal{F}_k \to \mathbb{R}, \\ \langle a_n \rangle \mapsto \text{Grenzwert von } \langle a_n \rangle. \end{cases}$$

Ist also a der Grenzwert von $\langle a_n \rangle$, so bezeichnen wir diesen mit $\lim \langle a_n \rangle$. Wesentlich gebräuchlicher ist die Schreibweise $\lim\limits_{n \to \infty} a_n$, wobei dann aber lim nicht mehr gut als Funktionssymbol zu erkennen ist. Wir werden beide Schreibweisen benutzen, zumal bei Mehrfachindizierungen: Der Ausdruck $\lim \langle a_{m,n} \rangle_{n \in \mathbb{N}}$ ist eher mißzuverstehen als $\lim\limits_{n \to \infty} a_{m,n}$.

Ausdrücke der Form $\lim a_n$ sollte man vermeiden, da hier nicht zum Ausdruck kommt, daß n eine gebundene Variable ist.

Definiert man zuerst den Begriff der Nullfolge, indem man in (1) a durch 0 ersetzt, dann kann man anschließend definieren:

$$\langle a_n \rangle \text{ konvergiert} : \iff \bigvee_{a \in \mathbb{R}} \langle a_n - a \rangle \text{ ist Nullfolge.}$$

Dies bietet methodische Vorteile.

Im Zusammenhang mit konvergenten Summenfolgen („Reihen") sind folgende Schreibweisen üblich:

$$\lim \Sigma \langle a_n \rangle = \lim_{n \to \infty} \sum_{\nu=0}^{n} a_\nu = \sum_{\nu=0}^{\infty} a_\nu$$

Die Struktursätze über konvergente Folgen haben wir schon in Abschnitt II.6 formuliert, wobei insbesondere lim als Epimorphismus der $\mathbb{R}$-Algebra $(\mathcal{F}_k, +, \cdot)$ auf $\mathbb{R}$ (ebenfalls als $\mathbb{R}$-Algebra verstanden) interpretiert wurde. Ferner ist immer wieder die Tatsache wichtig, daß die Nullfolgen ein Ideal im Ring der beschränkten Folgen bilden, daß also insbesondere das Produkt aus einer Nullfolge und einer beschränkten Folge wieder eine Nullfolge ist.

(3) **Definition:** Es seien $\langle a_n \rangle \in \mathbb{R}^{\mathbb{N}}$ und $a \in \mathbb{R}$. Genau dann heißt $\langle a_n \rangle$ eine *Fundamentalfolge*, wenn

$$\bigwedge_{\varepsilon \in \mathbb{R}^+} \bigvee_{n_0 \in \mathbb{N}} \bigwedge_{m,n \in \mathbb{N}} (m, n \geq n_0 \Rightarrow |a_m - a_n| < \varepsilon).$$

Diese Bezeichnung stammt von Cantor; üblicherweise sagt man auch *Cauchy-Folge*, man könnte aber auch „Bolzano-Folge" oder sogar „Euler-Folge" sagen (vgl. Abschnitt III.1). Die Vollständigkeit des angeordneten Körpers der reellen Zahlen besagt nun, daß die Begriffe „konvergente Folge" und „Fundamentalfolge" in $\mathbb{R}^{\mathbb{N}}$ zusammenfallen. Daher ist die definierende Eigenschaft der Fundamentalfolgen ein *notwendiges und hinreichendes Konvergenzkriterium* für Folgen. Dieses sogenannte *Cauchy-Kriterium* ist von überragender Bedeutung, da es ohne Kenntnis des Grenzwerts die Konvergenz einer Folge zu beweisen erlaubt. Dies wiederum ist von fundamentaler Bedeutung, da die Auffassung reeller Zahlen als Folgengrenzwerte in der Analysis konstitutiv ist.

Unter den divergenten Folgen kann man noch diejenigen kennzeichnen, welche „über jede positive Schranke wachsen" oder „unter jede negative Schranke fallen".

(4) Definition: Man sagt, die Folge $\langle a_n \rangle \in \mathbb{R}^{\mathbb{N}}$ *konvergiert uneigentlich gegen* ∞ genau dann, wenn

$$\bigwedge_{c \in \mathbb{R}^+} \bigvee_{n_0 \in \mathbb{N}} \bigwedge_{n \in \mathbb{N}} (n \geq n_0 \Rightarrow a_n > c).$$

Dieser Sachverhalt wird durch $\lim \langle a_n \rangle = \infty$ gekennzeichnet. Analog wird $\lim \langle a_n \rangle = -\infty$ erklärt.

(5) Satz: Für alle $a \in \mathbb{R}$ gilt

$$\lim \langle n^a \rangle = \begin{cases} 0, & \text{falls } a < 0, \\ 1, & \text{falls } a = 0, \\ \infty, & \text{falls } a > 0. \end{cases}$$

(6) Satz: Für alle $a \in \mathbb{R}^+$ gilt

$$\lim \langle a^n \rangle = \begin{cases} 0, & \text{falls } a < 1, \\ 1, & \text{falls } a = 1, \\ \infty, & \text{falls } a > 1. \end{cases}$$

Zum Beweis von (5) und (6): Für $a > 0$ und $K > 0$ gilt

$$\text{pot}_a(n) > K \iff n > \text{pot}_{\frac{1}{a}}(K),$$

weil pot_a monoton ist. Für $a > 1$ und $K > 0$ gilt

$$\exp_a(n) > K \iff n > \log_a(K),$$

weil $\exp_a$ monoton ist. Die Archimedizität liefert die Behauptung in (5) für $a > 0$ bzw. in (6) für $a > 1$. Daraus folgen die Behauptungen für $a < 0$ bzw. $a < 1$ wiederum aus der Archimedizität. Man könnte in (6) für $a = 1 + h > 1$ natürlich auch mit $(1 + h)^n > 1 + nh$ argumentieren.

(7) Definition (vgl. Abschnitt I.3): Es seien $\langle a_n \rangle$, $\langle b_n \rangle$ Folgen reeller Zahlen. Dann heißt die Folge $(\langle [a_n; b_n] \rangle)$ eine *Intervallschachtelung* in $\mathbb{R}$, wenn gilt:

$\langle a_n \rangle$ ist monoton steigend, $\langle b_n \rangle$ ist monoton fallend,

$a_n \leq b_n$ für alle $n \in \mathbb{N}$,

$\langle b_n - a_n \rangle$ ist eine Nullfolge.

Die Folge $\langle [a_n; b_n] \rangle$ heißt eine *fortgesetzte Halbierung*, wenn für alle $n \in \mathbb{N}$ gilt:

$$\left[a_{n+1}; b_{n+1}\right] = \left[a_n; \frac{a_n + b_n}{2}\right] \quad \text{oder} \quad \left[a_{n+1}; b_{n+1}\right] = \left[\frac{a_n + b_n}{2}; b_n\right].$$

Ist $\langle [a_n; b_n] \rangle$ eine Intervallschachtelung in $\mathbb{R}$, dann sind die Folgen $\langle a_n \rangle$ und $\langle b_n \rangle$ konvergent, und es gilt

$$\lim \langle a_n \rangle = \lim \langle b_n \rangle.$$

Darauf aufbauend läßt sich zeigen, daß genau ein $c \in \mathbb{R}$ mit $c \in [a_n; b_n]$ für alle $n \in \mathbb{N}$ existiert, und dieses c heißt dann der *Kern* (auch das *Zentrum* oder die *innere Zahl*) der Intervallschachtelung.

(8) Beispiel: Wir betrachten nochmals den babylonischen Algorithmus aus Abschnitt I.1 zur Approximation von Quadratwurzeln. Für $c \in \mathbb{R}^+$ sei

$$H_1 := \min(1, c), \quad G_1 := \sqrt{c}, \quad A_1 := \max(1, c),$$

ferner für $n \in \mathbb{N}^*$

$$H_{n+1} := H(H_n, A_n), \quad G_{n+1} := G(H_n, A_n), \quad A_{n+1} := A(H_n, A_n).$$

Es ist $G_n = \sqrt{c}$ für alle $n \in \mathbb{N}^*$. Die Folge $\langle H_n \rangle$ ist monoton steigend, die Folge $\langle A_n \rangle$ ist monoton fallend, und es gilt

$$H_1 \leq H_n \leq G_n \leq A_n \leq A_1 \quad \text{für alle } n.$$

Weiter gilt für alle n

$$A_{n+1} - H_{n+1} = \frac{H_n + A_n}{2} - \frac{2 H_n A_n}{H_n + A_n} = \frac{(A_n - H_n)^2}{2(A_n + H_n)} \leq \frac{1}{2}(A_n - H_n).$$

Daraus folgt induktiv

$$0 \leq A_n - H_n \leq \left(\frac{1}{2}\right)^{n-1} \cdot |1 - c| \quad \text{für alle } n \in \mathbb{N}^*$$

und somit $\lim \langle A_n - H_n \rangle = 0$. Folglich ist $\langle [H_n; A_n] \rangle$ eine Intervallschachtelung, und es gilt

$$\lim \langle H_n \rangle = \lim \langle A_n \rangle = \sqrt{c}.$$

Man kann nun die Rekursion „entschachteln", also $\sqrt{c}$ nur mit einer einzigen der Folgen approximieren:

$$A_{n+1} = \frac{H_n + A_n}{2} = \frac{1}{2}\left(\frac{c}{A_n} + A_n\right)$$

Dieser vereinfachte Algorithmus heißt auch *Newtonsches Verfahren* zur Quadratwurzelberechnung und ist ausgezeichnet für die Anwendung mit einfachen Taschenrechnern geeignet. Unterstellt man die Konvergenz von $\langle A_n \rangle$, so ist auch $\langle \frac{1}{2} \left(\frac{c}{A_n} + A_n \right) \rangle$ konvergent, und es folgt

$$a := \lim \langle A_n \rangle = \lim \langle \frac{1}{2} \left(\frac{c}{A_n} + A_n \right) \rangle = \frac{c + a^2}{2a},$$

also $2a^2 = c + a^2$ und daher $a = \sqrt{c}$.

Das Newtonsche Verfahren ist von der Form

$$a_{n+1} = f(a_n)$$

mit $f : \mathbb{R} \to \mathbb{R}$, in (8) mit $f(x) = \frac{1}{2} \left(\frac{c}{x} + x \right)$. Hier existiert eine Zahl a mit $a = f(a)$ (nämlich $a = \sqrt{c}$). Man nennt dann a einen *Fixpunkt* von f. Eine Rekursionsvorschrift kann nur dann eine konvergente Folge liefern, wenn die definierende Funktion f einen Fixpunkt besitzt. Unterstellen wir jedoch die Konvergenz der Folge $\langle a_n \rangle$, so erhalten wir aus der Rekursionsvorschrift f den Grenzwert a als eine Lösung von $f(x) = x$. Weiteres hierzu findet man in Lehrbüchern über Numerische Mathematik; statt „Rekursion" sagt man dort meist *Iteration*. Unterrichtliche Aspekte hierzu findet man in [Weigand 1989]; s. auch [Weigand 1993].

(9) Beispiel: Der Algorithmus von Archimedes zur π-Approximation (Abschnitt I.1) liefert eine Intervallschachtelung $\langle [E_n; U_n] \rangle$. Es gilt $\lim \langle E_n \rangle = \lim \langle U_n \rangle = 2\pi$. In I.1 (17) haben wir Rekursionen für $\langle E_{2n} \rangle$ und für $\langle U_{2n} \rangle$ mit dem Fixpunkt 2π gefunden, nämlich

$$E_{2n} = \frac{2E_n}{\sqrt{2 + \sqrt{4 - (\frac{E_n}{n})^2}}}, \quad U_{2n} = \frac{4U_n}{2 + \sqrt{4 + (\frac{U_n}{n})^2}}.$$

Weiterhin bewies ja Gregory (vgl. S. 23): $U_{2n} = H(E_n, U_n)$, $E_{2n} = G(E_n, U_{2n})$. Wegen $a < H(a,b) < G(a,b) < A(a,b) < b$ (vgl. S. 19) ist dann

$$E_n < E_{2n} < U_{2n} < \frac{E_n + U_n}{2} < U_n, \quad \text{also} \quad 0 < U_{2n} - E_{2n} < \frac{U_n - E_n}{2}.$$

Der Gregory-Algorithmus liefert also eine elegante Intervallschachtelung für 2π.

(10) Beispiel (Jakob I Bernoulli 1692, nach [M. Cantor 1901]):

a) Aus $x = \sqrt{a\sqrt{a\sqrt{a}}}\ldots$ folgt $x^2 = ax$, also $x = a$.

b) Aus $x = \sqrt{a + \sqrt{a + \sqrt{a}}} + \ldots$ folgt $x^2 = a + x$, also $x = \frac{1}{2} + \sqrt{\frac{1}{4} + a}$.

Dabei soll natürlich $a > 0$ sein. In a) liegt die Rekursion

$$x_0 \in \mathbb{R}^+, \quad x_{n+1} = \sqrt{ax_n} \ (n \in \mathbb{N})$$

vor. Die Folge $\langle x_n \rangle$ ist monoton fallend (steigend) und nach unten (oben) beschränkt, falls $x_0 > a$ ($x_0 < a$), sie ist also konvergent. Für $\xi :=$ $\lim \langle x_n \rangle$ gilt also $\xi = \sqrt{a\xi}$ bzw. $\xi^2 = a\xi$. In b) liegt die Rekursion

$$x_0 \in \mathbb{R}^+, \quad x_{n+1} = \sqrt{a + x_n} \ (n \in \mathbb{N})$$

vor. (Es genügt, $x_0 > -a$ zu verlangen.) Die Folge $\langle x_n \rangle$ ist monoton fallend (steigend) und nach unten (oben) beschränkt, falls $x_0 > a$ ($x_0 <$ a), sie ist also konvergent. Für $\xi := \lim \langle x_n \rangle$ gilt also $\xi = \sqrt{a + \xi}$ bzw. $\xi^2 = a + \xi$. Für $a = 5$ und $x_0 = -2$ ist die Rekursion unter b) in Fig. 1 dargestellt.

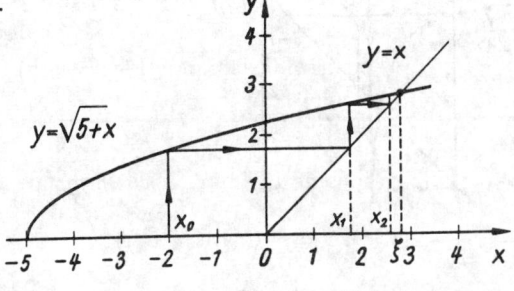

Fig. 1

In (10) sieht man, daß der Startwert großen Einfluß auf die Eigenschaften der durch die Rekursion definierten Folge hat. Von ihm kann sogar die Konvergenz abhängen, wie das folgende Beispiel zeigt.

(11) Beispiel: Es sei $a_0 \in \mathbb{R}$ und

$$a_{n+1} := \frac{1}{2 + a_n}$$

für alle $n \in \mathbb{N}$. Ist ein Folgenglied größer als -2, so auch alle restlichen (Fig. 2), und das Verfahren konvergiert gegen den Fixpunkt a, der sich aus $a = \frac{1}{2+a}$ zu $-1 + \sqrt{2}$ berechnet. Für die Startwerte $-1 \pm \sqrt{2}$ ergibt sich eine konstante Folge. Gilt $a_n = -2$ für ein n, so bricht das Verfahren ab. Welche Startwerte sind damit verboten? Wir kehren die Rekursion einfach um, betrachten also die Folge $\langle b_n \rangle$ mit $b_0 := -2$ und

$$b_{n+1} := \frac{1}{b_n} - 2$$

für $n \in \mathbb{N}$. Kein Glied von $\langle b_n \rangle$ darf als Startwert von $\langle a_n \rangle$ genommen werden. Die Folge $\langle b_n \rangle$ hat den Fixpunkt $b := -1 - \sqrt{2}$. Für alle Startwerte a_0, die nicht zur Menge $\{b\} \cup \{b_n \mid n \in \mathbb{N}\}$ gehören, gilt nun $\lim\langle a_n \rangle = a$.

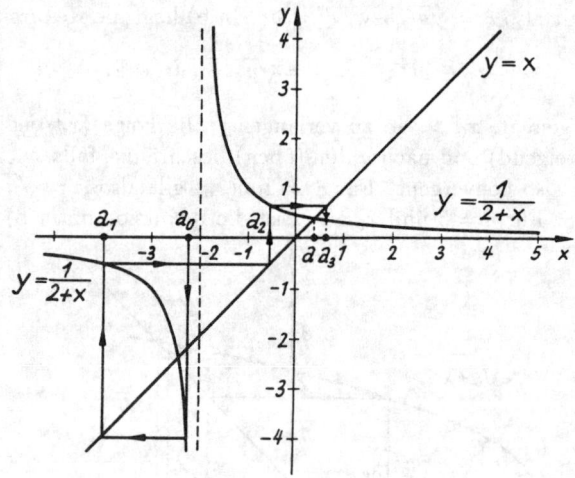

Fig. 2

(12) **Beispiel** (Stetige Verzinsung nach Jakob I Bernoulli, 1713 posthum publiziert): Ein Kapital werde mit $p\%$ p.a. verzinst. Setzt man $a := \frac{p}{100}$, dann ist der Zinsfaktor $1 + a$. Unterteilt man das Jahr in n gleiche Abschnitte, an deren Ende jeweils $\frac{p}{n}\%$ Zinsen zum Kapital hinzugeschlagen werden (Zinseszins!), so ist der Zinsfaktor für ein Jahr $(1 + \frac{a}{n})^n > 1 + a$. Bernoulli stellte nun die Frage, ob man diesen Zinsfaktor beliebig groß machen könne, indem man n hinreichend groß wählt. Unter Benutzung der binomischen Formel fand er für $a = 1$ und alle $n > 1$:

$$\left(1 + \frac{1}{n}\right)^n = \sum_{k=0}^{n} \binom{n}{k} \left(\frac{1}{n}\right)^k = \sum_{k=0}^{n} \frac{n(n-1)\ldots(n-k+1)}{k!n^k}$$

$$= 1 + 1 + \frac{1}{2!}\left(1 - \frac{1}{n}\right) + \frac{1}{3!}\left(1 - \frac{1}{n}\right)\left(1 - \frac{2}{n}\right) + \dots$$
$$+ \frac{1}{n!}\left(1 - \frac{1}{n}\right)\left(1 - \frac{2}{n}\right) \cdot \dots \cdot \left(1 - \frac{n-1}{n}\right)$$
$$< 1 + 1 + \frac{1}{2!} + \frac{1}{3!} + \dots + \frac{1}{n!}$$
$$< 1 + \sum_{\nu=0}^{n-1} \left(\frac{1}{2}\right)^{\nu} < 1 + 2 = 3$$

Die Folge ist also beschränkt. Ebenfalls aus der Binomialentwicklung ergibt sich, daß die Folge monoton wächst, und damit existiert

$$e := \lim \langle \left(1 + \frac{1}{n}\right)^{n} \rangle.$$

Zugleich ist die Reihendarstellung

$$e = \sum_{\nu=0}^{\infty} \frac{1}{\nu!}$$

plausibel gemacht worden, die eine schnelle numerische Approximation von e erlaubt. Verallgemeinert ergibt sich auf diese Weise für $a < 2$ ebenfalls Konvergenz mit $\frac{2+a}{2-a}$ als oberer Schranke, die übigens für kleine a eine brauchbare Näherung für e^a ist. Die Bezeichnung e für $\lim \langle (1 + \frac{1}{n}) \rangle$ stammt von Euler (etwa 1727). Er schreibt

$$e^x = \left(1 + \frac{x}{i}\right)^{i}$$

und meint mit i *infinitus*. Dieses entspricht der heutigen Schreibweise $e = (1 + \frac{1}{\Omega})^{\Omega}$ in der Nonstandard-Analysis, wobei Ω eine „unendlich große Zahl" ist (vgl. I.3 (7)).

(13) Beispiel: Für alle $n \in \mathbb{N}^*$ sei

$$a_n := \sqrt[n]{n}.$$

Numerische Untersuchungen suggerieren, daß die Folge $\langle a_n \rangle$ von $n = 3$ ab streng monoton fällt. Nun ist

$$a_{n+1} < a_n \iff \left(1 + \frac{1}{n}\right)^{n} < n.$$

Wegen $\left(1 + \frac{1}{n}\right)^n < 3$ (vgl. (12)) ist also in der Tat $a_{n+1} < a_n$ für $n \geq 3$.
Da die Folge nach unten durch 1 beschränkt ist, ist sie also konvergent.
Für ihren Grenzwert a gilt $a \geq 1$. Die Teilfolge $\langle a_{2n} \rangle$ ist ebenfalls konvergent mit dem Grenzwert a. Wegen

$$a_{2n} = \sqrt[2n]{2n} = \sqrt[n]{\sqrt{2}} \cdot \sqrt{a_n}$$

folgt $a = 1 \cdot \sqrt{a}$ (vgl. (10)), also $a = 1$.

(14) Beispiel (vgl. [Stark 1974]): Für alle $n \in \mathbb{N}^*$ sei

$$P_n := \left(\frac{1}{n}; 1 - \frac{1}{n}\right), \quad Q_n := \left(\frac{1}{n}; 1\right).$$

Diese Punkte werden in der Reihenfolge $P_1, Q_1, P_2, Q_2, \ldots$ durch einen
„unendlichen Streckenzug" C verbunden (Fig. 3). Wir wollen die Länge
l von C und den von C und den Koordinatenachsen eingeschlossenen
Flächeninhalt A untersuchen.

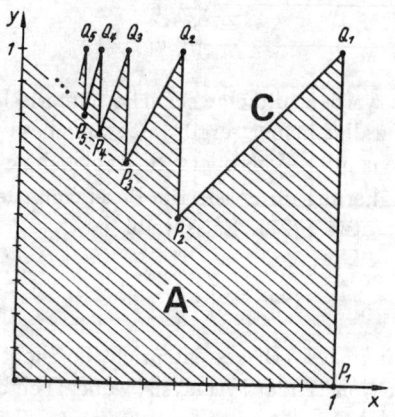

Fig. 3

Die von

$$\left(\frac{1}{n}; 0\right), \quad Q_n, \quad P_{n+1}, \quad \left(\frac{1}{n+1}; 0\right)$$

gebildeten Trapeze haben den Flächeninhalt

$$T_n := \frac{1}{2}\left(1 + (1 - \frac{1}{n+1})\right) \cdot \left(\frac{1}{n} - \frac{1}{n+1}\right) = \frac{1}{2(n+1)^2} + \frac{1}{2n(n+1)}.$$

Also ist

$$A_n := \sum_{\nu=1}^{n} T_\nu = \frac{1}{2} \sum_{\nu=2}^{n+1} \frac{1}{\nu^2} + \frac{1}{2} \sum_{\nu=1}^{n} \frac{1}{\nu(\nu+1)}.$$

Die zweite Summe ist uns bereits mehrmals begegnet, z. B. beim harmonischen Dreieck in Abschnitt II.5. Aus der Zerlegung $\frac{1}{\nu(\nu+1)} = \frac{1}{\nu} - \frac{1}{\nu+1}$ ergibt sich ihr Wert zu $1 - \frac{1}{n+1}$, sie konvergiert also gegen 1. Da die Folge $\langle A_n \rangle$ aus geometrischen Gründen nach oben durch 1 beschränkt ist und offensichtlich monoton wächst, ist $\langle A_n \rangle$ und damit auch

$$\langle \sum_{\nu=2}^{n+1} \frac{1}{\nu^2} \rangle$$

konvergent. Es folgt

$$A = \frac{1}{2} + \frac{1}{2} \sum_{\nu=2}^{\infty} \frac{1}{\nu^2} = \frac{1}{2} \sum_{\nu=1}^{\infty} \frac{1}{\nu^2}.$$

Damit haben wir auch

$$\sum_{\nu=1}^{\infty} \frac{1}{\nu^2} < 2$$

erhalten. Euler hat den Wert dieser Reihe zu $\frac{\pi^2}{6}$ bestimmt, also ergibt sich $A = \frac{\pi^2}{12}$.

Bezeichnet man mit l_n die Länge des Streckenzugs von P_1 bis Q_n, dann ist

$$l_n = \sum_{\nu=1}^{n} \left(1 - (1 - \frac{1}{\nu}) \right) = \sum_{\nu=1}^{n} \frac{1}{\nu},$$

wegen der Divergenz der harmonischen Reihe ist also $\langle l_n \rangle$ divergent (uneigentlich konvergent gegen ∞).

Es liegen hier ähnliche Verhältnisse vor wie bei der von Kochschen Kurve in II.3 (15).

(15) Kuriosität: In [Konforowitsch 1986] findet man (als Aufgabe) die erstaunliche Formel

$$\sqrt{1 + 2\sqrt{1 + 3\sqrt{1 + 4\sqrt{1 + \ldots}}}} = 3,$$

welche angeblich auf den genialen Srinivasa Ramanujan (1887–1920)
zurückgeht. Vermutlich wurde diese Formel folgendermaßen konstruiert:
Für $k \in \mathbb{N}^*$ gilt

$$k = \sqrt{1 + (k-1)(k+1)}$$
$$\sqrt{1 + (k-1)\sqrt{1 + k(k+2)}}$$
$$\sqrt{1 + (k-1)\sqrt{1 + k\sqrt{1 + (k+1)(k+3)}}}$$

usw. Im oben angegebenen Sonderfall $k = 3$ liegt also die Folge $\langle a_n \rangle$ mit

$$a_1 = \sqrt{1 + 2 \cdot 4}$$
$$a_2 = \sqrt{1 + 2\sqrt{1 + 3 \cdot 5}}$$
$$a_3 = \sqrt{1 + 2\sqrt{1 + 3\sqrt{1 + 4 \cdot 6}}}$$
$$\vdots$$
$$a_n = \sqrt{1 + 2\sqrt{1 + 3\sqrt{1 + \ldots n\sqrt{1 + (n+1)(n+3)}}}}$$

vor, und es gilt $a_n = 3$ für alle $n \in \mathbb{N}^*$. Konvergenzbetrachtungen
erübrigen sich hier also.

Die Konvergenz einer Folge kann man auch mit Hilfe des Begriffs des
Verdichtungswerts definieren:

(16) Definition: Es sei $\langle a_n \rangle$ eine Folge reeller Zahlen und $a \in \mathbb{R}$. Genau
dann heißt a ein *Verdichtungswert* von $\langle a_n \rangle$, wenn

$$\bigwedge_{\varepsilon \in \mathbb{R}^+} \bigvee_{n \in \mathbb{N}} |a_n - a| < \varepsilon .$$

Eine Folge heißt *konvergent*, wenn sie genau einen Verdichtungswert besitzt. Dieser heißt dann der *Grenzwert* der Folge.

Statt Verdichtungswert ist in der Literatur noch vielfach „Häufungswert" oder „Häufungspunkt" üblich, jedoch muß man diese Begriffe
streng trennen (vgl. [Endl/Luh 1973], [Scheid/Endl 1977]): Für eine
konstante Folge $\langle a \rangle$ ist zwar a Verdichtungswert, jedoch nicht Häufungswert der Menge der Folgenglieder. Bei der ersten Begegnung mit dem
Konvergenzbegriff bei Folgen könnte man das Bedürfnis haben, bei einer

Folge „mehrere Grenzwerte" zuzulassen, weil sie mehrere Verdichtungs-
werte haben kann. Daher liegt es nahe, zuerst den Begriff des Verdich-
tungswertes zu erarbeiten und dann konvergente Folgen als diejenigen zu
charakterisieren, die *genau einen* Verdichtungswert besitzen. Das wäre
aber falsch, wie das folgende Beispiel zeigt.

(17) Beispiel: Es sei

$$\langle a_n \rangle := \langle (-1)^n + \frac{1}{n} + n(1 + (-1)^n) \rangle.$$

Diese Folge hat genau einen Verdichtungswert, nämlich -1, ist aber nicht
konvergent. Das liegt daran, daß sie nicht beschränkt ist.

Es läßt sich zeigen, daß *beschränkte* Folgen mit genau einem Verdichtungswert konvergent gegen diesen sind. Eine darauf basierende Konvergenzdefinition wäre aber nicht besonders gut zu handhaben.

Zur Vertiefung des Begriffs des Verdichtungswerts einer Folge eignen
sich folgende Beispiele.

(18) Beispiele: a) Es sei $b_n := nr - [nr]$ mit einer rationalen Zahl $r = \frac{p}{q}$
mit $p, q \in \mathbb{N}^*$, $\text{ggT}(p, q) = 1$. Dann ist

$$\{0, \frac{1}{q}, \frac{2}{q}, \ldots, \frac{q-1}{q}\}$$

die Menge der Folgenglieder, und jedes Folgenglied ist ein Verdichtungswert. Die Menge der Folgenglieder hat aber keinen Häufungswert. (Ist
r dagegen irrational, so ist jede Zahl aus dem Intervall [0;1] ein Verdichtungswert und zugleich ein Häufungswert der Menge der Folgenglieder;
dies ist aber nicht einfach zu zeigen.)

b) Es sei $a_n := \sqrt{n} - [\sqrt{n}]$. Aus der Abschätzung

$$\frac{b}{2(a+1)} < \sqrt{a^2 + b} - a < \frac{b}{2a}$$

$(a, b \in \mathbb{N}^*)$ entnimmt man, daß jede Zahl aus [0;1] Verdichtungswert
(und zugleich Häufungswert der Menge der Folgenglieder) von $\langle a_n \rangle$ ist.

Ob der Folgenbegriff im Unterricht am Anfang der Infinitesimalrech-
nung stehen sollte, welche Rolle er überhaupt dort spielen kann, diese
Fragen sind ausführlich in der didaktischen Literatur behandelt worden.
Sie können aber weiterhin als offene Fragen diskutiert werden.

III.3 Funktionsgrenzwert

Es hat eine lange Tradition, den Grenzwert b einer Funktion f an einem Häufungspunkt a ihrer Definitionsmenge D_f dadurch zu erklären, daß für jede Folge von Zahlen aus

$$D_{f,a} := D_f \setminus \{a\}$$

mit dem Grenzwert a die Folge der Funktionswerte den Grenzwert b hat. Mit Hilfe einer weiteren Quantifizierung wird also der Begriff des Funktionsgrenzwerts auf den des Folgengrenzwerts zurückgeführt:

(1) Definition: Es sei f eine Funktion mit der Definitionsmenge $D_f \subseteq$ IR und $D_{f,a}^{\mathrm{IN}}$ die Menge aller Folgen von Zahlen aus $D_{f,a}$, ferner sei a ein Häufungswert von D_f und b eine reelle Zahl. Genau dann hat f an der Stelle a den *Grenzwert* b, wenn gilt:

$$\bigwedge_{\langle x_n \rangle \in D_{f,a}^{\mathrm{IN}}} (\lim\langle x_n \rangle = a \Rightarrow \lim\langle f(x_n) \rangle = b)$$

Man schreibt dann

$$\lim_{x \to a} f(x) = b.$$

Man mag einwenden, daß diese Definition wegen der Quantifizierung über alle Folgen aus D_f und des Rückgriffs auf die Folgenkonvergenz sowohl logisch als auch technisch zu kompliziert ist (vgl. die Diskussion in [Knoche/Wippermann 1986]) und wird dann vielleicht folgender Definition den Vorzug geben:

(2) Definition: Es sei f eine Funktion mit der Definitionsmenge $D_f \subseteq$ IR, ferner a ein Häufungswert von D_f und b eine reelle Zahl. Genau dann hat f an der Stelle a den *Grenzwert* b, wenn gilt:

$$\bigwedge_{\varepsilon \in \mathrm{IR}^+} \bigvee_{\delta \in \mathrm{IR}^+} \bigwedge_{x \in D_{f,a}} (|x - a| < \delta \Rightarrow |f(x) - b| < \varepsilon)$$

Durch Einführung des Begriffs der ε-Umgebung $U_\varepsilon(x)$ kann man diese Definition noch etwas modifizieren, indem man die definierende Eigenschaft in der Form

$$\bigwedge_{\varepsilon \in \mathrm{IR}^+} \bigvee_{\delta \in \mathrm{IR}^+} \bigwedge_{x \in D_{f,a}} (x \in U_\delta(a) \Rightarrow f(x) \in U_\varepsilon(b))$$

angibt. Schließlich kann man noch einen Quantor verstecken, indem man schreibt:

$$\bigwedge_{\varepsilon \in \mathbb{R}^+} \bigvee_{\delta \in \mathbb{R}^+} f[U_\delta(a) \setminus \{a\}] \subseteq U_\varepsilon(b))$$

Dieses Verstecken von Quantoren (auch bei der Definition der Stetigkeit) ist ein zwar beliebtes, aber oft nutzloses Spiel, da sich dadurch die logische Struktur der Aussage nicht ändert. „Elegantere" Formulierungen kann man auch durch vorherige Einführung neuer Bezeichnungen erreichen. Bezeichnet man etwa mit K_a die Menge aller konvergenten Folgen mit dem Grenzwert a und mit K_a^* die Menge derjenigen darunter, deren Glieder alle von a verschieden sind, so kann man in (1) schreiben:

$$\bigwedge_{(x_n) \in K_a^*} \langle f(x_n) \rangle \in K_b$$

Eine nicht zu unterschätzende Schwierigkeit bereitet der oben aufgetretene Begriff des *Häufungswerts*. (Zwecks sprachlicher Konsistenz mit Grenz*wert* sollte man besser Häufungs*wert* statt Häufungs*punkt* sagen.) Wir geben eine Definition an:

(3) Definition: Ist T eine Teilmenge von $\mathbb{R}$ und $a \in \mathbb{R}$, dann ist a genau dann ein *Häufungswert* von T, wenn

$$\bigwedge_{\varepsilon \in \mathbb{R}^+} (U_\varepsilon(a) \cap T) \setminus \{a\} \neq \emptyset.$$

Definiert man den Stetigkeitsbegriff mit Hilfe des Grenzwertbegriffs, dann liegt die zu betrachtende Stelle stets in der Definitionsmenge; bei der Frage der stetigen Ergänzbarkeit einer Funktion in einem Randpunkt der Definitionsmenge, in welchem die Funktion nicht definiert ist, liegt aber sowohl in (1) als auch (2) der unangenehme Fall vor, daß a nicht zur Definitionsmenge gehört.

Definiert man für eine Funktion f mit einem nach oben unbeschränkten Definitionsbereich D_f in Analogie zu III.2 (1) den Grenzwert „an der Stelle ∞", also $\lim\limits_{x \to \infty} f(x)$, dann tritt die Schwierigkeit, den Häufungswertbegriff erklären zu müssen, nicht auf:

(4) Definition: Es sei f eine Funktion mit der nach oben unbeschränkten Definitionsmenge $D_f \subseteq \mathbb{R}$ und b eine reelle Zahl. Genau dann hat f an der Stelle ∞ den *Grenzwert* b, wenn

$$\bigwedge_{\varepsilon \in \mathbb{R}^+} \bigvee_{x_0 \in D_f} \bigwedge_{x \in D_f} (x \geq x_0 \Rightarrow |f(x) - b| < \varepsilon).$$

An Funktionen vom Typ der Dirichlet-Funktion in II.1 (6) kann man versuchen, den Begriff des Funktionsgrenzwerts im Sinne von (1) zu vertiefen oder auch zu entwickeln.

(5) Beispiel: Wir betrachten die auf $\mathbb{R}$ definierten Funktionen f, g, h mit

$$f(x) := \begin{cases} 1 & \text{für } x \in \mathbb{Z} \\ 1 + x & \text{für } x \in \mathbb{R} \setminus \mathbb{Z} \end{cases}$$

$$g(x) := \begin{cases} 1 & \text{für } x \in \mathbb{Q} \\ 1 + x & \text{für } x \in \mathbb{R} \setminus \mathbb{Q} \end{cases}$$

$$h(x) := \begin{cases} (x-1)^2 & \text{für } x \in \mathbb{Q} \\ -(x-1)^2 & \text{für } x \in \mathbb{R} \setminus \mathbb{Q} \end{cases}$$

Die Graphen sind in Fig. 1 angedeutet.

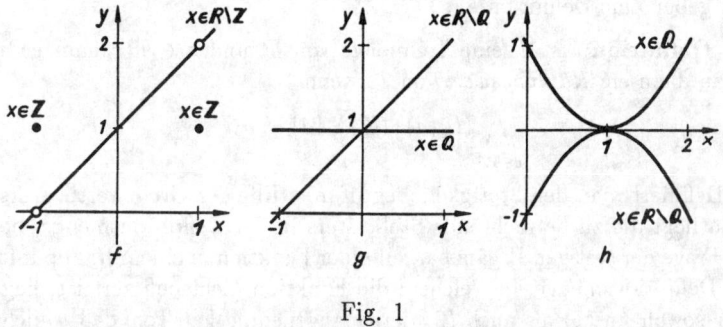

Fig. 1

Nun bilden wir mit den gegen 1 konvergenten Folgen

$$\langle a_n \rangle := \langle 1 - \frac{1}{n+1} \rangle, \quad \langle b_n \rangle := \langle 1 + \frac{\sqrt{2}}{n+1} \rangle, \quad \langle c_n \rangle := \langle 1 + \left(\frac{1}{\sqrt{2}} \right)^n \rangle$$

die neun Funktionswertfolgen $\langle f(a_n) \rangle$, $\langle f(b_n) \rangle$, ..., $\langle h(c_n) \rangle$ und stellen fest: Die sechs mit f und h gebildeten Funktionswertfolgen sind stets konvergent, und zwar bei f stets gegen 2, bei h stets gegen 0. Die Folgen $\langle g(a_n) \rangle$ und $\langle g(b_n) \rangle$ sind zwar konvergent (gegen 1 bzw. 0), aber $\langle g(c_n) \rangle$ ist divergent. Das heißt also, daß nicht jede gegen 1 konvergente Folge $\langle x_n \rangle$ eine konvergente Folge $\langle g(x_n) \rangle$ liefert. War es nun nur Zufall, daß bei

f und h jeweils Konvergenz vorlag? Die Folge $\langle f(1) \rangle = \langle 1 \rangle$ konvergiert ebenfalls, aber nicht gegen 2. Wählen wir gar

$$\langle d_n \rangle := \langle 1 + \frac{1}{n+1}(1 + (-1)^n) \rangle,$$

so ist $\langle f(d_n) \rangle$ auch nicht mehr konvergent, hingegen konvergiert $\langle h(d_n) \rangle$, und zwar gegen 0. Verbieten wir aber den Wert 1 für die Folgenglieder, womit $\langle 1 \rangle$ und $\langle d_n \rangle$ nicht mehr zugelassen sind, so konvergiert jede Funktionswertfolge von f gegen 2. Die Funktionswertfolge $\langle h(x_n) \rangle$ konvergiert stets gegen 0, wenn $\langle x_n \rangle$ gegen 1 konvergiert. (Die Funktion h ist an der Stelle 1 stetig, die Funktion f aber nicht!)

Die Begriffsbildungen in (1) und (2) präzisieren beide diejenige von Cauchy (vgl. III.1 (11)), weshalb man von der *Cauchyschen Grenzwertdefinition* sprechen kann. Die von Weierstraß verbesserte und formalisierte Grenzwertdefinition entspricht (2). Man findet sie in derselben Präzision z. B. in [Czuber 1909].

Die Formulierungen des Begriffs des Funktionsgrenzwerts in (1) und (2) lassen sich noch in vielfacher Weise modifizieren. Man könnte etwa für $h \in \mathbb{R}^+$ und einen Häufungswert a von D_f die Zahlen

$$m_h := \inf_{x \in U_h(a) \cap D_f} f(x) \quad \text{und} \quad M_h := \sup_{x \in U_h(a) \cap D_f} f(x)$$

betrachten und damit definieren: Existiert genau eine Zahl b mit

$$m_h \leq b \leq M_h \quad \text{für alle } h \in \mathbb{R}^+,$$

dann heißt b der Grenzwert von f an der Stelle a.

Würden wir in (1) die Einschränkung $x_n \neq a$ bzw. in (2) die Einschränkung $x \neq a$ weglassen, so hätten wir eine Vereinfachung und damit einen schärferen Begriff, nämlich die *Stetigkeit* an der Stelle a. Dies zeigt, daß der Begriff „Stetigkeit" einfacher als der Begriff „Funktionsgrenzwert" ist. Andererseits ist der Grenzwertbegriff möglicherweise besser motivierbar. Es bietet sich daher an, Stetigkeit und Funktionsgrenzwert zugleich (wie etwa in (5)) zu erarbeiten und damit gegeneinander abzuheben.

Interessante Beispiele treten erst im Zusammenhang mit der Stetigkeit auf, weshalb wir sie erst in Kapitel IV darstellen.

III.4 Vertauschbarkeit von Grenzprozessen

Eine Abbildung von $\mathbb{N} \times \mathbb{N}$ in $\mathbb{R}$ ist eine *Doppelfolge* reeller Zahlen; solche kann man in der Form $\langle a_{(m,n)} \rangle_{\mathbb{N} \times \mathbb{N}}$ oder kürzer $\langle a_{m,n} \rangle$ schreiben. Hält man einen der Indizes fest, so entsteht eine Folge im bisherigen Sinn, bei welcher man also nach der Existenz eines Grenzwerts fragen darf. Da dieser Grenzwert dann noch von dem zuvor festgehaltenen Index abhängt, ergibt sich eine Folge von Grenzwerten, welcher ihrerseits einen Grenzwert haben kann. Man muß dabei unterscheiden zwischen

$$\lim_{m \to \infty} \lim_{n \to \infty} a_{m,n} \quad \text{und} \quad \lim_{n \to \infty} \lim_{m \to \infty} a_{m,n}.$$

Diese doppelten Grenzwerte können übereinstimmen, können aber auch verschieden sein. Es kann sogar vorkommen, daß der eine existiert und der andere nicht.

(1) Beispiele:

a) Vertauscht man in II.1 (7) (Dirichlet-Funktion) die Reihenfolge der Grenzwertbildung, dann ist die Existenz nicht mehr gesichert.

b) Es gilt $\lim\limits_{m \to \infty} \lim\limits_{n \to \infty} \left(1 + \dfrac{1}{m}\right)^n = \infty$ und $\lim\limits_{n \to \infty} \lim\limits_{m \to \infty} \left(1 + \dfrac{1}{m}\right)^n = 1$.

c) Es gilt $\lim\limits_{m \to \infty} \lim\limits_{n \to \infty} \sum\limits_{\nu=0}^{n} \left(\dfrac{1}{m+2}\right)^\nu = 1 = \lim\limits_{n \to \infty} \lim\limits_{m \to \infty} \sum\limits_{\nu=0}^{n} \left(\dfrac{1}{m+2}\right)^\nu$.

Ist $D \subseteq \mathbb{R}$, dann nennt man eine Abbildung von $\mathbb{N} \times D$ in $\mathbb{R}$ eine *Funktionenfolge*; man schreibt solche Folgen kurz in der Form $\langle f_n \rangle$, wobei die Folgenglieder f_n Funktionen auf D sind. Jetzt kann man nach der Vertauschbarkeit von Folgen- und Funktionsgrenzwert fragen.

(2) Beispiel: Es sei $D = [0;1]$ und $f_n(x) := x^n$ für $n \in \mathbb{N}$. Es ist also f_n die auf $[0;1]$ eingeschränkte Potenzfunktion pot_n. Für alle $x \in D$ existiert $\lim\langle x^n \rangle$. Die Funktion f mit

$$f(x) := \lim_{n \to \infty} x^n = \begin{cases} 0 \text{ für } 0 \le x < 1 \\ 1 \text{ für } x = 1 \end{cases}$$

ist die „Grenzfunktion" der Funktionenfolge $\langle f_n \rangle$. Die Graphen von f_1, f_2, f_3, f_4 und f sind in Fig. 1 dargestellt. Es ist

$$\lim_{x \to 1} \lim_{n \to \infty} f_n(x) = \lim_{x \to 1} f(x) = 0 \quad \text{und} \quad \lim_{n \to \infty} \lim_{x \to 1} f_n(x) = \lim_{n \to \infty} 1 = 1.$$

Die Folge $\langle f_n \rangle$ besteht zwar aus in D stetigen Funktionen, jedoch ist die Grenzfunktion f unstetig. In (2) ist die Unstetigkeitsstelle der Grenzfunktion ein Randpunkt der Definitionsmenge. In folgendem Beispiel sind die beiden Unstetigkeitsstellen der Grenzfunktion innere Punkte der Definitionsmenge:

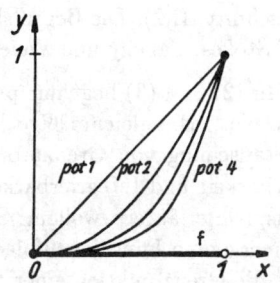

Fig. 1

(3) **Beispiel:** Es sei $D = \mathbb{R}$ und

$$f_n(x) := \frac{1}{1 + x^{2n}}$$

für $n \in \mathbb{N}$. Die Folge $\langle f_n \rangle$ besitzt auf $\mathbb{R}$ die Grenzfunktion f mit

$$f(x) = \begin{cases} 0 \text{ für } |x| > 1, \\ \frac{1}{2} \text{ für } |x| = 1, \\ 1 \text{ für } |x| < 1. \end{cases}$$

(4) **Definition:** Es sei $\langle f_n \rangle$ eine Funktionenfolge mit der Definitionsmenge D und ferner f eine Funktion auf D. Dann heißt f *Grenzfunktion* von $\langle f_n \rangle$ auf D, wenn

$$\bigwedge_{x \in D} (f(x) = \lim \langle f_n(x) \rangle).$$

Man sagt, die Folge $\langle f_n \rangle$ sei auf D *punktweise konvergent* gegen f.

(5) **Folgerung:** Genau dann ist $\langle f_n \rangle$ auf D punktweise konvergent gegen f, wenn

$$\bigwedge_{\varepsilon \in \mathbb{R}^+} \bigwedge_{x \in D} \bigvee_{n_0 \in \mathbb{N}} \bigwedge_{n \in \mathbb{N}} (n \geq n_0 \Rightarrow |f_n(x) - f(x)| < \varepsilon).$$

(6) **Definition:** Genau dann heißt $\langle f_n \rangle$ auf D *gleichmäßig konvergent* gegen f, wenn

$$\bigwedge_{\varepsilon \in \mathbb{R}^+} \bigvee_{n_0 \in \mathbb{N}} \bigwedge_{x \in D} \bigwedge_{n \in \mathbb{N}} (n \geq n_0 \Rightarrow |f_n(x) - f(x)| < \varepsilon).$$

Der einzige formale Unterschied zwischen (5) und (6) besteht in der Vertauschung der mittleren beiden Quantoren, aber dieser Unterschied hat beträchtliche Konsequenzen (vgl. Zitat von Papy zu Beginn von Abschnitt III.2). Die Begriffsbildung der gleichmäßigen Konvergenz geht auf Stokes, Cauchy und Weierstraß zurück (vgl. Abschnitt III.1).

In (2) und (3) liegt nur punktweise, nicht aber gleichmäßige Konvergenz vor. Die gleichmäßige Konvergenz ist im Zusammenhang mit der Vertauschung von Grenzprozessen bei Fragen der Stetigkeit, Differenzierbarkeit und Integrierbarkeit von Bedeutung, was wir hier nur durch Beispiele erläutern wollen. So ist die Grenzfunktion einer gleichmäßig konvergenten Funktionenfolge stetiger Funktionen wieder stetig. Ist somit die Grenzfunktion einer Folge stetiger Funktionen unstetig, so kann keine gleichmäßige Konvergenz vorliegen. Andererseits läßt sich aus der Stetigkeit der Grenzfunktion einer punktweise konvergenten Folge stetiger Funktionen nicht auf deren gleichmäßige Konvergenz schließen, wie das folgende Beispiel zeigt.

(7) **Beispiel:** Für alle $n \in \mathbb{N}^*$ sei

$$f_n(x) := \begin{cases} nx & \text{für } x \in [0; \frac{1}{n}[, \\ 2 - nx & \text{für } x \in [\frac{1}{n}; \frac{2}{n}[, \\ 0 & \text{für } x \in [\frac{2}{n}; 2]. \end{cases}$$

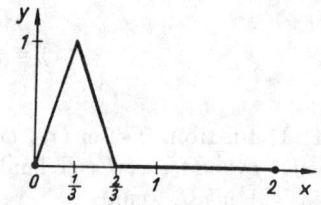

Fig. 2

Der Graph von f_3 ist in Fig. 2 dargestellt. Es handelt sich um eine Folge auf [0;2] stetiger Funktionen mit der auf [0;2] stetigen Grenzfunktion $f = \underline{0}$. Es liegt aber keine gleichmäßige Konvergenz vor: Für $\varepsilon < 1$ ist

$$|f_n(\frac{1}{n}) - f(\frac{1}{n})| = 1 > \varepsilon$$

für alle $n \in \mathbb{N}^*$. Weiterhin ist

$$\lim_{n \to \infty} \int_0^2 f_n(x) \, dx = 0 = \int_0^2 \lim_{n \to \infty} f_n(x) \, dx,$$

obwohl $\langle f_n \rangle$ nicht gleichmäßig konvergiert. Bilden wir $g_n(x) := n^2 f_n(x)$, so ist $\langle g_n(x) \rangle$ ebenfalls punktweise und nicht gleichmäßig auf [0; 2] gegen f konvergent. Wegen $\int_0^2 g_n(x) \, dx = n$ ist

$$\lim_{n \to \infty} \int_0^2 g_n(x) \, dx = \infty, \quad \text{aber} \quad \int_0^2 \lim_{n \to \infty} g_n(x) \, dx = 0.$$

(8) **Beispiel:** Für alle $n \in \mathbb{N}$ sei

$$f_n(x) := \frac{\cos nx}{n}.$$

Offensichtlich ist $\langle f_n \rangle$ auf $\mathbb{R}$ punktweise konvergent gegen die Nullfunktion $\underline{0}$. Alle Funktionen f_n sind auf $\mathbb{R}$ differenzierbar mit $f_n' = -\sin nx$, aber $\langle f_n' \rangle$ ist auf $\mathbb{R}$ nicht punktweise konvergent. Differentiation und Grenzwertbildung sind also hier nicht vertauschbar.

III.5 Verallgemeinerungen des Grenzwertbegriffs

Bei der Folgenkonvergenz haben wir Folgen reeller Zahlen betrachtet und dabei die Struktur $(\mathbb{R}, +, \cdot, \leq)$ benutzt. Der Begriff der Folge war aber in II.2 (1) allgemeiner erklärt, und schon hieraus ergeben sich Möglichkeiten zur Verallgemeinerung des Begriffs der Folgenkonvergenz.

(1) **Folgenkonvergenz über angeordneten Körpern:** Wir ersetzen $(\mathbb{R}, +, \cdot, \leq)$ durch einen beliebigen angeordneten Körper $(K, +, \cdot, \leq)$. Die Begriffsbildungen aus Abschnitt III.2 übertragen sich dann, wobei man präziser etwa „$\langle a_n \rangle$ ist Fundamentalfolge in K" sagt. Die Folge $\langle \frac{1}{n} \rangle$ ist nur dann Nullfolge in K, wenn K *archimedisch* angeordnet ist. Fundamentalfolgen sind nur dann stets konvergent, wenn K *vollständig* ist.

Man kann auch auf die algebraische Struktur von $(K, +, \cdot, \leq)$ verzichten und stattdessen nur einen *metrischen Raum* (M, d) mit einer *Distanzfunktion* d betrachten; so läßt sich z. B. Konvergenz für Folgen komplexer Zahlen oder Folgen von Punkten im Raum erklären. Weiter haben wir Konvergenz von Funktionenfolgen kennengelernt, deren Grenzwert allerdings mit Hilfe des Grenzwerts reeller Zahlenfolgen erklärt wurde.

Betrachten wir die Folge der Graphen aus den Beispielen des vorangegangenen Abschnitts III.4, so bilden diese jeweils eine Folge von Punktmengen, also eine geometrische *Figurenfolge*, für die dann eine *Grenzfigur* existiert (welche aber nicht der Graph der Grenzfunktion ist!). Beispiele von Polygonfolgen findet man auch in Abschnitt I.1 (S. 14, 18 und 21). Weitere Beispiele sind die merkwürdige von Kochsche Kurve aus Abschnitt II.3 und die Punktmengen in Abschnitt IV.5.

Neben angeordneten Körpern (insbesondere $(\mathbb{R}, +, \cdot, \leq)$ und $(\mathbb{Q}, +, \cdot, \leq)$) spielen als weitere Strukturen $\mathbb{R}$-Vektorräume im Mathematikunterricht eine Rolle. Hier lassen sich *Vektorfolgen* untersuchen,

für die ebenfalls ein Konvergenzbegriff erklärt werden kann, wenn man
noch eine *Norm* (etwa mit Hilfe des Skalarprodukts in euklidischen Vektorräumen) zugrunde legt.

(2) Folgenkonvergenz in normierten $\mathbb{R}$-Vektorräumen: Es sei $(V, +)$
ein $\mathbb{R}$-Vektorraum mit einer Norm $\vec{x} \mapsto |\vec{x}| \in \mathbb{R}_0^+$. Eine Folge $\langle \vec{a}_n \rangle$ von
Vektoren aus V konvergiert genau dann gegen den Vektor $\vec{a}$, wenn gilt:

$$\bigwedge_{\varepsilon \in \mathbb{R}^+} \bigvee_{n_0 \in \mathbb{N}} \bigwedge_{n \in \mathbb{N}} (n \geq n_0 \Rightarrow |\vec{a}_n - \vec{a}| < \varepsilon)$$

(3) Beispiel: Es sei D eine nichtleere Teilmenge von $\mathbb{R}$. Im $\mathbb{R}$-Vektorraum $(\mathbb{R}^D, +)$ setze man für alle $f \in \mathbb{R}^D$

$$\|f\| := \sup\{|f(x)| \mid x \in D\}$$

(*Supremumsnorm*). Genau dann konvergiert eine Folge $\langle f_n \rangle$ aus diesem
Vektorraum gegen f, wenn gilt:

$$\bigwedge_{\varepsilon \in \mathbb{R}^+} \bigvee_{n_0 \in \mathbb{N}} \bigwedge_{n \in \mathbb{N}} (n \geq n_0 \Rightarrow \|f_n - f\| < \varepsilon)$$

Unter Rückgriff auf die Definition der Supremumsnorm besagt das gerade:

$$\bigwedge_{\varepsilon \in \mathbb{R}^+} \bigvee_{n_0 \in \mathbb{N}} \bigwedge_{n \in \mathbb{N}} \bigwedge_{x \in D} (n \geq n_0 \Rightarrow |f_n(x) - f(x)| < \varepsilon)$$

Vertauscht man — was zulässig ist — die Allquantoren für n und x,
so erweist sich gemäß III.4 (6) die Supremumsnorm-Folgenkonvergenz als
gleichwertig mit der gleichmäßigen Konvergenz.

Wir haben bisher Verallgemeinerungen des Folgen- und Grenzwertbegriffs in der Weise erhalten, daß wir bei den Funktionen $\mathbb{N} \to \mathbb{R}$
(Folgen reeller Zahlen) die Menge $\mathbb{R}$ durch die Trägermenge einer anderen Struktur ersetzt haben. Ebenso könnten wir statt $\mathbb{N}$ eine andere
nichtleere Menge M nehmen (und schließlich zugleich noch $\mathbb{R}$ ersetzen).
Ist M die Trägermenge einer Peano-Algebra (vgl. Abschnitt I.2), so ist
$\mathbb{R}^M$ bis auf die Schreibweise der Indizes offenbar nichts anderes als die
Menge $\mathbb{R}^\mathbb{N}$, und wir haben wieder Folgen reeller Zahlen vorliegen.

Doppelfolgen (vgl. Abschnitt III.4) sind zunächst nicht als Folgen anzusprechen. Wegen der Abzählbarkeit von $\mathbb{N} \times \mathbb{N}$ können wir aber $\mathbb{N} \times \mathbb{N}$
zu einer Peano-Algebra machen. Damit lassen sich auch Doppelfolgen als

Folgen ansehen, sobald man in $\mathbb{N} \times \mathbb{N}$ eine geeignete Nachfolgerfunktion angibt.

Wir gehen noch einen Schritt weiter und kommen zum Begriff der „Moore-Smith-Folge" ([Moore/Smith 1922]).

(4) Definition: Es sei M eine nichtleere Menge und R (oder in der früher benutzten Schreibweise (R, M, M))) eine nichtleere Relation in M. Genau dann heißt (M, R) eine *gerichtete Menge*, wenn R reflexiv und transitiv ist und wenn weiterhin gilt:

$$\bigwedge_{x,y \in M} \bigvee_{z \in M} (xRz \wedge yRz)$$

(5) Beispiele: Ist M eine nichtleere Menge reeller Zahlen, dann ist offensichtlich $(M, \leq)$ eine gerichtete Menge. Ist $\mathcal{P}(A)$ die Potenzmenge einer Menge A, dann ist $(\mathcal{P}(A), \subseteq)$ eine gerichtete Menge. Mit der Teilerrelation ist $(\mathbb{N}, |)$ eine gerichtete Menge, dagegen ist etwa $(\{2, 3\}, |)$ keine gerichtete Menge. Die Menge aller Einteilungen eines Intervalls bezüglich der Relation „ist Vergröberung von" ist eine gerichtete Menge, die bei der Definition des Riemann-Integrals eine Rolle spielt.

(6) Definition: Es sei (M, R) eine gerichtete Menge und $f : M \to \mathbb{R}$. Dann heißt f eine *Moore-Smith-Folge* bezüglich (M, R).

Wir haben in (6) nur einen Spezialfall erfaßt; allgemeiner betrachtet man $f : M \to T$ mit irgendeiner Menge T, wobei T insbesondere als Trägermenge eines topologischen Raumes gewählt wird. Auf diese Verallgemeinerung können wir hier verzichten.

Ist f eine Moore-Smith-Folge bezüglich (M, R), so schreibt man dafür wie bei Folgen $\langle a_m \rangle_{m \in M}$ oder kurz $\langle a_m \rangle$ und nennt M die *Indexmenge*.

Da $(\mathbb{N}, \leq)$ und $(\{0, 1, 2, \ldots, n\}, \leq)$ $(n \in \mathbb{N})$ gerichtete Mengen sind, erfassen wir mit (6) sowohl gewöhnliche (unendliche) als auch endliche Zahlenfolgen. Setzen wir in $\mathbb{N} \times \mathbb{N}$

$$(a, b)R(c, d) : \iff a \leq c \wedge b \leq d,$$

so ist $(\mathbb{N} \times \mathbb{N}, R)$ eine gerichtete Menge, und Doppelfolgen sind Moore-Smith-Folgen bezüglich $(\mathbb{N} \times \mathbb{N}, R)$. Ferner ist jede reelle Funktion f eine Moore-Smith-Folge bezüglich $(D_f, \leq)$. Man sieht also, daß in (6) ein sehr umfassender Begriff vorliegt.

(7) Moore-Smith-Konvergenz: Es sei f eine Moore-Smith-Folge bezüglich (M, R) und $a \in \mathbb{R}$. Genau dann ist a *Moore-Smith-Grenzwert* von f bezüglich (M, R), wenn

$$\bigwedge_{\varepsilon \in \mathbb{R}^+} \bigvee_{m_0 \in M} \bigwedge_{m \in M} (m_0 R m \Rightarrow |f(m) - a| < \varepsilon).$$

(8) Folgerung: Ist $\langle a_n \rangle$ eine Folge reeller Zahlen und ist $a \in \mathbb{R}$, dann gilt:

$\qquad a$ ist Grenzwert von $\langle a_n \rangle \iff$

$\qquad\qquad a$ ist Moore-Smith-Grenzwert von $\langle a_n \rangle$ bezüglich $(\mathbb{N}, \leq)$

(9) Folgerung: Ist f eine reelle Funktion, D_f nach oben unbeschränkt und $a \in \mathbb{R}$, dann gilt:

$\qquad a$ ist Grenzwert von f an der Stelle $\infty \iff$

$\qquad\qquad a$ ist Moore-Smith-Grenzwert von f bezüglich $(D_f, \leq)$

(10) Satz: Es sei f eine reelle Funktion, a ein Häufungswert von D_f und $b \in \mathbb{R}$. Ferner sei $W_a := \{(x;y) \in \mathbb{R} \times \mathbb{R} \mid |y - a| \leq |x - a|\}$. Dann ist (D, W_a) eine gerichtete Menge für jede nichtleere Teilmenge D von $\mathbb{R}$, und es gilt:

$\qquad b$ ist Grenzwert von f an der Stelle $a \iff$

$\qquad\qquad b$ ist Moore-Smith-Grenzwert von f bezüglich $(D_f \setminus \{a\}, W_a)$

Beweis: Der Nachweis, daß (D, W_a) eine gerichtete Menge ist, sei dem Leser überlassen. Es sei nun $\varepsilon \in \mathbb{R}^+$ beliebig gewählt.

„$\Rightarrow$": Es sei $\delta \in \mathbb{R}^+$. Da a Häufungswert von D_f ist, existiert ein $x_0 \in D_f \setminus \{a\}$ mit $|x_0 - a| < \delta$. Für alle $x \in (D_f \setminus \{a\}) \cap U_\delta(a)$ ist dann $f(x) \in U_\varepsilon(b)$. Wählen wir x so, daß $|x - a| \leq |x_0 - a|$ gilt, so ist $x_0 W_a x$ und $|f(x) - b| < \varepsilon$.

„$\Leftarrow$": Es sei $x_0 \in D_f \setminus \{a\}$, so daß für alle $x \in D_f \setminus \{a\}$ mit $x_0 W_a x$ auch $|f(x) - b| < \varepsilon$ gilt. Mit $\delta := |x_0 - a| \in \mathbb{R}^+$ bedeutet $x_0 W_a x$ also $|x - a| \leq \delta$. Daher gilt für alle $x \in D_f \setminus \{a\}$ mit $|x - a| < \delta$ die Beziehung $|f(x) - b| < \varepsilon$.

(11) Unbedingte Konvergenz einer Reihe: Die Menge $\mathcal{M}$ aller endlichen Teilmengen von $\mathbb{N}$ ist bezüglich der Inklusion eine gerichtete Menge. Zu der Folge $\langle a_n \rangle$ definieren wir eine Moore-Smith-Folge $\langle s_M \rangle$ durch

$$s_M := \sum_{i \in M} a_i \quad \text{für alle } M \in \mathcal{M}.$$

Ist diese Moore-Smith-Folge konvergent, so heißt die Summenfolge (Reihe) $\Sigma\langle a_n \rangle$ *unbedingt konvergent*. (Konvergenz und Grenzwert sind bei solchen Reihen von der Reihenfolge der Summanden unabhängig.)

(12) Definition der Ableitung: Für eine Funktion f und eine Zahl $a \in T \subseteq D_f$ (T offen) setze man

$$x_1 \, R \, x_2 : \iff |x_1 - a| < |x_2 - a|$$

für alle $x_1, x_2 \in T \setminus \{a\}$. Ferner sei

$$s_{f,a}(x) := \frac{f(x) - f(a)}{x - a}$$

für alle $x \in T \setminus \{a\}$. Wenn die so definierte Moore-Smith-Folge konvergiert, dann heißt ihr Grenzwert die *Ableitung* von f an der Stelle a (vgl. auch V.2 (1)).

Auch das Riemann-Integral läßt sich in naheliegender Weise als Grenzwert einer Moore-Smith-Folge definieren (vgl. [Knoche/-Wippermann 1986]). Der Begriff der Moore-Smith-Folge und der zugehörige Konvergenzbegriff verallgemeinern also wesentliche Konzepte der reellen Analysis, ohne dort jedoch sonderlich hilfreich zu sein. Bedeutung gewinnen Moore-Smith-Folgen erst in solchen topologischen Räumen, in denen nicht jeder Punkt eine abzählbare Umgebungsbasis besitzt; vgl. hierzu [Knoche/Wippermann 1986].

IV Stetigkeit

IV.1 Genese des Stetigkeitsbegriffs

Der Begriff „stetig" tritt im Laufe der Entwicklung der Mathematik und auch heute noch in unterschiedlichen Zusammenhängen auf: stetige Funktion, stetige Verknüpfung, stetiges Gebiet, stetige Größe, stetige Menge, stetiges Sein, Stetigkeitsgesetz, Stetigkeitsaxiom, stetige Teilung, stetige Verzinsung. In einigen dieser Zusammenhänge wird synonym auch der Ausdruck „kontinuierlich" verwendet, der entsprechend im angelsächsischen und romanischen Sprachraum vorkommt. Wir wollen hier hauptsächlich den Begriff der stetigen Funktion diskutieren und die anderen der genannten Zusammenhänge nur insofern mit einbeziehen, wie sie zum Verständnis der Begriffsgenese nützlich sind.

Der Begriff der stetigen Funktion setzt den Begriff der Funktion voraus, der sich erst relativ spät in der Mathematik entwickelt hat (vgl. Abschnitt II.1), dennoch kannte man den mathematischen Stetigkeitsbegriff schon vorher in anderen Zusammenhängen.

(1) Stetigkeit bei Dedekind, Stetigkeit und Irrationalzahlen, Braunschweig 1872:

Vorwort
... Man sagt so häufig, die Differentialrechnung beschäftige sich mit den stetigen Größen, und doch wird nirgends eine Erklärung von dieser Stetigkeit gegeben, und auch die strengsten Darstellungen der Differentialrechnung gründen ihre Beweise nicht auf die Stetigkeit, sondern sie appellieren entweder mit mehr oder weniger Bewußtsein an geometrische ... Vorstellungen ... Es kam nur noch darauf an ... eine wirkliche Definition von dem Wesen der Stetigkeit zu gewinnen. Dies gelang mir am 24. November 1858 ...

§3. Stetigkeit der geraden Linie
... Will man nun ... alle Erscheinungen in der Geraden auch arithme-

*tisch verfolgen, so reichen dazu die rationalen Zahlen nicht aus, und es
wird daher unumgänglich notwendig, das Instrument ... der rationalen
Zahlen ... wesentlich zu verfeinern durch Schöpfung von neuen Zahlen
der Art, daß das Gebiet der Zahlen dieselbe Vollständigkeit oder, wie
wir gleich sagen wollen, dieselbe Stetigkeit gewinnt, wie die gerade Linie. ... Die obige Vergleichung des Gebiets ... der rationalen Zahlen mit
einer Geraden hat zu der Erkenntnis der Lückenhaftigkeit, Unvollständigkeit oder Unstetigkeit der ersteren geführt, während wir der Geraden
Vollständigkeit, Lückenlosigkeit oder Stetigkeit zuschreiben. Worin besteht denn nun eigentlich diese Stetigkeit? In der Beantwortung dieser
Frage ... wird man eine wissenschaftliche Grundlage für die Untersuchung aller stetigen Gebiete gewinnen. Mit dem vagen Reden über den
ununterbrochenen Zusammenhang in den kleinsten Teilen ist natürlich
nichts erreicht ... Ich finde nun das Wesen der Stetigkeit ... in dem folgenden Prinzip: „Zerfallen alle Punkte der Geraden in zwei Klassen von
der Art, daß jeder Punkt der ersten Klasse links von jedem Punkt der
zweiten Klasse liegt, so existiert ein und nur ein Punkt, welcher diese
Einteilung aller Punkte in zwei Klassen, diese Zerschneidung der Geraden in zwei Stücke hervorbringt."*

  *§5. Stetigkeit des Gebietes der reellen Zahlen
... Außer diesen Eigenschaften besitzt aber das Gebiet R auch Stetigkeit,
d.h. es gilt folgender Satz:*

*IV. Zerfällt das System R aller reellen Zahlen in zwei Klassen A_1, A_2
von der Art, daß jede Zahl a_1 der Klasse A_1 kleiner ist als jede Zahl a_2
der Klasse A_2, so existiert eine und nur eine Zahl a, durch welche die
Zerlegung hervorgebracht wird.*

   Bei Dedekind ist nur von stetigen Linien bzw. Größen und von der
Stetigkeit einer Punkt- oder Zahlenmenge die Rede, nirgends spricht er
von stetigen Funktionen. Er beschreibt diese Stetigkeit mit Hilfe des
nach ihm benannten Schnittaxioms aus Abschnitt I.3. Der dort geprägte
Begriff „lückenlos" ist also hier gleichbedeutend mit „stetig", und zwar
im Sinne von „stetige (totalgeordnete) Menge". Was hat das aber mit
dem Begriff der stetigen Funktion zu tun?

(2) Stetigkeit bei Moritz Pasch, Einleitung in die Differential- und Integralrechnung, Leipzig 1882:

  *§4. Untere und obere Grenze
... Eine Gruppe von Zahlen heißt eine stetige Folge (ein Continuum),
wenn jede zwischen zwei Zahlen der Gruppe gelegene Zahl selbst zur*

Gruppe gehört. Die Gesamtheit aller Zahlen von −∞ bis +∞ ist eine stetige Folge (die „stetige Zahlenreihe") ...

§6. Begriff der Funktion

... Die Werte, welche für t gewählt werden dürfen, bilden das Gebiet der Argumente. Wenn diese Werte eine stetige Folge ausmachen, so heißt t eine stetige (kontinuierliche) Variable; die Werte von t erfüllen dann ein Intervall ...

§10. Kontinuität

Da stetige Planlinien durch Funktionen von einer Independenten dargestellt werden, so spricht man auch von stetigen oder kontinuierlichen Funktionen. Jede Linie im engsten Sinne des Wortes ist stetig, d.h. jeder Punkt der Linie ist mit jedem anderen durch einen Teil der Linie verbunden; erst wenn der Begriff der Linie gewisse Erweiterungen erfahren hat, so daß die Teile einer Linie mit einander nicht mehr zusammenzuhängen brauchen, ist es möglich, von Unstetigkeit zu sprechen.

Die Stetigkeit von $\mathbb{R}$ ist hier in §4 als „Zwischenwerteigenschaft" erklärt: Eine Teilmenge M von $\mathbb{R}$ ist stetig, wenn mit je zwei Zahlen $a, b \in M$ jeder reelle „Zwischenwert" c ebenfalls in M liegt. Die einzigen stetigen Teilmengen von $\mathbb{R}$ sind für Pasch damit endliche und unendliche Intervalle.

Anschaulich hat Pasch damit motiviert, welche Funktionen er stetig nennen will. Er analysiert diesen Sachverhalt in der Sprache der „Epsilontik" und kann damit definieren, wann eine Funktion f an einer Stelle a stetig bzw. unstetig zu nennen ist, und zwar mit Hilfe des Funktionsgrenzwerts $\lim_{x \to a} f(x)$. Im Vordergrund steht dabei zunächst der Begriff des Kontinuums, der dann den plausiblen Begriff der „stetigen Linie" nach sich zieht. Eine Funktion wird dann stetig genannt, wenn ihr Graph eine solche stetige Linie ist.

Wesentlich ist, daß Stetigkeit hier wie bei Dedekind primär eine globale Eigenschaft ist, während Unstetigkeit als lokale Eigenschaft auftritt. Insbesondere ist „stetig" bei Dedekind und bei Pasch als „lückenlos", „zusammenhängend" oder (für Punktmengen) als „durchzeichenbar" zu interpretieren.

Die Zwischenwerteigenschaft im Sinne von Pasch begegnet uns im Zusammenhang mit Flächenberechnungen schon bei den älteren Pythagoreern, gemäß [Hofmann 1953] anscheinend schon bei Hippokrates von Chios (etwa 440 v. Chr.), deutlicher dagegen bei der Kreisquadratur des Bryson von Heraklea (etwa 410 v. Chr.). Bryson berechnet den Kreisflächeninhalt mittels einbeschriebener und umbeschriebener Vielecke und führt damit eine Intervallschachtelung durch. Proklos (um 450 n. Chr.) berichtet darüber [Gericke 1970]:

(3) **Zwischenwerteigenschaft** bei Bryson: Der Kreis ist größer als jedes einbeschriebene und kleiner als jedes umbeschriebene Polygon. *Wozu es aber ein Größeres und ein Kleineres gibt, dazu gibt es auch ein Gleiches.* Es gibt aber größere und kleinere Polygone als der Kreis, also gibt es auch ein ihm gleiches.

Die Zwischenwerteigenschaft wurde also von Bryson für den Existenzbeweis des Kreisflächeninhalts verwendet. Dies fand aber keine ungeteilte Zustimmung: Proklos selbst nennt als Gegenbeispiel den *Kontingenzwinkel* (auch *hornförmiger Winkel* genannt), der zwischen Kreisbogen und Tangente gebildet wird (Fig. 1).

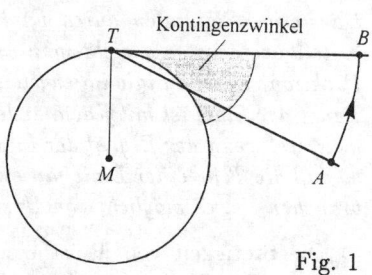

Fig. 1

Die Größe κ dieses Winkels wurde als von Null verschieden aufgefaßt. Mit $\alpha := \angle ATB$ erhielt man dann $0 < \kappa < \alpha$, und zwar auch bei beliebiger Annäherung von A an B. Der „Zwischenwert" κ wird also von keinem (noch so kleinen) Winkel α angenommen. Hieraus schloß Proklos, daß sich der Übergang vom Größeren zum Kleineren nicht immer durch das Gleiche vollzieht.

Die Stetigkeit im Dedekindschen Sinne findet man im 5. Buch der *Elemente* von Euklid, das auf Eudoxos von Knidos (408–(?)355 v. Chr.) zurückgeht. Nach der Entdeckung des Irrationalen war „Größenverhältnis" als Synonym für „positive reelle Zahl" anzusehen (I.1). Wir formulieren die Stetigkeit bei Eudoxos in heutiger Sprechweise:

(4) **Stetigkeit** von $\mathbb{R}^+$ nach Eudoxos: Für gleichartige Größen a, b bzw. c, d gilt

$$\frac{a}{b} = \frac{c}{d}$$

genau dann, wenn für alle natürlichen Zahlen m, n stets gilt:

$$mb \geq na \Rightarrow md \geq nc \quad \text{und} \quad mb < na \Rightarrow md < nc$$

Schreiben wir diese Implikationen in der Form

$$\frac{m}{n} \geq \frac{a}{b} \Rightarrow \frac{m}{n} \geq \frac{c}{d} \quad \text{bzw.} \quad \frac{m}{n} < \frac{a}{b} \Rightarrow \frac{m}{n} < \frac{c}{d},$$

so sehen wir: Bei gegebenem Größenverhältnis $\frac{a}{b}$ (rational oder irrational) ist die Zerlegung

$$\mathbb{Q}^+ =]0; \frac{a}{b}[_\mathbb{Q} \cup [\frac{a}{b}; \to [_\mathbb{Q}$$

ein „Schnitt" von $\mathbb{Q}^+$, der in Dedekinds Sprechweise von $\frac{a}{b}$ hervorgebracht wird. Bringt nun $\frac{c}{d}$ denselben Schnitt hervor, so gilt $\frac{a}{b} = \frac{c}{d}$; der Schnitt wird also durch *genau eine* positive reelle Zahl hervorgebracht (vgl. (1)). Damit wird (in unserer Interpretation) bei Eudoxos $\mathbb{R}^+$ mittels $\mathbb{Q}^+$ durch Schnitte im Sinne der Dedekindschen Stetigkeit charakterisiert.

Man kann also belegen, daß bereits die Pythagoreer die Stetigkeit entdeckt haben: zum einen in der Form der Zwischenwerteigenschaft (3), zum anderen basierend auf der Entdeckung des Irrationalen im Dedekindschen Sinne. Beiden Formen ist gemeinsam, daß „Stetigkeit" als Eigenschaft „kontinuierlicher Größen" bzw. des Kontinuums gekennzeichnet wird. So definiert auch später Aristoteles (384–322 v. Chr.) die Stetigkeit, und zwar schon stark topologisch geprägt:

(5) **Definition** von Aristoteles: „Ich sage aber, eine Größe sei stetig ($\sigma\upsilon\nu\epsilon\chi\acute{\epsilon}\zeta$), wenn die Grenze eines jeden zweier nächstfolgender Teile, mit der dieselben sich berühren, eine und die nämliche wird und, wie es auch das Wort bezeichnet, zusammengehalten wird."

Eine weitere Diskussion des Stetigkeitsbegriffs erfolgt im Mittelalter (vgl. [M. Cantor 1900], [Hofmann 1953], [Juschkewitsch 1964]).

Der Franziskaner Roger Bacon (1214–1294) „beweist", daß stetige Raumgrößen nicht aus einzelnen Punkten bestehen können: Andernfalls würden z. B. Diagonale und Seite eines Quadrats gleich viele Punkte enthalten und gleich lang sein. (Vgl. Guldins Indivisibelnbetrachtung in III.1.)

Thomas Bradwardine beeinflußt mit seinem Buch *Tractatus de continua* die Entwicklung der Analysis im 17. Jahrhundert (vgl. Abschnitt II.1). Dieses Buch ist der Lehre vom Stetigen und Diskreten gewidmet und nennt fünf verschiedene Auffassungen über die Struktur des Kontinuums, die unter den Gelehrten verbreitet waren:

Die einen, wie Aristoteles ... behaupten, das Kontinuum bestehe nicht aus Atomen, sondern aus Teilen, die sich ohne Ende teilen ließen. Andere hingegen sagen, es bestehe aus Indivisibeln, und zwar auf zweierlei Art, denn Demokrit nimmt an, das Kontiunuum bestehe aus unteilbaren Körpern, andere nehmen an, es bestehe aus Punkten. Auch die letzte Auffassung zerfällt in zwei, denn Pythagoras, das Haupt dieser Richtung,

*Platon und ... nehmen an, das Kontinuum bestehe aus einer endlichen
Zahl von Indivisibeln, die anderen, es bestehe aus einer unendlichen Zahl
solcher. Auch diese (zuletzt genannten) zerfallen in zwei Gruppen, denn
die einen ... behaupten, das Kontinuum bestehe aus unendlich vielen Indivisibeln, die unmittelbar miteinander verbunden wären, während die
anderen ... glauben, es bestehe aus einer unendlichen Anzahl solcher, die
mittelbar miteinander verbunden wären.*

Bradwardine wendet sich gegen die atomistische Auffassung der Scho-
lastiker („stetige Größen" sind aus „unstetigen Bestandteilen" zusammengesetzt) und schließt sich Aristoteles an. Er definiert: Eine Größe
heißt *stetig*, wenn ihre Teile untereinander verbunden sind (*continuum
est quantum cujus partes ad invicem copulantur*). Er unterscheidet das
„bleibende Stetige" (*continuum permanens*; z. B. Körper, Flächen) und
das „aufeinanderfolgende Stetige" (*continuum successivum*; z. B. Zeit,
Bewegung). In diesem Zusammenhang verwendet er den Begriff des „Unteilbaren": Beim bleibenden Stetigen bindet der Punkt die Unteilbarkeit
an einen bestimmten Ort; die Zeit mißt das Aufeinanderfolgende, ihr
Unteilbares ist der Augenblick.

Der in Deutschland geborene Kardinal Nicolaus von Cues (Cusanus;
1401–1464) beschäftigt sich ebenfalls mit diesem Begriff des Unteilbaren:
*Der Punkt ist unteilbar, und zwar von „übertragbarer" Unteilbarkeit. Er
ist unteilbar nach jeder Art des stetigen Seins (das sind Linie, Oberfläche,
Körper) und der Ausdehnung. Linie, Oberfläche und Körper nehmen teil
an der Unteilbarkeit des Punktes, und zwar: die Linie, weil sie nichtli-
nienhaft unteilbar ist (sie ist nur in Linien zerlegbar), sie ist nach Breite
und Dicke unteilbar; die Oberfläche, weil sie nichtoberflächenhaft unteilbar ist, sie ist der Dicke nach unteilbar; der Körper, weil er nichtkörper-
haft unteilbar ist (in Nichtkörper nicht zerlegbar), der Dicke nach ist er
jedoch teilbar.*

Bei Leibniz erkennen wir die Stetigkeitsdefinitionen von Aristoteles
und Bradwardine wieder, wenn er erklärt ([Gericke 1970]): *Kontinuum
heißt ein Ganzes, von dem je zwei Teile, die zusammen das Ganze ausmachen, ein Stück oder wenigstens eine Grenze gemeinsam haben.* Hierauf
gründet er den Satz: *Wenn eine stetige Linie auf einer Fläche liegt, und
zwar zum Teil innerhalb, zum Teil außerhalb eines Teils der Fläche, so
schneidet sie den Rand dieses Flächenstücks.* Allerdings glaubt Leibniz
(wie auch vor ihm Galilei), daß die Stetigkeit einer Linie eine Folge der
Dichtheit ihrer Punkte wäre, was ja Dedekind als falsch erkennt ([Boyer
1968]).

Euler verwendet im Jahr 1749 unausgesprochen den Zwischenwertsatz für stetige Funktionen beim Beweis, daß jede algebraische Gleichung ungeraden Grades mindestens eine reelle Lösung hat ([Gericke 1970]). „Stetig" nennt er aber ebenso wie auch noch Joseph Louis Lagrange (1736–1813) eine Funktion in den Bereichen, in denen sie durch denselben „analytischen Ausdruck" (vgl. Abschnitt II.1) erklärt ist (Stetigkeit als globale Eigenschaft), „unstetig" dagegen dort, wo sich der definierende Ausdruck ändert („Nahtstelle", Unstetigkeit als lokale Eigenschaft).

Der Begriff „Funktion" wurde im Jahr 1694 von Leibniz geprägt (Abschnitt II.1), aber bereits zehn Jahre zuvor sprach er sein „Stetigkeitsgesetz" (*lex continuitatis*) aus, in dem man einen Vorläufer einer Begriffsdefinition für „stetige Funktion" erkennen kann:

(6) **Stetigkeitsgesetz** von Leibniz: Wenn das zwei Aufgaben von einander Unterscheidende in dem, was als bekannt angenommen ist, kleiner als jede gegebene Größe gemacht werden kann, so kann es auch in dem, was herauskommt, kleiner als jede gegebene Größe gemacht werden.

[M. Cantor 1901] schreibt hierzu weiter, indem er zunächst Leibniz zitiert: „ *... oder um einfacher zu reden, wenn die Voraussetzungen (oder das Gegebene) sich einander beständig nähern und schließlich in einander verlieren, so müssen die Folgen, das was herauskommt (oder das Gesuchte) das Gleiche tun.* " *Im Juni 1697 äußerte sich Johann Bernoulli beifällig in einem an Leibniz gerichteten Brief. Seine lex continuitatis, sagt er, gefalle ihm sehr. Es sei ersichtlich und gleichsam durch die Natur uns eingegeben, dass wenn die Ungleichheit der Voraussetzungen schwinde, auch die Ungleichheit der Ergebnisse schwinden müsse.*

Von (6) ist es nur ein kleiner Schritt zu der heutigen Stetigkeitsdefinition, die nach Cauchy benannt wird. In seinem *Cours d'analyse* (1821) erklärt er: Eine Funktion $f(x)$ ist *stetig*, wenn ein unendlich kleiner Zuwachs i der Variablen x stets einen unendlich kleinen Zuwachs $f(x + i) - f(x)$ der Funktion $f(x)$ liefert ([Boyer 1968], [Klein 1926]). Unter einer „unendlich kleinen Variablen" versteht er eine veränderliche Zahl mit Null als Grenzwert ([Struik 1965]).

Noch vor Cauchy gab Bolzano eine ähnliche Definition. Er ist der erste, der den Zwischenwertsatz für stetige Funktionen ausgesprochen und bewiesen hat ([Bolzano 1905]). In der Vorrede dieser Arbeit aus dem Jahr 1817 gibt er folgende Definition der Stetigkeit (sprachlich leicht umgestellt):

(7) Definition (Bolzano): Eine Funktion $f(x)$ ändert sich für alle Werte von x, die inner- oder außerhalb gewisser Grenzen liegen, nach dem Gesetz der Stetigkeit, wenn für irgend einen solchen Wert x der Unterschied $f(x + \omega) - f(x)$ kleiner als jede gegebene Größe gemacht werden kann, wenn man ω so klein, als man nur immer will, annehmen kann.

Bolzano blieb mit seiner Arbeit zunächst unbeachtet, so daß man heute von „Cauchy-Stetigkeit" spricht; historisch korrekt (aber unhandlich) wäre es, von „Leibniz-Bolzano-Cauchy-Stetigkeit" zu reden. Aufgrund der Formulierung in (7) liegt zwar ein globaler Stetigkeitsbegriff vor, dieser wird dann aber im Definiens auf eine lokale Eigenschaft zurückgeführt. Im Anschluß an (7) wendet sich Bolzano dagegen, Stetigkeit und Zwischenwertsatz als gleichwertig anzusehen: ... *Dass aber* ... *die stetige Function niemahls zu einem höheren Werthe gelange, ohne erst alle niedrigeren durchgegangen zu seyn, d.h.* $f(x + n\Delta x)$ *jeden zwischen* $f(x)$ *und* $f(x + \Delta x)$ *liegenden Werth annehmen könne, wenn man n nach Belieben zwischen 0 und +1 nimmt: das ist wohl eine sehr wahre Behauptung, aber sie kann nicht als Erklärung des Begriffs der Stetigkeit angesehen werden, sondern ist vielmehr ein Lehrsatz über denselben* ... *Denn wenn M irgend eine zwischen* $f(x)$ *und* $f(x + \Delta x)$ *liegende Größe bedeutet, so ist die Behauptung, daß es irgend einen zwischen 0 und +1 liegenden Werth von n gebe, für welchen* $f(x + n\Delta x) = M$ *ist, nur ein besonderer Fall von der allgemeinen Wahrheit* ...

Es folgt dann eine verallgemeinerte Formulierung des Zwischenwertsatzes, den er als Hauptsatz seiner Abhandlung mittels fortgesetzter Halbierung (vgl. Abschnitt I.3) beweist:

(8) Zwischenwertsatz (Bolzano 1817): *Wenn sich zwey Functionen von x,* $f(x)$ *und* $\varphi(x)$, *entweder für a l l e Werthe von x, oder doch für alle, die zwischen* α *und* β *liegen, nach dem Gesetze der Stetigkeit ändern, wenn ferner* $f(\alpha) < \varphi(\alpha)$ *und* $f(\beta) > \varphi(\beta)$ *ist: so gibt es jedesmahl einen gewissen zwischen* α *und* β *liegenden Werth von x, für welchen* $f(x) = \varphi(x)$ *wird.*

Das Auftreten des Funktionsbegriffs hat damit eine Präzisierung und Neuausrichtung des Stetigkeitsbegriffs ermöglicht: Konnte früher bei „stetigen Größen" eine „Zwischenwerteigenschaft" im Sinne von (3) durchaus noch zu deren Kennzeichnung dienen, so gibt es jetzt unstetige Funktionen, die dennoch der Behauptung des Zwischenwertsatzes genügen, etwa $x \mapsto x - \mathrm{sgn}(x)$ im Intervall $[-1; 1]$.

IV.2 Stetigkeit reeller Funktionen

Die Ausführungen im vorangegangenen Abschnitt zeigen, daß dem globalen Stetigkeitsbegriff in Form „durchzeichenbarer Linien" primäre Bedeutung in der Begriffsgenese zukommt. Hierauf aufbauend läßt sich die Stetigkeit von Funktionen erklären. Das kann dadurch geschehen, daß man zunächst „durchzeichenbare Linie" topologisch präzisiert und dann diejenigen Funktionen stetig nennt, deren Graph „durchzeichenbar" ist. Das führt aber zu einem globalen Stetigkeitsbegriff und hat den Nachteil, daß topologische Begriffe bereitgestellt werden müssen, die nur mittelbar von Interesse sind. Wir kommen darauf in Abschnitt IV.4 zurück. Andererseits kann man „durchzeichenbare Linie" als plausiblen Begriff motivierenden Charakters benutzen und direkt eine der möglichen lokalen Stetigkeitsdefinitionen ansteuern, indem man sein Augenmerk auf diejenigen Stellen lenkt, an denen der Graph „nicht durchzeichenbar" ist. Dieser Zugang soll hier betrachtet werden.

Mit $F(\mathbb{R})$ wollen wir im folgenden die Menge aller Funktionen mit $D_f \subseteq \mathbb{R}$ und $W_f \subseteq \mathbb{R}$ bezeichnen, also die Menge aller reellwertigen Funktionen einer reellen Variablen:

$$F(\mathbb{R}) := \bigcup \{\mathbb{R}^T \mid \emptyset \neq T \subseteq \mathbb{R}\}$$

Damit können wir die Stetigkeitsdefinition IV.1 (7) von Leibniz-Bolzano-Cauchy wie folgt formalisieren, wenn wir statt $D_f = \mathbb{R}$ allgemein $D_f \subseteq \mathbb{R}$ zulassen:

(1) Definition: Es sei $f \in F(\mathbb{R})$, $a \in D_f$ und $\emptyset \neq T \subseteq \mathbb{R}$.

a) f ist *stetig an der Stelle* $a : \Longleftrightarrow$

$$\bigwedge_{\varepsilon \in \mathbb{R}^+} \bigvee_{\delta \in \mathbb{R}^+} \bigwedge_{x \in D_f} (|x - a| < \delta \Rightarrow |f(x) - f(a)| < \varepsilon)$$

b) f ist *unstetig an der Stelle* $a : \Longleftrightarrow$
   f ist nicht stetig an der Stelle a

c) f ist *stetig auf* $T : \Longleftrightarrow$
   f ist an jeder Stelle aus T stetig

d) f ist *stetig* $: \Longleftrightarrow$
   f ist stetig auf D_f

Vergleichen wir (1a) mit der Definition des Funktionsgrenzwerts in III.3 (2), so sehen wir, daß lediglich $D_f \setminus \{a\}$ durch D_f und b durch $f(a)$

ersetzt worden sind. In (1a) liegt ein *lokaler* Stetigkeitsbegriff vor, in (1c) dagegen ein *globaler*, der jedoch hier auf einen lokalen zurückgeführt ist. Die Festlegung in (1c) entspricht der Erklärung von Bolzano in IV.1 (7). Stetigkeit von f an der Stelle a ist als „konstant approximierbar" zu deuten, denn f unterscheidet sich an der Stelle a „beliebig wenig" von der konstanten Funktion $f(a)$. Man beachte, daß Unstetigkeit nur als lokaler Begriff eingeführt wird.

In Anlehnung an *continuitatis* wählen wir für $a \in \mathbb{R}$ und $\emptyset \neq T \subseteq \mathbb{R}$ die folgenden Bezeichnungen (vgl. II.6 (3)):

$$\mathcal{C}_a := \{f \in F(\mathbb{R}) \mid f \text{ ist stetig an der Stelle } a\}$$
$$\mathcal{C}_T := \{f \in F(\mathbb{R}) \mid f \text{ ist stetig auf } T\}$$

Trivialerweise gehören die identische Funktion id und jede konstante Funktion zu $\mathcal{C}_\mathbb{R}$. Merkwürdigerweise gilt:

(2) Satz: $\bigwedge\limits_{f \in F(\mathbb{R})} \bigwedge\limits_{a \in D_f} (a \text{ ist nicht Häufungswert von } D_f \Rightarrow f \in \mathcal{C}_a)$

Beweis: Ist $a \in D_f$, und ist a nicht Häufungswert von D_f, dann existiert ein $\delta \in \mathbb{R}^+$ mit $U_\delta \cap D_f = \{a\}$. Ein solches δ sei fest gewählt. Dann ordnen wir in (1a) jedem ε dieses feste δ zu, so daß dort also nur $x = a$ wählbar ist. Somit ist $|f(x) - f(a)| = 0 < \varepsilon$.

Aus (2) ergibt sich, daß Zahlenfolgen stetige Funktionen sind. Der Satz in (2) ist überraschend, denn das hat nichts mehr mit Durchzeichenbarkeit des Graphen zu tun. Wir haben das durch die scheinbar „harmlose" Verallgemeinerung von $D_f = \mathbb{R}$ zu $D_f \subseteq \mathbb{R}$ in der Bolzano-Stetigkeitsdefinition von (1) bewirkt! Möchte man aber entsprechend der ursprünglichen Intention „Stetigkeit von Funktionen" im Sinne der „Durchzeichenbarkeit der Graphen" aufrechterhalten (was nicht der heutigen mathematischen Auffassung entspricht), so kann man folgende *strengere Voraussetzungen* für die zu betrachtenden Funktionen wählen (in zunehmender Strenge geordnet):

1) Man setze voraus, daß a Häufungswert von D_f ist.

2) Man setze voraus, daß $a \in]b; c[\subseteq D_f$ ist.

3) Man setze voraus, daß D_f eine offene Menge ist.

4) Man setze voraus, daß D_f ein offenes Intervall ist.

5) Man setze voraus, daß $D_f = \mathbb{R}$ ist.

Das liefert entsprechend eingeschränkte Stetigkeitsbegriffe, weil die betrachteten Funktionenklassen kleiner sind als in (1). Die Voraussetzungen 4) und 5) lagen den Überlegungen von Leibniz, Bolzano und Cauchy zugrunde.

Durch Einführung des Begriffs der ε-Umgebung $U_\varepsilon(x)$ kann man die Definition der Stetigkeit noch etwas modifizieren, indem man ihre definierende Eigenschaft in der Form

$$\bigwedge_{\varepsilon \in \mathbb{R}^+} \bigvee_{\delta \in \mathbb{R}^+} \bigwedge_{x \in D_f} (x \in U_\delta(a) \Rightarrow f(x) \in U_\varepsilon(f(a)))$$

angibt. Man kann auch einen Quantor verstecken, indem man schreibt:

$$\bigwedge_{\varepsilon \in \mathbb{R}^+} \bigvee_{\delta \in \mathbb{R}^+} f[U_\delta(a)] \subseteq U_\varepsilon(f(a))$$

Schließlich kommt man mit einem einzigen Quantor aus, wenn man wie in III die Menge aller Folgen in A mit $A^{\mathbb{N}}$ und die Menge aller Folgen mit dem Grenzwert a mit K_a bezeichnet:

$$\bigwedge_{(a_n) \in K_a \cap D_f^{\mathbb{N}}} \langle f(a_n) \rangle \in K_{f(a)}$$

Der Beweis, daß auch hierdurch die Stetigkeit von f an der Stelle a gekennzeichnet ist, verläuft ebenso wie der entsprechende Beweis beim Funktionsgrenzwert in Abschnitt III.3.

(3) **Vergleich** von „Funktionsgrenzwert" und „Funktionsstetigkeit":

1) In beiden Fällen wird eine reelle Funktion an einer Stelle a charakterisiert.

2) Für „b ist Grenzwert von f an der Stelle a" muß vorausgesetzt werden, daß a Häufungswert von D_f ist. Es wird dagegen nicht $a \in D_f$ verlangt.

3) Für „f ist stetig an der Stelle a" muß $a \in D_f$ vorausgesetzt werden. Dagegen muß a nicht Häufungswert von D_f sein.

4) Die Bedingungen für „Stetigkeit" sind *einfacher* als diejenigen für „Grenzwert". Dem entspricht die Tatsache, daß der Stetigkeitsbegriff in der Entwicklung der Mathematik früher auftauchte als der Grenzwertbegriff (vgl. die Abschnitte III.1 und IV.1).

5) Jeder der beiden Begriffe ist ohne den anderen definierbar.

Um nun Stetigkeit an der Stelle a mit Hilfe des Funktionsgrenzwerts an der Stelle a erklären zu können, brauchen wir *beide* Voraussetzungen

$$a \in D_f \quad und \quad a \text{ ist Häufungswert von } D_f.$$

Das ist insbesondere erfüllt, wenn a innerer Punkt von D_f ist.

(4) Satz: Es sei $f \in F(\mathbb{R})$, $a \in D_f$ und a Häufungswert von D_f. Dann ist f genau dann stetig an der Stelle a, wenn $f(a)$ Grenzwert von f an der Stelle a ist.

Unter den Voraussetzungen des Satzes ist also die Äquivalenz von

$$\bigwedge_{\langle a_n \rangle \in K_a \cap D_f^{\mathbb{N}}} \langle f(a_n) \rangle \in K_{f(a)}$$

und

$$\bigwedge_{\langle a_n \rangle \in K_a \cap (D_f \setminus \{a\})^{\mathbb{N}}} \langle f(a_n) \rangle \in K_{f(a)}$$

oder von

$$\bigwedge_{\varepsilon \in \mathbb{R}^+} \bigvee_{\delta \in \mathbb{R}^+} f[U_\delta(a)] \subseteq U_\varepsilon(f(a))$$

und

$$\bigwedge_{\varepsilon \in \mathbb{R}^+} \bigvee_{\delta \in \mathbb{R}^+} f[U_\delta(a) \setminus \{a\}] \subseteq U_\varepsilon(f(a))$$

zu beweisen, wobei jeweils eine der Implikationsrichtungen trivial ist und die andere auch keine Schwierigkeiten bereitet. Die Stetigkeit von f an der Stelle a ist also unter den Voraussetzungen aus (4) durch

$$\lim_{x \to a} f(x) = f(a)$$

zu kennzeichnen. Man beachte dabei, daß die Existenz des Grenzwerts dadurch ausgedrückt ist, daß er überhaupt hingeschrieben wird! Wegen $\lim_{x \to a} x = a$ könnte man dafür auch schreiben:

$$\lim_{x \to a} f(x) = f(\lim_{x \to a} x)$$

Ist dagegen a nicht Häufungswert von D_f, dann ist f an der Stelle a stetig. Eine Zahl aus D_f, die nicht Häufungswert von D_f ist, heißt *Einsiedler* oder *isolierter Punkt*. Zusammenfassend können wir damit feststellen:

(5) Satz: Genau dann ist f stetig an der Stelle $a \in D_f$, wenn entweder a ein isolierter Punkt von D_f ist oder $\lim_{x \to a} f(x) = f(a)$ gilt.

Ist f stetig auf T, dann kann man das folgendermaßen ausdrücken:

$$\bigwedge_{a \in T} \bigwedge_{\varepsilon \in \mathbb{R}^+} \bigvee_{\delta \in \mathbb{R}^+} f[U_\delta(a)] \subseteq U_\varepsilon(f(a))$$

Die beiden Allquantoren darf man dabei vertauschen:

$$\bigwedge_{\varepsilon\in\mathbb{R}^+} \bigwedge_{a\in T} \bigvee_{\delta\in\mathbb{R}^+} f[U_\delta(a)] \subseteq U_\varepsilon(f(a))$$

Das zu wählende δ hängt hier nicht nur von ε, sondern auch noch von der jeweiligen Stelle a ab, insbesondere muß keinesfalls bei fest gewähltem ε ein δ existieren, das für *alle* a die Inklusionsbedingung erfüllt. Jedoch wäre das der Fall, wenn man die Quantoren für a und δ vertauschen könnte: Dann ist δ bei gegebenem ε für alle a „gleichmäßig" wählbar.

(6) **Definition:** Es sei $f \in F(\mathbb{R})$ und $\emptyset \neq T \subseteq D_f$. Genau dann heißt f *gleichmäßig stetig* auf T, wenn

$$\bigwedge_{\varepsilon\in\mathbb{R}^+} \bigvee_{\delta\in\mathbb{R}^+} \bigwedge_{a\in T} f[U_\delta(a)] \subseteq U_\varepsilon(f(a)).$$

Ist f gleichmäßig stetig auf T, dann ist f auch stetig auf T. Daß hiervon nicht die Umkehrung gilt, zeigt man etwa an dem Beispiel

$$f : x \mapsto \frac{1}{x} \quad \text{mit} \quad D_f = \mathbb{R}^+.$$

Das hier zu gegebenem ε und gegebenem a zu wählende δ muß kleiner als εa^2 sein, ist also nicht für alle $a \in D_f$ „gleichmäßig" zu wählen; und zwar ersieht man anhand des Funktionsgraphen für das maximal zulässige δ:

$$\delta := a - \frac{1}{f(a)+\varepsilon} = \frac{a^2\varepsilon}{1+a\varepsilon} < a^2\varepsilon$$

Wir wollen nun auf die *Struktursätze* für stetige Funktionen eingehen, also die Frage untersuchen, bei welchen Verknüpfungen die Stetigkeit von Funktionen erhalten bleibt. Verknüpfungen von Funktionen mit gemeinsamer Definitions- und Wertemenge haben wir schon in Abschnitt II.6 betrachtet. Entsprechend seien nun $f + g$ und $f \cdot g$ definiert, und zwar auf der gemeinsamen Definitionsmenge $D_f \cap D_g$. Ferner sei $\frac{1}{g}$ auf $D_g \setminus \{x \mid g(x) = 0\}$ durch $(\frac{1}{g})(x) := \frac{1}{g(x)}$ erklärt. Dann folgt die Stetigkeit an einer Stelle des Definitionsbereichs von $f + g$, $f \cdot g$ bzw. $\frac{1}{g}$ aus der Stetigkeit von f und g an dieser Stelle. Natürlich ergibt sich daraus dann sofort dieselbe Aussage für rf mit $r \in \mathbb{R}$, für $f - g$ und für $\frac{f}{g}$. Wir betrachten nur das Produkt von Funktionen genauer:

(7) **Satz:** Sind f und g stetig an der Stelle $a \in D_f \cap D_g$, dann ist auch das Produkt fg stetig an der Stelle a.

1. Beweis: Es sei $\langle a_n \rangle$ eine Folge von Zahlen aus $D_f \cap D_g$ mit dem Grenzwert a. Aus

$$\lim\langle f(a_n)\rangle = f(a) \quad \text{und} \quad \lim\langle g(a_n)\rangle = g(a)$$

folgt aufgrund des Grenzwertsatzes für Produkte von Folgen

$$\lim(\langle f(a_n)\rangle\langle g(a_n)\rangle) = f(a)g(a),$$

also

$$\lim\langle (fg)(a_n)\rangle = (fg)(a).$$

2. Beweis: Es sei $\varepsilon \in \mathbb{R}^+$ beliebig gewählt. Wegen der Stetigkeit von f und g an der Stelle a existieren $\delta_1, \delta_2 \in \mathbb{R}^+$ mit

$$\bigwedge_{x \in D_f} (|x - a| < \delta_1 \Rightarrow |f(x) - f(a)| < \varepsilon),$$

$$\bigwedge_{x \in D_g} (|x - a| < \delta_2 \Rightarrow |g(x) - g(a)| < \varepsilon).$$

Für $\delta := \min\{\delta_1, \delta_2\}$ und $x \in D_f \cap D_g = D_{fg}$ gilt dann

$$|x - a| < \delta \Rightarrow |f(x) - f(a)| < \varepsilon \ \wedge \ |g(x) - g(a)| < \varepsilon.$$

Wir müssen nun $|(fg)(x) - (fg)(a)|$ abschätzen. Es gilt (vgl. Fig. 1)

$$
\begin{aligned}
|(fg)(x) - (fg)(a)| &= |f(x)g(x) - f(a)g(a)| \\
&= |f(x)(g(x) - g(a)) + g(a)(f(x) - f(a))| \\
&\leq |f(x)||g(x) - g(a)| + |g(a)||f(x) - f(a)| \\
&< (|f(x)| + |g(a)|) \cdot \varepsilon.
\end{aligned}
$$

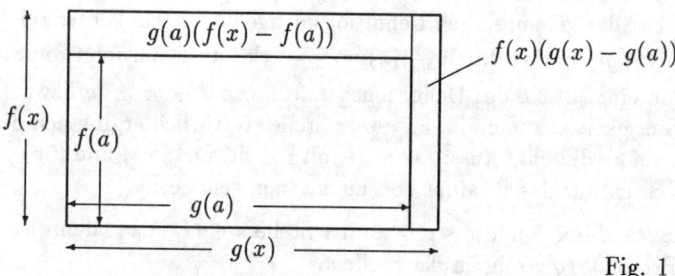

Fig. 1

Nun ist

$$|f(x)| < \varepsilon + |f(a)| =: K \qquad \text{für alle } x \in D_{fg} \cap U_\delta(a),$$

also f beschränkt auf $D_{fg} \cap U_\delta(a)$. Für diese x ist daher

$$|(fg)(x) - (fg)(a)| \leq (K + |g(a)|) \cdot \varepsilon.$$

Da mit ε auch $(K + |g(a)|) \cdot \varepsilon$ beliebig klein gewählt werden kann, ist der Beweis der Stetigkeit von fg erbracht.

3. *Beweis:* Wir setzen zusätzlich voraus, daß a Häufungswert von D_{fg}, also auch von D_f und D_g ist. Aus dem Grenzwertsatz für Produkte von Funktionen folgt

$$\lim_{x \to a}(fg)(x) = \lim_{x \to a} f(x) \lim_{x \to a} g(x) = f(a)g(a) = (fg)(a).$$

Da id und die konstanten Funktionen stetig sind, ergibt sich sofort die Stetigkeit der rationalen Funktionen auf ihrer Definitionsmenge.

Im 2. Beweis zu (7) wurde die Beschränktheit einer Funktion in einer Umgebung einer Stetigkeitsstelle benutzt. Die Definition der Beschränktheit weist formale Ähnlichkeiten mit der Definition der Stetigkeit auf:

(8) **Definition:** Es sei $f \in F(\mathbb{R})$, $a \in \mathbb{R}$ und $T \subseteq \mathbb{R}$.

a) f ist *beschränkt an der Stelle* $a : \Longleftrightarrow$

$$\bigvee_{K \in \mathbb{R}^+} \bigvee_{\delta \in \mathbb{R}^+} \bigwedge_{x \in D_f} (x \in U_\delta(a) \Rightarrow |f(x)| \leq K)$$

b) f ist *beschränkt auf* $T : \Longleftrightarrow$

$$\bigvee_{K \in \mathbb{R}^+} \bigwedge_{x \in D_f} (x \in T \Rightarrow |f(x)| \leq K)$$

c) f ist *beschränkt* $: \Longleftrightarrow$ f ist beschränkt auf D_f

Es fällt auf, daß „beschränkt auf T" nicht durch „beschränkt an jeder Stelle $a \in T$" erklärt wird. Letzteres wäre präzise „lokal beschränkt auf T" zu nennen, während f in (8 b) als „gleichmäßig beschränkt auf T" gekennzeichnet wird.

(9) **Beispiel:** Die Funktion $f : x \mapsto \frac{1}{x}$ ist an jeder Stelle ihres Definitionsbereichs $D_f = \mathbb{R}^+$ beschränkt, sie ist jedoch auf D_f unbeschränkt.

Ferner ist sie an der Stelle 0 unbeschränkt ($0 \notin D_f$!). Die Funktion g mit $D_g = \mathbb{R}_0^+$ und $g(x) := f(x)$ für $x \in \mathbb{R}^+$ sowie $g(0) := 1$ ist an *einer Stelle ihres Definitionsbereichs* unbeschränkt.

(10) Beispiel: Die folgende Funktion hat die merkwürdige Eigenschaft, an jeder Stelle ihres Definitionsbereichs unbeschränkt zu sein. (Dies scheint zunächst paradox zu sein, da die Funktion ja an jeder Stelle ihres Definitionsbereichs durch einen endlichen Wert definiert sein muß.) Es sei $f : [0;1] \to \mathbb{R}$ mit

$$f(x) := \begin{cases} 0, & \text{falls } x \text{ irrational,} \\ 1, & \text{falls } x = 0 \text{ oder } x = 1, \\ q, & \text{falls } x = \frac{p}{q} \text{ mit } p, q \in \mathbb{N}^* \text{ und } \mathrm{ggT}(p,q) = 1. \end{cases}$$

In Fig. 2 ist der Graph von f angedeutet.

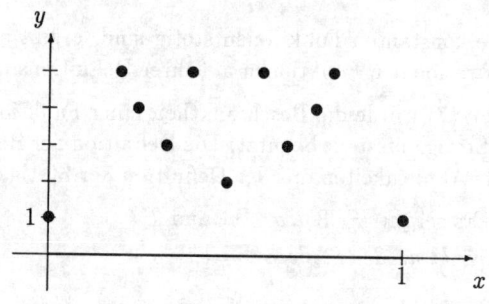

Fig. 2

Wir wählen nun für $a \in \mathbb{R}$ und $\emptyset \neq T \subseteq \mathbb{R}$ in Ergänzung der schon oben eingeführten Symbole $\mathcal{C}_a$ und $\mathcal{C}_T$ noch die folgenden Bezeichnungen:

$$\begin{aligned} \mathcal{C}_T^g &:= \{f \in F(\mathbb{R}) \mid f \text{ ist gleichmäßig stetig auf } T\} \\ \mathcal{B}_a &:= \{f \in F(\mathbb{R}) \mid f \text{ ist beschränkt an der Stelle } a\} \\ \mathcal{B}_T &:= \{f \in F(\mathbb{R}) \mid f \text{ ist beschränkt auf } T\} \end{aligned}$$

Damit lassen sich bekannte Sätze über stetige Funktionen sehr kurz formulieren, etwa $\mathcal{C}_a \subset \mathcal{B}_a$ oder $\mathcal{C}_T^g \subset \mathcal{B}_T$.

(11) Bemerkung: Für alle $a, b \in \mathbb{R}$ mit $a < b$ gilt bekanntlich

$$\mathcal{C}^g_{[a;b]} = \mathcal{C}_{[a;b]} \subset \mathcal{B}_{[a;b]}.$$

Diese Sätze benutzen wesentlich die Vollständigkeit von $(\mathbb{R}, +, \cdot, \leq)$. Ersetzen wir hier $[a; b] = [a; b]_{\mathbb{R}}$ durch $[a; b]_T$ für geeignete Mengen T, dann werden diese Sätze falsch. Wir geben zwei Beispiele an:

1) $f(x) := \dfrac{1}{x}$, $D_f := \mathbb{R} \setminus \{0\}$, $T := D_f \setminus \mathbb{Q}$.

Die Funktion f ist zwar stetig, aber nicht gleichmäßig stetig auf dem Intervall $[-1; 1]_T$.

2) $f(x) := \dfrac{1}{x^2 - 2}$, $D_f = \mathbb{Q}$.

Die Funktion f ist auf $\mathbb{Q}$ stetig. Wählt man a, b so, daß $a < \sqrt{2} < b$, dann ist f auf $[a; b]_{\mathbb{Q}}$ stetig, jedoch dort nicht beschränkt.

Als weitere Verknüpfung von Funktionen spielt das *Verketten* („Hintereinanderausführung") von Funktionen eine große Rolle (vgl. II.1 (11), (12)). Für die Funktion $g \circ f$ mit der (möglicherweise leeren) Definitionsmenge

$$D_{g \circ f} = D_f \cap f^{-1}[D_g] \subseteq D_f$$

gilt dabei

$$(g \circ f)(x) = g(f(x)).$$

(12) Verkettungssatz: $\bigwedge\limits_{a \in \mathbb{R}} \bigwedge\limits_{f \in \mathcal{C}_a} \bigwedge\limits_{g \in \mathcal{C}_{f(a)}} g \circ f \in \mathcal{C}_a$

Ist also f stetig in a und g stetig in $f(a)$, dann ist $g \circ f$ stetig in a.

1. Beweis: Ist $\langle a_n \rangle$ eine Folge aus $D_{g \circ f}$ mit dem Grenzwert a, dann ist $\langle f(a_n) \rangle$ eine Folge aus D_g mit dem Grenzwert $f(a)$ (Häufungswerte a, $f(a)$) und damit $\langle g(f(a_n)) \rangle$ eine Folge aus $\mathbb{R}$ mit dem Grenzwert $g(f(a))$.

2. Beweis: Zu jedem $\varepsilon \in \mathbb{R}^+$ existiert ein $\delta \in \mathbb{R}^+$ mit

$$\bigwedge\limits_{y \in D_g} (|y - f(a)| < \delta \Rightarrow |g(y) - g(f(a))| < \varepsilon).$$

Zu diesem δ existiert ein $\eta \in \mathbb{R}^+$ mit

$$\bigwedge\limits_{x \in D_f} (|x - a| < \eta \Rightarrow |f(x) - f(a)| < \delta).$$

Daraus folgt für alle $x \in D_{g \circ f}$:

$$|x - a| < \eta \Rightarrow |g(f(x)) - g(f(a))| < \varepsilon .$$

Häufig spielt auch das „Verkleben" von Funktionen an einer „Naht-stelle" eine Rolle. Diese Verknüpfung können wir mit dem Vereinigungs-symbol „$\cup$" bezeichnen. Auch hier gilt ein Stetigkeitssatz:

(13) Verklebungssatz: Es sei $a \in \mathbb{R}$ und $f, g \in \mathcal{C}_a$ mit

$$a \in D_f \subseteq \,] \leftarrow; a] \text{ und } a \in D_g \subseteq [a; \rightarrow [\, .$$

Ferner sei $f(a) = g(a)$. Dann ist $f \cup g : D_{f \cup g} \rightarrow \mathbb{R}$ mit

$$(f \cup g)(x) = \begin{cases} f(x) \text{ für } x \in D_f, \\ g(x) \text{ für } x \in D_g, \end{cases}$$

und es gilt $f \cup g \in \mathcal{C}_a$.

1. Beweis: Es sei a Häufungswert von D_f und D_g, und es sei $\langle a_n \rangle$ eine Folge aus $D_{f \cup g}$ mit dem Grenzwert a. Liegen nur endlich viele Glieder der Folge rechts von a bzw. links von a, so entfernen wir diese aus der Folge und erhalten $\lim \langle f(a_n) \rangle = f(a) = (f \cup g)(a)$ bzw. $\lim \langle g(a_n) \rangle = g(a) = (f \cup g)(a)$. Liegen sowohl links als auch rechts von a unendlich viele Glieder der Folge, so argumentieren wir mit den beiden Teilfolgen, deren Glieder nicht links bzw. nicht rechts von a liegen.

2. Beweis: Zu jedem $\varepsilon \in \mathbb{R}^+$ existieren $\delta_1, \delta_2 \in \mathbb{R}^+$ mit

$$|f(x) - f(a)| < \varepsilon \text{ für alle } x \in D_f \cap U_{\delta_1}(a),$$
$$|g(x) - g(a)| < \varepsilon \text{ für alle } x \in D_g \cap U_{\delta_2}(a).$$

Mit $\delta := \min\{\delta_1, \delta_1\}$ folgt

$$|(f \cup g)(x) - (f \cup g)(a)| < \varepsilon \text{ für alle } x \in D_{f \cup g} \cap U_\delta(a).$$

(14) Beispiel: Für $a, b, c \in \mathbb{R}$ sei $f : \,]0; 4[\, \rightarrow \mathbb{R}$ mit

$$f(x) := \begin{cases} \dfrac{1}{x} & \text{für } 0 < x \leq 1, \\ ax^2 + bx + c & \text{für } 1 < x \leq 3, \\ \dfrac{1}{4 - x} & \text{für } 3 < x < 4. \end{cases}$$

Die Parameter a, b, c sollen nun so gewählt werden, daß f an den Verklebungsstellen stetig ist. Damit ist das Gleichungssystem

$$a \;+\; b \;+\; c \;=\; 1$$
$$9a \;+\; 3b \;+\; c \;=\; 1$$

zu lösen. Es ergibt sich $b = -4a$ und $c = 1 + 3a$, also

$$f(x) = \begin{cases} \dfrac{1}{x} & \text{für } 0 < x < 1, \\ ax^2 - 4ax + 1 + 3a & \text{für } 1 < x < 3, \\ \dfrac{1}{4-x} & \text{für } 3 < x < 4. \end{cases}$$

Fig. 3 zeigt die Graphen für $a \in \{-1, 0, \frac{1}{2}, 1, 2\}$. Für $a = \frac{1}{2}$ sieht der Graph an den Verklebungsstellen „glatt" aus im Gegensatz zu den anderen Werten von a. Dies führt zur Differenzierbarkeit und auf einen entsprechenden Verklebungssatz für differenzierbare Funktionen. Mit

$$f'(x) = \begin{cases} -\dfrac{1}{x^2} & \text{für } 0 < x < 1, \\ 2ax - 4a & \text{für } 1 < x < 3, \\ \dfrac{1}{(4-x)^2} & \text{für } 3 < x < 4 \end{cases}$$

können wir f' an den Stellen 1 und 3 stetig fortsetzen, wenn wir $a = \frac{1}{2}$ wählen, und f ist dann auch an diesen Stellen differenzierbar.

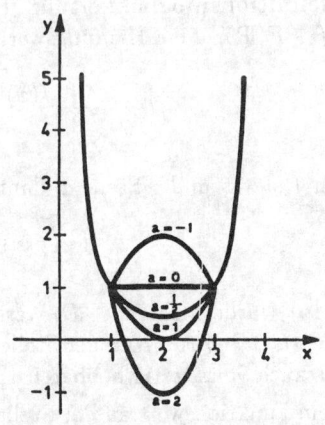

Wir haben hier verschiedene, äquivalente Fassungen des Stetigkeitsbegriffs vorgestellt und insbesondere bei den zugehörigen Sätzen mehrere Beweise angegeben. Da-

Fig. 3

bei läßt sich keineswegs sagen, daß eine der Definitionen generell einfachere Beweise liefert, sondern dieses wechselt sehr stark. Jeder dieser Stetigkeitsdefinitionen entspricht eine eigene Vorstellung von einem „vernünftigen" Aufbau der Analysis im Unterricht. Statt sich puristisch für eine Richtung zu entscheiden, scheint es wohl angebracht zu sein, neben einer ausgewählten Begriffsdefinition weitere in Form von Sätzen zu verwenden. (Dies gilt auch für schwächere Stetigkeitsbegriffe wie etwa die Lipschitz-Stetigkeit, vgl. Kapitel V.)

Für die Stetigkeitsdefinition mit Hilfe von Folgenkonvergenz spricht vieles, wenn man zuvor Folgen untersucht hat und diese Definition gewissermaßen als logische Fortsetzung erhält. Auch fällt beim Vergleich mit anderen Definitionen ihre Kürze auf. Bestechend ist sicher, wie leicht man mit Hilfe der Grenzwertsätze für Folgen Stetigkeitssätze für Funktionen erhält. Jedoch trügt diese „Kürze", denn die logische Struktur dieser Definition ist aufgrund der vielen Quantoren, die in der Konvergenzdefinition für Folgen stecken, recht kompliziert. Der entscheidende Vorteil der Stetigkeitsdefinition mittels Folgenkonvergenz ergibt sich bei Unstetigkeitsnachweisen: Man braucht nur eine gegen a konvergente Folge $\langle a_n \rangle$ zu finden, deren Funktionswertfolge $\langle f(a_n) \rangle$ nicht gegen den Funktionswert $f(a)$ konvergiert.

Häufig wird die Stetigkeit mit Hilfe des Funktionsgrenzwerts definiert. Umgekehrt läßt sich der Funktionsgrenzwert mit Hilfe des Stetigkeitsbegriffs erklären:

(15) Definitionsmöglichkeit für „Funktionsgrenzwert":
Es sei $f \in F(\mathbb{R})$, a ein Häufungswert von D_f, ferner $b \in \mathbb{R}$ und

$$\overline{f}(x) := \begin{cases} f(x) & \text{für } x \neq a, \\ b & \text{für } x = a. \end{cases}$$

Ist dann $\overline{f}$ stetig an der Stelle a, dann schreiben wir

$$\lim_{x \to a} f(x) = b.$$

In (15) wurde nicht $a \in D_f$ verlangt. Ist $a \notin D_f$, dann heißt $\overline{f}$ *stetige Fortsetzung von f* an der Stelle a. Im Unterricht spricht man hier zuweilen auch von „stetig hebbaren Definitionslücken", die mit $\lim_{x \to a} f(x)$ als neuem Funktionswert an der Stelle a „gestopft" werden.

IV.3 Weitere Beispiele

Gegenstand des Analysis-Unterrichts sind vor allem die *überall stetigen* Funktionen wie z. B. die rationalen Funktionen. (Man beachte, daß Schüler oft Definitionslücken mit Unstetigkeitsstellen verwechseln, rationale Funktionen also an Polstellen für unstetig halten.) Zur Problematisierung des Stetigkeitsbegriffs ist es nun aber von größter Bedeutung, Funktionen mit interessanten Unstetigkeitsstellen zu untersuchen und sich auch mit *nirgends stetigen* Funktionen zu beschäftigen. Nirgends stetig ist beispielsweise die Funktion aus IV.2 (10) oder die Dirichlet-Funktion aus II.1 (6). Letztere wird in folgendem Satz verallgemeinert, in dem eine andere Form der Verklebung (vgl. IV.2 (13)) benutzt wird.

(1) Satz: Es seien $f, g \in \mathcal{C}_{\mathbb{R}}$ und

$$h(x) := \begin{cases} f(x) \text{ für } x \in \mathbb{Q}, \\ g(x) \text{ für } x \in \mathbb{R} \setminus \mathbb{Q}. \end{cases}$$

Dann ist h genau an den Stellen a mit $f(a) = g(a)$ stetig.

Beweis: Ist $f(a) = g(a)$, dann kann der zweite Beweis des Verklebungssatzes IV.2 (13) direkt übernommen werden, und es ergibt sich die Stetigkeit von h an der Stelle a. Ist andererseits h an der Stelle a stetig, dann gilt für jede rationale Folge $\langle a_n \rangle$ mit dem Grenzwert a

$$h(a) = \lim \langle h(a_n) \rangle = \lim \langle f(a_n) \rangle = f(a)$$

und für jede irrationale Folge $\langle a_n' \rangle$ mit dem Grenzwert a

$$h(a) = \lim \langle h(a_n') \rangle = \lim \langle g(a_n) \rangle = g(a).$$

Es folgt dann also $f(a) = g(a)$.

Die Dirichlet-Funktion $\text{dir}_{1,0}$ (vgl. II.1 (6)) ist nach (1) nirgends stetig. Dies kann man auch leicht folgendermaßen einsehen: Es gilt

$$\lim \langle \text{dir}_{1,0}(a_n) \rangle \neq \text{dir}_{1,0}(a),$$

wenn man

$$\langle a_n \rangle := \begin{cases} \langle a + \frac{\sqrt{2}}{n} \rangle & \text{im Falle } a \in \mathbb{Q} \\ \langle [10^n a] \cdot 10^{-n} \rangle & \text{im Falle } a \in \mathbb{R} \setminus \mathbb{Q} \end{cases}$$

setzt, wobei stets $\lim \langle a_n \rangle = a$ gilt.

In Fig. 1 ist ein Beispiel zu (1) dargestellt; hier ist

$$f(x) := \frac{1}{4}x^3 - 3x, \quad g(x) = -\frac{3}{2}x + \sqrt{2}.$$

Der Graph besteht aus zwei
disjunkten Teilgraphen, die
sich anscheinend in

$$(-\sqrt{2}; \frac{5}{2}\sqrt{2})$$

berühren und in

$$(2\sqrt{2}; -2\sqrt{2})$$

schneiden. Die gemäß (1)
definierte Funktion h ist genau an den Stellen $-\sqrt{2}$ und
$2\sqrt{2}$ stetig und genau an der
Stelle $-\sqrt{2}$ differenzierbar.

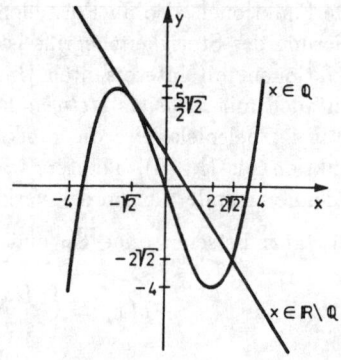

Fig. 1

Sehr instruktiv sind auch Beispiele von Funktionen auf $\mathbb{R}$, deren Unstetigkeitsstellen verschwinden, sobald man die Funktionen auf $\mathbb{Q}$ ein-
schränkt. (Man beachte, daß man zur Definition des Stetigkeitsbegriffs
nicht die Vollständigkeit von $\mathbb{R}$ benötigt.)

(2) **Beispiel:** Auf $\mathbb{R}$ betrachte man die Funktion f
mit $f(x) := -1$ für $x < \sqrt{2}$
und $f(x) := 1$ für $x \geq \sqrt{2}$
(Fig. 2). Die Funktion f ist
unstetig an der Stelle $\sqrt{2}$,
ihre Einschränkung auf $\mathbb{Q}$
ist aber überall stetig.

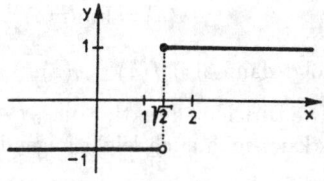

Fig. 2

Das letzte Beispiel zeigt, daß man das Stetigkeitsverhalten von Funktionen auf $\mathbb{Q}$ schlecht an deren Graph ablesen kann: Der Graph hat einen
„Sprung" an der Stelle $\sqrt{2}$, obwohl die Funktion überall (auf $\mathbb{Q}$) stetig
ist.

(3) Definition: Es sei $f \in F(\mathbb{R})$, a Häufungswert von D_f, und es mögen sowohl der linksseitige Grenzwert $\lim\limits_{x \to a^-} f(x)$ als auch der rechtsseitige Grenzwert $\lim\limits_{x \to a^+} f(x)$ existieren und verschieden sein. Dann heißt a eine *Sprungstelle* von f, und

$$\lim_{x \to a^+} f(x) - \lim_{x \to a^-} f(x)$$

heißt *Sprunghöhe* an der Sprungstelle a.

Sprungstellen, die zur Definitionsmenge einer Funktion gehören, sind offensichtlich Unstetigkeitsstellen. Die Umkehrung hiervon gilt aber nicht:

(4) Beispiel: Für die Dirichlet-Funktion $\mathrm{dir}_{1,0}$ (vgl. II.1 (6)) gilt: Die Folge

$$\left\langle \mathrm{dir}_{1,0}\left(\left(\frac{1}{\sqrt{2}}\right)^n\right) \right\rangle$$

ist nicht konvergent, der rechtsseitige Grenzwert $\lim\limits_{x \to 0^+} \mathrm{dir}_{1,0}(x)$ existiert also nicht.

Es ist üblich, die Unstetigkeitsstellen wie folgt zu klassifizieren:

(5) Definition: Sprungstellen einer Funktion heißen *Unstetigkeitsstellen 1. Art*, andere Unstetigkeitsstellen heißen *Unstetigkeitsstellen 2. Art*.

Die Dirichlet-Funktion besitzt nur Unstetigkeitsstellen 2. Art. Dagegen besitzt die Funktion im folgenden Beispiel nur solche 1. Art.

(6) Beispiel: Es sei $f : \mathbb{R}_0^+ \to \mathbb{R}$ mit

$$f(x) := \frac{5[\sqrt{x}]}{[x] + 1},$$

wobei $[\dots]$ die Ganz-teilfunktion (int) bedeutet. Der Graph ist in Fig. 3 angedeutet. Die Menge der Unstetigkeitsstellen ist $\mathbb{N}^*$. Es liegen nur Sprungstellen vor.

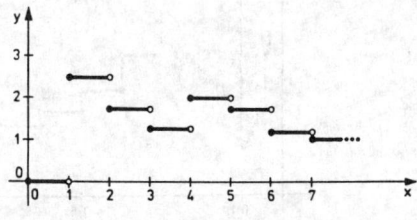

Fig. 3

Durch Verknüpfen stetiger Funktionen mit der auf $\mathbb{R}$ definierten *Signumfunktion* sgn mit

$$\operatorname{sgn}(x) := \left\{ \begin{array}{l} -1 \ \text{für} \ x < 0 \\ 0 \ \text{für} \ x = 0 \\ 1 \ \text{für} \ x > 0 \end{array} \right.$$

kann man beliebig komplizierte Funktionen mit Unstetigkeitsstellen 1. Art erzeugen.

(7) Beispiel: Die auf $\mathbb{R}^*$ definierte Funktion

$$x \mapsto \operatorname{sgn}(\sin \frac{1}{x})$$

besitzt unendlich viele Sprungstellen in jeder Umgebung von 0 (Fig. 4).

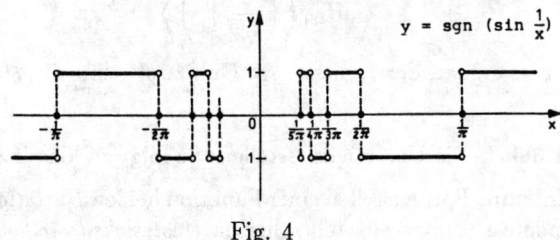

Fig. 4

(8) Beispiel: Auf $]0;1[$ sei die Funktion f wie folgt definiert: Für $x \in \ ]0;1[$ betrachte man in der Dezimalbruchentwicklung (ohne Neunerperioden) die erste von 0 verschiedene Ziffer z_x und setze $f(x) := \frac{1}{z_x}$.

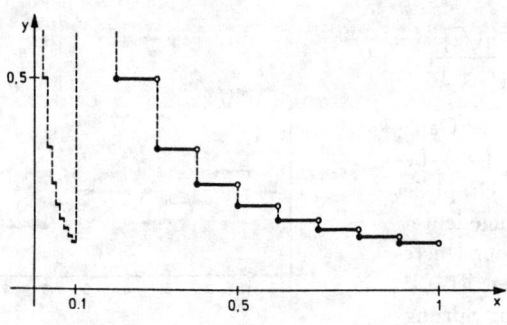

Fig. 5

In Fig. 5 ist der Graph von f angedeutet. Die Menge der Unstetigkeits-stellen ist die Menge der Zehnerbrüche $\frac{z}{10^n}$ mit $z \in \{1, 2, \ldots, 9\}$ und $n \in \mathbb{N}^*$. Es handelt sich um Unstetigkeitstellen 1. Art. Sie häufen sich an der Stelle 0. Der Wertebereich ist $\{1, \frac{1}{2}, \frac{1}{3}, \ldots, \frac{1}{9}\}$.

Im folgenden Beispiel stellen wir eine Funktion dar, bei der sowohl die Stetigkeitsstellen als auch die Unstetigkeitsstellen dicht in sich liegen.

(9) **Beispiel:** Die Funktion f sei auf $]0; 1[$ definiert durch

$$f(x) := \begin{cases} 0, \text{ falls } x \text{ irrational,} \\ \dfrac{1}{q}, \text{ falls } x = \dfrac{p}{q} \ (p, q \in \mathbb{N}^*, \ \text{ggT}(p, q) = 1). \end{cases}$$

Der Graph von f ist in Fig. 6 angedeuetet.

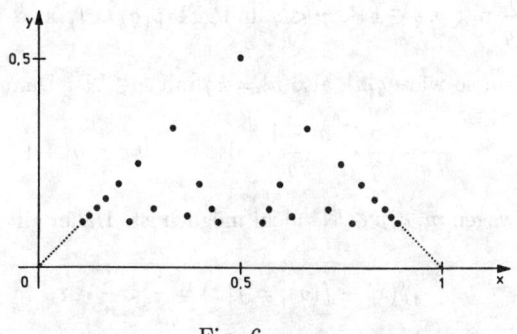

Fig. 6

1) An jeder rationalen Stelle ist f unstetig: Sei $a = \frac{p}{q}$ mit $p, q \in \mathbb{N}^*$, $p < q$ und $\text{ggT}(p, q) = 1$, also $f(a) = \frac{1}{q}$. Wir setzen

$$a_n := a + \frac{1}{q^{n+1}} = \frac{q^n p + 1}{q^{n+1}}.$$

Wegen $\text{ggT}(q^n p + 1, q^{n+1}) = 1$ ist $f(a_n) = \frac{1}{q^{n+1}}$ und damit

$$\lim \langle f(a_n) \rangle = \lim \langle \frac{1}{q^{n+1}} \rangle = 0 \neq f(a).$$

2) An jeder irrationalen Stelle ist f stetig: Sei $a \in]0; 1[\setminus \mathbb{Q}$, also $f(a) = 0$, ferner sei $\varepsilon \in \mathbb{R}^+$ beliebig vorgegeben. Dann wähle man ein $n \in \mathbb{N}^*$ mit

$n\varepsilon > 1$ (Archimedizität!) und bilde mit diesem die Zahl $m := [an!]$. Wegen $an! \notin \mathbb{Q}$ ist $m < an! < m + 1$, also

$$\frac{m}{n!} < a < \frac{m+1}{n!}.$$

Wir setzen

$$\delta := \min\{\frac{m+1}{n!} - a; a - \frac{m}{n!}\}$$

und wählen ein beliebiges $x \in D_f \cap U_\delta(a)$. Es gilt dann

$$|f(x) - f(a)| = f(x) \quad \text{und} \quad \frac{m}{n!} < x < \frac{m+1}{n!}.$$

Für $x \notin \mathbb{Q}$ ist $f(x) = 0$ und damit $|f(x) - f(a)| = 0 < \varepsilon$. Für $x \in \mathbb{Q}$ ist

$$x = \frac{p}{q} \text{ mit } p, q \in \mathbb{N}^*, \ p < q \text{ und } \mathrm{ggT}(p, q) = 1, \text{ also } f(x) = \frac{1}{q}.$$

Wäre $q \leq n$, so wäre $q|n!$, also $n! = kq$ mit $k \in \mathbb{N}^*$. Dann wäre

$$\frac{m}{kq} < \frac{p}{q} < \frac{m+1}{kq}, \text{ also } m < kp < m + 1,$$

was aber wegen $m, k, p \in \mathbb{N}^*$ nicht möglich ist. Daher gilt $q > n$. Daraus folgt

$$|f(x) - f(a)| = f(x) = \frac{1}{q} < \frac{1}{n} < \varepsilon.$$

3) Die Unstetigkeitsstellen von f sind alle von zweiter Art: Wir betrachten nochmals die Situation in 1) und bilden neben der dortigen Folge $\langle a_n \rangle$ eine Folge $\langle b_n \rangle$ mit

$$b_n := a - \frac{1}{q^{n+1}} = \frac{q^n p - 1}{q^{n+1}}.$$

Wegen

$$\lim\langle f(b_n) \rangle = 0 = \lim\langle f(a_n) \rangle \ (\neq f(a))$$

sind die einseitigen Grenzwerte

$$\lim_{x \to a^-} f(x) \quad \text{und} \quad \lim_{x \to a^+} f(x)$$

gleich, falls sie existieren (was hier aber nicht interessiert). Es liegt damit keine Sprungstelle vor.

(10) Beispiel: Jedes Element aus $]0;1[$ sei eindeutig als Dualbruch geschrieben (ohne Einerperioden, also etwa $(0,0\overline{1})_2$ als $(0,1)_2$). Die Funktion f sei auf $]0;1[$ definiert durch

$$f((0,a_1a_2a_3\ldots)_2) := (0,a_1a_2a_3\ldots)_4,$$

der Dualbruch für $x \in]0;1[$ wird also als Bruch im Vierersystem gedeutet, z. B.:

$$f(\frac{9}{16}) = f((0,1001)_2) = (0,1001)_4 = \frac{129}{256},$$

$$f(\frac{2}{3}) = f((0,\overline{10})_2) = (0,\overline{10})_4 = \frac{4}{15}.$$

Unstetigkeitsstellen sind genau die Zahlen mit abbrechender Dualbruchentwicklung, also die Zahlen

$$\frac{m}{2^n} \text{ mit } m,n \in \mathbb{N}^*.$$

Die auf $]0;1[$ definierte Funktion in (10) ist monoton wachsend und besitzt abzählbar viele Unstetigkeitsstellen, welche dicht in D_f liegen. Wir betrachten ein weiteres Beispiel einer Funktion mit diesen Eigenschaften.

(11) Beispiel: Es sei eine Abzählung (Numerierung) der rationalen Zahlen zwischen 0 und 1 gegeben, also

$$]0;1[\, \cap\, \mathbb{Q} = \{r_1,r_2,r_3,\ldots\}.$$

Auf $]0;1[$ definieren wir f durch

$$f(x) := \sum_{r_i \leq x} \frac{1}{2^i},$$

die Summierung erstreckt sich also über alle $i \in \mathbb{N}^*$, für welche die rationale Zahl r_i nicht größer als x ist. Die Funktion f ist unstetig an jeder rationalen Stelle:

$$f(r_k) - f(x) \geq \frac{1}{2^k} \text{ für jedes } x \text{ mit } 0 < x < r_k$$

Die Funktion f ist stetig an jeder irrationalen Stelle: Es sei $a \in]0;1[\backslash\mathbb{Q}$ und $\varepsilon \in \mathbb{R}^+$; dann gibt es ein $n \in \mathbb{N}^*$ mit

$$\sum_{i=n}^{\infty} \frac{1}{2^i} < \varepsilon.$$

Ist $\delta := \min_{1 \leq i \leq n} |a - r_i|$, so gilt für alle $x \in U_\delta(a) \cap]0; 1[$:

$$f(x) = \sum_{r_i \leq x} \frac{1}{2^i} = \sum_{r_i \leq x \text{ und } i > n} \frac{1}{2^i} \leq \sum_{i > n} \frac{1}{2^i} = \sum_{i=n+1}^{\infty} \frac{1}{2^i}$$

Man beachte dabei, daß aufgrund der Wahl von δ keines der Elemente $r_1, r_2, r_3, \ldots, r_n$ in $U_\delta(a)$ liegen kann. Wegen $a \in U_\delta(a) \cap]0; 1[$ gilt auch $f(a) \leq \sum_{i=n+1}^{\infty} \frac{1}{2^i}$, also ist

$$|f(x) - f(a)| \leq 2 \cdot \sum_{i=n+1}^{\infty} \frac{1}{2^i} = \sum_{i=n}^{\infty} \frac{1}{2^i} < \varepsilon.$$

Es läßt sich zeigen, daß bei *jeder* monotonen Funktion die Menge der Unstetigkeitsstellen abzählbar ist. Im folgenden Beispiel liegt eine Funktion vor, welche an jeder Stelle ihres Definitionsbereichs unstetig ist.

(12) Beispiel: Wir stellen jede Zahl $a \in]0; 1[$ als Dezimalzahl ohne Neunerperioden dar, also $a = 0, a_1 a_2 a_3 \ldots$, und setzen

$$f(a) := \liminf_{n \to \infty} \frac{1}{n} \sum_{i=1}^{n} a_i.$$

(Mit $\liminf_{n \to \infty} b_n$ wird der *limes inferior* von $\langle b_n \rangle$ bezeichnet, der als Infimum der Menge der Grenzwerte aller konvergenten Teilfolgen von $\langle b_n \rangle$ definiert ist.) Die so definierte Funktion f ist überall unstetig:

1. Fall: $f(a) \neq \frac{1}{2}$. Die Folge $\langle x_n \rangle := \langle 0, a_1 \ldots a_n 010101 \ldots \rangle$ konvergiert gegen a, die Folge $\langle f(x_n) \rangle$ konvergiert gegen $\frac{1}{2}$, da jedes ihrer Glieder den Wert $\frac{1}{2}$ hat; also ist

$$\lim \langle f(x_n) \rangle \neq f(\langle x_n \rangle).$$

2. Fall: $f(a) = \frac{1}{2}$. Die Folge $\langle x_n \rangle := \langle 0, a_1 \ldots a_n 000 \ldots \rangle$ konvergiert gegen a, die Folge $\langle f(x_n) \rangle$ konvergiert aber gegen 0, da jedes ihrer Glieder den Wert 0 hat. Also ist auch hier

$$\lim \langle f(x_n) \rangle \neq f(\langle x_n \rangle).$$

IV.4 Topologische Aspekte

Es gibt viele Vorschläge für die Einbeziehung eines topologischen Stetigkeitsbegriffs in den Analysisunterricht. Dies kann sowohl in Form eines Einstiegs in die Analysis als auch durch eine topologische Verallgemeinerung des reellen Stetigkeitsbegriffs an geeigneter Stelle des Unterrichts geschehen. Beschränkt man sich in der Analysis jedoch auf Abbildungen aus $\mathbb{R}$ in $\mathbb{R}$, so ist die Nützlichkeit topologischer Begriffsbildungen schwer zu belegen. Allenfalls im Zusammenhang mit der Erörterung des Begriffs „Kurve" als Abbildung aus $\mathbb{R}$ in $\mathbb{R} \times \mathbb{R}$ kann ein topologischer Stetigkeitsbegriff nützlich sein (vgl. IV.5). Wir beschränken uns hier daher auf einige Andeutungen zu den erwähnten Vorgehensweisen.

Im folgenden ist es hilfreich, Funktionen nicht nur durch einen Graph im kartesischen Koordinatensystem darzustellen, sondern auch durch Diagramme der in Fig.1 dargestellten Art. Sie heißen *Zweileiterdiagramme*. Dies sind Relationsdiagramme (Pfeildiagramme) in spezieller Gestalt.

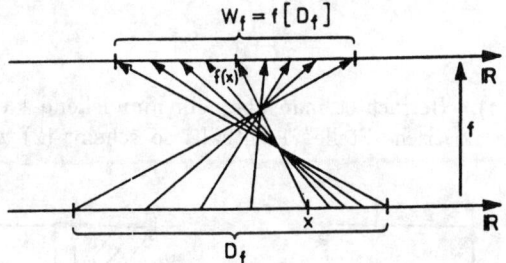

Fig. 1

(1) **Beispiel:** Es seien

$$f(x) := x^2 \quad \text{und} \quad g(x) := \frac{x + [x]}{2}$$

mit $D_f = D_g = [\frac{1}{2}; \frac{5}{4}]$. Dann stellen Fig. 2 und Fig. 3 zugehörige Zweileiterdiagramme dar.

Zweileiterdiagramme sind wegen der geringen Anzahl der einzeichenbaren Zuordnungspfeile ein sehr unvollkommenes Veranschaulichungsmittel reeller Funktionen. Aber auch die üblichen Funktionsgraphen kennzeichnen reelle Funktionen oft nur sehr unvollständig.

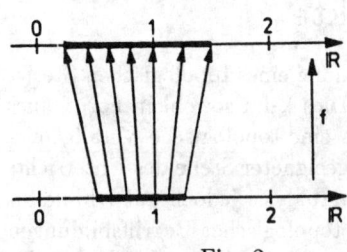 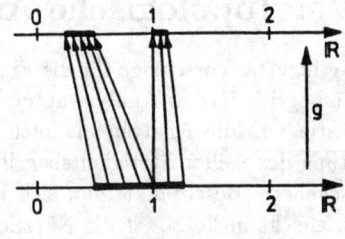

Fig. 2   Fig. 3

Durch (1) wird folgende *globale Stetigkeitsdefinition* auf einem Intervall nahegelegt:

(2) Definitionsversuch: Es sei I ein Intervall und $f : I \to \mathbb{R}$. Die Funktion f heißt genau dann *stetig* auf I, wenn $f[I]$ wieder ein Intervall ist.

Mit (2) erleidet man aber Schiffbruch, wie das Beispiel

$$x \mapsto x - [x]$$

zeigt (Fig. 4). Betrachtet man aber ein hinreichend kleines Intervall, welches die „kritische Stelle" 1 enthält, so scheint (2) wieder sinnvoll (Fig. 5).

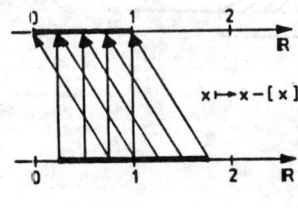 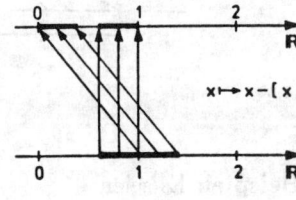

Fig. 4   Fig. 5

Dies legt eine *lokale Stetigkeitsdefinition* nahe:

(3) Definitionsversuch: Es sei $f \in F(\mathbb{R})$ und $a \in D_f$. Die Funktion f heißt genau dann stetig an der Stelle a, wenn für jedes Intervall I mit $a \in I$ die Bildmenge $f[I \cap D_f]$ wieder ein Intervall ist.

Aber auch damit hat man noch nicht den üblichen Stetigkeitsbegriff getroffen, wie folgende Beispiele belegen:

(4) **Beispiele:** Die Funktion f aus IV.3 (9) ist an jeder irrationalen Stelle a stetig, jedoch gilt für ein solches a und alle $n \in \mathbb{N}^*$

$$f\left[\left[a - \frac{1}{n}; a + \frac{1}{n}\right] \cap [0; 1]\right] \subseteq \{0\} \cup \{\frac{1}{i} \mid i \in \mathbb{N}^*\}.$$

Die Funktion f aus IV.3 (Fig. 1) ist an der Stelle $-\sqrt{2}$ stetig, jedoch ist

$$f[[-2; 0]] = [0; \sqrt{2}]_{\mathbb{Q}} \cup [\sqrt{2}; 4]_{\mathbb{R}} \cup [4; 3 + \sqrt{2}]_{\mathbb{R}\setminus\mathbb{Q}},$$

und das ist kein Intervall. Die Funktion f mit $f(x) = x$ für rationales x und $f(x) = -x$ für irrationales x ist stetig an der Stelle 0, aber $f[[-1; 2]]$ ist kein Intervall.

Für jede der Funktionen in (4) mit der Stetigkeitsstelle a gilt jedoch, daß zu jedem Intervall J mit $f(a) \in J$ ein Intervall I mit $a \in I$ und $f[I] \subseteq J$ existiert. Wählt man I und J als offene Intervalle, so erkennt man die Ähnlichkeit mit der Stetigkeitsdefinition in IV.2 mit Hilfe von Umgebungen.

(5) **Definition:** Es sei $f \in F(\mathbb{R})$ und $a \in D_f$. Die Funktion f heißt genau dann *stetig* an der Stelle a, wenn zu jedem offenen Intervall J mit $f(a) \in J$ ein offenes Intervall I mit $a \in I$ und $f[I] \subseteq J$ existiert.

Jedes offene Intervall I mit $a \in I$ enthält eine ε-Umgebung von a, und umgekehrt ist jede ε-Umgebung von a ein offenes Intervall. Damit läßt sich die Gleichwertigkeit von (5) und der Stetigkeitsdefinition in IV.2 nachweisen. Wir haben also mit (5) keine „allgemeinere Stetigkeitsdefinition" erhalten.

Ein Schritt in verallgemeinernder Richtung besteht nun darin, jede Obermenge einer ε-Umgebung von a als „Umgebung" von a anzusprechen, was dann zu der bereits in IV.2 angedeuteten topologischen Stetigkeitsdefinition führt. Insbesondere sind dann die in (5) benutzten offenen Intervalle „Umgebungen" von a bzw. von $f(a)$.

Im nächsten Abschnitt werden wir „Kurven" als Abbildungen aus $\mathbb{R}$ in $\mathbb{R}^2$ mit gewissen Stetigkeitseigenschaften kennzeichnen, und das deutet einen weiteren Schritt in der Verallgemeinerung an: Es müssen Umgebungen in $\mathbb{R}^2$ erklärt werden. Fassen wir die „Zahlengerade $\mathbb{R}$" als Teilmenge der „euklidischen Ebene $\mathbb{R}^2$" auf, so können wir Kurven als spezielle Abbildungen aus $\mathbb{R}^2$ in $\mathbb{R}^2$ mit gewissen Stetigkeitseigenschaften auffassen. Die Stetigkeit solcher Funktionen können wir wie in IV.2 erklären.

(6) Definition: Es sei $P = (x_P; y_P) \in \mathbb{R}^2$ und $U \subseteq \mathbb{R}^2$. Dann heißt für $\varepsilon \in \mathbb{R}^+$

$$U_\varepsilon(P) := U_\varepsilon(x_P) \times U_\varepsilon(y_P)$$

ε-Umgebung von P. Enthält U eine ε-Umgebung von P, dann heißt U eine *Umgebung* von P.

$U_\varepsilon(P)$ ist ein „offenes Quadrat" mit der Kantenlänge 2ε und dem Mittelpunkt P. Stattdessen nimmt man auch „offene Kreisscheiben" mit dem Radius ε und dem Mittelpunkt P; aber jedes offene Quadrat enthält eine offene Kreisscheibe und umgekehrt!

(7) Definition: Es sei $\emptyset \neq M \subseteq \mathbb{R}^2$, $\varphi : M \to \mathbb{R}^2$ und $P \in M$. Genau dann heißt φ stetig in P (*lokale Stetigkeit*), wenn zu jeder Umgebung V von $\varphi(P)$ eine Umgebung U von P existiert mit $\varphi[U] \subseteq V$. Genau dann heißt φ stetig (*globale Stetigkeit*), wenn φ in jedem Punkt von M stetig ist.

In (7) muß keinesfalls $U \subseteq M$ gelten. Ist etwa $M = \mathbb{R} \times \{0\}$ (Zahlengerade), so ist sogar für alle $P \in M$ und alle Umgebungen U von P stets $U \not\subseteq M$. Dennoch ist aber $\varphi[U]$ erklärt, nämlich $\varphi[U] = \varphi[U \cap M]$, und $U \cap M$ enthält eine ϵ-Umgebung von P auf der Zahlengeraden.

Der Stetigkeitsbegriff für reelle Funktionen erweist sich nun in folgendem Sinn als Sonderfall des topologischen Stetigkeitsbegriffs (7): Es sei $f \in F(\mathbb{R})$, G_f der Graph von f, ferner $M := D_f \times \{0\}$, $a \in D_f$ und φ die Abbildung von M in G_f mit

$$\varphi : (x; 0) \mapsto (x; f(x)) \,.$$

Dann ist f genau dann stetig an der Stelle a, wenn φ stetig im Punkt $(a; 0)$ ist.

(8) Bemerkung: Die Begriffe „offen", „zusammenhängend" und „kompakt" lassen sich in $\mathbb{R}^2$ wie in $\mathbb{R}$ definieren. Schließlich heißt T ein *Kontinuum* in M, wenn T in M sowohl kompakt als auch zusammenhängend ist. Der Begriff „Kontinuum" enthält eine Vollständigkeitseigenschaft (vgl. I.3), und das deckt sich mit der Dedekindschen Auffassung der „stetigen Linie" und dem Begriff „Continuum" bei Pasch (vgl. IV.1), jeweils bezogen auf $M = \mathbb{R}$, topologisch aufgefaßt als Teilmenge von $\mathbb{R}^2$. Ein Funktionsgraph heißt dann *durchzeichenbar*, wenn er ein Kontinuum in $\mathbb{R}^2$ ist.

IV.5 Kurven

Eine auf einem Intervall stetige Funktion pflegt man durch ihren Graph im kartesischen Koordinatensystem zu veranschaulichen, also durch eine „Kurve" darzustellen. Im Zusammenhang mit implizit gegebenen Funktionen ist es häufig nützlich, gewisse Relationen graphisch darzustellen, etwa die Relation

$$\{(x,y) \in \mathbb{R} \times \mathbb{R} \mid 2x^2 + 3y^2 = 5\},$$

welche eine Ellipse liefert. Daher ist es angebracht, den Begriff der Kurve näher zu untersuchen, ihn zu präzisieren und Beispiele für hinreichend seltsame Kurven anzugeben, um Grenzen und Schwierigkeiten der Begriffs zu erkennen.

Newton widmete zwei wesentliche Werke den Kurven: *De quadratura curvarum* und *Enumeratio linearum tertii ordinis*. Er verwendet also „Kurve" und „Linie" als Synonyme. In der deutschen Übersetzung des ersten Werks [Newton 1908] steht in der Einleitung: *Linien werden beschrieben und im Beschreiben erzeugt nicht durch Aneinandersetzen von Teilen, sondern durch stetige Bewegung von Punkten.*

Bereits im Altertum beschäftigte man sich mit „Kurven" bzw. „Linien" und kannte zwei Möglichkeiten, diese zu erzeugen bzw. zu definieren ([Boyer 1968]):

1) Als Schnittfigur bekannter Flächen, etwa die Kegelschnitte des Apollonius von Pergae (260–170 v. Chr.).

2) Als Kombination zweier gleichförmiger Bewegungen, z. B. die Spirale des Archimedes.

In [Boyer 1968] findet man hierzu u. a. folgende Beispiele:

(1) Beispiel: Die *Pferdefessel* oder *Hippopede* von Eudoxos entsteht, wenn ein Zylinder eine Kugel mit größerem Radius durchdringt, so daß er die Kugel von innen berührt. Diese Kurve ähnelt einer dreidimensional gekrümmten „8".

(2) Beispiel: Die *Quadratrix* oder *Trisectrix* des Hippias von Elis (5. Jh. v. Chr.) entsteht folgendermaßen: In Fig. 1 denke man sich die Quadratseite DC mit konstanter Geschwindigkeit bis zur Lage AB parallel verschoben. Ferner denke man sich den Radius AD mit konstanter Geschwindigkeit um A bis zur Lage AB gedreht. Beide Bewegungen starten gleichzeitig und hören gleichzeitig auf. Der aktuelle Schnittpunkt P zwischen der parallel gleitenden Strecke und dem sich drehenden Radius

definiert die Quadratrix. Diese
Kurve wurde sowohl zur Qua-
dratur des Kreises (daher der
Name „Quadratrix") als auch
in naheliegender Weise zur
Winkeldreiteilung (daher der
Name „Trisectrix") benutzt.
Bezüglich der Quadratur des
Kreises beachte man, daß die
Trisectrix auf AB einen Grenz-
punkt T erreicht, für welchen
$\overline{AT} : \overline{AB} = 2 : \pi$ gilt.

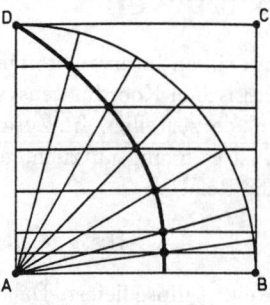

Fig. 1

Die Quadratrix hat in einem geeigneten kartesischen Koordinatensystem
die Parameterdarstellung

$$(x,y) = \left((1-t), (1-t)\tan\frac{\pi}{2}t \right) \quad 0 \le t < 1.$$

Bei Euklid findet man folgende Beschreibung des Begriffs „Linie":
*Eine Linie ist eine Länge ohne Breite. Die Grenzen der Flächen sind
Linien.* Heron erklärt später: *Eine Linie ist eine Länge ohne Breite und
Tiefe oder das, was innerhalb dieser Größe zuerst Existenz annimmt,
oder das, was nach einer Dimension Ausdehnung hat und teilbar ist; sie
entsteht, indem ein Punkt von oben nach unten gleitet gemäß der Stetigkeit, und sie ist eingeschlossen und begrenzt durch Punkte, während
sie selbst Grenze einer Fläche ist.* Offensichtlich liegen hier keine Definitionen vor, die heutigen Ansprüchen genügen. Trotzdem werden schon
die beiden Definitionsmöglichkeiten angedeutet: Einerseits die Kurve als
Bild einer Strecke (Heron), andererseits als gewisse „lineare" Punktmenge
(Euklid).

Wir beschränken uns hier auf *ebene Kurven*, Beispiele wie (1) interessieren also im folgenden nicht mehr.

Im Jahr 1885 definierte Camille Jordan (1838–1922): *Wir nennen
K u r v e die Folge der Punkte, die durch die Gleichungen $x = f(t)$
und $y = \varphi(t)$ dargestellt werden, wo f, φ Funktionen der unabhängigen
Veränderlichen t sind. Sind diese Funktionen stetig, so heißt die Kurve
stetig. Haben die Funktionen eine gemeinsame Periode, so ist die Kurve
geschlossen.*

(3) Beispiel: Es sei $F : \mathbb{R}^+ \to \mathbb{R} \times \mathbb{R}$ mit

$$F(t) := \begin{cases} (t, \sin \frac{1}{t}) & \text{für } 0 < t \leq \frac{1}{\pi}, \\ (\frac{2}{\pi} - t, 0) & \text{für } \frac{1}{\pi} < t. \end{cases}$$

Durch diese Parameterdarstellung wird die in Fig. 2 angedeutete Punktmenge definiert, die im Sinne von Jordan eine stetige Kurve ist. Es ist naheliegend, den Begriff der Kurve auf „stetige Kurve" zu beschränken; ferner ist es zweckmäßig, in der Definition von Jordan die Variable auf

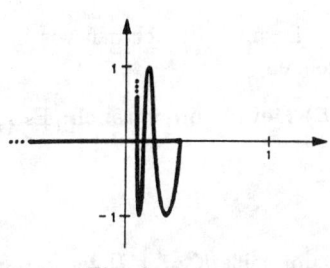

Fig. 2

ein Intervall zu begrenzen, denn $]0;1[$ läßt sich stetig und bijektiv auf $\mathbb{R}$ abbilden.

So definierte Adolf Hurwitz (1859–1919) um 1900: *Eine Kurve ist das stetige Bild einer Strecke.*

Eine Strecke kann stets als Intervall der Zahlengeraden und damit als eine Teilmenge von $\mathbb{R}^2$ interpretiert werden. Den von Hurwitz benutzten Begriff der Stetigkeit können wir dann gemäß IV.4 (7) deuten. Insbesondere können wir IV.4 (7) wie folgt übersetzen: Es sei I ein Intervall, $\varphi : I \to \mathbb{R}^2$, $t \in I$ und $P := \varphi(t)$. Die Funktion φ ist genau dann stetig an der Stelle t, wenn zu jeder Umgebung V von P ein $\delta \in \mathbb{R}^+$ existiert mit $\varphi[U_\delta(t)] \subseteq V$. Ist nun die *Parameterdarstellung* $\varphi(t) = (f(t), g(t))$ gegeben, so läßt sich die Stetigkeit von φ auf die Stetigkeit von f und g zurückführen:

(4) Satz: Sind f, g auf dem nichtleeren Intervall I stetige Funktionen, dann ist auch die Funktion $\varphi : I \to \mathbb{R}^2$ mit

$$\varphi(t) := (f(t), g(t))$$

stetig auf I.

Beweis: Mit $t \in I$, $P := \varphi(t)$ und einer Umgebung V von P existiert ein ε mit

$$U_\varepsilon(f(t)) \times U_\varepsilon(g(t)) = U_\varepsilon(P) \subseteq V.$$

Ferner existieren $\delta_1, \delta_2 \in \mathbb{R}^+$ mit

$$f[U_{\delta_1}(t)] \subseteq U_\varepsilon(f(t)) \quad \text{und} \quad g[U_{\delta_2}(t)] \subseteq U_\varepsilon(g(t)).$$

Mit $\delta := \min\{\delta_1, \delta_2\}$ ergibt sich

$$\varphi[U_\delta(t)] \subseteq V.$$

Damit unternehmen wir in Anlehnung an Jordan und Hurwitz folgenden

(5) Definitionsversuch: Es sei I ein nichtleeres Intervall und

$$\varphi : I \to \mathbb{R}^2.$$

Dann heißt $K := \varphi[I]$ genau dann eine *Kurve*, wenn φ stetig ist.

(6) Beispiel: Es sei $I := [0; 1]$ und $\varphi(t) := (0; 0)$ für alle $t \in I$. Dann ist $\{(0; 0)\}$ eine Kurve.

Dieses kann man vielleicht als pathologisches Beispiel noch hinnehmen, verblüffender dagegen ist das folgende Beispiel einer *flächenfüllenden Kurve*, auch *Peano-Kurve* genannt (weil Peano im Jahr 1890 erstmals eine solche Kurve beschrieben hat).

(7) Beispiel einer Peano-Kurve, nach [Hilbert 1891]: Wir konstruieren eine stetige Abbildung

$$\varphi : [0; 1] \to [0; 1] \times [0; 1].$$

Jedes Element aus [0;1] kann durch fortgesetzte Intervallhalbierung erfaßt werden (Intervallschachtelung). Analog können wir jeden Punkt P des Einheitsquadrats $F = [0; 1] \times [0; 1]$ durch eine *Quadratschachtelung* erfassen, indem wir durch fortgesetzte Seitenhalbierung in das jeweilige Quadrat vier kleinere Quadrate einbeschreiben (Fig. 3). Wir sehen diese Quadrate als abgeschlossen an, nehmen also ihren Rand hinzu. Diese Quadratschachtelung für einen Punkt P ist nicht eindeutig bestimmt, wir können etwa für den Mittelpunkt von F vier verschiedene Schachtelungen angeben. Wir überziehen nun das Einheitsquadrat F durch fortgesetzte Seitenhalbierung mit einem immer feiner werdenden Quadratraster. Im ersten Schritt erhalten wir vier Quadrate, die wir mit F_0, F_1, F_2, F_3 bezeichnen, und deren Mittelpunkte in der in Fig. 4 angegebenen Weise durch einen Streckenzug verbunden werden. Im nächsten

Schritt erhalten wir aus jedem
Quadrat vier neue.   Die Mittelpunkte aller Quadrate werden, wie in Fig. 5 angegeben,
durch einen Streckenzug verbunden.   Auf diese Weise wird ein
Durchlaufsinn der Quadrate festgelegt. Ist F_i ein Quadrat des ersten Schritts, so werden die vier
Teilquadrate in der Reihenfolge
des Durchlaufsinns mit

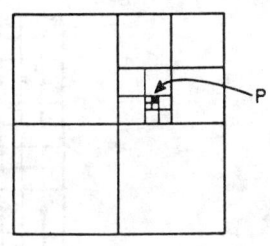

$$F_{i0}, F_{i1}, F_{i2}, F_{i3}$$

Fig. 3

bezeichnet.

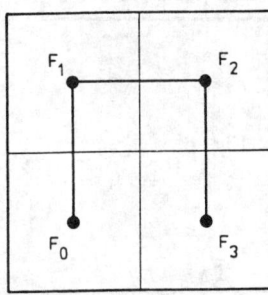

Fig. 4   Fig. 5

Analog verfahren wir beim nächsten Schritt (Fig. 6), und es ergeben sich
der Reihe nach die 64 Quadrate

$$F_{000}, F_{001}, F_{002}, F_{003}, F_{010}, \ldots, F_{332}, F_{333}.$$

Somit kann rekursiv eine Folge von Streckenzügen erklärt werden, die F
„immer dichter" ausfüllen. Ist $F_{t_1 t_2 \ldots t_n}$ irgendein Teilquadrat des n-ten
Schritts, so werden ihm im nächsten Schritt die vier Teilquadrate

$$F_{t_1 t_2 \ldots t_n 0}, F_{t_1 t_2 \ldots t_n 1}, F_{t_1 t_2 \ldots t_n 2}, F_{t_1 t_2 \ldots t_n 3}$$

zugeordnet. Dieses kann durch ein Baumdiagramm veranschaulicht werden (Fig. 7). Durchläuft man den Baum auf irgendeinem Weg, so liefert
das eine Quadratschachtelung und damit einen wohlbestimmten Punkt
aus F. Damit erfassen wir *alle* Punkte aus F, teilweise sogar mehrfach.

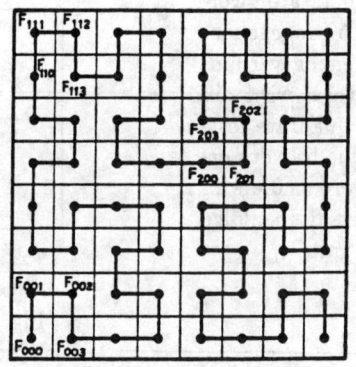

Fig. 6

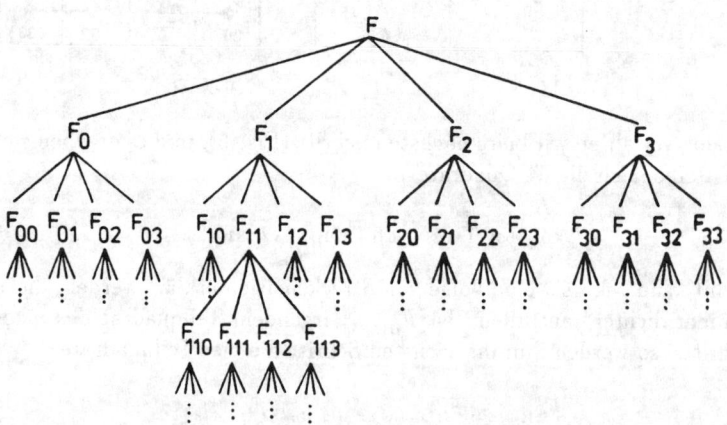

Fig. 7

Bezeichnen wir mit Q die Menge aller Quadratschachtelungen in F, so haben wir damit eine surjektive, aber nicht injektive Abbildung φ_1 von Q auf F beschrieben:

$$\varphi_1 : \langle F_{t_1 t_2 \ldots t_n} \rangle \mapsto \text{Kern von } \langle F_{t_1 t_2 \ldots t_n} \rangle$$

Unser Ziel ist es, mit Hilfe einer Abbildung von I auf Q durch Verketten mit φ_1 eine surjektive Abbildung von I auf F zu gewinnen. Um eine Abbildung von I auf Q zu finden, erfassen wir zunächst jede Zahl t aus I mit einer speziellen Intervallschachtelung, nämlich der *fortgesetzten Viertelung*. In Analogie zur Quadratschachtelung von F erhalten wir im ersten Schritt die abgeschlossenen Intervalle

$$I_0, I_1, I_2, I_3 .$$

Im zweiten Schritt werden diese zerlegt in

$$I_{00}, I_{01}, I_{02}, I_{03}, I_{10}, \ldots, I_{32}, I_{33}$$

usw. In Fig. 8 wird dies veranschaulicht. Beispielsweise ist

$$I_{21} = \left[\frac{9}{4^2} ; \frac{10}{4^2} \right] = [(0,21)_4 ; (0,22)_4] .$$

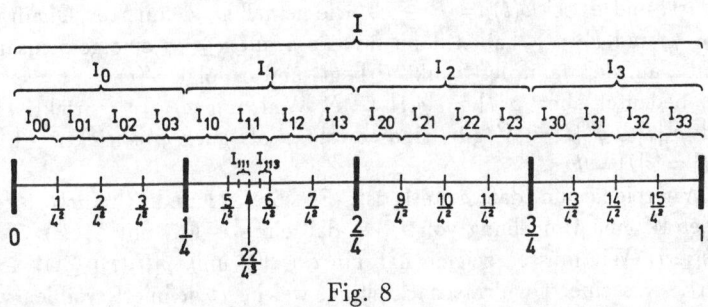

Fig. 8

Wir bezeichnen nun die Menge aller fortgesetzten Viertelungen mit V und erklären eine Abbildung φ_2 von V in Q durch

$$\varphi_2 : \langle I_{t_1 t_2 \ldots t_n} \rangle \mapsto \langle F_{t_1 t_2 \ldots t_n} \rangle .$$

Da φ_2 bijektiv ist, hätten wir unser Ziel erreicht, wenn wir noch eine surjektive Abbildung von I auf V angeben könnten. Eine surjektive Abbildung von V auf I findet sich sofort, nämlich

$$\langle I_{t_1 t_2 \ldots t_n} \rangle \mapsto \text{Kern von } \langle I_{t_1 t_2 \ldots t_n} \rangle,$$

aber diese Abbildung ist nicht injektiv. Ist nämlich $t = \frac{z}{4^k}$ ($z, k \in \mathbb{N}^*$) und $z \leq 4^k$, so ist t für ein $m \in \mathbb{N}^*$ und alle $\mu \geq m$ linker (oder rechter) Randpunkt von $I_{t_1 t_2 \ldots t_\mu}$. Es gibt dann (und nur dann!) eine zweite Intervallschachtelung $\langle I_{t_1' t_2' \ldots t_n'} \rangle$, die denselben Kern hat wie $\langle I_{t_1 t_1 \ldots t_n} \rangle$, nämlich t, wobei $t_i' = t_i$ für alle i mit $i \leq m - 1$ gilt. Diese Zweideutigkeit beseitigen wir folgendermaßen: Ist für ein bestimmtes $t \in I$ die Zahl $n \in \mathbb{N}^*$ wie oben definiert, so sei $\langle I_{t_1 t_2 \ldots t_{m-1} t_m \ldots t_n} \rangle$ diejenige Intervallschachtelung für t, bei der t auf dem rechten Rand des Intervalls $I_{t_1 t_2 \ldots t_m}$ liegt. (Dann ist also $t_m' = t_{m+1}$, ferner $t_\mu = 3$ und $t_\mu' = 0$ für alle μ mit $\mu > m$.) Durch diese Auswahlentscheidung erhalten wir eine (nicht surjektive) Abbildung

$$\varphi_3 : t \mapsto \langle I_{t_1 t_2 \ldots t_n} \rangle .$$

Nun bilden wir

$$\varphi := \varphi_1 \circ \varphi_2 \circ \varphi_3 .$$

Diese Abbildung φ von I in F ist nicht injektiv. Sie ist aber surjektiv, wie man folgendermaßen sieht: Wir gehen bei obiger Auswahlentscheidung alternativ vor mit

$$\varphi_3' : t \mapsto \langle I_{t_1' t_2' \ldots t_n'} \rangle$$

und bilden $\varphi' := \varphi_1 \circ \varphi_2 \circ \varphi_3'$. Für den Fall $t = \frac{z}{4^k}$ sei wieder m wie oben erklärt, und es sei $\varphi(t) := P \in F$. Die gemäß φ_2 definierten Quadrate $F_{t_1 t_2 \ldots t_\mu}$ und $F_{t_1' t_2' \ldots t_\mu'}$ haben dann für alle μ mit $\mu \geq m$ eine gemeinsame Kante, auf der dann der Punkt P liegt, und es folgt $\varphi'(t) = P = \varphi(t)$. Das bedeutet aber $\varphi'[I] = \varphi[I] \subseteq F$. Weil nun $\varphi_1 \circ \varphi_2$ surjektiv ist und $\varphi_3[I] \cup \varphi_3'[I] = V$ gilt, sind sowohl φ als auch φ' surjektiv, d. h. $\varphi'[I] = \varphi[I] = F$.

Wir zeigen nun, daß φ stetig ist: Es sei $t \in I$ und $P := \varphi(t) \in F$, ferner W eine Umgebung von P, so daß ein $\varepsilon \in \mathbb{R}^+$ mit $U_\varepsilon(P) \subseteq W$ existiert. Wir müssen zeigen, daß ein $\delta \in \mathbb{R}^+$ mit $\varphi[U_\delta(t)] \subseteq W$ existiert. Aus einer Quadratschachtelung, welche P definiert, wählen wir ein hinreichend großes n mit

$$P \in F_{t_1 t_2 \ldots t_n} =: F_n \subset U_\varepsilon(P) .$$

Dann ist

$$t \in I_{t_1 t_2 \ldots t_n} =: I_n \quad \text{und} \quad \varphi[I_n] = F_n .$$

Fall 1: Es sei t kein Randpunkt von I_n. Dann existiert ein $\delta \in \mathbb{R}^+$ mit $U_\delta(t) \subseteq I_n$, also

$$\varphi[U_\delta(t)] \subseteq \varphi[I_n] = F_n \subset U_\varepsilon(P) \subseteq W .$$

Fall 2: Es sei t Randpunkt von I_n, ferner $t \neq 0$ und $t \neq 1$. Dann existieren ein zu I_n gleichlanges Intervall $I'_n := I_{t'_1 t'_2 ... t'_n}$ und ein $\delta \in \mathbb{R}^+$ mit $U_\delta(t) \subset I_n \cup I'_n$. Der Punkt P liegt auf der gemeinsamen Kante der Quadrate F_n und $F'_n := \varphi[I'_n]$, und neben $F_n \subset U_\varepsilon(P)$ gilt $F'_n \cap U_\varepsilon(P) \neq \emptyset$. Indem wir nötigenfalls n noch größer wählen, können wir sogar $F'_n \subset U_\varepsilon(P)$ erzwingen, und es folgt

$$\varphi[U_\delta(t)] \subseteq \varphi[I_n \cup I'_n] = F_n \subset U_\varepsilon(P) \subseteq W.$$

Fall 3: Es sei $t = 0$ oder $t = 1$. Mit $\delta := \frac{1}{2} \cdot \frac{1}{4^n}$ und $U_\delta(t) \cap I \subset I_n$ folgt

$$\varphi[U_\delta(t)] = \varphi[U_\delta(t) \cap I] \subseteq \varphi[I_n] \subset W.$$

Das Peano-Kontinuum in (7) ist also eine Kurve im Sinne von (5), die jedoch die äußerst merkwürdige Eigenschaft hat, das Einheitsquadrat lückenlos auszufüllen. Da hier wie schon in (6) die zugrundeliegende Abbildung φ nicht injektiv ist, fordert man in (5) häufig zusätzlich die Injektivität von φ.

(8) **Beispiel:** Es sei $\varphi : [0; 2\pi[\to \mathbb{R}^2$ mit

$$\varphi(t) := (\cos t, \sin t).$$

Die Funktion φ ist injektiv und stetig, das Bild von φ ist der Einheitskreis. Dagegen ist φ^{-1} an der Stelle $(1,0)$ nicht stetig!

Hier stört, daß das Bild einer halboffenen Strecke eine geschlossenen „Kurve" ist. Man sagt, daß diese Punktmengen topologisch nicht äquivalent sind. Daher kommen wir nun zu folgender Definition des Kurvenbegriffs:

(9) **Definition:** Es sei I ein nichtleeres Intervall, $\varphi : I \to \mathbb{R}^2$ und $K := \varphi[I]$. Genau dann ist K eine *Kurve*, wenn φ injektiv ist und φ und φ^{-1} stetig sind.

Eine derartige Abbildung nennt man *topologische Abbildung* oder *Homöomorphismus*. Eine Kurve in diesem strengen Sinn ist damit das homöomorphe Bild einer Strecke (mit oder ohne Einschluß der Endpunkte). Geschlossene Kurven gibt es in diesem Sinn nicht. Zwecks Behebung dieser Schwierigkeit kann man den Begriff *Weg* durch Aneinanderfügen endlich vieler Kurven definieren, und Wege können dann geschlossen sein oder Überschneidungspunkte haben.

Weiterhin gibt es noch den Begriff der *Jordan-Kurve*. Diese ist das homöomorphe Bild des Einheitskreises. Jede Jordan-Kurve teilt die

Ebene in zwei getrennte Gebiete, ein inneres und ein äußeres, und die Kurve ist die Grenze für beide Gebiete (Jordanscher Kurvensatz).

Gemäß (9) sind (3) und (8) keine Kurven, es liegen aber Wege vor: Bei (3) gibt es abzählbar viele Überschneidungen, und in (8) liegt eine Jordan-Kurve vor. Die in (3) benutzte Funktion φ ist wegen (4) auch stetig. Die Peano-Kurve aus (7) ist ebenfalls keine Kurve gemäß (9), aber auch kein Weg und keine Jordan-Kurve. Mit IV.4 (8) sollte man statt „Peano-Kurve" besser *Peano-Kontinuum* sagen. Die in II.3 vorgestellte von Kochsche „Schneeflockenkurve" ist ein Beispiel für eine Jordan-Kurve.

(10) **Beispiel:** In Fig. 9 wird in Analogie zu (8) ein Peano-Kontinuum durch die ersten drei Streckenzüge angedeutet ([Sierpiński 1916]). Auch hier gibt es eine stetige Abbildung von $[0;1]$ auf $[0;1] \times [0;1]$.

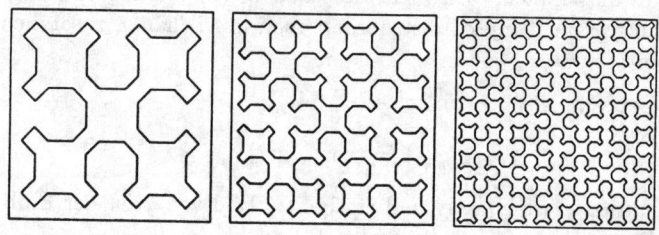

Fig. 9

(11) **Beispiel:** Die in Fig. 10 angedeuteten Punktmengen K_1 und K_2 sind von Felix Hausdorff (1868–1942) angegeben worden. Entfernt man

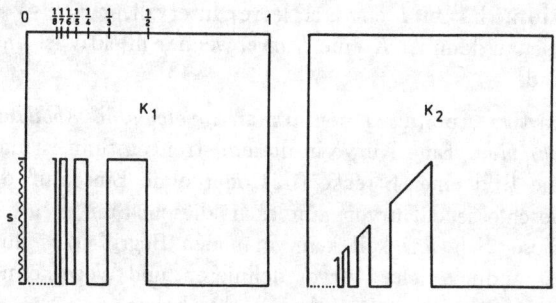

Fig. 10

aus K_1 die Strecke s, so teilt auch $K_1 \setminus s$ die Ebene in zwei getrennte Gebiete, und daher kann K_1 keine Jordan-Kurve sein. Jedoch ist K_2 eine Jordan-Kurve.

Die Idee der Konstruktion „exotischer" Punktmengen zur Durchleuchtung des Kurvenbegriffs wurde wesentlich von Georg Cantor angeregt.

(12) Cantorsches Diskontinuum oder *Cantorsche Wischmenge* ist eine Teilmenge C von [0;1], die folgendermaßen konstruiert wird: Im ersten Schritt entfernen wir aus [0;1] das mittlere Drittel, nämlich $]\frac{1}{3}; \frac{2}{3}[$, die verbleibende Menge nennen wir C_1. Im zweiten Schritt entfernen wir aus den beiden verbleibenden Intervallen $[0; \frac{1}{3}]$ und $[\frac{2}{3}; 1]$ jeweils das mittlere Drittel. Wir erhalten eine aus vier abgeschlossenen Intervallen bestehende Restmenge, die wir mit C_2 bezeichnen, und so fahren wir rekursiv fort (Fig. 11). Es wird also jeweils das mittlere Drittel der noch vorhandenen abgeschlossenen Intervalle „weggewischt". Durch diesen infiniten Prozeß ist C erklärt, nämlich

$$C := \bigcap_{n \in \mathbb{N}^*} C_n.$$

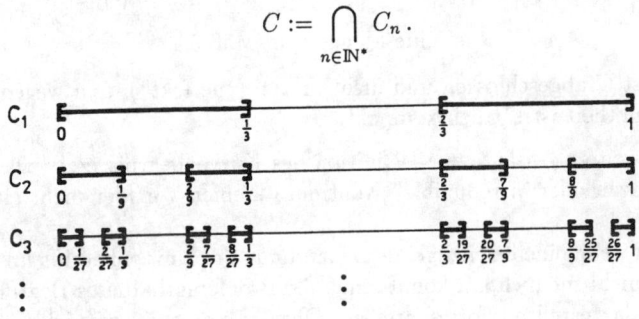

Fig. 11

Schreibt man die Elemente aus $]0;1[$ im Dreiersystem nichtabbrechend, also z. B. $(0,1\bar{2})_3$ für $\frac{2}{3}$ statt $(0,2)_3$, so passiert bei der Konstruktion von C folgendes:

1. Schritt: Aus [0;1] werden alle Zahlen mit der Ziffer 1 an der *ersten* Stelle nach dem Komma entfernt.

2. Schritt: Aus C_1 werden alle Zahlen mit der Ziffer 1 an der *zweiten* Stelle nach dem Komma entfernt.

3. Schritt: Aus C_2 werden alle Zahlen mit der Ziffer 1 an der *dritten* Stelle nach dem Komma entfernt

usw. Es ist also

$$C = \{(0, a_1 a_2 a_3 \ldots)_3 \mid a_1, a_2, a_3, \ldots \in \{0, 2\}\}.$$

Wir ersetzen nun in der Dreierdarstellung jeder Zahl aus C alle Ziffern 2 durch eine 1 und deuten die neue Schreibfigur als Dualzahl. Mit I.6 (6) ergibt sich dann:

C ist überabzählbar.

Dieses Ergebnis ist deshalb so verwunderlich, weil man glauben könnte, daß C nur Bruchzahlen mit einer 3er-Potenz als Nenner enthält, und die Menge dieser Zahlen ist abzählbar. Die Summe der Längen der (disjunkten) weggewischten Intervalle ist

$$\sum_{n=0}^{\infty} \frac{1}{3} \left(\frac{2}{3}\right)^n = 1.$$

C hat also die „Länge" 0. Statt „Länge" sagt man „Maß", und wir erhalten:

C ist eine Menge vom Maß 0.

Ferner ist C abgeschlossen und dicht in sich („perfekt"), und wegen der Beschränktheit ist C auch kompakt.

Auf weitere Ansätze zur Definition des Kurvenbegriffs (z. B. als Gebietsgrenzen oder „irreduzible" Kontinua) können wir hier nicht eingehen.

Auch wenn eine befriedigende Behandlung des Kurvenbegriffs im Unterricht nicht möglich ist, könnte man die Problematik dieses Begriffs in der hier dargestellten Form anreißen. Obwohl man ständig (nicht nur in der Analysis) mit Kurven arbeitet, sollte klar werden, daß die Definition dieses so „anschaulichen" Begriffs große Schwierigkeiten aufwirft. Anhand des Kurvenbegriffs kann man einerseits erkennen, wie häufig man in der Mathematik (und nicht nur in der Schule!) zu recht mit undefinierten Grundbegriffen arbeitet, über deren anschauliche Bedeutung ein allgemeiner Konsens besteht; andererseits liegt hier ein Beispiel für die spiralförmige Entwicklung eines Begriffs vor, welche man noch in der jüngsten Mathematikgeschichte verfolgen kann. Eine umfassende didaktische Diskussion des Kurvenbegriffs hat [Weth 1993] vorgelegt.)

Aus (9) folgt noch der für die Unterrichtspraxis wichtige Satz, mit dessen Hilfe sich ein engerer Kurvenbegriff definieren läßt:

(13) **Satz:** Der Graph einer stetigen, auf einem Intervall definierten reellen Funktion ist eine Kurve.

Folgendes Zitat aus [Hausdorff 1914] beleuchtet noch einmal die Schwierigkeit des Kurvenbegriffs: *Wir geben keine Definition des Begriffs der Kurve; die Mengen, die herkömmlicherweise diesen Namen führen, sind von so heterogener Beschaffenheit, daß sie unter keinen vernünftigen Sammelbegriff fallen.* Es gehörte zu den „Sternstunden" der Mathematik, als der russische Mathematiker Urysohn im Jahr 1922 doch einen solchen „vernünftigen Sammelbegriff" fand: Urysohn gelang eine Definition des Dimensionsbegriffs und damit eine Definition der Kurve als ein Kontinuum der Dimension 1. Auf die Dimensionstheorie von Urysohn kann hier nicht eingegangen werden (vgl. etwa [Vilenkin 1968]).

In [Hausdorff 1914] findet man aber einen interessanten Dimensionsbegriff für Punktmengen, welche wie die von Kochsche Kurve in I.3, die Peano-Kontinuen in (7) und (9) und das Cantorsche Diskontinuum in (11) durch gewisse infinite Pozesse definiert sind. Da dieser Hausdorffsche Dimensionsbegriff in der in jüngster Zeit entwickelten „Geometrie der Fraktale" eine Rolle spielt, wollen wir ihn hier kurz darstellen.

(14) **Definition:** Eine Punktmenge auf einer Geraden, in einer Ebene oder im Raum, die sich so in a Teile zerlegen läßt, daß jede dieser Teilmengen bei einer Streckung der Geraden, der Ebene oder des Raumes mit dem Faktor k kongruent zur gesamten Punktmenge ist, heißt *selbstähnlich.* Ihre *Selbstähnlichkeitsdimension* oder *Hausdorff-Dimension* d ist definiert durch $k^d = a$ bzw.

$$d := \frac{\log a}{\log k}.$$

Eine Strecke hat die Hausdorff-Dimension 1; denn zerlegt man sie in a gleichlange Teilstrecken, dann führt eine Streckung mit dem Faktor $k = a$ eine Teilstrecke in eine zur Ausgangsstrecke kongruente Strecke über.

Eine Rechtecksfläche hat die Hausdorff-Dimension 2; denn zerlegt man sie durch seitenparallele Schnitte in $a = r^2$ kongruente Teilflächen, dann führt eine Streckung mit dem Faktor $k = r$ eine Teilfläche in eine zur Ausgangsfläche kongruente Fläche über.

Ein Quader hat die Hausdorff-Dimension 3; denn zerlegt man ihn durch Schnitte parallel zu seinen Seitenflächen in $a = r^3$ kongruente Teilquader, dann führt eine Streckung mit dem Faktor $k = r$ einen Teilquader in einen zum Ausgangsquader kongruenten Quader über.

Diese trivialen Beispiele zeigen, daß der Hausdorffsche Dimensionsbegriff brauchbar ist.

(15) Beispiele: Wir betrachten bei der von Kochschen Kurve (II.3) nur eine der drei Seiten des Ausgangsdreiecks. Bei jedem Schritt der infiniten Konstruktion entsteht ein Streckenzug, den man in 4 kongruente Teile zerlegen kann, welche jeweils durch Streckung mit dem Faktor 3 in den vorangehenden Streckenzug übergehen. Übertragen wir diese Eigenschaft auf die Grenzkurve, so ergibt sich deren Dimension zu

$$d = \frac{\log 4}{\log 3} \approx 1,262.$$

Bei dem Peano-Kontinuum in (7) kann man die n-te Kurve so in 4 Teile zerlegen, daß jeder Teil durch Streckung mit dem Faktor 2 kongruent zur $(n-1)$-ten Kurve wird. Übertragen wir dies auf die Grenzkurve, so ergibt sich deren Dimension zu

$$d = \frac{\log 4}{\log 2} = 2.$$

Dies paßt sehr gut zu der Tatsache, daß es sich um eine „flächenfüllende" Kurve handelt. Die Cantorsche Wischmenge (11) ist selbstähnlich mit $a = 2$ und $k = 3$, hat also die Hausdorff-Dimension

$$d = \frac{\log 2}{\log 3} \approx 0,631.$$

Daß dieser Wert kleiner als 1 ist, paßt gut zu der Tatsache, daß es sich um eine Menge vom Maß 0 handelt.

(16) Flickenteppiche: Aus der Fläche eines gleichseitigen Dreiecks (einschließlich Rand) wischen wir das Mittendreieck (ohne Rand) weg und verfahren analog mit den entstandenen Teildreiecken (Fig. 12). Es ergibt sich eine Folge C_0, C_1, C_2, ... von Punktmengen mit einer sehr merkwürdigen „Grenzmenge" C. Soll man dieser einen Flächeninhalt zusprechen, so kommt nur der Flächeninhalt 0 in Frage, da Flächenstücke weggewischt worden sind, deren gesamter Flächeninhalt gleich dem Flächeninhalt des Ausgangsdreiecks ist. Die Punktmenge C ist ein flächenhaftes Analogon zur Cantorschen Wischmenge; daher nennt man diese und ähnlich konstruierte Mengen *Cantorsche Kurven*. Sie heißen auch *Sierpińskische Flickenteppiche* nach Waclaw Sierpiński

(1882–1969). Die Hausdorff-Dimension des Flickenteppichs gemäß Fig. 12 ist

$$d = \frac{\log 3}{\log 2} \approx 1,585.$$

Fig. 12

Sierpinski hat auch Flickenteppiche konstruiert, die einen von 0 verschiedenen Flächeninhalt haben. Ein Beispiel ist in Fig. 13 angegeben: Ein Quadrat der Kantenlänge 1 (mit Rand) zerlege man in ein Quadrat der Kantenlänge $\frac{1}{5}$, vier Quadrate der Kantenlänge $\frac{2}{5}$ und vier Rechtecke mit den Kantenlängen $\frac{1}{5}$ und $\frac{2}{5}$. Man wische das mittlere Quadrat der Kantenlänge $\frac{1}{5}$ weg. In den verbleibenden insgesamt 8 Quadraten und Rechtecken wische man in der Mitte jeweils ein Quadrat der Kantenlänge $(\frac{1}{5})^2$ weg (Fig. 13). Im nächsten Schritt wird in den verbleibenden 8^2 Quadraten und Rechtecken in der Mitte jeweils ein Quadrat der Kantenlänge $(\frac{1}{5})^3$ weggewischt. Im ersten Schritt wird also $\frac{1}{25}$ der Fläche gewischt, im zweiten Schritt $8 \cdot (\frac{1}{25})^2$, im dritten Schritt $8^2 \cdot (\frac{1}{25})^3$ usw. Der Anteil der weggewischten Fläche an gesamten Quadrat ist also

$$\frac{1}{25} + 8 \cdot \left(\frac{1}{25}\right)^2 + 8^2 \cdot \left(\frac{1}{25}\right)^3 + \ldots$$

$$= \frac{1}{25} \cdot \left(1 + \frac{8}{25} + \left(\frac{8}{25}\right)^2 + \ldots\right) = \frac{1}{25} \cdot \frac{1}{1 - \frac{8}{25}} = \frac{1}{17},$$

es bleibt also eine „Flächenstück" mit dem Inhalt $\frac{16}{17}$ übrig. Aber ist die Grenzmenge C wirklich ein „Flächenstück"? Dagegen spricht, daß man in C kein noch so kleines Quadrat findet, in welchem nicht ein „Loch" ist, aus welchem also nichts weggewischt worden ist. Die Hausdorff-Dimension des Flickenteppichs gemäß Fig. 13 ist

$$d = \frac{6}{2,5} \approx 1,955.$$

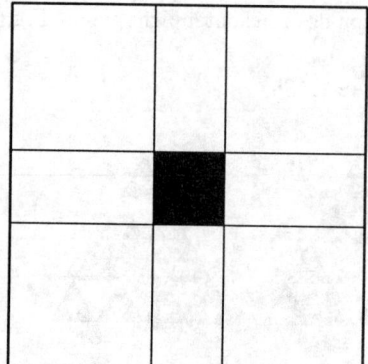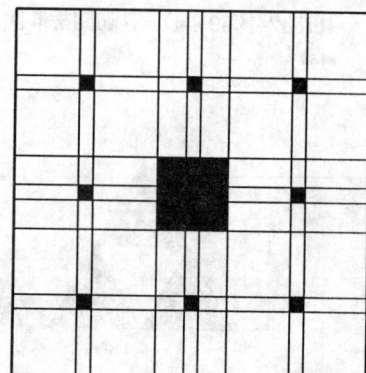

Fig. 13

V Differenzierbarkeit

V.1 Historische Entwicklung

Bereits in der Antike wurden Tangentenberechnungen durchgeführt (Apollonius, Archimedes), wobei aber keine infinitesimalen Methoden angewendet wurden; dies begann erst im 17. Jahrhundert (vgl. hierzu Abschnitt III.1). Pierre de Fermat verfaßte 1629 seine Schrift *Methodus ad disquirendam maximam et minimam* ([Fermat 1629], publiziert 1679), in der er Extremwertuntersuchungen durchführte. Seine Methode ist einfach: Ist in dem zu optimierenden Ausdruck (meist ein Polynom) A die unabhängige Variable, so ersetzt er A durch $A + E$, betrachtet beide Ausdrücke für „kleine" E als „näherungsweise gleich", läßt nach Ausmultiplizieren in beiden Ausdrücken gleiche Summanden weg, dividiert durch den dann allen Summanden gemeinsamen Faktor E und „setzt" dann $E = 0$.

(1) **Beispiel** von Fermat (1629): Es soll eine gegebene Strecke so in zwei Teilstrecken zerlegt werden, daß das Produkt der beiden Längen maximal wird (Rechteck maximalen Inhalts bei gegebenem Umfang): *Die Strecke sei mit B bezeichnet, für den einen Teil von B setzen wir etwa A, also ist der noch übrige Teil von B gleich B − A und das aus den beiden Abschnitten gebildete Rechteck gleich B · A − A², hierfür soll der größte Wert gefunden werden. Setzen wir für den einen Teil von B neuerdings A + E, so ist der noch übrige Teil gleich B − A − E und das aus den beiden Abschnitten gebildete Rechteck gleich B · A − A² + B · E − 2A · E − E², dies ist näherungsweise gleichzusetzen obigem Rechteck B · A − A². Nach Wegfall der gemeinsamen Glieder erhält man B · E ≈ 2A · E + E². Wird alles durch E dividiert, so bleibt B ≈ 2A + E. Wird E gestrichen, so ergibt sich B = 2A. Also ist zur Lösung der Aufgabe B zu halbieren. Eine allgemeinere Methode kann man wohl nicht angeben.*

Die Symbole $=$ und $\approx$ verwendet Fermat noch nicht, sie wurden erst in der Übersetzung eingefügt. Fermat hatte mit seiner algebraischen Methode zwar den Grenzwertbegriff noch nicht zur Verfügung, aber er war diesem und darüber hinaus dem Ableitungsbegriff sehr nahe. Bei ihm kommt wohl erstmalig die Idee einer „kleinen Änderung" einer Größe vor. Pierre Simon de Laplace (1749–1827) spricht daher auch von Fermat als dem *Entdecker der Differentialrechnung*. In seiner Schrift wendet Fermat dann weiterhin seine Methode auch auf die Berechnung von Tangentensteigungen an ([Baron 1969], [Boyer 1968], [Wieleitner 1911]):

(2) Beispiel von Fermat (1629): Es soll eine Parabeltangente bestimmt werden. Der Punkt O in Fig. 1 liegt auf der Geraden (BE), welche die Normalparabel im Punkt B berührt. Fermat schließt nun folgendermaßen: Es ist

$$\overline{CD} : \overline{DI} > \overline{BC}^2 : \overline{OI}^2,$$

da ja O außerhalb der Parabel liegt; wegen der Ähnlichkeit der Dreiecke ist jedoch

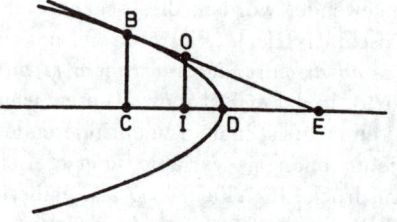

$$\overline{BC}^2 : \overline{OI}^2 = \overline{CE}^2 : \overline{IE}^2,$$

also ist auch

$$\overline{CD} : \overline{DI} > \overline{CE}^2 : \overline{IE}^2.$$

Fig. 1

Nun führt Fermat die Abkürzungen

$$D \text{ für } \overline{CD}, \quad A \text{ für } \overline{CE}, \quad E \text{ für } \overline{CI}$$

ein. Dann ist also

$$D : (D - E) > A^2 : (A^2 + E^2 - 2A \cdot E).$$

Durch Multiplikation der inneren bzw. äußeren Glieder ergibt sich

$$D \cdot A^2 + D \cdot E^2 - 2D \cdot A \cdot E > D \cdot A^2 - A^2 \cdot E.$$

Setzt man nun nach obiger Methode näherungsweise gleich und läßt die gemeinsamen Glieder weg, so erhält man

$$D \cdot E^2 - 2D \cdot A \cdot E \approx -A^2 \cdot E$$

oder, was dasselbe ist,

$$D \cdot E^2 + A^2 \cdot E \approx 2D \cdot A \cdot E .$$

Hierauf dividiere man alles durch E und streiche $D \cdot E$. Es ergibt sich $A = 2D$, also $\overline{CE} = 2 \cdot \overline{CD}$. Dann fährt Fermat fort: *Die Methode versagt nie; sie kann sogar auf eine große Anzahl sehr schöner Aufgaben ausgedehnt werden; mit ihrer Hilfe finden wir die Schwerpunkte von Figuren, die von Kurven und Geraden begrenzt sind, sowie auch von Körpern und noch vieles anderes, worüber wir vielleicht noch ein andermal berichten werden, wenn wir dazu Muße finden.*

Johannes Hudde (1629–1704), Bürgermeister von Amsterdam, befaßte sich mit der Faktorisierung von Polynomen und lieferte damit Beiträge zur Entwicklung des Analysiskalküls.

(3) Huddesche Regeln (1659): Gegeben sei das Polynom

$$a_0 + a_1 x + \ldots + a_n x^n .$$

a) Ist r eine doppelte Nullstelle dieses Polynoms und sind $b_0, b_1, \ldots, b_n$ die Anfangsglieder einer beliebigen arithmetischen Folge, so ist r auch Nullstelle von

$$a_0 b_0 + a_1 b_1 x + \ldots + a_n b_n x^n .$$

b) Nimmt das Polynom für $x = a$ einen relativen Extremwert an, so ist a Nullstelle von

$$a_1 + 2a_2 x + \ldots + n a_n x^{n-1} .$$

Hudde gab keine Beweise an, aber für uns sind seine Regeln klar: Nennen wir das Polynom $f(x)$ und setzen in a) $b_k = b_0 + kc$ mit $c \in \mathbb{R}$, dann ist das in a) angegebene Polynom $b_0 f(x) + cx f'(x)$. Ist also r eine doppelte Nullstelle von $f(x)$ und somit eine Nullstelle von $f'(x)$, dann ist r auch eine Nullstelle des in a) angegebenen Polynoms. Regel b) kennen wir bereits von Fermat; sie besagt lediglich, daß $f'(a) = 0$ für jede relative Extremstelle a gilt. Hudde wählte für $b_0, b_1, \ldots$ einfach die Exponenten von x. Er wendete seine Regeln zur Berechnung von Tangentensteigungen an. Die große historische Bedeutung dieser Berechnungen liegt darin, daß er seine Lösungen nicht aus der Anschauung, sondern mit Hilfe seines „Kalküls" erhielt ([Baron 1969], [Boyer 1968], [Cantor 1900], [Wieleitner 1911]).

Isaac Barrow, Freund und Lehrer von Newton, entwickelte die Tangentenmethode von Fermat weiter, indem er zusätzlich das später von

Leibniz so genannte *charakteristische Dreieck* benutzte, das vor ihm schon Wallis und Pascal kannten. Gegenüber Fermat änderte Barrow sogar zwei Größen. Wir geben die Darstellung von [Wieleitner 1911] an:

(4) **Tangentenmethode** von Barrow (1670), vgl. Fig. 2: Ist nämlich MN ein unendlich kleines Kurvenstück, MT die Tangente, sind MP und NQ zwei senkrechte Ordinaten und ist NR parallel zu AP, $MR = a$, $NR = e$, *so werden a und e durch eine Gleichung miteinander verbunden; dabei sind alle Glieder wegzulassen, welche höhere Potenzen von a und e als die erste oder ihre Produkte enthalten. Nach Herstellung der Gleichung werden dann mit Berücksichtigung der Kurvengleichung die Glieder „weggeworfen", welche a und e nicht enthalten. Ersetzt man nun a durch $MP = m$ und e durch $TP = t$, so hat man eine Gleichung zur Bestimmung der Subtangente*, auf deren Festlegung auch schon Fermat ausgegangen war. Diese Vorschrift zeigt, daß Barrow das Verhältnis der unendlich kleinen Größen $\frac{a}{e}$ gleich dem der endlichen Größen $\frac{MP}{TP} = \frac{m}{t}$ setzte, wie dies auch Newton tat, dessen Methode direkt aus jener Barrows hervorging.

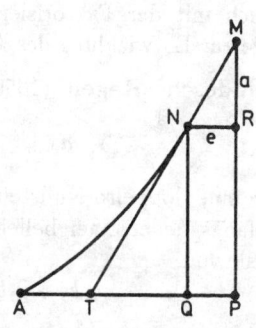

Fig. 2

Diese Anfänge des Differentialkalküls erleben eine gewaltige Fortentwicklung durch Newton und Leibniz; vgl. dazu auch II.1 und III.1.

(5) **Newton:** Im Jahr 1704 veröffentlichte er sein Werk *Tractatus de quadratura curvarum*, dessen wesentliche Aspekte er aber bereits vierzig Jahre vorher kannte. So konnte es auch später zum Prioritätenstreit zwischen Leibniz und Newton kommen.

Ein Auszug aus Newtons Werk: *Die Größe x möge gleichförmig fließen, und es sei die Fluxion der Größe x^n zu finden. In der Zeit, in der x beim Fließen zu $x+o$ wird, wird x^n zu $(x + o)^n$, d. h. nach der Methode der unendlichen Reihen zu*

$$x^n + nox^{n-1} + \frac{n^2 - n}{2}o^2 x^{n-2} + usw.$$

Die Zunahmen

$$o \quad und \quad nox^{n-1} + \frac{n^2 - n}{2}o^2 x^{n-2} + usw.$$

verhalten sich zueinander wie

$$1 \quad zu \quad nx^{n-1} + \frac{n^2 - n}{2}ox^{n-2} + usw.$$

Nun mögen jene Zunahmen verschwinden. Dann wird ihr letztes Verhältnis

$$1 \quad zu \quad nx^{n-1}$$

sein. Es verhält sich daher die Fluxion der Größe x zur Fluxion der Größe x^n wie 1 zu nx^{n-1}.

(6) Leibniz: Etwa zehn Jahre nach Newton entdeckte Leibniz im Jahr 1673 unabhängig von diesem, daß die Tangentensteigung vom Verhältnis von Ordinaten- und Abszissendifferenz abhängt, indem diese „unendlich klein" werden. Dabei entdeckte er das von ihm so genannte *charakteristische Dreieck*, dessen Seitenlängen er später mit dx bzw. dy bezeichnet und *differentia* nannte (wir sagen heute „Differential" statt „Differenz"); die Tangentensteigung ist dann der „Differentialquotient" $\frac{dy}{dx}$. Im Rahmen von Quadraturfragen erkannte er auch, daß der Flächeninhalt krummlinig begrenzter Figuren durch die Summe unendlich schmaler Rechtecke gegeben werden kann. Quadratur- und Tangentenproblem — gekennzeichnet durch Summen- und Differenzenbildung — waren für ihn invers zueinander. Das Bindeglied zwischen diesen inversen Problemen waren die infinitesimalen Größen oder das charakteristische Dreieck. Seine erste Veröffentlichung zur Differentialrechnung erschien 1684: *Nova methodus pro maximis et minimis itemque tangentibus ...* ([Leibniz 1684]). Hierin gab er seinen „Differentialkalkül" in Form eines Formelsatzes an, nämlich

$$da = 0 \text{ und } d(ax) = adx \text{ für Konstante } a,$$
$$dy = dv \text{ für } y = v,$$
$$d(z - y + w + x) = dz - dy + dw + dx,$$
$$d(xv) = xdv + vdx$$

usw. Das mag zwar verwundern, denn die charakteristischen Dreiecke sind doch nur bis auf Ähnlichkeit eindeutig einem Kurvenpunkt zugeordnet. Aber er schreibt dazu: *Zu beachten ist auch, daß es nur mit*

gewisser Vorsicht eine Rückkehr von der Differentialgleichung gibt ...
Er gibt wie schon Fermat die notwendige Bedingung für Extremstellen
an (bei ihm $dv = 0$), aber er ergänzt diese auch durch die hinreichenden
Bedingungen: *Wenn bei zunehmenden Ordinaten auch ihre Inkremente
oder Differenzen dv zunehmen (d. h. ... die ddv ... positiv sind ...), so
kehrt die Kurve der Achse ihre konvexe Seite, sonst ihre konkave Seite zu.
... Wo aber das Inkrement ein Maximum oder ein Minimum ist, ... da ist
ein Wendepunkt ... Ein Wendepunkt ist daher vorhanden, wenn weder v
noch dv gleich 0 ist, wohl aber ddv gleich 0.*

Wie schnell der Differentialkalkül von Leibniz sich durchgesetzt hat,
zeigt das Vorlesungsmanuskript von Johann Bernoulli über „Differentialrechnung" [Bernoulli 1691/1692]. Hierauf aufbauend schrieb Guil-
laume Francois Marquis de l'Hospital (1661–1704) im Jahre 1699 das *erste Lehrbuch der Differentialrechnung*. Der 38 Seiten lange Manuskript-
Nachdruck von Bernoullis Vorlesung beginnt mit 5 Seiten Theorie (*Po-
stulate, Über Addition und Subtraktion der Differentiale, Über die Differentiale von Produkten, Über die Differentiale von Brüchen, Über die Differentiale von Wurzelgrößen*), wobei die Leibnizsche Differentialschreibweise benutzt wird. Dann folgen 21 Aufgaben, und zwar 11 Tangen-
tenaufgaben (davon zwei zur Quadratrix, vgl. IV.5 (2)), 9 Extremwertaufgaben und eine letzte Aufgabe, die sich ausführlich mit dem Wende-
punktproblem befaßt. Einige Aufgaben seien hier kurz genannt:

(7) **Aufgaben** zur Differentialrechnung von Johann Bernoulli:

a) Tangenten an Parabel, Ellipse, Hyperbel, Zykloide, Konchoide,
Kissoide, Quadratrix xu finden.

b) Diejenige Kurve zu finden, deren Subtangenten immer gleich lang
sind. (Führt auf eine Differentialgleichung.)

c) Zu finden die Tangente der Kurve, welche die Eigenschaft hat, daß
die Summe dreier Geraden, die von einem beliebigen Kurvenpunkte nach
drei in gerader Linie gegebenen Punkten gezogen werden, immer dieselbe
ist. (Für uns: Die Kurve ist der geometrische Ort aller Punkte, deren
Abstandssumme von drei gegebenen kollinearen Punkten konstant ist.)

d) Eine gegebene Strecke so in drei Teile teilen, daß das Produkt
aller Teile den größten Quader ergibt, der aus drei Teilen dieser Strecke
gebildet werden kann.

e) Das größte Rechteck zu finden, das von den Abszissen und Ordinaten eines Kreises gebildet wird. (Gemeint ist das größte Rechteck, das

einem Halbkreis einbeschrieben werden kann.)

f) Ein Fußgänger ..., der von A nach E zu gelangen sucht, muß das ebene und gebahnte Feld ... und das rauhe und unebene Feld ... durchschreiten, die in der Beziehung stehen, daß in der Zeit a die Strecke b in dem ebenen Feld und in derselben Zeit die Strecke c in dem rauheren Gebiet ... zurückgelegt wird. Es wird nach dem kürzesten Weg von A nach E gefragt. (Die beiden Gebiete haben eine gerade Grenze.)

g) In der Geraden CE den Punkt D zu finden, wofür die Summe $DA + DB$ ein Minimum wird (Fig. 3).

h) Das größte Rechteck zu finden, das von den Abschnitten der Ordinaten eines Kreisquadranten gebildet wird, die durch die Quadrantensehne entstehen. (In Fig. 4 sind die Abschnitte DF und EF.)

i) Auf dem Radius AC den Punkt D zu finden, für den das Stück EF auf dem Lot ED zu AC zwischen dem Umfang BEC und der Quadrantensehne BC ein Maximum ist (Fig. 4).

j) Das Gewicht A hänge an dem Seil AC, das in C befestigt ist und über die Rolle E geht, die frei beweglich an dem in B befestigten Seil hängt (Fig. 5); es wird gefragt, wo die Rolle E und das Gewicht A zur Ruhe kommen. (Rolle und Seil werden als gewichtslos vorausgesetzt. Hinweis: Minimum der potentiellen Energie suchen!)

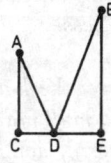 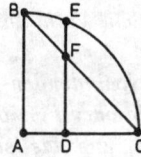 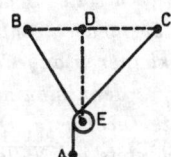

Fig. 3   Fig. 4   Fig. 5

(8) **Bemerkung:** Tangenten in Wendepunkten können für Anfänger ein Verständnisproblem darstellen, wenn sie „Tangente" vom Kreis her mit „Berührungsgerade" assoziieren, während eine Wendetangente die Kurve im Wendepunkt schneidet. Auch zu Bernoullis Zeiten war das ein Problem, weshalb er in einem Schlußsatz seiner Vorlesung ausführlich darauf eingeht: *Es ist übrigens zu beachten, daß in allen Kurven der Wendepunkt die Eigenschaft hat, daß die Tangente in jenem Punkte die Kurve zugleich schneidet, so aber, daß der Schnittwinkel kleiner als ein beliebig gegebener sei, d. h., daß keine andere Gerade zwischen der Tangente*

(oder wenn man es lieber will der Sekante) und der Kurve durch den Wendepunkt gezogen werden kann. Da nun der Wendepunkt einem konkaven und konvexen Teil der Kurve angehört, und da die Tangente im konvexen Teil außerhalb, im konkaven aber innerhalb liegt, so ist klar, daß die Tangente im Wendepunkt vom einen Teil außen, vom anderen Teil innen liegt, d. h. die Kurve in jenem Punkte schneidet. Da aber der Schnittwinkel kleiner als ein beliebig gegebener ist, so erhellt, daß, trotzdem sie die Kurve schneidet, sie deswegen nicht die Tangentennatur ablegt.

Mit Johann Bernoulli sind wir schon in der „Epoche des Ausbaus der Differentialrechnung". Wir wollen hierzu noch kurz auf Euler, d'Alembert und Lagrange eingehen. Von großem Einfluß war das schon in II.1 zitierte Lehrbuch von

(9) Euler: *Vollständige Anleitung zur Differentialrechnung* (Übersetzung der lateinischen Originalausgabe *Institutiones calculi differentialis*, Petersburg 1755, [Euler 1790]). Wir zitieren aus der „Vorrede des Verfassers":

... Denn das Increment von x, welches wir überhaupt durch ω angezeigt haben, hat zu dem Incremente des Quadrats xx, nemlich $2x\omega + \omega\omega$ das Verhältniß 1 zu $2x + \omega$, und dieses Verhältniß ist allemal von dem 1 zu 2x unterschieden, so lange nicht ω = 0 ist; dagegen, sobald ω = 0 wird, in voller Schärfe 1:2x + ω = 1:2x ist. Nun ist es leicht, sich davon zu überzeugen, daß man sich dem Verhältnisse 1:2x desto besser nähere, je kleiner ω angenommen wird ...

... denn man mag die verschwindenden Incremente, deren Verhältniß untersucht wird, Differenzialien oder Fluxionen nennen, so muß man sie sich stets als Nullen vorstellen, und das ist der wahre Begriff, den man sich davon zu machen hat ...

Man beachte im ersten Absatz des Zitats in (9), daß Euler unterscheidet zwischen „ω ist 0" und „ω wird 0". Die von Euler so genannten „Nullen" sind von unserem Verständnis her „positiv, aber kleiner als jede positive reelle Zahl". Dies sind also gerade die „infinitesimalen" oder „unendlich kleinen" Größen der heutigen Non-Standard-Analysis; vgl. hierzu etwa [Laugwitz 1986].

D'Alembert gab die erste Definition von „Grenzwert", womit ihm auch eine neue Sicht der „Differentiation" möglich war:

(10) **D'Alembert** (etwa 1760): Die Differentation von Gleichungen besteht darin, die Grenzwerte der Verhältnisse endlicher Differenzen von zwei Variablen zu finden, die in der Gleichung vorkommen.

Im Jahr 1797 erschien von Joseph Louis Lagrange (1736–1813) das Werk *Théorie des fonctions analytiques*, und hierin tauchte erstmals der Begriff *derivierte Funktion* auf, auf den unsere Bezeichnung „Ableitung" zurückgeht. Auch verdanken wir ihm die Symbole $y', y'', \ldots$, welche er neben den von Euler eingeführten Symbolen $f'(x), f''(x), \ldots$ benutzte. Von (10) ist es nicht mehr weit zur endgültigen Fassung des Differenzierbarkeitsbegriffs von Cauchy (1823). Dem Leibnizschen Differential wies Cauchy eine untergeordnete Rolle zu. Für eine beliebige Größe dx definierte er das Differential dy von $y = f(x)$ einfach als $f'(x)dx$.

Wir haben gesehen, daß bei der Geburt der Differentialrechnung Extremal- und Tangentenprobleme Pate standen. Der Differentialkalkül und die zugehörigen Begriffe haben sich also „problemorientiert" entwickelt, und zwar mit *innermathematischem* Bezug. Dieses sollte man auch bei der Konzeption des Unterrichts bedenken, wenn man ihn problemorientiert und beziehungshaltig gestalten will.

V.2 Differenzierbarkeit reeller Funktionen

Im folgenden sollen verschiedene Zugänge zum Begriff der Differenzierbarkeit und damit der Ableitung vorgestellt werde. Unter methodischen und didaktischen Gesichtspunkten wird dieses Thema ausführlich in [Knoche/Wippermann 1986] diskutiert.

Der Begriff der *Tangente an eine Kurve in einem Kurvenpunkt* ist zunächst nicht ohne Probleme. Man kann von Schülern keine „exakte" Definition erwarten, wie auch die kritischen Fälle der Kurven K in Fig. 1 zeigen. (Vgl. auch V.1 (8).) Dies darf aber nicht dazu führen, bereits zu Beginn der Differentialrechnung im Unterricht den Tangentenbegriff präzise definieren zu wollen. Nach Erarbeitung des Differenzierbarkeitsbegriffs ist man jedoch in der Lage, eine analytische Tangentendefinition zu geben, und das entspricht auch der mathematikgeschichtlichen Entwicklung.

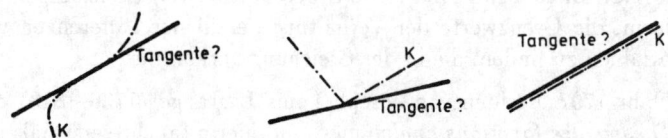

Fig. 1

Von besonderer Bedeutung sind im Hinblick auf Tangentenuntersuchungen die sogenannten *Differenzenquotientenfunktionen* oder *Sekantensteigungsfunktionen.*

(1) Definition: Für alle $f \in F(\mathbb{R})$ und alle $a \in D_f$ mit $D_f \setminus \{a\} \neq \emptyset$ sei $s_{f,a} : D_f \setminus \{a\} \to \mathbb{R}$ mit

$$s_{f,a}(x) := \frac{f(x) - f(a)}{x - a}.$$

Diese Funktion heißt *Sekantensteigungsfunktion* von f an der Stelle a (Fig. 2).

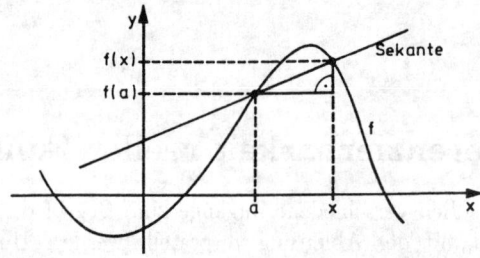

Fig. 2

Zu jeder reellen Funktion f gehört damit eine *Schar* $\{s_{f,a} \mid a \in D_f\}$ von Sekantensteigungsfunktionen.

(3) Beispiele:

a) Für $f(x) := x^2$, $D_f = \mathbb{R}$, $a \in \mathbb{R}$ und $x \neq a$ ist

$$s_{f,a}(x) = \frac{x^2 - a^2}{x - a} = x + a.$$

In Fig. 3 sind diese Funktionen für $a \in \{-2; -1; 0; 1; 2\}$ dargestellt.

b) Für $f(x) := |x|$, $D_f = \mathbb{R}$,
$a \in \mathbb{R}$ und $x \neq a$ ist

$$s_{f,a}(x) = \frac{|x| - |a|}{x - a}.$$

Es ist $s_{f,0}(x) = \operatorname{sgn}(x)$ $(x \neq 0)$,
und für $a > 0$ ist

$$s_{f,a}(x) = -1 - \frac{2a}{x - a}$$

für $x \leq 0$ und

$$s_{f,a}(x) = 1$$

für $x > 0$, $x \neq a$. In Fig. 4
sind die Funktionen $s_{f,a}$ für a aus
$\{1; 0, 2; 0; -0, 2\}$ dargestellt.

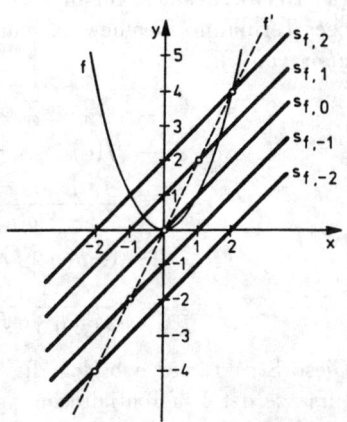

Fig. 3

c) Für $f(x) := \operatorname{sgn}(x)$, $D_f = \mathbb{R}$ sind in Fig. 5 die Funktionen $s_{f,0}$ und
$s_{f,2}$ dargestellt.

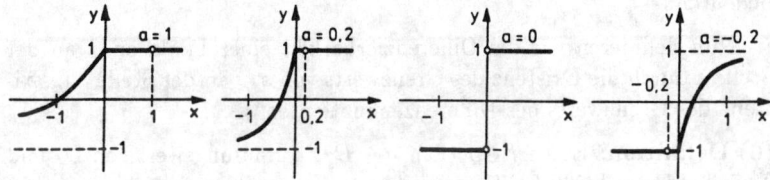

Fig. 4

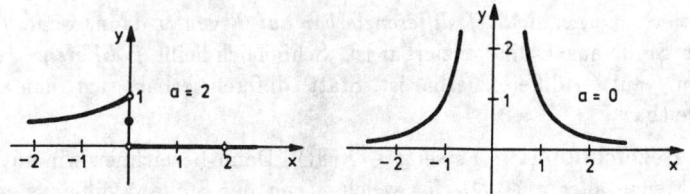

Fig. 5

(4) Struktursätze für die Sekantensteigungsfunktionen: Durch einfaches Termumformen beweist man für $f, g \in F(\mathbb{R})$ (und geeignete Festlegung von a):

$$
\begin{aligned}
s_{f+g,a} &= s_{f,a} + s_{g,a} \\
s_{f \cdot g,a} &= f(a) \cdot s_{g,a} + g \cdot s_{f,a} = f \cdot s_{g,a} + g(a) \cdot s_{f,a} \\
s_{\frac{f}{g},a} &= \frac{g(a) \cdot s_{f,a} - f(a) \cdot s_{g,a}}{g(a) \cdot g} \\
s_{g \circ f,a} &= (s_{g,f(a)} \circ f) \cdot s_{f,a} \\
s_{f^{-1},a} &= \frac{1}{s_{f,f^{-1}(a)} \circ f^{-1}}
\end{aligned}
$$

Diese Struktursätze bilden die algebraische Grundlage für die Struktursätze der Differentialrechnung (z. B. Produktregel, Quotientenregel, Kettenregel).

(5) Folgerung: Für $a \in \mathbb{R}$ gilt $s_{\underline{1},a} = \underline{0}$, $s_{\mathrm{id},a} = \underline{1}$ und für $n \in \mathbb{N}$

$$
s_{\mathrm{id}^{n+1},a} = \sum_{i=0}^{n} a^{n-i} \, \mathrm{id}^i .
$$

Dabei sollen $\underline{0}, \underline{1}$ und id die Restriktionen dieser Funktionen auf $\mathbb{R} \setminus \{a\}$ bedeuten.

Nun definieren wir die Differenzierbarkeit einer Funktion f an der Stelle a durch die Existenz des Grenzwerts von $s_{f,a}$ an der Stelle a („Existenz des Grenzwerts des Differenzenquotienten").

(6) Definition: Es sei $f \in F(\mathbb{R})$, $a \in D_f$, a Häufungswert von D_f und $T \subseteq D_f$. Dann heißt f *differenzierbar an der Stelle* a genau dann, wenn

$$
\lim_{x \to a} s_{f,a}(x)
$$

existiert. Ferner heißt f *differenzierbar auf T* genau dann, wenn f an jeder Stelle aus T differenzierbar ist. Schließlich heißt f *differenzierbar*, wenn f auf D_f differenzierbar ist. Statt „differenzierbar" sagt man auch „ableitbar".

(7) Bezeichnungen: Es sei $f \in F(\mathbb{R})$. Dann bezeichnen wir mit A_f die Menge aller $a \in D_f$, für welche f an der Stelle a differenzierbar (ableitbar) ist. Die Funktion f' mit der Definitionsmenge A_f und

$$
f' : x \mapsto \lim_{x \to a} s_{f,a}(x)
$$

heißt *Ableitungsfunktion* von f. Ihr Wert $f'(a)$ heißt *Ableitung* oder *Differentialquotient* von f an der Stelle a. Ist f' seinerseits wieder differenzierbar, so ist $(f')' =: f''$ etc. Ferner sei für $a \in \mathbb{R}$ und $\emptyset \neq T \subseteq \mathbb{R}$

$$\mathcal{A}_a := \{f \in F(\mathbb{R}) \mid a \in A_f\}, \quad \mathcal{A}_T := \{f \in F(\mathbb{R}) \mid T \subseteq A_f\}.$$

Die Funktionen $s_{f,a}$ haben an der Stelle a eine „Lücke", die sich genau dann „stopfen" läßt, wenn $a \in A_f$ gilt, wenn also $s_{f,a}$ an der Stelle a stetig fortsetzbar ist. Ist a nicht Häufungswert, sondern isolierter Punkt von D_f (vgl. IV.2), dann kann man $s_{f,a}$ unendlich vieldeutig an der Stelle a stetig fortsetzen. Daran kann uns aber im Sinn der gesuchten Tangentendefinition nicht gelegen sein.

Den folgenden Satz hätten wir schon in IV.2 beweisen können, aber erst hier wird er benötigt, und zwar speziell für die stetige Fortsetzung von $s_{f,a}$ an der Stelle a.

(8) Eindeutigkeitssatz für stetige Fortsetzungen: Es sei f eine Funktion aus $F(\mathbb{R})$, $a \notin D_f$ und a Häufungswert von D_f. Dann gibt es *höchstens eine* stetige Fortsetzung von f an der Stelle a.

Beweis: f_1 und f_2 seien stetige Fortsetzungen von f an der Stelle a. Es ist zu zeigen, daß $f_1(a) = f_2(a)$. Nach Voraussetzung existiert eine Folge $\langle a_n \rangle$ aus $D_f \setminus \{a\}$ mit dem Grenzwert a, und für jede solche Folge gilt wegen $a_n \neq a$ und $f_1(x) = f(x) = f_2(x)$ für $x \neq a$

$$f_1(a) = \lim\langle f_1(a_n)\rangle = \lim\langle f(a_n)\rangle = \lim\langle f_2(a_n)\rangle = f_2(a).$$

Es gibt nun neben (6) viele andere Möglichkeiten und Varianten, die Differenzierbarkeit einer Funktion zu definieren. Neben den Variationen im Begriffsverständnis, die sich aus unterschiedlichen Fassungen des Grenzwertbegriffs ergeben (vgl. III.3), sind die folgenden *wesentlich* anderer Art:

(9) Satz: Es sei $f \in F(\mathbb{R})$, $a \in D_f$ und a Häufungswert von D_f. Genau dann ist f differenzierbar an der Stelle a, wenn eine der folgenden Bedingungen erfüllt ist:

a) Es existiert ein $m \in \mathbb{R}$ und ein $\varrho \in \mathbb{R}^{D_f}$ mit $\lim\limits_{x \to a} \dfrac{\varrho(x)}{x - a} = 0$, so daß

$$\bigwedge_{x \in D_f} f(x) = f(a) + m(x - a) + \varrho(x).$$

b) Es existiert ein an der Stelle a stetiges $\sigma \in \mathbb{R}^{D_f}$, so daß

$$\bigwedge_{x \in D_f} f(x) = f(a) + (x - a) \cdot \sigma(x).$$

c) Es existiert eine affine Funktion τ, so daß für jede affine Funktion g eine Umgebung $U^g(a)$ derart existiert, daß

$$\bigwedge_{x \in D_f \cap U^g(a)} |f(x) - \tau(x)| \leq |f(x) - g(x)|.$$

d) Es existieren eine Umgebung U von a und zwei „glatte" konvexe Funktionen $\kappa_1, \kappa_2 \in \mathbb{R}^U$ mit $\kappa_1(a) = \kappa_2(a) = f(a)$ und

$$\bigwedge_{x \in D_f \cap U} \kappa_1(x) \leq f(x) \leq \kappa_2(x).$$

Dabei ergibt sich

$$m = f'(a), \quad \sigma(a) = f'(a), \quad \tau(x) = f'(a)x + f(a).$$

Insbesondere ist σ die (eindeutige) stetige Fortsetzung von $s_{f,a}$, in (9b) wird also *Differenzierbarkeit als stetige Fortsetzbarkeit der Sekantensteigungsfunktion* charakterisiert (vgl. [Hischer 1975]).

Die verschiedenen analytischen und geometrischen Zugänge zum Differenzierbarkeitsbegriff und die daraus resultierenden Konzepte zu seiner unterrichtlichen Behandlung werden ausführlich in [Knoche/Wippermann 1986] diskutiert.

In (9a) und (9c) wird f als *linear approximierbar* (eigentlich *affin approximierbar*) gekennzeichnet, denn $f(a) + m(x - a)$ bzw. $\tau(x)$ ist der Funktionsterm einer affinen Funktion (und bei (9a) ist $\varrho(x)$ das Fehlerglied dieser Approximation). Diese Charakterisierung der Differenzierbarkeit dient jedem Ingenieur in der Form

$$f(x) - f(a) \approx f'(a) \cdot (x - a)$$

zur Fehlerabschätzung für Größen, die aus gemessenen Größen mit gegebener Toleranz zu berechnen sind. Die Verallgemeinerung auf mehrere Variable, also

$$f(x, y, \ldots) - f(a, b, \ldots) \approx f_x \cdot (x - a) + f_y \cdot (y - b) + \ldots$$

mit

$$f_x := \frac{\partial f}{\partial x}(a, b, \ldots), \quad f_y := \frac{\partial f}{\partial y}(a, b, \ldots), \quad \ldots;$$

führt zum Differenzierbarkeitsbegriff für Funktionen mehrerer Variabler. Aber auch bei der Herleitung der Struktursätze für differenzierbare Funktionen ist das Konzept der linearen Approximierbarkeit nützlich, so daß man es — wenn nicht als Definition, dann als Satz — sicher zur Verfügung haben sollte.

Die Begriffe *Funktionsgrenzwert, Stetigkeit* und *Differenzierbarkeit* dienen zur Charakterisierung einer Funktion f an einer Stelle a. Beim Funktionsgrenzwert muß

„a Häufungswert von D_f" (aber nicht „$a \in D_f$")

sein, bei der Stetigkeit muß dagegen

„$a \in D_f$" (aber nicht „a Häufungspunkt von D_f")

sein; bei der Differenzierbarkeit sind aber *beide* Voraussetzungen nötig:

„$a \in D_f$" und „a Häufungspunkt von D_f".

Die Begriffe *Stetigkeit* und *Funktionsgrenzwert* gelangen also beim Begriff der *Differenzierbarkeit* zu einer gewissen Symbiose. Differenzierbarkeit an isolierten Stellen gibt es im Gegensatz zur Stetigkeit nicht. Daher ist es im Analysis-Unterricht möglicherweise zweckmäßig, von vornherein im Hinblick auf den zu erarbeitenden Differenzierbarkeitsbegriff eine der Voraussetzungen

a ist Häufungswert von D_f
$a \in]b; c[\subseteq D_f$
D_f ist eine offene Menge
D_f ist ein offenes Intervall
$D_f = \mathbb{R}$

zu wählen (vgl. IV.2). „Lokale Stetigkeit" würde dann — in Anlehnung an die historischen Wurzeln des Stetigkeitsbegriffs — „lokale Durchzeichenbarkeit" des Funktionsgraphen bedeuten.

(10) Struktursätze für differenzierbare Funktionen: Sind die Funktionen f und g differenzierbar (an einer Stelle, auf einer Teilmenge der Definitionsmenge), dann gilt dies (unter geeigneten Voraussetzungen über die Definitionsmenge) auch für die Summe, das Produkt, die Kehrfunktion, die Verkettung und die Umkehrfunktion (falls vorhanden), und es ist:

$$(f + g)' = f' + g'$$
$$(f \cdot g)' = f' \cdot g + f \cdot g'$$
$$\left(\frac{1}{f}\right)' = -\frac{f'}{f^2}$$
$$(g \circ f)' = (g' \circ f) \cdot f'$$
$$(f^{-1})' = \frac{1}{f' \circ f^{-1}}$$

Die Differenzierbarkeit von Vielfachen kf einer Funktion f mit $k \in \mathbb{R}$ ist trivial und oben nicht erwähnt; übrigens ergibt sie sich aus der Produktregel. Die bekannte Quotientenregel ergibt sich sofort aus der Produktregel und der Regel für die Kehrfunktion. Ist die Differenzierbarkeit klar und kommt es nur noch auf den Kalkül an, dann erhält man die Differentiationsregel für die Kehrfunktion sofort aus $f \cdot \frac{1}{f} = \underline{1}$ und der Produktregel, ferner die Differentiationsregel für die Umkehrfunktion sofort aus $f \circ f^{-1} = \text{id}$ und der Kettenregel.

Wir wollen uns nun mit dem Beweis der Produktregel und der Kettenregel beschäftigen.

(11) Beweis der Produktregel: Üblicherweise benutzt man beim Beweis der Produktregel den folgenden „Deus ex machina":

$$\frac{f(x)g(x) - f(a)g(a)}{x - a} = \frac{f(x)g(x) - f(x)g(a) + f(x)g(a) - f(a)g(a)}{x - a}$$
$$= f(x) \cdot \frac{g(x) - g(a)}{x - a} + \frac{f(x) - f(a)}{x - a} \cdot g(a)$$

Diesen kann man durch eine plausible „Fehlerbetrachtung" anhand von Fig. 6 etwas weniger geheimnisvoll darstellen:

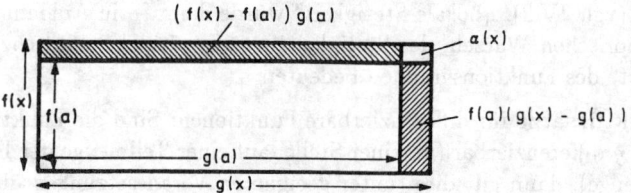

Fig. 6

$$\frac{f(x)g(x) - f(a)g(a)}{x - a} = f(a) \cdot \frac{g(x) - g(a)}{x - a} + \frac{f(x) - f(a)}{x - a} \cdot g(a) + \frac{\alpha(x)}{x - a}$$

mit

$$\frac{\alpha(x)}{x - a} = \frac{(f(x) - f(a))(g(x) - g(a))}{x - a} \to 0 \text{ für } x \to a.$$

Jetzt sind nur noch Grenzwertsätze anzuwenden.

Mit Hilfe der Idee der linearen Approximierbarkeit gestaltet sich der Beweis gedanklich einfacher, aber algebraisch aufwendiger:

$$\text{Aus} \quad \left\{ \begin{array}{l} f(x) = f(a) + f'(a)(x - a) + \varrho_f(x) \\ g(x) = g(a) + g'(a)(x - a) + \varrho_g(x) \end{array} \right\} \quad \text{folgt}$$

$$\begin{aligned} f(x)g(x) = & \ f(a)g(a) + (f(a)g'(a) + f'(a)g(a))(x - a) \\ & + (f'(a)\varrho_g(x) + \varrho_f(x)g'(a) + f'(a)g'(a)(x - a))(x - a) \\ & + f(a)\varrho_g(x) + g(a)\varrho_f(x) + \varrho_f(x)\varrho_g(x) \end{aligned}$$

und daraus mit Hilfe der Grenzwertsätze die Produktregel.

(12) Beweis der Kettenregel: Hier beginnt man mit dem Ansatz

$$\frac{g(f(x)) - g(f(a))}{x - a} = \frac{g(f(x)) - g(f(a))}{f(x) - f(a)} \cdot \frac{f(x) - f(a)}{x - a}$$

und erkennt sofort das Problem: Gibt es eine Umgebung $U(a)$ mit $f(x) \neq f(a)$ für alle $x \in (U(a) \cap D_f) \setminus \{a\}$, dann kann man den Grenzübergang $x \to a$ unmittelbar ausführen. Gibt es aber eine solche Umgebung nicht, so ist $f'(a) = 0$; in diesem Fall kann man aber zeigen, daß auch

$$\lim_{x \to a} \frac{g(f(x)) - g(f(a))}{x - a} = 0$$

gilt. Beim Beweis der Kettenregel zeigt sich nun die lineare Approximierbarkeit als die sehr günstige Differenzierbarkeitsdefinition: Es gilt

$$\begin{aligned} g(f(x)) &= g(f(a)) + g'(f(a))(f(x) - f(a)) + \varrho_g(f(x)) \\ &= g(f(a)) + g'(f(a))(f'(a)(x - a) + \varrho_f(x)) + \varrho_g(f(x)) \\ &= g(f(a)) + g'(f(a))f'(a)(x - a) + g'(f(a))\varrho_f(x) + \varrho_g(f(x)) \end{aligned}$$

und $\lim_{x \to a} \dfrac{\varrho_f(x)}{x - a} = 0$ sowie $\lim_{y \to f(a)} \dfrac{\varrho_g(y)}{y - f(a)} = 0$ und $\lim_{x \to a} f(x) = f(a)$, also

204   V Differenzierbarkeit

$$\lim_{x \to a} \frac{\varrho_g(f(x))}{x - a} = 0 \, .$$

(13) Sonderfall: Oft behandelt man im Unterricht vor der allgemeinen Kettenregel den Sonderfall, daß die „innere" Funktion eine affine Funktion ist, also die Regel $f'(ux+v) = uf'(y)$ mit $y = ux+v$, weil man diese anschaulich leicht begründen kann (Multiplikation der Steigung mit dem Faktor u.) Hier käme es — wie stets, wenn die „innere" Funktion durch einen konkreten Term gegeben ist — weniger leicht zu Konfusionen, wenn man Ableitungen mit den Leibnizschen Symbolen schreiben würde:

$$\frac{\mathrm{d}}{\mathrm{d}x} f(ux + v) = \frac{\mathrm{d}}{\mathrm{d}(ux+v)} f(ux+v) \cdot \frac{\mathrm{d}}{\mathrm{d}x}(ux+v)$$

(14) Warnung: Das allzu sorglose Rechnen mit linearen Approximationen birgt Gefahren. Als Beispiel hierfür „beweisen" wir, daß jede auf einem offenen Intervall I mit $0 \in I$ differenzierbare Funktion an der Stelle 0 auch stetig differenzierbar ist (was offensichtlich falsch ist, wie die Funktion $x \mapsto x^2 \mathrm{sgn}\, x$ zeigt): Für $a \in I$ gilt

$$f(a + h) = f(a) + hf'(a) + hg(h)$$

mit $\lim\limits_{h \to 0} g(h) = 0$, wobei g von der Stelle a abhängt. Es folgt

für $a = 0, \ h = 2k:$ $\quad f(2k) = f(0) + 2kf'(0) + 2kg_1(k),$
für $a = 0, \ h = k:$ $\quad f(k) = f(0) + kf'(0) + kg_1(k),$
für $a = k, \ h = k:$ $\quad f(2k) = f(k) + kf'(k) + kg_2(k),$

also

$$f'(k) = f'(0) + g_1(k) - g_2(k) \, .$$

Wegen $\lim\limits_{k \to 0} g_1(k) = 0 = \lim\limits_{k \to 0} g_2(k)$ ergibt sich $\lim\limits_{k \to 0} f'(k) = f'(0)$, also ist f' an der Stelle 0 stetig!

(15) Bemerkung: Die Ableitungsfunktion einer differenzierbaren Funktion f muß zwar nicht stetig sein, sie erfüllt aber die Zwischenwerteigenschaft (*Satz von Darboux*, nach Gaston Darboux (1842—1917)). Eine Unstetigkeitsstelle von f' kann keine „Sprungstelle" sein, da dies einen „Knick" im Graph von f bedeuten würde; eine Unstetigkeitsstelle von f' muß vielmehr eine solche „von zweiter Art" sein (IV.3 (5)). Vgl. hierzu [Steinberg 1981].

Der Sinn der Struktursätze besteht darin, nicht jede der gängigen Funktionen auf Differenzierbarkeit untersuchen und ihre Ableitung durch Grenzprozesse bestimmen zu müssen, sondern diese Arbeit auf wenige grundlegende Funktionen beschränken zu können. Sogenannte *Computeralgebrasysteme* oder *Formelmanipulationssysteme* machen sich diesen Sachverhalt zunutze und „trivialisieren" damit den analytischen Umgang mit bestimmten Funktionenklassen (vgl. [Hischer 1991 und 1992]). Der Bereich der sogenannten „elementaren Funktionen" (vgl. VI.5) wird von den Funktionen $\underline{1}$, id, exp und sin konstituiert, d. h., aus diesen gewinnt man die elementaren Funktionen durch Anwenden der algebraischen Operationen (Addition, Multiplikation, Division, Verkettung, Umkehrung), eventuell unter Einschränkung des Definitionsbereichs. Die einzig interessanten Funktionen sind in diesem Zusammenhang also nur exp (oder auch log) und sin (oder auch cos, arctan usw.). Vgl. hierzu V.4.

(16) **Beispiele:** Für die auf $\mathbb{R}^+$ definierte Funktion $f : x \mapsto x^x$ gilt

$$f = \exp \circ (\mathrm{id} \cdot \exp^{-1}),$$

also ist f differenzierbar, und es gilt

$$f' = (\exp \circ (\mathrm{id} \cdot \exp^{-1})) \cdot (\underline{1} \cdot \exp^{-1} + \mathrm{id} \cdot \frac{1}{\exp \circ \exp^{-1}})) = f \cdot (\exp^{-1} + \underline{1}),$$

also $f'(x) = x^x(\log x + 1)$. Man sollte also *nicht* auf den Gedanken kommen, den Differenzenquotienten zu untersuchen, um die Ableitung zu gewinnen. Zu Übungszwecken tut man dies zwar oft mit den Potenzfunktionen $x \mapsto x^n$ ($n \in \mathbb{N}$), aber auch das ist überflüssig, denn aus der Produktregel folgt für jede differenzierbare Funktion f und $n = 2, 3, 4, \ldots$ mit $f^n(x) := (f(x))^n$

$$
\begin{aligned}
(f^n)' &= f^{n-1} \cdot f' + f \cdot (f^{n-1})' \\
&= f^{n-1} \cdot f' + f^{n-1} \cdot f' + f^2 \cdot (f^{n-2})' \\
&\;\;\vdots \\
&= n \cdot f^{n-1} \cdot f'.
\end{aligned}
$$

Nach Konstitution des Differenzierbarkeitsbegriffs ist es nun klar, wie man den Begriff der Tangente an den Graphen einer in a differenzierbaren Funktion f definiert, nämlich als die durch $x \mapsto f(a) + f'(a)(x - a)$ gegebene Gerade. Dies kann man noch in geeigneter Weise durch eventuelle vorhandene „senkrechte" Tangenten ergänzen. In Abschnitt V.5 werden wir sehen, daß der intuitive geometrische Tangentenbegriff eigentlich die *stetige* Differenzierbarkeit beinhaltet. Hier soll diese Problematik nur an einem Beispiel vorgestellt werden ([Riede 1994]).

(17) Beispiel: Die Funktion f mit

$$f(x) := \begin{cases} |x|^{\frac{3}{2}} \cos \frac{1}{x} & \text{für } x \neq 0, \\ 0 & \text{für } x = 0 \end{cases}$$

ist auf $\mathbb{R}$ differenzierbar. Es gilt $f'(0) = 0$ und

$$f'(x) = \frac{3}{2}\text{sgn}(x)\sqrt{|x|}\cos\frac{1}{x} + \frac{1}{\sqrt{|x|}}\sin\frac{1}{x}$$

für $x \neq 0$. In jeder Umgebung von 0 nimmt f' beliebig große positive und beliebig kleine negative Werte an, denn für $k \in \mathbb{N}^*$ gilt

$$f'\left(\frac{1}{((k-\frac{1}{2})\pi)}\right) = \pm\sqrt{(k-\frac{1}{2})\pi}\,.$$

In der Umgebung von 0 schwankt also die Tangentenstetigung zwischen $-\infty$ und $+\infty$, so daß es sehr überraschend ist, daß die Tangentensteigung an der Stelle 0 den Wert 0 haben soll.

Rationale Funktionen sind in ihrem Definitionsbereich differenzierbar. Zur Differentiation dieser Funktionen brauchen wir aber nicht das Geschütz des Infinitesimalkalküls, wie Euler bereits festgestellt hat. Vielmehr können wir die Differenzierbarkeit rationaler Funktionen rein algebraisch untersuchen, was schon durch die Struktursätze der Sekantensteigungsfunktion in (4) nahegelegt wird.

(18) Algebraische Behandlung der Differentiation rationaler Funktionen: In Analogie zu $\mathbb{R}[x]$ („$\mathbb{R}$ adjungiert x", Polynomring über $\mathbb{R}$ in einer Unbestimmten x) bezeichnen wir mit $\underline{\mathbb{R}}[\text{id}]$ den von der Menge der konstanten Funktionen und id erzeugten Ring der ganzrationalen Funktionen; dieser ist ein Integritätsbereich (nullteilerfreier kommutativer Ring mit Einselement). Für $f \in \underline{\mathbb{R}}[\text{id}]$ ist $f(x + h) - f(x)$ für alle $x, h \in \mathbb{R}$ durch h teilbar, was man kurz in der Form

$$f(x + h) \equiv f(x) \bmod h$$

schreibt. Man kann dies als *konstante Approximierbarkeit*, also als Stetigkeit interpretieren. Zu f existiert aber auch eine Funktion $f' \in \underline{\mathbb{R}}[\text{id}]$ mit

$$f(x + h) \equiv f(x) + f'(x) \cdot h \bmod h^2,$$

und hier wird die *lineare Approximierbarkeit* algebraisch beschrieben: Zu

$$f(x) = a_n x^n + \ldots + a_2 x^2 + a_1 x + a_0$$

ist $f'(x)$ eindeutig bestimmt als der Faktor des in h linearen Anteils von $\frac{f(x+h)-f(x)}{h}$, nämlich

$$f'(x) = n a_n x^{n-1} + \ldots + 2 a_2 x + a_1.$$

Dies führt zu einer axiomatischen Erklärung der *Derivation*

$$\mathcal{D} : \mathbb{R}[\mathrm{id}] \to \mathbb{R}[\mathrm{id}]$$

durch folgende Eigenschaften:

$$\begin{aligned}
\mathcal{D}(f + g) &= \mathcal{D}(f) + \mathcal{D}(g) \\
\mathcal{D}(f \cdot g) &= \mathcal{D}(f) \cdot g + f \cdot \mathcal{D}(g) \\
\mathcal{D}(\mathrm{id}^n) &= n \cdot \mathrm{id}^{n-1} \\
\mathcal{D}(\underline{a}) &= \underline{0} \\
\mathcal{D}(af) &= a\mathcal{D}(f)
\end{aligned}$$

Der Quotientenkörper von $\mathbb{R}[\mathrm{id}]$ besteht aus den rationalen Funktionen. Die Fortsetzung von $\mathcal{D}$ auf diesen Körper wird durch die Produktregel nahegelegt: Ist $f = \frac{p}{q}$ mit $p, q \in \mathbb{R}[\mathrm{id}]$, also $q \cdot f = p$, so gilt bei Fortbestehen dieser Regel

$$\mathcal{D}(p) = \mathcal{D}(q) \cdot f + q \cdot \mathcal{D}(f)$$

und somit

$$\mathcal{D}(f) = \frac{\mathcal{D}(p) - \frac{p}{q} \cdot \mathcal{D}(q)}{q} = \frac{\mathcal{D}(p) \cdot q - p \cdot \mathcal{D}(q)}{q^2}.$$

Diese algebraische Beschreibung des Differenzierens rationaler Funktionen ist möglicherweise von mathematischem Interesse, jedoch mit Infinitesimalrechnung hat das nur wenig zu tun. Es wird aber vielleicht deutlich, daß alle Bemühungen um Exaktheit der Begriffe und Argumentationen in der Analysis sinnlos bleiben, wenn man sich im Beispielmaterial auf die Quadratfunktion und deren langweilige Verwandtschaft beschränkt.

V.3 Überall stetige nirgends differenzierbare Funktionen

In Abschnitt IV.3 haben wir Beispiele für Funktionen mit schwer durchschaubarem Stetigkeitsverhalten angegeben. In entsprechender Weise kann man Funktionen mit eigenartigem Differenzierbarkeitsverhalten konstruieren. Insbesondere interessiert man sich für Funktionen, die auf dichten Teilmengen von $\mathbb{R}$ zwar stetig, aber nicht differenzierbar sind. Es ist naheliegend, daß die Untersuchung solcher Funktionen auch im Unterricht zur Klärung des Begriffs der Differenzierbarkeit beitragen kann. Die klassischen Beispiele hierfür werden durch Fourier-Reihen der Form

$$\sum_{i=0}^{\infty} a^i \cos(b^i \pi x)$$

mit geeigneten $a, b \in \mathbb{R}$ geliefert („Weierstraßens Monster", vgl. etwa [Strubecker 1956]), wir werden hier aber einige leichter zugängliche Beispiele angeben.

(1) Beispiel: Es sei $f : [0; 1[\to \mathbb{R}$ folgendermaßen definiert:
Für $a \in [0; 1[$ sei

$$a = \sum_{n=1}^{\infty} a_n 3^{-n} \quad \text{mit } a_n \in \{0, 1, 2\}$$

die Darstellung von a im Dreiersystem. Zur Erreichung der Eindeutigkeit schließen wir dabei Zweierperioden aus. Jedem $a \in [0; 1[$ wird damit eindeutig eine Folge $\langle a_n \rangle$ aus $\{0, 1, 2\}$ zugeordnet. Dieser Folge ordnen wir nun eindeutig eine weitere Folge $\langle b_n \rangle$ aus $\{0, 1\}$ zu:

$$b_1 = 1 \iff a_1 = 1, \quad b_{n+1} = b_n \iff a_{n+1} = a_n.$$

Dann setzen wir

$$f(a) := \sum_{n=1}^{\infty} b_n 2^{-n}.$$

Also ist $f(a)$ eine im Zweiersystem dargestellte Zahl. Beispielsweise ist

$$f((0, 102212101\ldots)_3) = (0, 101101010\ldots)_2,$$
$$f((0, 122000000\ldots)_3) = (0, 100111111\ldots)_2.$$

1) Die Funktion f ist überall stetig: Für $a \in [0; 1[$ und $f(a)$ seien $\langle a_n \rangle$ und $\langle b_n \rangle$ die oben beschriebenen Folgen. Es sei nun $n \in \mathbb{N}^*$ und $x \in [0; 1[$ mit

$$|x - a| < 3^{-(n+1)}.$$

Stellen wir x im Dreiersystem ohne Zweierperioden dar, also $x = (0, x_1 x_2 x_3 \ldots)_3$, so gilt $a_\nu = x_\nu$ für $\nu = 1, 2, \ldots, n$. Dann ist $f(x) = (0, y_1 y_2 y_3 \ldots)_2$ mit $b_\nu = y_\nu$ für $\nu = 1, 2, \ldots, n$, also

$$|f(x) - f(a)| \leq 2^{-n}.$$

Man sieht, daß f sogar gleichmäßig stetig auf $[0;1[$ ist.

2) Die Funktion f ist nirgends differenzierbar: a und $f(a)$ seien wie oben dargestellt. Für ein beliebiges $n \in \mathbb{N}$ können wir dann Ziffern $a'_{n+1}, a'_{n+2}, \ldots$ aus $\{0, 1, 2\}$ so wählen, daß mit

$$x := (0, a_1 a_2 \ldots a_n a'_{n+1} a'_{n+2} \ldots)_3$$

gilt:

$$f(x) = (0, b_1 b_2 \ldots b_n b'_{n+1} b_{n+2} \ldots)_2$$

mit $b'_{n+1} \neq b_{n+1}$. Es ist dann $|x - a| \leq 3^{-n}$ und $|f(x) - f(a)| = 2^{-(n+1)}$, also

$$\left| \frac{f(x) - f(a)}{x - a} \right| \geq \frac{1}{2} \left(\frac{3}{2} \right)^n.$$

Da wir n beliebig wählen konnten, sehen wir, daß f an der Stelle a nicht differenzierbar ist.

(2) **Beispiel** ([Barner/Flohr 1983]): Man betrachte die auf $\mathbb{R}$ definierte „Sägezahnfunktion" mit der Periode 1 und

$$g(x) := |x| \quad \text{für } |x| \leq \frac{1}{2}$$

und bilde für $i \in \mathbb{N}^*$ die Funktionen g_i mit

$$g_i(x) := \frac{1}{2^i} g(2^i x).$$

Die Funktionen g_i sind offensichtlich überall stetig (Verkettungssatz) und genau an den Stellen

$$\frac{k}{2^{i+1}} \quad (i \in \mathbb{Z})$$

nicht differenzierbar. Wir betrachten nun die Funktion f mit

$$f(x) := \sum_{i=0}^{\infty} g_i(x).$$

Man beachte, daß die Reihe wegen $0 \leq g_i(x) \leq \frac{1}{2^{i+1}}$ für jedes x (absolut) konvergiert.

1) Die Funktion f ist überall stetig: Es gilt für $x, a \in \mathbb{R}$ und $n \in \mathbb{N}$

$$
\begin{aligned}
|f(x) - f(a)| &\leq \sum_{i=0}^{n} |g_i(x) - g_i(a)| + \sum_{i=n+1}^{\infty} |g_i(x)| + \sum_{i=n+1}^{\infty} |g_i(a)| \\
&\leq \sum_{i=0}^{n} |g_i(x) - g_i(a)| + 2 \sum_{i=n+1}^{\infty} \frac{1}{2^{i+1}} \\
&\leq \sum_{i=0}^{n} |g_i(x) - g_i(a)| + \frac{1}{2^n} \, .
\end{aligned}
$$

Ist nun $\varepsilon \in \mathbb{R}^+$ gegeben, so existiert ein $\delta \in \mathbb{R}^+$, so daß für alle $i \leq n$ gilt:

$$
|x - a| < \delta \Rightarrow |g_i(x) - g_i(a)| < \frac{\varepsilon}{n+1} \, .
$$

Ist ferner n so groß, daß $2^{-n} < \varepsilon$, dann gilt:

$$
|x - a| < \delta \Rightarrow |f(x) - f(a)| < \varepsilon + \varepsilon \, .
$$

2) Die Funktion f ist nirgends differenzierbar: Zu gegebenem $a \in \mathbb{R}$ bilden wir eine Intervallschachtelung $\langle [x_n; y_n] \rangle$, und zwar sei

$$
x_n = \frac{k_n}{2^n} \leq a \leq \frac{k_n + 1}{2^n} = y_n
$$

mit $k_n \in \mathbb{Z}$. Es ist

$$
\frac{f(y_n) - f(x_n)}{y_n - x_n} = \sum_{i=0}^{\infty} \frac{g_i(y_n) - g_i(x_n)}{y_n - x_n} \, .
$$

Die Glieder der Reihe sind für $i \geq n$ alle gleich 0, denn für $i \geq n$ und $z \in \mathbb{Z}$ gilt

$$
g_i\left(\frac{z}{2^n}\right) = \frac{1}{2^i} g(2^{i-n} z) = 0 \, .
$$

Für $i < n$ haben die Summanden der Reihe den Wert 1 oder -1. Folglich ist der Wert der Reihe eine gerade oder eine ungerade ganze Zahl, je nachdem, ob n gerade oder ungerade ist. Das bedeutet, daß die Folge

$$
\left\langle \frac{f(y_n) - f(x_n)}{y_n - x_n} \right\rangle
$$

nicht konvergiert. Daher ist f an der Stelle a nicht differenzierbar.

(3) **Bemerkung:** Wir haben in (2) am Ende des Beweises von 2) folgende Aussage benutzt: Ist f an der Stelle a differenzierbar und ist $\langle[x_n; y_n]\rangle$ eine Intervallschachtelung für a, dann ist

$$\lim\left\langle \frac{f(y_n) - f(x_n)}{y_n - x_n}\right\rangle = f'(a).$$

Dies läßt sich leicht beweisen: Es sei

$$f(x) = f(a) + f'(a)(x - a) + \varrho(x) \text{ mit } \lim_{x \to a} \frac{\varrho(x)}{x - a} = 0.$$

Dann ist

$$\frac{f(y_n) - f(x_n)}{y_n - x_n} = f'(a) + \frac{\varrho(y_n)}{y_n - a} \cdot \frac{y_n - a}{y_n - x_n} + \frac{\varrho(x_n)}{x_n - a} \cdot \frac{a - x_n}{y_n - x_n}.$$

Wegen $x_n \leq a \leq y_n$ ist

$$0 \leq \frac{y_n - a}{y_n - x_n} \leq 1 \quad \text{und} \quad 0 \leq \frac{a - x_n}{y_n - x_n} \leq 1,$$

womit die Behauptung bewiesen ist.

V.4 Die Ableitung von sin und exp

Bei einer *analytischen* Definition der trigonometrischen Funktionen, etwa über

$$\arctan x := \int_0^x \frac{1}{1 + t^2}\, dt,$$

macht die Differenzierbarkeit und die Berechnung der Ableitungen keine Probleme. Wir denken hier aber an eine *geometrische* Definition, und zwar definieren wir $\cos x$ und $\sin x$ als die Koordinaten des Punktes auf dem Einheitskreis, der zum Polarwinkel x (gemessen im Bogenmaß) gehört. Wegen

$$\cos x = \sin(x + \frac{\pi}{2}), \ \tan x = \frac{\sin x}{\cos x} \quad \text{usw.}$$

genügt es aufgrund der Struktursätze für die Differentiation, die Ableitungsfunktion von sin zu bestimmen.

(1) Ableitung von sin: Wir betrachten für $a \in \mathbb{R}$ und $x \in \mathbb{R} \setminus \{a\}$ die Sekantensteigungsfunktion $s := s_{\sin,a}$ mit

$$s(x) = \frac{\sin x - \sin a}{x - a}.$$

Wie üblich folgt mit $h := x - a$ und dem Additionstheorem der Sinusfunktion

$$s(a + h) = \sin a \cdot \frac{\cos h - 1}{h} + \cos a \cdot \frac{\sin h}{h}.$$

Eine Flächenbetrachtung am Einheitskreis liefert für $h \neq 0$

$$|\sin h| < |h| < |\tan h|,$$

also

$$1 < |\frac{h}{\sin h}| < |\frac{1}{\cos h}|,$$

woraus aufgrund der Stetigkeit wegen $\lim\limits_{h \to 0} \cos h = \cos 0 = 1$ folgt:

$$\lim_{h \to 0} \frac{\sin h}{h} = 1.$$

(Die Stetigkeit von cos kann man entweder als plausibel voraussetzen, was im Sinne des *lokalen Ordnens* legitim ist, oder man schätze den Term $|\cos(a + h) - \cos a|$ ab.) Ferner gilt wegen $1 - \cos h = \dfrac{\sin^2 h}{1 + \cos h}$

$$\frac{1 - \cos h}{h} = \frac{\sin h}{h} \cdot \frac{\sin h}{1 + \cos h},$$

also

$$\lim_{h \to 0} \frac{1 - \cos h}{h} = 0.$$

Es folgt also

$$\sin' a = \lim_{h \to 0} s(a + h) = \sin a \cdot 0 + \cos a \cdot 1 = \cos a.$$

Die in (1) dargestellte Bestimmung der Ableitung von sin ist die in den meisten Lehrbüchern vorgestellte Form dieser Berechnung. Es gibt viele Varianten hierzu (vgl. [Blum/Törner 1983], [Knoche/Wippermann 1986]); beispielsweise könnte man von

$$s(a + h) = \cos(a + \frac{h}{2}) \cdot \frac{\sin \frac{h}{2}}{\frac{h}{2}}$$

ausgehen, was auf der Formel

$$\sin \alpha - \sin \beta = 2 \cos \frac{\alpha + \beta}{2} \sin \frac{\alpha + \beta}{2}$$

beruht. Stets ist der zentrale Punkt bei diesen Beweisen die Berechnung des Grenzwerts

$$\lim_{x \to 0} \frac{\sin x}{x}.$$

(Eine „grenzwertfreie" Differentiation unter Verwendung der sog. Lipschitz-Differenzierbarkeit (vgl. V.5) wird in [Hischer 1975] ausgeführt.)

Wir wollen den zuletzt genannten Grenzwert nun aus historischem Interesse nochmals mit Hilfe der Quadratrix des Hippias (vgl. IV.5 (2)) berechnen.

(2) Grenzwertberechnung mit Hilfe der Quadratrix: Gemäß Fig. 1 läßt sich die Bewegung von P mittels eines Parameters t ($0 \leq t \leq 1$) wie folgt beschreiben:

$$\varphi = \frac{\pi}{2}(1 - t), \quad y = a(1 - t).$$

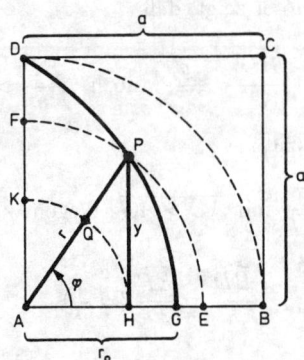

Fig. 1

Hieraus erhält man $y = \frac{2a}{\pi} \varphi$, und mit $\sin \varphi = \frac{y}{r}$ folgt schließlich

$$r = \frac{2a}{\pi} \cdot \frac{\varphi}{\sin \varphi}.$$

Nun gehört zu $\varphi = 0$ ein eindeutig bestimmter Radius r_0, und offenbar ist $r_0 = \lim\limits_{\varphi \to 0} r$, also

$$\lim_{\varphi \to 0} \frac{\sin \varphi}{\varphi} = \frac{2a}{\pi r_0}.$$

Gelingt es nun, r_0 auf andere Weise zu berechnen, so hat man eine weitere Möglichkeit zur Bestimmung vom $\lim_{\varphi \to 0} \frac{\sin \varphi}{\varphi}$ gefunden. Eine solche Methode kannte bereits Dinostratos (um 350 v. Chr.); vgl. [Boyer 1968], [Cantor 1894]:

(3) Satz von Dinostratos: In der Quadratrix des Hippias gilt

$$r_0 = \frac{2a}{\pi}.$$

Beweis: Dinostratos kennzeichnet die Quadratseite a als mittlere Proportionale (geometrisches Mittel) zwischen dem Viertelkreisbogen $\overset{\frown}{BD}$ ($= \frac{\pi}{2}a$) und der Strecke $\overline{AG}$ ($= r_0$), also

$$\frac{\overset{\frown}{BD}}{a} = \frac{a}{\overline{AG}}.$$

Er benutzt einen für diese Zeit typischen sogenannten *apagogischen* (indirekten) Beweis, indem er zeigt, daß

$$\text{weder} \quad \frac{\overset{\frown}{BD}}{a} < \frac{a}{\overline{AG}} \quad \text{noch} \quad \frac{\overset{\frown}{BD}}{a} > \frac{a}{\overline{AG}}$$

möglich ist (Trichotomie!).

Annahme 1: $\dfrac{\overset{\frown}{BD}}{a} = \dfrac{a}{\overline{AE}}$ mit $\overline{AE} > \overline{AG}$. Wegen

$$\frac{\overset{\frown}{BD}}{a} = \frac{\overset{\frown}{EF}}{\overline{AE}} \ (= \frac{\pi}{2})$$

folgt $\overset{\frown}{EF} = a$. Nach Definition der Quadratrix gilt

$$\frac{\overset{\frown}{EF}}{\overset{\frown}{EP}} = \frac{a}{y},$$

und wegen $\overset{\frown}{EF} = a$ folgt $\overset{\frown}{EP} = y$, was aber für $P \neq G$ offensichtlich falsch ist.

Annahme 2: $\dfrac{\widehat{BD}}{a} = \dfrac{a}{\overline{AH}}$ mit $\overline{AH} < \overline{AG}$. Jetzt ist Fig. 1 so umzu-deuten, daß H auf der Quadratseite vorgegeben und darüber P auf der Quadratrix gewählt wird, so daß $y = \overline{HP}$ ist. Wiederum gilt

$$\frac{\widehat{BD}}{a} = \frac{\widehat{HK}}{\overline{AH}} \ (= \frac{\pi}{2}),$$

also $\widehat{HK} = a$. Weiterhin gilt wie oben

$$\frac{\widehat{HK}}{\widehat{HQ}} = \frac{a}{y},$$

woraus wegen $\widehat{HK} = a$ ebenso $y = \widehat{HQ}$ folgt. Dieses ist aber wegen $0 < h < \tan h$ für $0 < h < \frac{\pi}{2}$ falsch, so daß auch Annahme 2 falsch ist.

(4) Folgerung aus (2) und (3): $\displaystyle\lim_{\varphi \to 0} \frac{\sin \varphi}{\varphi} = 0$.

Zu beachten ist, daß hierbei abgesehen von der Limes-Schreibweise keinerlei Hilfsmittel der Analysis nötig waren.

Der „Quadratrix-Zirkel" in Fig. 2 könnte zur Bestimmung von r_0 dienen, wenn er für kleine Werte von φ keine zu großen Schwankungen zeigen würde; der Grenzfall $\varphi = 0$ ist durch die Stellung der Zirkelschienen nicht eindeutig festgelegt. Dies könnte die Notwendigkeit von Grenzwertbetrachtungen demonstrieren.

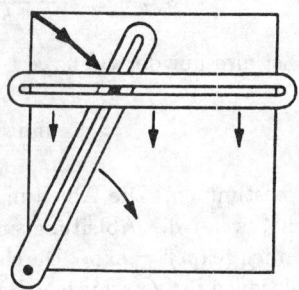

Fig. 2

Durch die Quadratrix ist r_0 definiert, und es gilt $\dfrac{\widehat{BD}}{a} = \dfrac{a}{r_0}$. Es gibt daher eine zum Bogen $\widehat{BD}$ gleichlange Strecke s, die mit Hilfe des Strahlensatzes konstruierbar ist. Dabei gilt $s = \frac{\pi}{2}a$. Konstruiert man nun ein Rechteck mit den Kantenlängen $2s$ und a, so hat dieses den Flächeninhalt πa^2. Durch Anwendung des Höhensatzes von Euklid können wir das

Rechteck noch in ein flächengleiches Quadrat verwandeln. In diesem Sinn hat Dinostratos die Quadratrix zur Quadratur des Kreises verwendet.

Wir behandeln nun die Exponentialfunktion zur Basis $b \in \mathbb{R}^+$:

$$\exp_b : \quad \left\{ \begin{array}{l} \mathbb{R} \to \mathbb{R}^+ \\ x \mapsto b^x \end{array} \right.$$

Man beschränkt sich üblicherweise auf Basen $b > 1$, da für $b = 1$ die identische Funktion vorliegt, und da man für $0 < b < 1$ die Kehrfunktion $x \mapsto (\frac{1}{b})^x$ untersuchen kann. Ferner kann man sich auf eine einzige Basis b beschränken, denn für jede andere Basis $c > 1$ gilt

$$\exp_c(x) = \exp_b(ux) \text{ mit } c = b^u.$$

Welches ist nun eine besonders „taugliche" Basis? Wir wollen diese Frage bei dem Versuch beantworten, die Ableitungsfunktion von $\exp_b$ zu bestimmen und betrachten dazu die Sekantensteigungsfunktion $s := s_{\exp_b, a}$ an der Stelle a, für die also mit $h := x - a$ gilt:

$$s(a + h) = \frac{b^{a+h} - b^a}{h} = b^a \cdot \frac{b^h - 1}{h} = b^a \cdot s(h)$$

Es ist also nur der Grenzwert

$$\lim_{h \to 0} s(h) = \lim_{h \to 0} \frac{b^h - 1}{h}$$

zu bestimmen. Die Ableitungsfunktion von $\exp_b$ wird besonders „einfach", wenn die Ableitung an der Stelle 0 den Wert 1 hat; dann ist nämlich $(\exp_b)' = \exp_b$. Durch Skizzieren der Graphen der Exponentialfunktionen für verschiedene Basen b (z. B. mit einem Funktionenplotter) gewinnt man nun folgende Überzeugungen:

— Die Graphen von $\exp_b$ sind für $b > 1$ konvex.
— Die Funktion $\exp_b$ ist für alle $b \in \mathbb{R}^+$ differenzierbar.
— Es gibt eine Basis e mit $2 < e < 3$ und $(\exp_e)'(0) = 1$.

(5) Eulersche Zahl: Diejenige Zahl e mit

$$\lim_{h \to 0} \frac{e^h - 1}{h} = 1$$

heißt *Eulersche Zahl*.

Die Grenzwertbeziehung in (5) ist gleichwertig mit der Differenzierbarkeit von $\exp_e$ an der Stelle 0. Gemäß V.2 (9) existiert dann eine Funktion $\varrho \in F(\mathbb{R})$ mit $\lim\limits_{h \to 0} \dfrac{\varrho(h)}{h} = 0$ und

$$\exp_e(h) = e^h = 1 + h + \varrho(h),$$

weil ja in V.2 (6) gerade

$$m = f'(0) = \lim_{h \to 0} \frac{e^h - 1}{h} = 1$$

gilt. Wegen der Konvexität des Graphen und der Tatsache, daß $h \mapsto 1+h$ die Tangente im Punkt $(0; 1)$ beschreibt, gilt weiterhin noch $\varrho(h) \geq 0$ für alle $h \in \mathbb{R}$, insbesondere $\varrho(h) > 0$ für $h \neq 0$. Wenn man nicht an der Existenz der Eulerschen Zahl zweifelt, kann man diese nun als Folgengrenzwert ausrechnen, indem man h die Nullfolge $\langle \frac{1}{n} \rangle$ durchlaufen läßt:

$$e = \left(1 + \frac{1+\varepsilon_n}{n}\right)^n \quad \text{mit} \quad \varepsilon_n := n\varrho(\frac{1}{n}) > 0 \quad \text{und} \quad \lim_{n \to \infty} \varepsilon_n = 0$$

Die übliche Beziehung

$$e = \lim_{n \to \infty} \left(1 + \frac{1}{n}\right)^n$$

erhält man daraus folgendermaßen: Wegen $\varepsilon_n > 0$ gilt

$$e = \left(1 + \frac{1+\varepsilon_n}{n}\right)^n > \left(1 + \frac{1}{n}\right)^n \quad \text{für alle } n.$$

Daraus ergibt sich

$$0 < e - \left(1 + \frac{1}{n}\right)^n = \left(1 + \frac{1+\varepsilon_n}{n}\right)^n - \left(1 + \frac{1}{n}\right)^n,$$

und mit

$$\left(1 + \frac{1+\varepsilon_n}{n}\right)^n = \left((1 + \frac{1}{n}) + \frac{\varepsilon_n}{n}\right)^n < \left(1 + \frac{1}{n}\right)^n + n \cdot \left(1 + \frac{1}{n}\right)^{n-1} \cdot \frac{\varepsilon_n}{n}$$

folgt schließlich

$$0 < e - \left(1 + \frac{1}{n}\right)^n < \left(1 + \frac{1}{n}\right)^{n-1} \cdot \varepsilon_n < \left(1 + \frac{1}{n}\right)^n \cdot \varepsilon_n < e \cdot \varepsilon_n \longrightarrow 0.$$

Ein begriffliches Problem liegt in der Definition von Potenzen mit irrationalen Hochzahlen, worauf wir aber hier nicht eingehen, denn die didaktische Literatur enthält zahlreiche Vorschläge für Zugänge zu den Exponentialfunktionen. Man kann sich hierüber sehr umfassend in [Kirsch 1976b], [Blum/Törner 1983] und [Knoche/Wippermann 1986] informieren. Wir wollen hier nur noch den Zugang zu den Exponentialfunktionen über das Integral der Funktion $x \mapsto \frac{1}{x}$ darstellen, also den Einstieg über die Umkehrfunktion ln von exp ($:= \exp_e$). Die Flächencharakterisierung von ln war gemäß [Bourbaki 1971] schon Leibniz bekannt; vgl. auch Abschnitt III.1. Besonders Felix Klein (1849–1925) hat diesen Zugang zu den Exponentialfunktionen propagiert. Er eignet sich vor allem für den Fall, daß man (historisch korrekt!) Fragen der Integralrechnung anstelle der Differentialrechnung an den Anfang des Unterrichts stellt. Ein Integralbegriff ist allerdings noch nicht notwendig, da die Existenz und die Eigenschaften des betrachteten Flächeninhalts unproblematisch sind. Daher eignet sich dieser Zugang zu Exponential- und Logarithmusfunktionen bekanntlich schon für den Sekundarbereich I. Die folgenden alternativen Betrachtungen setzen lediglich einen Differenzierbarkeitsbegriff voraus.

(6) Satz: Es sei F die auf $\mathbb{R}^+$ definierte Funktion mit

$F(x) :=$ Flächeninhalt unter der Hyperbel mit der
Gleichung $xy = 1$ über dem Intervall $[1;x]$,

wobei für $x < 1$ die Werte von F negativ zu nehmen sind. Dann ist F differenzierbar, und es gilt $F'(x) = \frac{1}{x}$.

Beweis: Zunächst ist die *Funktionalgleichung*

$$F(uv) = F(u) + F(v) \text{ für alle } u, v \in \mathbb{R}^+$$

nachzuweisen. Dazu betrachte man eine zentrische Streckung mit dem Zentrum O und dem Streckfaktor u. Die Bildhyperbel hat die Gleichung $xy = u^2$, und an den Flächeninhalten liest man ab:

$$u^2(F(uv) - F(u)) = u^2 F(v)$$

Es sei nun $a \in \mathbb{R}^+$. Dann gilt für alle $x \in \mathbb{R}^+ \setminus \{a\}$

$$s(x) := \frac{F(x) - F(a)}{x - a} = \frac{F(\frac{x}{a})}{x - a} = \frac{F(1 + \frac{x-a}{a})}{x - a}$$

bzw. mit $h := x - a$

$$s(a + h) = \frac{1}{a} \cdot \frac{F(1 + \frac{h}{a})}{\frac{h}{a}}.$$

Nun kann h positiv oder negativ sein. Wir untersuchen daher anhand von Fig. 3 die Werte $F(1 + \varepsilon)$ und $F(1 - \varepsilon)$ mit $\varepsilon := |\frac{h}{a}|$. Es gilt

$$\frac{\varepsilon}{1 + \varepsilon} < F(1 + \varepsilon) < \varepsilon$$

und

$$\varepsilon < -F(1 - \varepsilon) < \frac{\varepsilon}{1 - \varepsilon}.$$

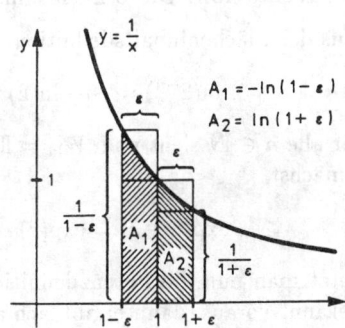

Fig. 3

Die zweite Ungleichung ist äqui-valent zu

$$\frac{-\varepsilon}{1 + (-\varepsilon)} < F(1 + (-\varepsilon)) < -\varepsilon,$$

und somit folgt insgesamt

$$\frac{h}{a + h} < F(1 + \frac{h}{a}) < \frac{h}{a},$$

also

$$\frac{a}{a + h} < \frac{F(1 + \frac{h}{a})}{\frac{h}{a}} < 1 \text{ für } h > 0$$

und

$$1 < \frac{F(1 + \frac{h}{a})}{\frac{h}{a}} < \frac{a}{a + h} \text{ für } h < 0.$$

Der Grenzübergang $h \to 0$ liefert nun die Behauptung.

Unter Verwendung der hier erarbeiteten Ungleichungen läßt sich die Lipschitz-Differenzierbarkeit der Exponentialfunktion nachweisen; wir werden das in V.5 skizzieren.

Die Funktion F aus (6) bezeichnet man mit ln, was als Abkürzung für *logarithmus naturalis* steht; den Sinn dieser Bezeichnung kann man hier aber noch nicht verstehen. Es ist übrigens vielfach (z. B. in der Zahlen-theorie) üblich, diese Funktion mit log zu bezeichnen, da der „natürliche" Logarithmus der einzige mathematisch relevante Logarithmus ist. Wir bleiben bei der etwas altmodischen Bezeichnung ln, da dies in der Schule noch üblich ist. Weil ln monoton wächst, besitzt ln eine Umkehrfunktion $\overline{\ln}$. Mit $r := \ln(u)$ und $s := \ln(v)$ folgt aus der Funktionalgleichung $\ln(u \cdot v) = \ln(u) + \ln(v)$ der Logarithmusfunktion

$$\overline{\ln}(r+s) = \overline{\ln}(\ln(u \cdot v)) = u \cdot v = \overline{\ln}(r) \cdot \overline{\ln}(s),$$

und weil das an Exponentialfunktionen erinnert, kommen wir zu der

(7) Definition: Die Umkehrfunktion von ln wird mit exp bezeichnet.

Aus der Flächeninhaltsdefinition von ln in Verbindung mit

$$\ln(2^{-n}) = -n \cdot \ln(2) \quad \text{und} \quad \ln(2^n) = n \cdot \ln(2)$$

für alle $n \in \mathbb{N}$ sieht man $W_{\ln} = \mathbb{R}$, also $\exp : \mathbb{R} \to \mathbb{R}^+$, und damit gilt zunächst

$$\exp(r+s) = \exp(r) \cdot \exp(s) \quad \text{für alle } r, s \in \mathbb{R}.$$

Setzt man nun die Potenzdefinition für a^x mit $a \in \mathbb{R}^+$ und $x \in \mathbb{Q}$ als bekannt voraus, dann ergibt sich aus der Funktionalgleichung von ln

$$\ln(a^x) = x \cdot \ln(a), \quad \text{also} \quad a^x = \exp(x \cdot \ln(a)) \quad \text{für } x \in \mathbb{Q}.$$

Wegen $D_{\exp} = \mathbb{R}$ ist die rechte Seite aber sogar für alle $x \in \mathbb{R}$ erklärt, so daß man definieren kann:

(8) Definition: Für $a \in \mathbb{R}^+$ und $x \in \mathbb{R}$ ist

$$a^x := \exp(x \cdot \ln(a)).$$

Daraus folgt nun auch die Gültigkeit von $\ln(a^x) = x \cdot \ln(x)$ für alle $x \in \mathbb{R}$. Weiterhin ergibt sich für alle $x, y \in \mathbb{R}$

$$a^{x \cdot y} = \exp(y \cdot x \cdot \ln(a)) = \exp(y \cdot \ln(a^x)) = (a^x)^y.$$

Definiert man $e := \exp(1)$, so gilt $\ln(e) = 1$, und wir erhalten

$$\exp(x) = e^x,$$

also die übliche Darstellung der „natürlichen" Exponentialfunktion.

Es bleibt noch die Frage offen, ob

$$\ln e = 1 \iff e = \lim\langle (1 + \frac{1}{n})^n \rangle$$

gilt, um die Eulersche Zahl in ihrer „üblichen" Gestalt hier wiederzuerkennen. Wegen $\ln(1 + \frac{1}{n})^n = n \ln(1 + \frac{1}{n})$, der Stetigkeit von ln und

$$\frac{1}{n+1} < \ln(1 + \frac{1}{n}) < \frac{1}{n}$$

(vgl. Beweis von (6)) ist diese Frage aber leicht zu entscheiden.

Wegen $\exp = \ln^{-1}$ ist

$$\exp' = \frac{1}{\ln' \circ \exp} = \frac{1}{\frac{1}{\exp}} = \exp.$$

Wegen $\exp_b = \exp \circ (\ln b \cdot \mathrm{id})$ ergibt sich aus der Kettenregel

$$\exp_b' = \ln b \cdot \exp_b.$$

Die Differentiation der Potenzfunktion pot_r (vor allem bei irrationalem Exponenten r) kann man nun auch mit Hilfe der Exponentialfunktion durchführen: Es gilt

$$\mathrm{pot}_r = \mathrm{id}^r = \exp \circ (r \ln),$$

also

$$\mathrm{pot}_r' = \exp \circ (r \cdot \ln) \cdot \frac{r}{\mathrm{id}} = \mathrm{id}^r \cdot \frac{r}{\mathrm{id}} = r \cdot \mathrm{id}^{r-1} = r \cdot \mathrm{pot}_{r-1}.$$

Für rationale Exponenten läßt sich die Differentiation der Potenzfunktionen natürlich ohne die Exponentialfunktion durchführen, dazu benötigt man nur die Struktursätze der Differentialrechnung. Bei irrationalen Exponenten steckt das Problem aber schon in der Potenzdefinition! Was soll etwa $2^{\sqrt{2}}$ bedeuten? (Eines der berühmten 23 Probleme von David Hilbert, die dieser im Jahre 1900 auf dem Pariser Mathematikerkongreß vortrug, war die Frage, ob $2^{\sqrt{2}}$ transzendent oder algebraisch ist. Erst 1934 bewies Gelfond die Transzendenz dieser Zahl.) Man könnte versuchen, $2^{\sqrt{2}}$ als

$$\lim_{x \to \sqrt{2}} 2^x$$

zu definieren. Dabei wird deutlich, daß man spätestens hier von einer Potenz mit festem Exponenten und variabler Basis zu einer Potenz mit fester Basis und variablem Exponenten übergeht, was einem Übergang von Potenz- zu Exponentialfunktionen entspricht.

Wir kommen nochmals auf die Ableitung der Sinusfunktion zurück. Ein kritischer Punkt ist dabei die Verwendung des Additionstheorems. Häufig geht man davon aus, daß dieses den Schülern nicht verfügbar und seine Herleitung auch zu mühsam sei. Angesichts der Bedeutung von Funktionalgleichungen sollte man die Additionstheoreme der Sinus- und Kosinusfunktion aber nicht umgehen.

(9) Funktionalgleichungen: Die stetigen Lösungen der Funktionalgleichung

$$f(x + y) = f(x) + f(y) \quad \text{sind die linearen Funktionen,}$$
$$f(x + y) = f(x) \cdot f(y) \quad \text{sind die Exponentialfunktionen,}$$
$$f(x \cdot y) = f(x) + f(y) \quad \text{sind die Logarithmusfunktionen,}$$
$$f(x \cdot y) = f(x) \cdot f(y) \quad \text{sind die Potenzfunktionen.}$$

Die stetigen Lösungen des Funktionalgleichungssystems

$$f(x + y) = f(x)g(y) + g(x)f(y)$$
$$g(x + y) = g(x)f(y) - f(x)g(y)$$

sind bis auf konstante Faktoren die Funktionen sin und cos [Blum/Törner 1983].

V.5 Andere Differenzierbarkeitsbegriffe

Für jede an der Stelle $a \in D_f$ differenzierbare Funktion f ist die Sekantensteigungsfunktion $s_{f,a}$ wegen der stetigen Fortsetzbarkeit beschränkt an der Stelle a (vgl. IV.2 (8)), es existieren also positive Konstanten r und K, so daß

$$|f(x) - f(a)| \leq K \cdot |x - a| \text{ für alle } x \in D_f \cap U_r(a).$$

Funktionen mit dieser Eigenschaft nennt man *Lipschitz-stetig* oder kurz *L-stetig* an der Stelle a (nach Rudolf Otto Lipschitz, 1832–1903). Man findet dafür auch die Bezeichnungen *dehnungsbeschränkt* und *steigungsbeschränkt*. Mit Hilfe der Bezeichnung $\mathcal{B}_a$ für die Menge der an der Stelle a beschränkten Funktionen halten wir fest:

(1) Definition: Es sei $f \in F(\mathbb{R})$ und $a \in D_f$. Genau dann heißt die Funktion f *L-stetig an der Stelle* a, wenn $s_{f,a} \in \mathcal{B}_a$. Mit $\mathcal{C}_a^L$ bezeichnen wir die Menge der an der Stelle a L-stetigen Funktionen.

(2) **Bemerkung:** In der Theorie der gewöhnlichen Differentialgleichungen definiert man die Lipschitz-Stetigkeit auf einem Intervall I durch

$$|f(x) - f(y)| \leq K \cdot |x - y| \text{ für alle } x, y \in I$$

mit einer positiven Zahl K. Diese *gleichmäßige L-Stetigkeit* wurde vielfach für den Unterricht vorgeschlagen (vgl. hierzu die ausführliche Diskussion in [Knoche/Wippermann 1986]). In (1) ist dagegen eine *lokale* Eigenschaft gekennzeichnet.

(3) **Interpretation:** Jede differenzierbare Funktion ist also (lokal) L-stetig, und das bedeutet (lokal) Beschränktheit der Sekantensteigungsfunktion. Der Graph einer an der Stelle a differenzierbaren Funktion paßt „lokal" durch einen „K-Trichter um $(a; f(a))$" (Fig. 1).

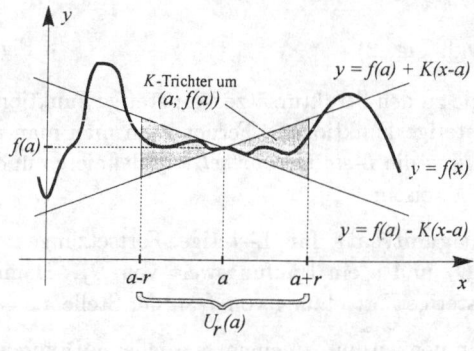

Fig. 1

(4) **Satz:** Für alle $a \in \mathbb{R}$ gilt

$$\mathcal{A}_a \subset \mathcal{C}_a^L \subset \mathcal{C}_a.$$

Beweis: Offensichtlich ist $\mathcal{A}_a \subseteq \mathcal{C}_a^L$. Die Betragsfunktion ist an der Stelle 0 zwar L-stetig, aber nicht differenzierbar, also gilt $\mathcal{A}_a \neq \mathcal{C}_a^L$. Es bleibt $\mathcal{C}_a^L \subset \mathcal{C}_a$ zu zeigen. Es sei $f \in \mathcal{C}_a^L$, ferner $r, K \in \mathbb{R}^+$ mit

$$|f(x) - f(a)| \leq K \cdot |x - a| \text{ für alle } x \in D_f \cap U_r(a).$$

Ist $\varepsilon \in \mathbb{R}^+$ beliebig gegeben, so wählen wir $\delta := \min\{r, \frac{\varepsilon}{K}\}$ und erhalten für alle $x \in D_f \cap U_\delta(a)$:

$$|f(x) - f(a)| \leq K \cdot |x - a| < K \cdot \delta \leq K \cdot \frac{\varepsilon}{K} = \varepsilon$$

Damit ist $f \in \mathcal{C}_a$. In (5) geben wir eine Funktion aus $\mathcal{C}_a \setminus \mathcal{C}_a^L$ an, so daß sich $\mathcal{C}_a^L \subset \mathcal{C}_a$ ergibt.

(5) **Beispiel:** Ist f eine Funktion über $\mathbb{R}$ mit $a \in D_f$ und hat der Graph von f in $(a; f(a))$ eine zur y-Achse parallele Tangente, so ist f dort zwar stetig, aber nicht steigungsbeschränkt, d. h. nicht L-stetig. Zur rechnerischen Behandlung wähle man etwa

$$f(x) := \sqrt[3]{x} \text{ mit } D_f = \mathbb{R}$$

und $a := 0$ (vgl. Fig. 2).

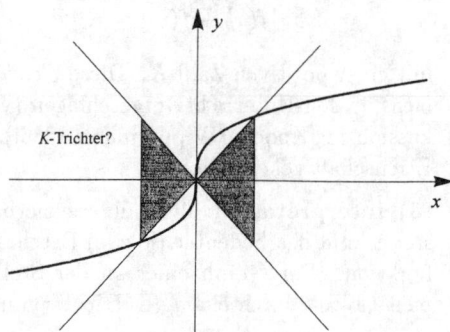

Fig. 2

In Analogie zu den Struktursätzen für stetige Funktionen gelten auch solche für L-stetige Funktionen. Ferner kann man man analog zur stetigen Fortsetzung die *L-stetige Fortsetzung* definieren und dann den folgenden Satz beweisen:

(6) **Eindeutigkeitssatz** für L-stetige Fortsetzungen: Es sei $f \in F(\mathbb{R})$, $a \in D_f$ und a ein Häufungswert von D_f. Dann gibt es höchstens eine L-stetige Fortsetzung von f an der Stelle a.

Damit kommen wir nun zu einem spezielleren Differenzierbarkeitsbegriff. Dieser macht nicht vom Grenzwertbegriff Gebrauch (vgl. [Laugwitz 1973], [Hischer 1975]):

(7) **Definition:** Es sei $f \in F(\mathbb{R})$, $a \in D_f$ und a Häufungswert von D_f. Dann heißt f genau dann *L-differenzierbar an der Stelle* a, wenn $s_{f,a}$ an der Stelle a L-stetig fortsetzbar ist. Die Menge der an der Stelle a L-differenzierbaren Funktionen bezeichnen wir mit $\mathcal{A}_a^L$.

Offensichtlich gilt $\mathcal{A}_a^L \subset \mathcal{A}_a$.

(8) **Satz:** Äquivalent mit der in (7) gekennzeichneten L-Differenzierbarkeit von f an der Stelle a (unter den dortigen Voraussetzungen) sind die folgenden Aussagen:

a) Es existiert eine Funktion σ auf D_f mit $\sigma \in \mathcal{C}_a^L$ und

$$f(x) = f(a) + (x - a) \cdot \sigma(x) \text{ für alle } x \in D_f.$$

b) Es existieren $m \in \mathbb{R}$ und $r, K \in \mathbb{R}^+$ mit

$$|f(x) - f(a) - m \cdot (x - a)| \leq K \cdot |x - a|^2 \text{ für alle } x \in D_f \cap U_r(a).$$

c) Es existieren $m \in \mathbb{R}$ und eine Funktion λ auf D_f mit $\lambda \in \mathcal{B}_a$ und

$$f(x) = f(a) + m \cdot (x - a) + \lambda(x) \cdot (x - a)^2 \text{ für alle } x \in D_f.$$

Den Beweis führt man am günstigsten in einem Ringschluß (7) $\Rightarrow$ a) $\Rightarrow$ b) $\Rightarrow$ c) $\Rightarrow$ (7).

Die Zahlen m bzw. $\sigma(a)$ ($= \overline{s}_{f,a}$) sind wieder die Ableitung $f'(a)$. In (7) und (8) liegen *grenzwertfreie* Charakterisierungen des Differenzierbarkeitsbegriffs vor. Dafür muß man in Kauf nehmen, daß die Funktionenklasse $\mathcal{A}_a^L$ kleiner ist als die Funktionenklasse $\mathcal{A}_a$.

Bei der L-Stetigkeit von f wird der „Rest" $f(x) - f(a)$ abgeschätzt, und zwar durch

$$|f(x) - f(a)| \leq K \cdot |x - a|.$$

Bei der L-Differenzierbarkeit liegt die schon schärfere Restabschätzung

$$|f(x) - f(a) - m \cdot (x - a)| \leq K \cdot |x - a|^2$$

mit $m = f'(a)$ vor, aus der obige Restabschätzung folgt. Diese Restabschätzung macht nicht explizit von der L-Stetigkeit Gebrauch, man könnte also die L-Differenzierbarkeit in dieser Form direkt erarbeiten. Es liegt nun nahe, diese Restgliedabschätzungen iterativ zu verschärfen (Taylor-Entwicklung, vgl. Abschnitt V.7).

In (8c) haben wir die L-Differenzierbarkeit mit Hilfe beschränkter Funktionen charakterisiert. Auch dabei wird nicht explizit von der L-Stetigkeit Gebrauch gemacht. Die L-Differenzierbarkeit ist hier folgendermaßen zu interpretieren: Es gibt eine Zahl m (nämlich die gesuchte Tangentensteigung), so daß der Term

$$\frac{s_{f,a}(x) - m}{x - a}$$

auf einer Umgebung von a beschränkt ist.

Für die L-differenzierbaren Funktion gelten natürlich wieder wie für die differenzierbaren Funktionen die üblichen Struktursätze („Differentiationsregeln"). Bei ihrem Beweis kann man vorteilhaft (4) verwenden, jeweils unter Ausnutzung der entsprechenden Stetigkeitssätze.

Durch eine leichte Modifikation der L-Stetigkeit (und entsprechend der L-Differenzierbarkeit) kann man eine Vergrößerung der Klasse der

L-stetigen (bzw. L-differenzierbaren) Funktionen erreichen. Man geht dabei von der Abschätzung

$$|f(x) - f(a)| \leq K \cdot |x - a|^\alpha$$

mit $0 < \alpha \leq 1$ aus und spricht dann von „α-L-Stetigkeit" (vgl. [Wippermann 1975]). Offensichtlich ist für jedes feste α jede α-L-stetige Funktion auch stetig, die Umkehrung hiervon gilt aber nicht. Für kein $\alpha \in \mathbb{R}^+$ ist die Funktion $f : \mathbb{R}_0^+ \to \mathbb{R}$ mit $f(0) = 0$ und

$$f(x) = \exp(-\sqrt{|\ln x|}) \quad \text{für } x > 0$$

α-L-stetig, was wir hier aber nicht beweisen wollen.

Auf Hermann Amandus Schwarz (1843–1921) geht ein Differenzierbarkeitsbegriff zurück, der *umfassender* als der übliche ist. Man geht hier von einer Sekantensteigungsfunktion aus, bei welcher die zu untersuchende Stelle nicht Randpunkt, sondern Mittelpunkt des zugehörigen Intervalls ist:

(9) Schwarz-Differenzierbarkeit: Es sei $f \in F(\mathbb{R})$, $a \in D_f$ und a innerer Punkt von D_f. Genau dann heißt f an der Stelle a *Schwarz-differenzierbar*, wenn

$$\lim_{h \to 0^+} \frac{f(a + h) - f(a - h)}{2h}$$

existiert. Der Grenzwert heißt in diesem Fall die *Schwarzsche Ableitung* von f an der Stelle a.

(10) Beispiel: Die Betragsfunktion besitzt an der Stelle 0 die Schwarzsche Ableitung 0. Es liegt mit der Schwarz-Differenzierbarkeit also tatsächlich ein umfassenderer Begriff als mit der üblichen Differenzierbarkeit vor.

Man kann die Schwarz-Ableitung an der Stelle a als arithmetisches Mittel der links- und der rechtsseitigen Ableitung an der Stelle a charakterisieren, falls die Funktion an der Stelle a stetig ist und diese einseitigen Ableitungen existieren.

Die Idee der Approximation der Tangente in einem Kurvenpunkt durch eine Schar von Sekanten wird numerisch und auch anschaulich in manchen Fällen besser dargestellt, wenn man sie im Sinne der Schwarzschen Ableitung statt der gewöhnlichen Ableitung durchführt. Man könnte auch eine Approximation durch eine Sekantenschar betrachten, bei denen der linke und rechte Schnittpunkt mit der Kurve sich mit „unterschiedlichen Geschwindigkeiten" der Untersuchungsstelle a annähern. Das ist sowohl für numerische Probleme als auch für die Didaktik von Interesse. Betrachtet man alle möglichen (d. h. geeignet definierten) solchen Sekantenapproximationen und verlangt, daß sich stets dieselbe Tangentensteigung ergeben soll, so ist damit ein Differenzierbarkeitsbegriff festgelegt. Dieser erweist sich als äquivalent mit der stetigen Differenzierbarkeit (vgl. [Riede 1994]).

V.6 Einstiegsfragen

Welche Fragestellungen eignen sich für einen Einstieg in die Differentialrechnung? Wir nennen einige Beispiele.

(1) **Extremwertaufgaben:** Historisch ist die Entwicklung der Differentialrechnung durch Extremwertprobleme in Gang gekommen, wie ein Blick auf das erste Lehrbuch der Differentialrechnung von Bernoulli/de l'Hospital zeigt (Abschnitt V.1). Hier liegt sicher auch für den Unterricht eine äußerst wichtige Motivationsquelle, in der Regel werden Extremwertaufgaben aber erst im nachhinein als Anwendungen der Differentialrechnung behandelt. Mit Extremwertaufgaben beschäftigt sich der nachfolgende Abschnitt V.7.

(2) **Lokale Änderungsraten:** In funktionalen Zusammenhängen hat die momentane (lokale) Änderungsrate meist eine sehr praxisnahe Bedeutung; in der graphischen Darstellung des funktionalen Zusammenhangs interessiert man sich also für den Anstieg eines Graphen. Beispiele hierzu sind Zeit-Weg-Zusammenhänge (Geschwindigkeit?), Menge-Kosten-Zusammenhänge (Preis?), Zeit-Preis-Zusammenhänge (Teuerungsrate?) usw. Die neuere Schulbuchliteratur bietet hierzu eine große Zahl von Beispielen, vgl. auch [Blum/Törner 1983].

(3) **Fehlerrechnung:** In V.2 haben wir auf den Zusammenhang zwischen „Differenzierbarkeit als affine Approximierbarkeit" und „Fehlerabschätzung beim Rechnen mit gemessenen Größen" hingewiesen:

$$f(x) \approx f(a) + f'(a) \cdot (x - a)$$

Dieser Aspekt läßt sich auch als Einstieg in die Differentialrechnung nutzen, indem man nach dem *Einfluß von Meßfehlern* fragt. Wir betrachten dies an einem Beispiel: Für den ohmschen Widerstand eines linearen Leiters mit dem spezifischen Widerstand σ, einem kreisförmigen Querschnitt vom Durchmesser d und der Länge l gilt

$$R = \frac{4\sigma}{\pi} \cdot \frac{l}{d^2}.$$

Eine Abweichung von l wirkt sich demnach linear auf die Abweichung von R aus. Wie aber wirken sich Fertigungstoleranzen beim Durchmesser d auf R aus? Bezeichnen wir die Sollwerte mit l_0 und d_0 und den zugehörigen Wert von R mit R_0, ist ferner δ die maximale Fertigungstoleranz von d (wobei δ auch negativ sein kann), dann hängt der tatsächliche Widerstand nur noch von δ ab. Nennen wir diesen $R(\delta)$, so ist

$$R(\delta) = \frac{R_0}{(1+x)^2} \quad \text{mit} \quad x := \frac{\delta}{d_0}.$$

Für $|x| \ll 1$ („$|x|$ klein gegen 1") ist $(1 + x)^2 \approx 1 + 2x$ und $\frac{1}{1+2x} = 1 - 2x + (2x)^2 - + \ldots \approx 1 - 2x$, also

$$R(\delta) \approx R_0 \left(1 - 2\frac{\delta}{d_0} \right).$$

Eine Vergrößerung (Verringerung) des Durchmessers um 5% führt somit zu einer Verringerung (Vergrößerung) des Widerstands um ca. 10%.

Solche und ähnliche Beispiele führen zu der Einsicht, daß geringfügige Veränderungen der Eingangsgrößen lineare Veränderungen der abhängigen Größen bewirken. Allgemein geht es also darum, bei einer Funktion f und einer Stelle $a \in D_f$ eine Konstante $k \in \mathbb{R}$ so zu finden, daß

$$f(x) \approx f(a) + k \cdot (x - a)$$

für alle $x \in D_f$ gilt, welche „hinreichend nahe" bei a liegen. Will man etwa $f(x) := \sqrt[n]{1 + x}$ für $|x| \ll 1$ affin abschätzen, so führt der Ansatz $\sqrt[n]{1 + x} \approx 1 + kx$ auf

$$1 + x \approx 1 + nkx + \binom{n}{2}(kx)^2 + \ldots \approx 1 + nkx,$$

also $k = \frac{1}{n}$. Das liefert die Fehlersbachätzung

$$\sqrt[n]{1 + x} \approx 1 + \frac{x}{n} \quad \text{für} \quad |x| \ll 1.$$

Zeichnet man die Graphen von $x \mapsto \sqrt[n]{1+x}$ und von $x \mapsto 1 + \frac{x}{n}$, so macht man die erstaunliche Feststellung, daß die Gerade offenbar „Tangente" an den Graphen der Wurzelfunktion im Punkt $(0;1)$ ist — und damit ist man in der Differentialrechnung!

(4) Integralrechnung: Beginnt man die Analysis mit Fragen der Flächenberechnung, die seit der Antike gepflegt wurden, also mit der Integralrechnung (vgl. Abschnitt VI.2), dann steht man sehr schnell vor dem Problem, etwas über die *Flächeninhaltsfunktion* $x \mapsto \int_a^x f(t) \, dt$ in Erfahrung zu bringen. Hier ist die Stelle, wo sich am deutlichsten die „Philosophie der Analysis" entwickelt: *Um etwas über eine Funktion zu erfahren, untersuche man ihr Änderungsverhalten.* Man wird via Hauptsatz zur Grundidee der Differentialrechnung geführt. Die genannte „Philosophie der Analysis" hat ein diskretes Pendant: *Um etwas über eine Folge zu erfahren, untersuche man ihre Differenzenfolge.*

(5) Kurvenuntersuchungen: Sicher ist die Frage nach Tangentensteigungen geeignet, die Ableitung zu erfinden. Beispielsweise könnte man — und dies auch durchaus praxisorientiert — das glatte Verkleben von Kurvenstücken untersuchen (vgl. IV.2 (14)). Verkleben von Kurven, welche den Verlauf von Schienen oder Straßen beschreiben, erfordert wegen der Fliehkräfte auch die Übereinstimmung der zweiten Ableitungen in den Nahtstellen (was zu den Spline-Funktionen führt).

(6) Newton-Verfahren zur Nullstellenermittlung: Dieses Verfahren wollen wir an einem Beispiel darstellen, um zu zeigen, wie hier eine Präzisierung des Ableitungsbegriffs motiviert werden kann. Es seien die Nullstellen von $f(x) := x^3 - 5x + 3$ gesucht, wobei „Raten" erfolglos verläuft. Nach Aufstellen einer Wertetafel sieht man, daß eine Nullstelle a mit $0 < a < 1$ existiert. Aus einer Zeichnung entnimmt man für a den Näherungswert $x_0 := 0,6$. In der „Umgebung" des Punktes $(x_0; f(x_0))$ verläuft der Graph von f fast geradlinig. Würde man ihn daher dort durch die Tangente ersetzen, so wäre deren Schnittpunkt x_1 mit der x-Achse ein besserer Näherungswert für a, und so könnte man iterativ fortfahren. Sei nun x_n ein bekannter Näherungswert für a und m_n die Steigung der zugehörigen Tangente in $(x_n; f(x_n))$, so erhält man nach elementarer Umformung für den nächsten Näherungswert x_{n+1} (sofern $m_n \neq 0$ gilt):

$$x_{n+1} = x_n - \frac{f(x_n)}{m_n}.$$

Es bleibt die Frage, wie man m_n berechnen kann. Die Tangente hat die Gleichung

$$y = f(x_n) + m_n(x - x_n),$$

und gegenüber dieser hat $f(x)$ die „Abweichung"

$$\varrho_n(x) := f(x_n) + m_n(x - x_n) - f(x).$$

Daraus erhält man für $x \neq x_n$

$$m_n = \frac{f(x) - f(x_n)}{x - x_n} + \frac{\varrho_n(x)}{x - x_n}.$$

Wir dürfen zwar nicht x_n für x einsetzen, aber doch mit x „beliebig nahe" gegen x_n gehen, was sogar mit dem Taschenrechner oder dem Computer (in Grenzen) erfaßbar ist. Sodann ist klar, daß der erste Summand für $x \to x_n$ „gegen m_n strebt", und damit für $x \to x_n$

$$\frac{\varrho_n(x)}{x - x_n} \to 0$$

gelten muß. In unserem Beispiel ist nun

$$\frac{f(x) - f(x_n)}{x - x_n} = x^2 + x_n x + x_n^2 - 5,$$

und für $x \to x_n$ folgt

$$m_n = 3x_n^2 - 5.$$

Für die Nullstelleniteration folgt damit

$$x_{n+1} = x_n - \frac{x_n^3 - 5x_n + 3}{3x_n^2 - 5}.$$

Die infinitesimalen Betrachtungen in dieser Argumentation sind noch auf einer sehr intuitiven Ebene und verlangen nun nach klaren Begriffsbildungen.

(7) Zeichnung: Nicht zuletzt ist der Wunsch, eine möglichst gute Skizze eines Funktionsgraphen anzufertigen, eine Motivation für analytische Untersuchungen. Wie beim Zeichnen von Kegelschnitten sind hier nicht nur *Tangenten*, sondern auch *Krümmungskreise* in gewissen Punkten von Nutzen (vgl. Abschnitt V.9). Allerdings führen Funktionenplotter, wie sie für Personalcomputer und graphische Taschen-Computer vorliegen, zu ganz neuartigen didaktischen Herausforderungen; beispielsweise werden Definitionslücken oft elegant unterdrückt.

V.7 Extremwertaufgaben

Bei der Entwicklung der Differentialrechnung spielten Extremwertaufgaben eine entscheidende Rolle (vgl. Abschnitt V.1). Sie gehören im Unterricht zu wichtigen Anwendungen der Differentialrechnung.

(1) Definition: Es sei $f \in F(\mathbb{R})$ und $a \in D_f$. Genau dann ist $f(a)$ ein *relatives Maximum* bzw. ein *relatives Minimum* von f, wenn ein $\delta \in \mathbb{R}^+$ und eine δ-Umgebung $U_\delta(a)$ von a existieren, so daß

$$f(x) < f(a) \text{ bzw. } f(x) > f(a) \text{ für alle } x \in U_\delta(a) \cap D_f \setminus \{a\}.$$

Genau dann ist $f(a)$ ein *absolutes Maximum* bzw. ein *absolutes Minimum* von f, wenn

$$f(x) \leq f(a) \text{ bzw. } f(x) \geq f(a) \text{ für alle } x \in D_f.$$

Genau dann ist $f(a)$ ein *relativer* bzw. *absoluter Extremwert* von f, wenn $f(a)$ ein relatives bzw. absolutes Maximum oder Minimum von f ist. Genau dann ist a eine *relative* bzw. *absolute Extremstelle* von f, wenn $f(a)$ ein relativer bzw. absoluter Extremwert von f ist.

Statt „relativ" bzw. „absolut" sagt man hier auch „lokal" bzw. „global". Läßt man bei der Definition der relativen Extremwerte auch das Gleichheitszeichen zu, so nennt man die Extremwerte *schwach*. Die im Zusammenhang mit relativen Extremwerten am häufigsten benutzten Bezeichnungen sind in Fig. 1 zusammengestellt.

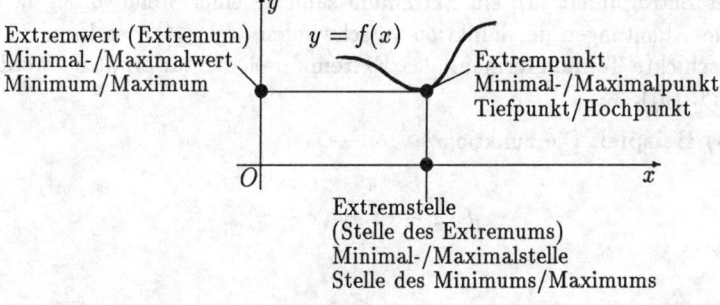

Extremwert (Extremum)
Minimal-/Maximalwert
Minimum/Maximum

$y = f(x)$

Extrempunkt
Minimal-/Maximalpunkt
Tiefpunkt/Hochpunkt

Extremstelle
(Stelle des Extremums)
Minimal-/Maximalstelle
Stelle des Minimums/Maximums

Fig. 1

Viele Extremwertaufgaben, vor allem geometrischer Natur, lassen sich auch ohne Hilfsmittel der Differentialrechnung lösen, zum Teil sind die Begriffe der Differentialrechnung überhaupt nicht sinnvoll anwendbar (etwa lineare Optimierung). Solche Beispiele zeigen, daß das Problem der Bestimmung von Extremwerten weit über den Anwendungsbereich der Analysis hinausreicht; vgl. hierzu [Schupp 1992].

(2) Beispiel: Es seien die Geraden g, h und der Punkt C gegeben (vgl. Fig. 2). Wie müssen die Punkte A und B gewählt werden, damit das Dreieck ABC einen minimalen Umfang hat? Fig. 3 zeigt die geometrische Lösung mit Hilfe von Geradenspiegelungen.

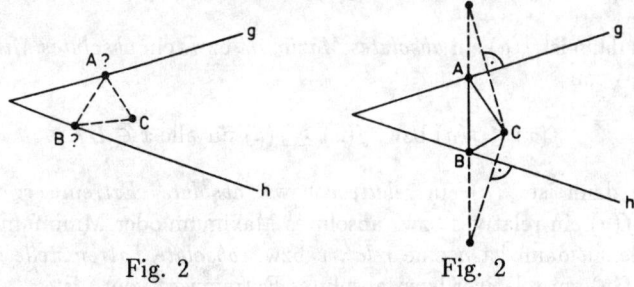

Fig. 2   Fig. 2

Wie (2) sind beispielsweise auch Bernoullis Aufgaben g) und i) in V.1 (7) rein geometrisch lösbar. Weitere „elementar lösbare" Extremwertaufgaben findet man bei [Ness 1967] und in den Büchern [Hasse 1967] und [Rademacher/Toeplitz 1930].

Auch bei der Bestimmung von Extremwerten reeller Funktionen ist die Differentialrechnung kein Allheilmittel. Ein Extremum kann an einer Stelle vorliegen, wo die Funktion nicht differenzierbar ist (z. B. bei der Betragsfunktion); ein Extremum kann an einer Stelle vorliegen, wo *alle* Ableitungen der Funktion verschwinden (vgl. (4)); es kann durch geschickte Termumformung das Extremum elementar ermittelt werden (vgl. (3)).

(3) Beispiel: Die Funktion

$$f : x \mapsto \sum_{i=1}^{n} p_i (x - x_i)^2$$

mit $\sum_{i=1}^{n} p_i = 1$ hat ein absolutes Minimum an der Stelle $x_0 = \sum_{i=1}^{n} p_i x_i$

(Zusammenhang zwischen Erwartungswert und Varianz einer endlichen Zufallsgröße). Dies ergibt sich mit Hilfe geeigneter quadratischer Ergänzung:

$$\sum_{i=1}^{n} p_i(x - x_i)^2 = x^2 - 2x \sum_{i=1}^{n} p_i x_i + \sum_{i=1}^{n} p_i x_i^2$$

$$= \left(x - \sum_{i=1}^{n} p_i x_i\right)^2 + \sum_{i=1}^{n} p_i x_i^2 - \left(\sum_{i=1}^{n} p_i x_i\right)^2$$

Diese Umformung liefert einen wesentlich tieferen Einblick in den Sachzusammenhang als die Benutzung der Ableitung; es ergibt sich der bekannte Zusammenhang zwischen Erwartungswert und Varianz einer endlichen Zufallsgröße X, nämlich

$$V(X) = E(X^2) - E(X)^2.$$

(4) Beispiel: Es sei

$$f(x) := \begin{cases} \exp(-\frac{1}{x^2}) & \text{für } x \neq 0, \\ 0 & \text{für } x = 0. \end{cases}$$

Es ist $f^{(n)}(0) = 0$ für alle $n \in \mathbb{N}^*$, weshalb mit dem üblichen aus der Taylor-Entwicklung folgenden hinreichenden Kriterium für Extremwerte nicht nachgewiesen werden kann, daß $f(0)$ ein (absolutes) Minimum ist. Dieses folgt aber sofort aus $f(x) > 0$ für alle $x \neq 0$. Zur Berechnung von $f^{(n)}(0)$ benötigt man die Tatsache, daß die Exponentialfunktion stärker als jede Polynomfunktion wächst.

Die Extremaleigenschaft aus (4) läßt sich aber auch mit Mitteln der Analysis beweisen:

(5) Hinreichendes Extremwertkriterium: Ist f differenzierbar auf $]a; b[$, ferner $c \in]a; b[$ und $f'(c) = 0$, so liegt an der Stelle c ein relatives Extremum vor, wenn ein $\delta \in \mathbb{R}^+$ existiert mit

$$f'(x) < 0 \text{ für alle } x \in U_\delta(c) \cap]a; c[,$$
$$f'(x) > 0 \text{ für alle } x \in U_\delta(c) \cap]c; b[.$$

Beweis: Für $x \in U_\delta \cap]a; c[$ ergibt sich aus dem Mittelwertsatz

$$\frac{f(c) - f(x)}{c - x} = f'(\xi) \quad \text{mit } \xi \in U_\delta(c) \cap]x; c[;$$

dabei ist $c - x > 0$ und $f'(\xi) < 0$, also gilt $f(x) > f(c)$. Für $x \in U_\delta \cap]c; b[$ argumentiert man analog.

Daß dieses Kriterium nicht notwendig ist, erkennt man an folgendem Beispiel.

(6) Beispiel: Die Funktion f mit

$$f(x) := \left\{ \begin{array}{cc} x^4(1 + \sin^2 \frac{1}{x}) & \text{für } x \neq 0, \\ 0 & \text{für } x = 0 \end{array} \right.$$

besitzt an der Stelle 0 ein (absolutes) Minimum, aber $f'(x)$ nimmt in jeder linksseitigen und jeder rechtsseitigen Umgebung von 0 Werte beiderlei Vorzeichen an.

Die typischen Extremwertaufgaben im Unterricht verlangen in der Regel die Betrachtung einer Funktion von zunächst mehreren Variablen, wobei aber die Variablen durch Nebenbedingungen miteinander verknüpft sind. Stets lassen sich dabei die Nebenbedingungen nach den Variablen so auflösen, daß letztlich nur noch eine Funktion in einer Variablen zu betrachten ist. Es wird hier also keineswegs notwendig, die Theorie der Extrema mit Nebenbedingungen zu behandeln. Von besonderem Interesse sind solche Aufgaben, in welchen die Lösung von gewissen Parametern beeinflußt wird.

(7) Beispiel: Für den Transport einer bestimmten Ladung seien die Kosten auf dem Wasser α DM pro km, auf dem Land β DM pro km (vgl. Fig. 4). Die Gesamtkosten sollen möglichst gering sein. Diese sind gegeben durch

$$K = \alpha x + \beta y$$

mit der Nebenbedingung

$$y^2 = h^2 + (x - a)^2.$$

Wir betrachten also die Kostenfunktion

$$f : x \mapsto \alpha x + \beta \sqrt{h^2 + (x - a)^2}.$$

Es ist

$$f'(x) = \alpha + \beta \cdot \frac{x - a}{\sqrt{h^2 + (x - a)^2}}.$$

Die Bedingung $f'(x) = 0$ führt auf

$$\alpha^2 h^2 + \alpha^2 (x - a)^2 = \beta^2 (x - a)^2.$$

Diese Gleichung hat für $\alpha \geq \beta$ keine Lösung, es liegt ein Randextremum an der Stelle 0 vor. Für $\alpha < \beta$ folgt

$$(x - a)^2 = \frac{\alpha^2 h^2}{\beta^2 - \alpha^2} =: C$$

mit den Lösungen $a + \sqrt{C}$ und $a - \sqrt{C}$; von diesen ist höchstens die zweite eine Lösung des Problems, da eine solche in $[0; a]$ liegen muß. In Fig. 5 ist der Graph von f für $a = 5$, $h = 1$, $\beta = 1$ und verschiedene Werte von α dargestellt.

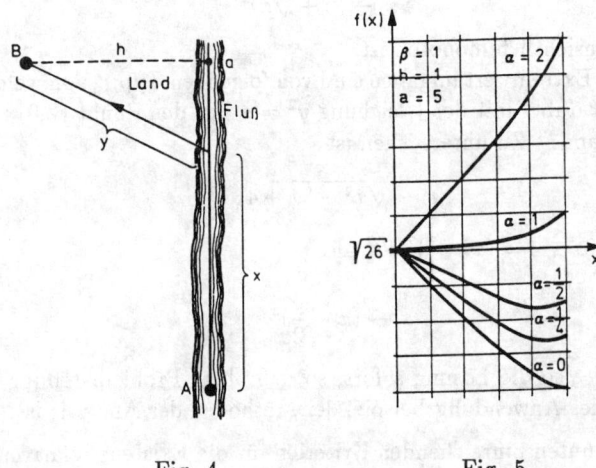

Fig. 4   Fig. 5

(8) Beispiel: Zur Überprüfung der Qualität einer Approximation kann man Extremwertberechnungen einsetzen. Für $0,1 \leq x \leq 0,9$ ist beispielsweise die Näherung $\sqrt{x} \approx \frac{4}{5}x + \frac{4}{15}$ durch

$$|\sqrt{x} - (\frac{4}{5}x + \frac{4}{15})| \leq \frac{11}{240}$$

zu qualifizieren, denn die Funktion

$$f : x \mapsto \sqrt{x} - (\frac{4}{5}x + \frac{4}{15})$$

hat an der Stelle $\frac{25}{64}$ ein Maximum mit dem Wert $\frac{11}{240} \approx 0,046$. (Es gilt $f(0,1) \approx -0,030$ und $f(0,9) \approx -0,038$.)

(9) Bemerkung: Häufig führt ein Extremwertproblem auf die Betrachtung einer Funktion $F = f \circ g$ auf einem Intervall $[a; b]$, wobei f auf $g[[a; b]]$ monoton ist. Dann kann man sich auf die Bestimmung der Extremalstellen von g auf $[a; b]$ beschränken, was die Rechnung oft erheblich vereinfacht. Beispielsweise hat

$$F : x \mapsto \left(5 + \sqrt[3]{g(x)} \right)^2$$

(mit $g(x) \geq 0$ für alle $x \in D_F$) auf D_F dieselben Extremstellen wie die Funktion g, weil

$$f : x \mapsto (5 + \sqrt[3]{x})^2$$

auf $\mathbb{R}^+$ offensichtlich monoton ist.

Beliebte Extremwertaufgaben sind von folgenden Typ: „Von welchem Punkt der Parabel mit der Gleichung $y^2 = x$ hat der Punkt $(2;0)$ minimalen Abstand?" Zu untersuchen ist

$$x \mapsto \sqrt{x^2 - 3x + 4},$$

wegen $x^2 - 3x + 4 = (x - \frac{3}{2})^2 + \frac{7}{4}$ also

$$x \mapsto (x - \frac{3}{2})^2.$$

Man „sieht" also die Lösung sofort, so daß obige Problemstellung kein überzeugendes Anwendungsbeispiel der Methoden der Analysis ist.

Die bekannten hinreichenden Kriterien für die Existenz relativer Extremstellen (Ordnung der ersten nicht verschwindenden Ableitung muß gerade sein) leitet man in der Regel mit Hilfe der Taylor-Enwicklung her. Nun ist diese unter dem in der Analysis dominierenden Aspekt der Approximation auch unabhängig von dieser Anwendung von Intersse, weshalb wir uns im folgenden Abschnitt mit diesem Thema befassen.

In dem Fall, daß schon die zweite Ableitung an einer Stelle mit waagerechter Tangente nicht verschwindet, läßt sich natürlich mit einer geometrischen Argumentation entscheiden, daß ein relativer Extremwert vorliegt: Die Steigung nimmt an der untersuchten Stelle zu (Minimum) oder ab (Maximum). Im Rahmen von Kurvendiskussionen wird man dann die zweite Ableitung zur Charakterisierung des Krümmungsverhaltens („Linkskurve", „Rechtskurve") heranziehen, was aber nichts anderes bedeutet, als das Steigungsverhalten der Ableitungskurve zu untersuchen. (Vgl. hierzu auch V.9.)

V.8 Mittelwertsatz und Taylor-Entwicklung

Beim traditionellen Aufbau der Analysis spielt der Mittelwertsatz eine zentrale Rolle.

(1) **Mittelwertsatz:** Es sei f auf $[a; b]$ stetig und auf $]a; b[$ differenzierbar. Dann existiert ein $\xi \in]a; b[$ mit

$$\frac{f(a) - f(b)}{a - b} = f'(\xi).$$

Die didaktische Literatur enthält eine umfangreiche Diskussion über die Frage, ob die zentrale Rolle nicht dem Mittelwertsatz, sondern vielleicht besser dem Monotoniesatz oder dem Schrankensatz zukommen sollte.

(2) **Monotoniesatz:** Die Funktion f sei auf einem Intervall I differenzierbar und habe dort überall eine positive (negative) Ableitung. Dann ist f streng monoton wachsend (fallend) auf I.

(3) **Schrankensatz:** Ist die Funktion f auf einem Intervall I differenzierbar und ist die Ableitungsfunktion f' dort nach oben durch S (nach unten durch s) beschränkt, dann gilt für alle $x_1, x_2 \in I$ mit $x_1 < x_2$

$$f(x_2) - f(x_1) \leq S(x_2 - x_1)$$

bzw.

$$f(x_2) - f(x_1) \geq s(x_2 - x_1).$$

Wir verweisen hierzu auf die ausführliche Diskussion in [Knoche/ Wippermann 1986].

Obiger Mittelwertsatz heißt genauer *1. Mittelwertsatz der Differentialrechnung*, denn es gibt noch einen 2. Mittelwertsatz der Differentialrechnung und auch zwei Mittelwertsätze der Integralrechnung. Den zweiten Mittelwertsatz der Differentialrechnung benötigt man zur Herleitung der iterierten Form der Regel von de l'Hospital (vgl. (5)). Er läßt ebenso wie der 1. Mittelwertsatz eine sehr einfache geometrisch-physikalische Interpretation zu, so daß er auf dieser anschaulichen Ebene durchaus im Unterricht zugänglich ist:

(4) **Mittelwertsätze** der Differentialrechnung in geometrisch-physikalischer Interpretaion:

1. Mittelwertsatz: Der Graph von f sei eine „glatte" Kurve. Ein Punkt bewege sich von $(a; f(a))$ nach $(b; f(b))$. Dann ist an mindestens einer Stelle $\xi \in]a; b[$ der Geschwindigkeitsvektor parallel zum Wegvektor (vgl. Fig. 1), also

$$\begin{pmatrix} 1 \\ f'(\xi) \end{pmatrix} \parallel \begin{pmatrix} b - a \\ f(b) - f(a) \end{pmatrix}.$$

2. Mittelwertsatz: Es sei

$$\begin{pmatrix} x \\ y \end{pmatrix} = \begin{pmatrix} \varphi(t) \\ \psi(t) \end{pmatrix} \quad (t \in [a; b])$$

eine Parameterdarstellung einer glatten Kurve. Ein Punkt bewege sich von $A = (\varphi(a); \psi(a))$ nach $B = (\varphi(b); \psi(b))$. Dann ist an mindestens einer Stelle $\tau \in]a; b[$ der Geschwindigkeitsvektor parallel zum Wegvektor (Fig. 2), also

$$\begin{pmatrix} \varphi'(\tau) \\ \psi'(\tau) \end{pmatrix} \parallel \begin{pmatrix} \varphi(b) - \varphi(a) \\ \psi(b) - \psi(a) \end{pmatrix},$$

d. h.

$$\frac{\varphi(b) - \varphi(a)}{\psi(b) - \psi(a)} = \frac{\varphi'(\tau)}{\psi'(\tau)}.$$

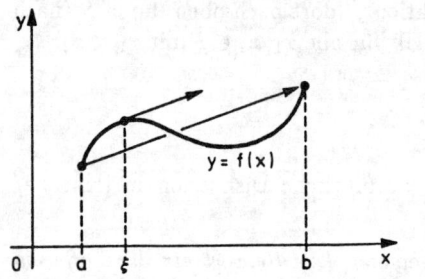

Fig. 1   Fig. 2

(5) Regeln von de l'Hospital: Eine ausführliche Diskussion der Regeln von de l'Hospital findet man in der Lehrbuchliteratur, etwa [Scheid/Endl 1977]. Die folgende einfachste Form erhält man schnell aus dem 1. Mittelwertsatz: Sind f und g an der Stelle a differenzierbar und gilt

$$f(a) = g(a) = 0 \quad \text{und} \quad g'(a) \neq 0,$$

dann gilt

$$\lim_{x \to a} \frac{f(x)}{g(x)} = \frac{f'(a)}{g'(a)}.$$

Haben aber auch $f'(a)$ und $g'(a)$ beide den Wert 0, dann benötigt man die *iterierte Form* dieser Regel:

$$\lim_{x \to a} \frac{f(x)}{g(x)} = \lim_{x \to a} \frac{f'(x)}{g'(x)}.$$

Zum Beweis dieser Regel benötigt man nun den 2. Mittelwertsatz:

$$\frac{f(x)}{g(x)} = \frac{f(x) - f(a)}{g(x) - g(a)} = \frac{f'(\xi)}{g'(\xi)}$$

mit ξ zwischen a und x. Der 1. Mittelwertsatz würde in dieser Gleichung nur $\frac{f'(\alpha)}{g'(\beta)}$ mit α und β zwischen a und x liefern.

Die Regel von de l'Hospital hat eine einfache physikalische Interpretation: Bewegen sich zwei Körper zum gleichen Zeitpunkt längs einer Geraden durch einen Punkt A, so ist das lokale Verhältnis der zurückgelegten Strecken im Punkt A gleich dem Verhältnis der Geschwindigkeiten im Punkt A.

Den ersten Schritt der Taylor-Entwicklung (nach Brook Taylor, 1685–1731, vorher schon entdeckt von Gregory) bildet der Mittelwertsatz

$$f(x) = f(x_0) + f'(\xi)(x - x_0)$$

mit einem geeigneten ξ mit $|x - \xi| < |x - x_0|$. Der zweite Schritt wird z. B. durch die Definition der L-Differenzierbarkeit nahegelegt:

$$f(x) = f(x_0) + f'(x_0)(x - x_0) + \lambda(x)(x - x_0)^2,$$

wobei λ an der Stelle x_0 beschränkt ist; schreibt man dies in der Form

$$\frac{\dfrac{f(x) - f(x_0)}{x - x_0} - f'(x_0)}{x - x_0} = \lambda(x),$$

so könnte man aufgrund des Mittelwertsatzes vermuten, daß stets $\lambda(x) = k f''(\eta)$ mit geeigneten Werten k und η gilt. Genaueren Aufschluß über die Gestalt der vermuteten Formel

$$f(x) = f(x_0) + f'(x_0)(x - x_0) + k f''(x_0)(x - x_0)^2 + \ldots$$

erhält man zunächst durch Betrachtung ganzrationaler Funktionen:

(6) Taylor-Polynom für eine ganzrationale Funktion: Es sei $f(x)$ ein Polynom vom Grad n. Aus dem Ansatz

$$f(x) = \sum_{i=0}^{n} a_i(x - x_0)^i$$

ergibt sich durch wiederholtes Differenzieren und Ersetzen von x durch x_0

$$a_i = \frac{1}{i!} f^{(i)}(x_0) \quad (i = 0, 1, \ldots, n).$$

Also ist

$$f(x) = \sum_{i=0}^{n} \frac{f^{(i)}(x_0)}{i!}(x - x_0)^i.$$

Zum Nachweis der Existenz der Taylor-Entwicklung einer beliebig oft differenzierbaren Funktion benötigt man nun Restgliedabschätzungen, die man in der Regel mit Hilfe der Mittelwertsätze der Integralrechnung gewinnt. Für viele einfache Funktionen genügt aber folgende grobe

(7) Restgliedabschätzung: Ist $p_n(x)$ das n-te Taylor-Polynom von f zur Entwicklungsmitte x_0, und gilt in $[x_0 - d; x_0 + d]$ mit einem $M \in \mathbb{R}^+$ die Abschätzung $|f^{(n+1)}(x)| \leq M$, dann gilt in diesem Intervall

$$|f(x) - p_n(x)| \leq \frac{M}{n!} \cdot |x - x_0|^{n+1}.$$

Beweis: Differenziert man

$$R_n(x, x_0) := f(x) - p_n(x) = f(x) - \sum_{i=0}^{n} \frac{f^{(i)}(x_0)}{i!}(x - x_0)^i$$

bei festgehaltenem x nach x_0, dann erhält man

$$\frac{\mathrm{d}}{\mathrm{d}x_0} R_n(x, x_0) = -\frac{f^{(n+1)}(x_0)}{n!} \cdot (x - x_0)^n,$$

woraus durch Integration über x_0 unter Beachtung der Abschätzung

$$\left| \int_u^v f \right| \leq |v - u| \cdot \max_{[u;v]} |f|$$

die Behauptung folgt.

Die Taylor-Entwicklung hängt eng zusammen mit der iterierten Form der Regel von de l'Hospital, nämlich

$$\lim_{x \to x_0} \frac{f(x)}{g(x)} = \lim_{x \to x_0} \frac{f'(x)}{g'(x)},$$

falls $\lim_{x \to x_0} f(x) = \lim_{x \to x_0} g(x) = 0$. Einerseits kann man diese Regel als heuristischen Zugang zur Taylor-Entwicklung verwenden (vgl. (8)), andererseits ist ein Beweis dieser Regel leicht aus der Taylorschen Entwicklungsformel zu gewinnen. (Natürlich kann man diese Regel auch mit dem 2. Mittelwertsatz der Differentialrechnung herleiten.)

(8) Beispiel: Die Koeffizienten in der Entwicklung

$$\sin x = a_1 x + a_2 x^2 + a_3 x^3 + \ldots$$

ergeben sich aus der Regel von de l'Hospital:

$$a_1 = \lim_{x \to 0} \frac{\sin x}{x} = \lim_{x \to 0} \frac{\cos x}{1} = 1$$

$$a_2 = \lim_{x \to 0} \frac{\sin x - x}{x^2} = \lim_{x \to 0} \frac{\cos x - 1}{2x} = \lim_{x \to 0} \frac{-\sin x}{2} = 0$$

$$a_3 = \lim_{x \to 0} \frac{\sin x - x}{x^3} = \ldots = \ldots = \lim_{x \to 0} \frac{-\cos x}{6} = -\frac{1}{6}$$

$$a_4 = \lim_{x \to 0} \frac{\sin x - x + \frac{1}{6}x^3}{x^4} = \ldots = \ldots = \ldots = \lim_{x \to 0} \frac{\sin x}{24} = 0$$

usw.

Eine Anwendung der Taylor-Entwicklung besteht in der Berechnung der Werte gewisser konvergenter Reihen durch Betrachtung geeigneter Entwicklungen an geeigneten Stellen. Häufig sind solche Reihen aber auch durch phantasievolle Tricks zu berechnen, die zwar keinen Einblick in ein mathematisches System geben, wohl aber den bei echtem mathematischen Arbeiten notwendigen Einfallsreichtum widerspiegeln. Hierzu skizzieren wir einen Weg, der auf verblüffende Art die Reihendarstellungen

$$\frac{\pi}{4} = 1 - \frac{1}{3} + \frac{1}{5} - \frac{1}{7} + - \ldots$$

und

$$\ln 2 = 1 - \frac{1}{2} + \frac{1}{3} - \frac{1}{4} + - \ldots$$

liefert.

(9) Beispiel: Für das Integral

$$I_n := \int_0^{\frac{\pi}{4}} \tan^n x \; \mathrm{d}x$$

$(n \in \mathbb{N})$ gilt

$$
\begin{aligned}
I_n + I_{n+2} &= \int_0^{\frac{\pi}{4}} \tan^n x (1 + \tan^2 x)\mathrm{d}x \\
&= \int_0^{\frac{\pi}{4}} \frac{\tan^n x}{\cos^2 x} \; \mathrm{d}x = \int_0^1 u^n \; \mathrm{d}u = \frac{1}{n+1} \, .
\end{aligned}
$$

Wegen $0 \le \tan x < 1$ für $0 \le x < \frac{\pi}{4}$ ist die Folge $\langle I_n \rangle$ streng monoton fallend, und es ergibt sich für $n \ge 2$

$$\frac{1}{2(n-1)} > I_n > \frac{1}{2(n+1)} \, .$$

Es folgt

$$
\begin{aligned}
I_{2n} &= \frac{1}{2n-1} - \frac{1}{2n-3} + - \ldots \pm 1 \mp \int_0^{\frac{\pi}{4}} 1 \; \mathrm{d}x \, , \\
I_{2n+1} &= \frac{1}{2n} - \frac{1}{2n-2} + - \ldots \pm \frac{1}{2} \mp \int_0^{\frac{\pi}{4}} \tan x \; \mathrm{d}x \, .
\end{aligned}
$$

Wegen

$$\int_0^{\frac{\pi}{4}} 1 \; \mathrm{d}x = \frac{\pi}{4} \quad \text{und} \quad \int_0^{\frac{\pi}{4}} \tan x \; \mathrm{d}x = -\ln(\cos \frac{\pi}{4}) = \ln \sqrt{2} = \frac{1}{2}\ln 2$$

erhält man

$$\left| \frac{\pi}{4} - \sum_{i=0}^{n-1} \frac{(-1)^i}{2i+1} \right| = I_{2n} < \frac{1}{2(2n-1)}$$

und

$$\left| \ln 2 - \sum_{i=1}^{n} \frac{(-1)^{i-1}}{i} \right| = 2 I_{2n+1} < \frac{1}{2n} \, .$$

Dies bestätigt die oben angegebenen Reihendarstellungen.

In den beiden folgenden Beispielen erhält man die Taylor-Entwicklung mit Hilfe der geometrischen Reihe.

(10) Beispiel: Wir wollen die Taylor-Reihe für $f : x \mapsto \ln(1 + x)$ zur Entwicklungsmitte 0 bestimmen, wobei $|x| < 1$. Wegen

$$\ln'(1 + x) = \frac{1}{1 + x}$$

ist

$$\ln(1 + x) = \int_0^x \frac{1}{1 + t}\, dt.$$

Aus

$$\frac{1}{1 + t} = \sum_{i=0}^{n} (-1)^i t^i + \frac{(-1)^{n+1} t^{n+1}}{1 + t}$$

ergibt sich

$$\begin{aligned}
\int_0^x \frac{1}{1 + t}\, dt &= \sum_{i=0}^{n} (-1)^i \int_0^x t^i\, dt + (-1)^{n+1} \int_0^x \frac{t^{n+1}}{1 + t}\, dt \\
&= \sum_{i=0}^{n} (-1)^i \frac{x^{i+1}}{i+1} + (-1)^{n+1} \int_0^x \frac{t^{n+1}}{1 + t}\, dt.
\end{aligned}$$

Das letzte Integral läßt sich leicht abschätzen, und man erhält für $|x| < 1$

$$\ln(1 + x) = \sum_{i=0}^{\infty} \frac{(-1)^i}{i+1} x^i.$$

Da diese Reihe auch für $x = 1$ konvergiert, ergibt sich erneut die Darstellung von $\ln 2$ aus (9).

(11) Beispiel: Wegen

$$\arctan' x = \frac{1}{1 + x^2} = \sum_{i=0}^{\infty} (-1)^i x^{2i}$$

für $|x| < 1$ ergibt sich mit derselben Methode wie in (10)

$$\arctan x = \sum_{i=0}^{\infty} \frac{(-1)^i}{2i+1} x^{2i+1}.$$

Da diese Reihe auch für $x = 1$ konvergiert, erhält man erneut die Darstellung von $\frac{\pi}{4}$ aus (9).

Die Taylor-Entwicklung läßt sich auch zur Berechnung gewisser Integrale verwenden.

(12) Beispiele: Mit Hilfe der Taylor-Entwicklung findet man

$$\int_0^1 \frac{\sin x}{x}\, dx = \sum_{i=0}^{\infty} \frac{(-1)^i}{(2i+1)\cdot (2i+1)!}$$

und

$$\int_0^1 \sin(x^2)\, dx = \sum_{i=0}^{\infty} \frac{(-1)^i}{(4i+3)\cdot (2i+1)!},$$

wobei die Restgliedabschätzungen unproblematisch sind.

(13) Exponentialfunktion: Besonders einfach ist natürlich die Taylor-Entwicklung von exp an der Stelle 0 zu gewinnen, da $\exp^{(n)}(0) = 1$ für alle $n \in \mathbb{N}$ gilt und somit vermutlich folgt:

$$\exp x = \sum_{i=0}^{\infty} \frac{x^i}{i!}$$

Die Restgliedabschätzung gestaltet sich mit (7) sehr einfach: Mit $x_0 = 0$ ist offenbar $p_n(x) = \sum_{i=0}^{n} \frac{x^i}{i!}$, und mit $d \in \mathbb{R}^+$, der Monotonie von exp und mit $\exp^{(n)} = \exp$ kann man $M := \exp(d)$ wählen, so daß

$$|R_n(x,0)| \le \exp(d)\cdot \frac{|x|^{n+1}}{n!} \to 0 \ (n \to \infty)$$

für alle $x \in [-d; d]$ folgt.

Die Möglichkeit, eine Funktion durch eine Potenzreihe darzustellen, ruft natürlich die Frage hervor, wie man so dargestellte Funktionen differenziert und integriert. In der Wahrscheinlichkeitsrechnung beispielsweise benötigt man im Zusammenhang mit geometrisch-verteilten Zufallsgrößen die Formeln

$$\sum_{i=1}^{\infty} ix^{i-1} = \frac{1}{(1-x)^2} \quad \text{und} \quad \sum_{i=1}^{\infty} i(i-1)x^{i-2} = \frac{2}{(1-x)^3}$$

für $|x| < 1$, welche sich aus der Summenformel für die geometrische Reihe durch Differenzieren ergeben. Der Beweis dieser Formeln beruht auf der Beziehung $\lim_{n\to\infty} nx^n = 0$ für $|x| < 1$, es wird also keine umfangreiche Theorie der Funktionenfolgen und nicht der Begriff der gleichmäßigen Konvergenz solcher Folgen benötigt.

V.9 Differentiale

Gerne sagte man früher im Mathematikunterricht, der „Differentialquotient $\frac{dy}{dx}$" sei der „Grenzwert des Differenzenquotienten $\frac{\Delta y}{\Delta x}$", was sehr einprägsam ist. Aber: Δy und Δx waren „Differenzen", insbesondere $\Delta x \neq 0$, so daß man „Quotienten" bilden konnte und dann auch „Δy durch Δx" lesen durfte. Hingegen die „Differentiale" dy und dx waren äußerst obskure Gebilde, die „unendlich klein", „sehr klein" oder „angenähert 0" waren und auch nicht dividiert werden durften (vgl. mit Eulers Nullen, V.1). So durfte man auch nicht „dy durch dx" sagen, sondern es mußte „dy nach dx" heißen, und $\frac{dy}{dx}$ verkümmerte zu einer „symbolischen Schreibweise" für $\lim_{\Delta x \to 0} \frac{\Delta y}{\Delta x}$, die man am liebsten los geworden wäre. Und man wurde sie in den letzten Jahrzehnten gründlich los und mit ihnen so bequeme und leicht zu merkende Formeln wie etwa

$$ds = \sqrt{dx^2 + dy^2} \quad \text{oder} \quad \frac{dy}{dx} = \frac{dy}{du} \cdot \frac{du}{dx} \quad \text{etc.}$$

Zu dieser Problematik der „Differentiale" zitieren wir [Freudenthal 1973]:

Eine ungeheure Literatur diskutiert, ob und wie man Differentiale im Schulunterricht einführen soll. Die Diskussion ist irrelevant, sofern man sich nicht zunächst überlegt, welchem Zweck die Differentiale dienen sollen; zwecklose Differentiale kann man sich ruhig schenken. Wenn dx und dy nur in Verbindungen wie $\frac{dy}{dx}$ oder unter dem Integralzeichen nach dem Integranden vorkommen, hat die Frage, was dx und dy einzeln bedeuten, ebensoviel Sinn wie die nach der Bedeutung der 'l', 'o', 'g' in 'log' ...

Wie kommt es nun, daß sich die Diskussion über die Differentiale immer wieder belebt? Der Stachel im Fleische ist die Physik, wo man eben gern frischfröhlich von unendlich kleinen Wegen, unendlich kleinen Zeiten, unendlich kleiner Arbeit spricht und solche unendlich kleinen Größen durcheinander dividiert, mit den nötigen Vernachlässigungen ...

Statt $\Delta p \sim -\kappa p \Delta x$, wo das p dann irgendwo im Intervall von x bis $x + \Delta x$ zu nehmen ist, sagt man gleich $dp = -\kappa p\, dx$, und man verbindet damit die durchaus anschauliche Idee, daß sich die unendlich kleine Änderung des p durch die von x mittels dieser Relation ausdrückt. So macht es der Physiker, so macht es wohl auch jeder Mathematiker, wenn er derartige Probleme im stillen Kämmerlein angreift. So doziert der Physiker Physik, im Vollbewußtsein seines guten Rechts oder schuldbewußt, je nachdem, ob er die Mathematik souverän beherrscht oder von ihr frustriert wird. Unter den Mathematikern, die dazu imstande wären,

Mathematik zu lehren, wie sie der Physiker anwendet, gibt es nur wenige, die es wünschenswert finden, daß der Student diese Mathematik kennen lernt, und noch weniger, die den Mut haben, sie ihm vorzusetzen. Auf das Gymnasium wird von der Universitätsmathemetik her ein starker Druck in abstrakter Richtung ausgeübt, der von der Analysis, wie sie angewandt wird, weggerichtet ist ...

Ich weiß, daß es Mathematiklehrern schwer fällt, etwas zu unterrichten, das nicht säuberlich nach Definition, Voraussetzung, Behauptung, Beweis gegliedert ist; wie man es dann doch macht, kann man vom Physiker lernen ...

Der Student sollte es denn auch beim Mathematiker lernen, damit er nicht in der Physik-Vorlesung mit offenem Mund dasitzen muß, und der Schüler sollte frühzeitig auf diese Methode vorbereitet werden.

Es ist ein ganz unhaltbarer Zustand, wenn der Mathematiker eine nicht anwendbare Mathematik unterrichtet und der Physiker eine Mathematik anwendet, die vom Mathematiker nicht unterrichtet worden ist.

Wir wollen nun eine präzise Definition des Begriffs des Differentials vorstellen. In V.2 wurde eine an einer Stelle a differenzierbare Funktion f als „linear approximierbar" bezeichnet, und der „Linearteil" $f'(a)(x-a)$ wird meist als Differential bezeichnet. Genauer nimmt man die zugehörige Funktion. Diese hängt wie die Sekantensteigungsfunktion $s_{f,a}$ von f und a ab, was in der Bezeichnung zum Ausdruck kommen sollte.

Definition: Die Funktion f sei an der Stelle a differenzierbar. Die lineare Funktion

$$d_{f,a} : \left\{ \begin{array}{ccc} D_f - a & \to & \mathbb{R} \\ h & \mapsto & f'(a) \cdot h \end{array} \right.$$

heißt *Differential* von f an der Stelle a.

Dabei ensteht die Definitionsmenge $D_f - a$ von $d_{f,a}$ aus D_f durch punktweise Subtraktion von a, also

$$D_f - a := \{x - a \mid x \in D_f\}.$$

Zuweilen bezeichnet man auch als Differential diejenige Abbildung, die jeder Differenzierbarkeitsstelle a die lineare Funktion $d_{f,a}$ zuordnet ([Kowalsky 1974]). Oft wird auch einfach der Term $d_{f,a}(h)$ ($= f'(a) \cdot h$) „Differential" genannt.

Wegen $\mathrm{id}' = \underline{1}$ ist

$$d_{\mathrm{id},a}(h) = h$$

für alle $a \in \mathbb{R}$, und wir erhalten, wenn wir noch x statt a schreiben:

$$\frac{\mathrm{d}_{f,x}}{\mathrm{d}_{\mathrm{id},x}} = f'(x)\,.$$

Dies rechtfertigt die Bezeichnung „Differentialquotient". Dieser ist damit bei fest gewähltem x die konstante Funktion $h \mapsto f'(x)$. Insbesondere dürfen wir jetzt „$\mathrm{d}_{f,x}$ durch $\mathrm{d}_{\mathrm{id},x}$" lesen. Weiterhin ist

$$\frac{\mathrm{d}_{f,x}}{\mathrm{d}_{\mathrm{id},x}}(h) = \frac{\mathrm{d}_{f,x}(h)}{\mathrm{d}_{\mathrm{id},x}(h)} = f'(x)\,.$$

Benutzt man die Funktionsgleichung $y = f(x)$, so könnte man bei fest gewähltem x das Symbol $\mathrm{d}_{f,x}(h)$ durch $\mathrm{d}f(x)$ oder $\mathrm{d}y$ ersetzen und wegen $\mathrm{id}(x) = x$ entsprechend $\mathrm{d}_{\mathrm{id},x}(h)$ durch $\mathrm{d}x$, was zu der althergebrachten Schreibweise

$$\frac{\mathrm{d}f(x)}{\mathrm{d}x} \quad \text{bzw.} \quad \frac{\mathrm{d}y}{\mathrm{d}x}$$

für $f'(x)$ führen würde. Im Hinblick auf obige Definition des Differentials wäre aber vielleicht die Schreibweise

$$\frac{\mathrm{d}}{\mathrm{d}x}f(x) \quad \text{bzw.} \quad \frac{\mathrm{d}}{\mathrm{d}x}y$$

konsequenter. Man könnte dann $\frac{\mathrm{d}}{\mathrm{d}x}$ als „Differentiationsoperator" auffassen, der auf den Funktionsterm $f(x)$ im Sinne von

$$\frac{\mathrm{d}}{\mathrm{d}x}f(x) := (f(x))' = f'(x)$$

wirkt. Man vergleiche dies mit dem Differentiationsoperator $\mathcal{D}$ in V.2; dort wäre jetzt

$$\mathcal{D}(f)(x) = \frac{\mathrm{d}}{\mathrm{d}x}f(x)\,.$$

Für mehrfach differenzierbare Funktionen kann man dann iterierte Differentiationsoperatoren bilden, also

$$\frac{\mathrm{d}^{n+1}}{\mathrm{d}x^{n+1}}f(x) := \frac{\mathrm{d}}{\mathrm{d}x}\left(\frac{\mathrm{d}^n}{\mathrm{d}x^n}f(x)\right) \quad \text{und} \quad \left(\frac{\mathrm{d}}{\mathrm{d}x}\right)^n := \frac{\mathrm{d}^n}{\mathrm{d}x^n}\,.$$

Betrachtet man zwei Funktionen f,g mit $y := f(x)$ und $z := g(y)$, also

$$z = g(f(x)) = (g \circ f)(x),$$

so kann man die Kettenregel aus IV.2 wegen $f'(x) = \frac{dy}{dx}$ und $(g' \circ f)(x) = g'(f(x)) = g'(y) = \frac{dz}{dy}$ in der einprägsamen Leibnizschen Form

$$\frac{dz}{dx} = \frac{dz}{dy} \cdot \frac{dy}{dx}$$

schreiben.

Es sei hier bemerkt, daß das „klassische" Rechnen mit Differentialen etwa im Sinn der Eulerschen Nullen eine gewisse Rechtfertigung in der *Nonstandard-Analysis* erfahren hat. Dort wird der die reellen Zahlen umfassende Bereich der *Nonstandard-Zahlen* konstruiert, in welchem das archimedische Axiom nicht mehr gilt. Vgl. hierzu etwa [Artmann 1983], [Laugwitz 1986], [Cigler 1992].

V.10 Implizite Differentiation

Es sei $F(x, y)$ ein Term mit zwei reellen Variablen. Ist f eine reelle Funktion, für welche

$$F(x, f(x)) = 0 \quad \text{für alle } x \in D_f$$

gilt, dann sagt man, die Funktion f sei *implizit definiert* durch die Gleichung $F(x, y) = 0$. Dabei ist die Funktion f aber in der Regel nicht durch den Term $F(x, y)$ eindeutig bestimmt, vielmehr kann die Gleichung $F(x, y) = 0$ viele verschiedene „Lösungen" $y = f(x)$ haben. Dies kann man an dem einfachen Beispiel der Kreisgleichung

$$x^2 + y^2 - 1 = 0$$

verdeutlichen: Als Lösungen erkennt man zunächst f_1, f_2 mit $D_{f_1} = D_{f_2} = [-1; 1]$ und

$$f_1(x) = +\sqrt{1 - x^2}, \quad f_2(x) = -\sqrt{1 - x^2}.$$

Aber auch

$$f_3 : x \mapsto \begin{cases} +\sqrt{1 - x^2} & \text{für } -1 \leq x < 0 \\ -\sqrt{1 - x^2} & \text{für } 0 \leq x \leq 1 \end{cases}$$

ist eine Lösung; diese hat im Gegensatz zu f_1, f_2 eine Unstetigkeitsstelle in ihrem Definitionsintervall. Auch

$$f_4 : x \mapsto \begin{cases} +\sqrt{1 - x^2} & \text{für } x \in [-1; 1] \cap \mathbb{Q} \\ -\sqrt{1 - x^2} & \text{für } x \in [-1; 1] \setminus \mathbb{Q} \end{cases}$$

ist eine Lösung; diese ist an jeder Stelle ihres Definitionsintervalls unstetig. Dies einfache Beispiel zeigt schon, daß es sinnvoll ist, sich auf *stetige Lösungen* der Gleichung $F(x,y) = 0$ zu beschränken und dabei die Funktionen

$$x \mapsto F(x,y) \text{ bei festem } y,$$
$$y \mapsto F(x,y) \text{ bei festem } x$$

in ihren Definitionsmengen (die durch die Definitionsmenge des Terms $F(x,y)$ gegeben sind) als stetig vorauszusetzen. Schließlich wollen wir diese Funktionen sogar als differenzierbar annehmen, um nach *differenzierbaren Lösungen* f fragen zu können.

Stünde die Theorie der reellen Funktionen von zwei reellen Variablen zur Verfügung, so könnte man die Auflösung des zu untersuchenden Problems folgendermaßen formulieren:

(1) Satz: Ist $(x,y) \mapsto F(x,y)$ eine Funktion mit stetigen partiellen Ableitungen $\frac{\partial F}{\partial x}, \frac{\partial F}{\partial y}$, und existiert ein Punkt $(x_0, y_0) \in D_F$ mit

$$F(x_0, y_0) = 0 \quad \text{und} \quad \frac{\partial F}{\partial y}(x_0, y_0) \neq 0,$$

dann existiert ein Intervall $[x_1; x_2]$ mit $x_1 < x_0 < x_2$, in welchem durch $F(x,y) = 0$ in eindeutiger Weise eine stetige Funktion f mit

$$y_0 = f(x_0) \quad \text{und} \quad F(x, f(x)) = 0 \text{ für alle } x \in [x_1; x_2]$$

bestimmt ist. Die Funktion f ist auf $]x_1; x_2[$ differenzierbar, und es gilt dort mit $y = f(x)$

$$f'(x) = -\frac{\frac{\partial F}{\partial x}(x,y)}{\frac{\partial F}{\partial y}(x,y)} \; .$$

Ein Beweis dieses Satzes liegt sicher außerhalb der Möglichkeiten, die der Mathematikunterricht zuläßt. Man kann ihn aber aus vertrauten Beispielen mit Hilfe der Kettenregel induktiv erschließen, dadurch plausibel machen und ihn schließlich auf neuartige Beispiele anwenden und dabei testen. So erhält man etwa aus

$$f(x) := \sqrt[3]{x}$$

die Beziehung $(f(x))^3 = x$, also $3(f(x))^2 \cdot f'(x) = 1$ und damit

$$f'(x) = \frac{1}{3(f(x))^2} \; .$$

Mit $y := f(x)$ ist nun $F(x,y) := y^3 - x = 0$, und differenziert man „naiv"
partiell nach x bzw. y, indem jeweils die andere Variable als konstant
betrachtet wird, so folgt

$$-\frac{F_x(x,y)}{F_y(x,y)} = f'(x).$$

Über weitere Beispiele zu Umkehrfunktionen (z. B. Kreisgleichung) kann
man dieses bestätigen.

Andererseits kann man in einfachen Beispielen ohne die Aussage von
Satz 1 auskommen: In obigem Beispiel besteht kein Zweifel an der Existenz einer differenzierbaren Funktion f mit

$$F(x,y) = y^3 - x = (f(x))^3 - x = 0.$$

Die Funktion g mit

$$g(x) := (f(x))^3 - x,$$

welche identisch 0 ist, kann mittels der Kettenregel differenziert werden:

$$g'(x) = 3(f(x))^2 \cdot f'(x) - 1 = 0$$

bzw.

$$f'(x) = \frac{1}{3(f(x))^2}.$$

Schreiben wir y, y' statt $f(x)$, $f'(x)$, dann schließen wir also folgendermaßen:

$$
\begin{aligned}
y^3 - x &= 0 \quad | \text{ nach } x \text{ differenzieren} \\
3y^2 y' - 1 &= 0 \\
y' &= \frac{1}{3y^2}
\end{aligned}
$$

Entnimmt man also die Existenzaussagen der anhand geeigneter Beispiele aufgebauten Intuition, dann ergibt sich die Differentiationsformel
aus $F(x, f(x)) = 0$ mit Hilfe der Kettenregel. Diese spezielle Anwendung
der Kettenregel zur Berechnung von $f'(x)$ aus $F(x,y)$ ohne Kenntnis des
Funktionsterms $f(x)$ nennt man *implizite Differentiation*.

(2) Beispiel (Lemniskate): Die Menge aller Punkte (x,y) in einem
kartesischen Koordinatensystem, für welche das Produkt der Entfernun-
gen von $(-a; 0)$ und $(a; 0)$ (mit $a > 0$) den Wert a^2 hat, ist die Lösungsmenge von

$$(x^2 + y^2)^2 - 2a^2(x^2 - y^2) = 0.$$

Die so beschriebene Kurve heißt *Lemniskate*. Man sieht zunächst sofort die Symmetrie dieser Kurve bezüglich der Koordinatenachsen. Auflösung nach y^2 liefert wegen $y^2 \geq 0$ als größtmögliches Definitionsintervall einer implizit definierten Funktion f das Intervall $[-a\sqrt{2}; a\sqrt{2}]$ mit $f(\pm a\sqrt{2}) = 0$. Implizite Differentiation der obigen Lemniskatengleichung liefert

$$2(x^2 + y^2)(2x + 2yy') - 2a^2(2x - 2yy') = 0,$$

woraus sich

$$f'(x) = y' = -\frac{x(x^2 + y^2 - a^2)}{y(x^2 + y^2 + a^2)}$$

ergibt. Für $x = 0$ (und damit $y = 0$) ist dieser Term nicht definiert, für $x \neq 0$ kann man aber ohne Kenntnis des Funktionsterms $f(x)$ einige Aussagen über die Steigung des Funktionsgraphen machen: Für $x = \pm a\sqrt{2}$ liegen senkrechte Tangenten vor, für $x^2 + y^2 = a^2$ (also $x = \pm\frac{a}{2}\sqrt{3}$) waagerechte Tangenten. Die Steigungen der beiden sich im Nullpunkt schneidenden Äste der Kurve sind ± 1, wie folgende heuristische Überlegung zeigt: Für $x, y > 0$ und $x \to 0$ strebt $\frac{x}{y}$ gegen $\frac{1}{m}$, wenn $f'(x)$ gegen m strebt; da dabei $\frac{x^2+y^2-a^2}{x^2+y^2+a^2}$ gegen -1 strebt, ist $m = \frac{1}{m}$, also $m^2 = 1$. In Fig. 1 ist die Lemniskate dargestellt.

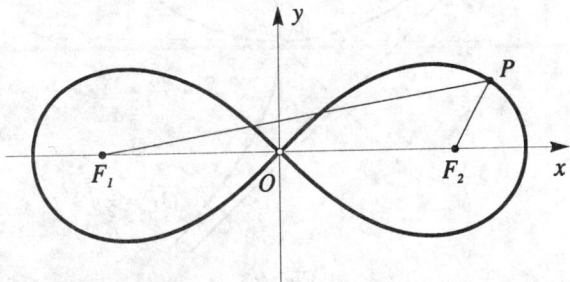

Fig. 1

Die Lemniskate ist ein Sonderfall der *Cassinischen Kurven*, die von dem Astronom Giovanni Domenico Cassini (ca. 1650–1700) erfunden wurden. Und zwar sind dies Ortskurven mit der Eigenschaft, daß das Produkt der Abstände von zwei festen Punkten konstant ist. Cassini glaubte, daß die Sonne auf einer derartigen konvexen Kurve um die Erde läuft, wobei die Erde in einem der „Brennpunkte" steht. Vgl. [Brieskorn/Knörrer 1981].

(3) Beispiel (Cartesisches Blatt): Das *Folium Cartesii* ist durch die Gleichung

$$F(x,y) := x^3 + y^3 - 3axy = 0$$

mit $a > 0$ definiert. Offensichtlich liegt Symmetrie zur Winkelhalbierenden $(y = x)$ vor. Außer im Nullpunkt gilt für jede differenzierbare Funktion f, die einen Ast dieser Kurve beschreibt,

$$f'(x) = -\frac{x^2 - af(x)}{(f(x))^2 - ax}.$$

Man erhält daraus die Stellen $a\sqrt[3]{2}$ bzw. $a\sqrt[3]{4}$ für eine waagerechte bzw. senkrechte Tangente. Die Kurve nähert sich für $x \to \pm\infty$ asymptotisch der Geraden mit der Gleichung $x+y+a = 0$. Denn $F(x, -x-a)\ (= -a^3)$ ist für $x \to \pm\infty$ beschränkt (Fig. 2).

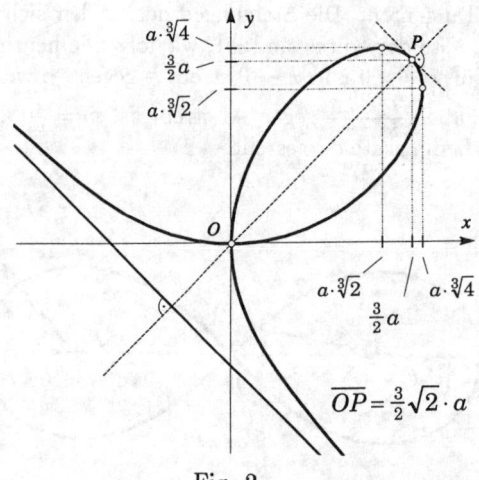

Fig. 2

(4) Beispiel: Durch $x^4 + y^4 - 8x^2 - 10y^2 + 16 = 0$ wird eine Kurve dargestellt (Fig. 3), deren vier Äste f_1, f_2, f_3, f_4 (mit dem Definitionsintervall $[-3; 3]$) man leicht explizit angeben kann:

$$f_{1/2} : x \mapsto \pm\sqrt{5 + \sqrt{25 - (x^2 - 4)^2}},$$

$$f_{3/4} : x \mapsto \pm\sqrt{5 - \sqrt{25 - (x^2 - 4)^2}}.$$

Man kann die Kurve also ohne Zuhilfenahme der impliziten Differentiation diskutieren. Man erkennt aber manche ihrer Eigenschaften, etwa die Stellen waagerechter und senkrechter Tangenten, leichter anhand der Formel

$$f'(x) = -\frac{x(x^2 - 4)}{y(y^2 - 5)},$$

welche man durch implizites Differenzieren der Ausgangsgleichung erhält.

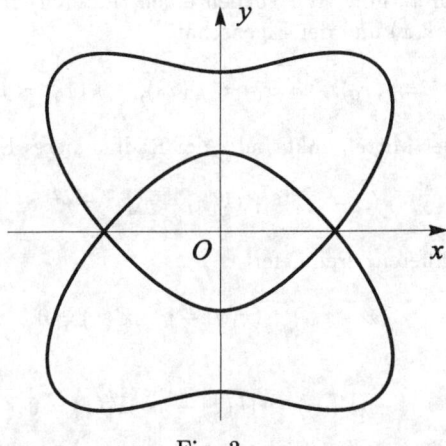

Fig. 3

Weitere interessante Beispiele algebraischer Kurven findet man z. B. in [Brieskorn/Knörrer 1981].

Eine weitere Anwendung der impliziten Differentiation ist die Bestimmung des Krümmungkreises des Graphen einer Funktion f. Man könnte zunächst plausibel machen, daß die Krümmung (:= Kehrwert des Krümmungsradius) durch die 'Ableitung von α nach s gegeben ist, wobei $\alpha := \arctan f'(x)$ und s die Bogenlänge ist. Wegen

$$\frac{d\alpha}{dx} = \frac{f''(x)}{1 + (f'(x))^2} \quad \text{und} \quad \frac{ds}{dx} = \sqrt{1 + (f'(x))^2}$$

ergibt sich für die Krümmung

$$\frac{d\alpha}{ds} = \frac{d\alpha}{dx} : \frac{ds}{dx} = \frac{f''(x)}{(1 + (f'(x))^2)^{\frac{3}{2}}}.$$

Eine Präzisierung wäre begrifflich sehr anspruchsvoll. Der folgende Weg
zur Bestimmung des Krümmungsradius und des Krümmungskreises unter
Verwendung impliziter Differentiation ist dagegen auch für die Schule
gangbar, zumal der Approximationsgedanke im Vordergrund steht.

(6) Krümmungskreis: Wir betrachten einen Punkt $(x_0; y_0)$ auf dem
Graphen der zweimal stetig differenzierbaren Funktion f, wobei wir an-
nehmen, daß der Graph dort konvex ist, daß also $f''(x) > 0$ in einer
Umgebung von x_0 gilt. Wir suchen einen (unteren) Halbkreis mit der
Gleichung $y = k(x)$ und der Eigenschaft

$$k(x_0) = f(x_0), \quad k'(x_0) = f'(x_0), \quad k''(x_0) = f''(x_0).$$

Ist $(x_M; y_M)$ der Mittelpunkt und r der Radius dieses Kreises, so gilt

$$(x - x_M)^2 + (k(x) - y_M)^2 = r^2.$$

Zweimaliges Differenzieren liefert

$$(x - x_M) + (k(x) - y_M)k'(x) = 0$$

und

$$1 + (k'(x))^2 + (k(x) - y_M)k''(x) = 0.$$

Setzen wir in diesen drei Gleichungen $x = x_0$ und beachten obige Bedingungen, dann ergibt sich

$$r = \left| \frac{(1 + (f'(x_0))^2)^{\frac{3}{2}}}{f''(x_0)} \right|$$

und

$$x_M = x_0 - f'(x_0)\frac{1 + (f'(x_0))^2}{f''(x_0)}, \quad y_M = y_0 + \frac{1 + (f'(x_0))^2}{f''(x_0)}.$$

Ist x_0 die Stelle eines lokalen Extremums, ist also $f'(x_0) = 0$, dann ist
der Krümmungsradius

$$r = \frac{1}{|f''(x_0)|}.$$

Hat man im Rahmen einer Kurvendiskussion die zweite Ableitung berechnet, dann könnte man diese Erkenntnis sehr gut beim Zeichnen des
Funktionsgraphen verwenden.

(7) Bemerkung: Zur Herleitung der Differentiationsformeln für die Kehrfunktion $\frac{1}{f}$ und die Umkehrfunktion f^{-1} einer Funktion f kann man, wenn die Differenzierbarkeit bereits geklärt ist, ähnlich argumentieren wie beim impliziten Differenzieren:

Aus

$$f(x) \cdot \frac{1}{f(x)} = 1$$

folgt mit der Produktregel

$$f'(x) \cdot \frac{1}{f(x)} + f(x) \cdot \left(\frac{1}{f(x)} \right)' = 0 \,,$$

also

$$\left(\frac{1}{f(x)} \right)' = -\frac{f'(x)}{(f(x))^2} \,.$$

Aus

$$f(f^{-1}(x)) = x$$

folgt mit der Kettenregel

$$f'(f^{-1}(x)) \cdot (f^{-1}(x))' = 1 \,,$$

also

$$(f^{-1}(x))' = \frac{1}{f'(f^{-1}(x))} \,.$$

Hierbei haben wir das Differentiationssymbol $'$ nicht nur auf die jeweilige Funktion angewendet, sondern sinngemäß auf den jeweiligen Funktionsterm, was üblich ist, also:

$$(f(x))' := f'(x) \,.$$

VI Integrierbarkeit

VI.1 Zur Geschichte der Integralrechnung

Der Hauptsatz der Differential- und Integralrechnung nimmt eine wesentliche Stellung innerhalb der Analysis ein, weil durch ihn das bestimmte und das unbestimmte Integral zu einer Symbiose gelangen. Forscht man nach historischen Wurzeln des Integralbegriffs, so muß man diese beiden Aspekte verfolgen. Das unbestimmte Integral ist an die Differenzierbarkeit gekoppelt, und dieser Begriff begann sich erst im 17. Jahrhundert zu entwickeln. Das bestimmte Integral hingegen hängt ursprünglich mit Fragen der Flächenmessung zusammen, und derartige Probleme tauchten bereits in der Antike auf. Auch Rektifikationen, die mittels der Integralrechnung behandelt werden, wurden damals durchaus im Sinne propädeutischer Analysis vorgenommen (vgl. I.1).

Da man in der Antike bemüht war, krummlinig begrenzte Flächen durch geeignete Verfahren in ein (flächeninhaltsgleiches) Quadrat zu verwandeln, entstand hierfür der Name *Quadratur*. Von besonderem Interesse war zunächst der Inhalt einer Kreisfläche. Bereits sehr früh gelangte man heuristisch zu der Beziehung „Kreisflächeninhalt = halber Umfang mal Radius", indem man (wie später Kepler, vgl. III.1) die Kreisfläche in dreiecksähnliche Sektoren zerlegt. Archimedes bewies dies später. Die ersten strengen Aussagen über den Inhalt krummlinig begrenzter Figuren kennen wir durch die sogenannten

(1) Möndchen des Hippokrates: In Fig. 1 seien K_1 bzw. K_2 die Flächen des kleinen bzw. großen Kreises, also $K_1 = 2(M + S)$ bzw. $K_2 = 4(S + D)$. Hippokrates kannte schon den Satz, daß sich die Kreisflächen wie die Quadrate der Radien verhalten, was Eudoxos später apagogisch bewies (Euklid, 7. Buch der *Elemente*). Damit gilt $K_2 : K_1 = 2 : 1$, und es folgt $M = D$. In Fig. 2 findet man $K_2 : K_1 = 4 : 1$, und es folgt $M = D - \frac{1}{6}K_1$. Während also die Möndchen in Fig. 1 mit Zirkel und Lineal quadrierbar sind, gilt dies für die Möndchen in Fig. 2 nur, wenn der Kreis quadrierbar ist. In Fig. 3 gilt aufgrund der bekannten Erweiterung des Satzes von Pythagoras

$$(M_1 + S_1) + (M_2 + S_2) = D + S_1 + S_2,$$

woraus $M_1 + M_2 = D$ folgt. Die „Summe" dieser Möndchen ist somit ebenfalls mit Zirkel und Lineal zu quadrieren.

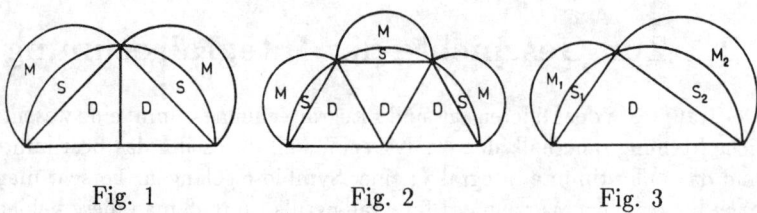

Fig. 1   Fig. 2   Fig. 3

Archimedes gelangen nun entscheidende Fortschritte bei Lösungen von Quadraturproblemen.

(2) Archimedes (in der Einleitung seines Buches über die Quadratur der Parabel): *... und zwar habe ich die Lösung des Problems zuerst durch Methoden der Mechanik gefunden, alsdann durch Methoden der reinen Geometrie. Von den Forschern, die sich früher mit Geometrie beschäftigten, versuchten einige zu zeigen, daß es möglich sei, eine geradlinig begrenzte Figur zu konstruieren, die einem gegebenen Kreise oder einem gegebenen Kreiselement flächengleich ist. Alsdann versuchten sie das gleiche zu zeigen für ein Ellipsensegment ... Daß aber je ein Mathematiker versucht hätte, die Fläche eines Parabelsegments zu quadrieren, wie es mir gelungen ist, ist mir nicht bekannt. Ich zeige nämlich, daß der Inhalt jedes Parabelsegments um ein Drittel größer ist als das Dreieck, das mit ihm gleiche Grundlinie und Höhe hat. Dabei bediene ich mich folgenden Hilfssatzes zum Beweise: Es ist möglich, ein Vielfaches der Differenz zweier gegebener Größen zu finden, das größer ist als eine beliebige gegebene Fläche. Die früheren Geometer haben sich auch dieses Hilfssatzes bedient; denn daß der Inhalt der Kreisfläche dem Quadrat des Radius proportional ist ... haben sie unter Benutzung dieses Hilfssatzes bewiesen.*

Der erwähnte Hilfssatz ist das Archimedes-Axiom (vgl. I.3), das bereits Eudoxos formuliert hatte („Meßbarkeitsaxiom", vgl. S. 18).

Die im folgenden (in moderner Symbolik) dargestellte Parabelquadratur kann durchaus Eingang in den Unterricht finden und auch das Problem der Integration vertiefen. So ließe es sich vermeiden, den weitgespannten Begriff der Integration immer nur in Form des Integrationskalküls mit Hilfe der Stammfunktion zu sehen.

(3) Quadratur der Parabel nach Archimedes (3. Jht. v. Chr.): Der Einfachheit halber sehen wir die Parabel als durch $y = x^2$ definiert an und übersetzen die Betrachtungen von Archimedes entsprechend. Zu ermitteln ist der Inhalt des in Fig. 4 dargestellten Parabelsegments.

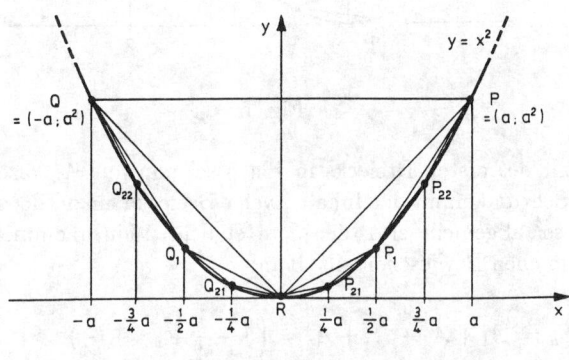

Fig. 4

Das einbeschriebene Dreieck PQR approximiert diesen Inhalt. Durch Hinzunahme der zwei Dreiecke QQ_1R, RP_1P und im nächsten Schritt der vier Dreiecke $QQ_{22}Q_1$, $Q_1Q_{21}R$, $RP_{21}P_1$, $P_1P_{22}P$ etc. wird diese Approximation sukzessive verbessert und damit der gesuchte Inhalt „ausgeschöpft" (*Exhaustion*). Archimedes zeigt nun, daß jedes Dreieck den vierfachen Inhalt der beiden ihm zugeordneten kleineren Dreiecke hat. Mit Fig. 5 zeigen wir dies allgemein. Dort seien

$$c = \frac{a+b}{2}, \quad d = \frac{a+c}{2}, \quad e = \frac{c+b}{2}.$$

Gezeigt werden soll $F_{21} + F_{22} = \frac{1}{4}F_1$. Nun berechnet man wegen $y = x^2$ für die Dreiecksflächen

$$F_1 = \left(\frac{b-a}{2}\right)^3, \quad F_{21} = \left(\frac{c-a}{2}\right)^3, \quad F_{22} = \left(\frac{b-c}{2}\right)^3,$$

9*

und daraus folgt mit obigen Beziehungen für c, d, e die Behauptung.

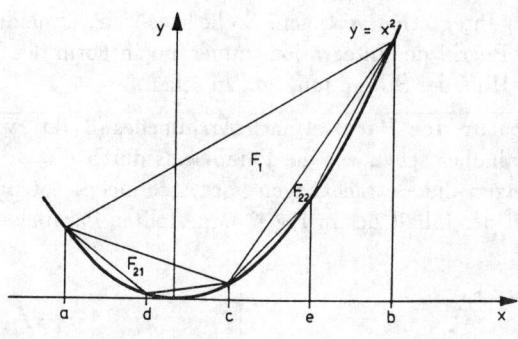

Fig. 5

Der Inhalt des ersten Dreiecks in Fig. 5 sei nun mit A_1 bezeichnet, im zweiten Schritt kommt der Inhalt zweier Dreiecke hinzu, der mit A_2 bezeichnet sei, allgemein sei A_n der im n-ten Schritt hinzukommende Inhalt. Nach dem eben Bewiesenen gilt dann:

$$S_n := A_1 + A_2 + \ldots + A_n = \left(1 + \frac{1}{4} + \ldots + (\frac{1}{4})^{n-1}\right) \cdot A_1$$

Daraus folgt

$$S_n = \frac{4}{3}\left(1 - \frac{1}{4^n}\right) A_1 \quad \text{bzw.} \quad S_n + \frac{1}{3}A_n = \frac{4}{3}A_1 \,.$$

Wird der gesuchte Inhalt des Parabelsegments mit S bezeichnet, so lautet die Behauptung: $S = \frac{4}{3}A_1$. Archimedes beweist dies apagogisch (doppelter Widerspruchsbeweis), indem er zeigt, daß weder $S < \frac{4}{3}A_1$ noch $S > \frac{4}{3}A_1$ möglich ist:

Annahme 1: Es sei $S < \frac{4}{3}A_1$. Dann ist $\frac{4}{3}A_1 - S \in \mathbb{R}^+$. Unter Ausnutzung der Archimedizität folgt die Existenz eines $k \in \mathbb{N}^*$ mit

$$A_k = (\frac{1}{4})^{k-1}A_1 < \frac{4}{3}A_1 - S\,.$$

Andererseits ist

$$\frac{4}{3}A_1 - S_k = \frac{1}{3}A_k < A_k\,,$$

also

$$\frac{4}{3}A_1 - S_k < \frac{4}{3}A_1 - S \,,$$

woraus $S < S_k$ folgt. Das aber ist nach Konstruktion von S_k nicht möglich.

Annahme 2: Es sei $S > \frac{4}{3}A_1$. Dann ist $S - \frac{4}{3}A_1 \in \mathbb{R}^+$. Archimedes teilt nun mit, daß ein $k \in \mathbb{N}^*$ mit

$$S - S_k < S - \frac{4}{3}A_1$$

existiert, was auf

$$S_k > \frac{4}{3}A_1$$

führen würde im Widerspruch zu

$$S_k = \frac{4}{3}A_1 - \frac{1}{3}A_k < \frac{4}{3}A_1 \,.$$

Archimedes hat sein Ergebnis $S = \frac{4}{3}A_1$ heuristisch gefunden und dann apagogisch „streng" bewiesen. Jedoch ist an diesem Beweis zu kritisieren, daß bei Annahme 2 die Existenz des k nicht belegt, sondern offenbar der Anschauung entnommen wird. Dahinter steckt wohl die Meinung, daß $S - S_n$ für hinreichend großes n beliebig klein gemacht werden kann. Dann aber könnte man doch S gleich als Grenzwert der geometrischen Reihe wählen, und in diesem Sinn hat später Torricelli die Quadratur von Archimedes mit seinem Verfahren ausgebaut (vgl. Abschnitt II.4). Streng genommen wurde aber sowohl von Archimedes als auch von Torricelli nur gezeigt, daß $S \geq \frac{4}{3}A_1$ gilt.

Daneben hat Archimedes noch ein anderes Verfahren benutzt, nämlich eine Einschachtelung mit Ober- und Untersummen, das von den Potenzsummen $1^2 + 2^2 + \ldots + n^2$ in bekannter Weise Gebrauch macht (*Streifenmethode*). Da hier eine Intervallschachtelung vorliegt, ist diese archimedische Untersuchung korrekt. Für den uns üblicherweise interessierenden Flächeninhalt A unter der Parabel (schraffiert in Fig. 6) gilt die *Formel von Archimedes*:

$$A = \frac{1}{3} \cdot g \cdot h$$

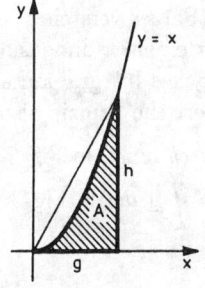

Fig. 6

262   VI Integrierbarkeit

Die Bezeichnung *Exhaustion* für das für die Antike typische, auf
Eudoxos zurückgehende Verfahren der *Ausschöpfung* von Flächen-
bzw. Rauminhalten wurde von Grégoire de Saint-Vincent (1584–1667)
geprägt. Mit diesem Verfahren besaßen die Griechen einen Ersatz für
unsere Integralrechnung.

Als im 17. Jahrhundert der mathematische Wissensstand der Antike
wieder erreicht war, wurde auch über die Integrationsmethoden des Archimedes hinaus ein Schritt in Richtung des heutigen Integrationskalküls
getan. Oben erwähnten wir bereits Torricelli. Ferner erinnern wir an die
Berechnung des Paraboloid-Volumens durch Valerio und die Integration
der Potenzfunktionen durch Cavalieri, Wallis und Fermat; vgl. hierzu
Abschnitt III.1.

Cavalieri gebührt das Verdienst, den Indivisibeln als Vorläufern der
infinitesimalen Größen im Sinne der Atomistik von Demokrit einen festen
Platz eingeräumt zu haben (vgl. III.1): Die Indivisibeln eines Gebildes
der Dimension n haben die Dimension $n - 1$, d. h., Linien bestehen aus
Punkten ohne Ausdehnung, Flächen aus geraden Linien ohne Breite und
Körper aus ebenen Flächen ohne Dicke.

(4) Prinzip von Cavalieri (gegen 1626): Stehen zwei Körper mit glei-
cher Höhe auf derselben Ebene und werden sie von jeder dazu parallelen
Ebene so geschnitten, daß die Inhalte der Schnittflächen stets dasselbe
Verhältnis haben, so stehen die Rauminhalte der Körper in demselben
Verhältnis.

Speziell betrachtet man (4) oft für das Verhältnis 1:1 (flächeninhalts-
gleiche Schnitte).

Für „zweidimensionale Körper", also für die Flächenberechnung, gilt
eine entsprechende Modifikation von (4).

(5) Bemerkung: Das Cavalierische Prinzip kann man als Vorläufer des
bekannten Satzes verstehen, daß man das Integral der konstanten Funktion $\underline{1}$ über einem n-dimensionalen Gebiet (mit gewissen Eigenschaften)
als ein n-faches Integral auffassen kann. Im Analysisunterricht tritt uns
das Cavalierische Prinzip also in folgender Form entgegen:

Flächenberechnung: In Fig. 7 sei $l(x) := f(x) - g(x)$. Dann gilt für den
Inhalt $A = \displaystyle\int_{\mathcal{F}} \underline{1}$ der in Fig. 7 schraffierten Fläche $\mathcal{F}$

$$A = \int_a^b l(x)\, \mathrm{d}x\,.$$

Volumenberechnung: In Fig. 8 sei $F(x)$ der Inhalt der Querschnittsfläche an der Stelle x. Dann gilt für das Volumen $V = \int_{\mathcal{K}} 1$ des Körpers $\mathcal{K}$ zwischen a und b

$$V = \int_a^b F(x)\, \mathrm{d}x.$$

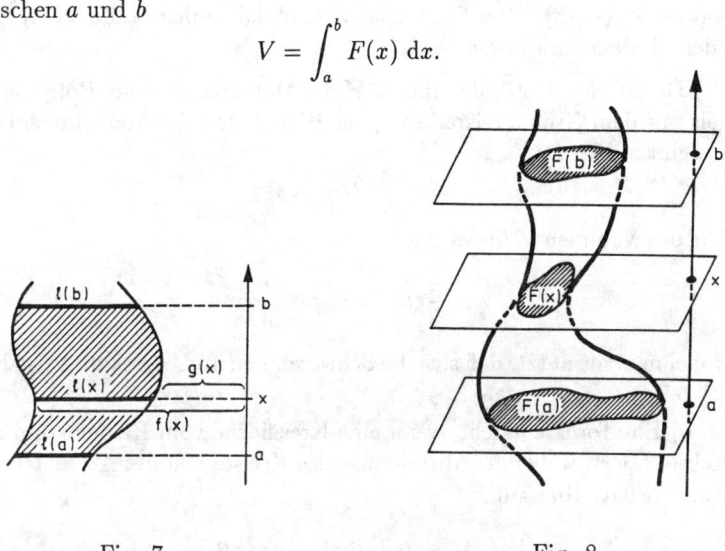

Fig. 7 Fig. 8

Das Prinzip der Volumenberechnung macht man mit Hilfe des Hauptsatzes plausibel: Es ist $\Delta V \approx F(x) \cdot \Delta x$, also $V'(x) = F(x)$. Die in der Schule wichtigste Anwendung dieser Volumenformel ist die Berechnung des Volumens von Rotationskörpern. Wir kommen darauf in Abschnitt VI.6 zurück.

Nach Paul Guldin (1577–1643) werden die folgenden Regeln zur Berechnung von Mantelfläche und Volumen von Rotationskörpern benannt, die aber schon Pappus kannte. Da der entsprechende Satz des Pappus aber vermutlich bis 1660 unentdeckt war, dürfte Guldin seine Regeln unabhängig von Pappus gefunden haben ([Baron 1969], [Boyer 1968]).

(6) **Guldinsche Regeln** für Rotationskörper:

a) Der Mantelflächeninhalt ist das Produkt aus der Länge der erzeugenden Kurve und der Länge des von ihrem Schwerpunkt zurückgelegten Weges.

b) Das Volumen ist das Produkt aus dem Inhalt der erzeugenden Fläche und der Länge des von ihrem Schwerpunkt zurückgelegten Weges.

Das Problem bei der Begründung und Anwendung der Regeln besteht natürlich in der Definition und Berechnung des Schwerpunkts eines Kurven- bzw. Flächenstücks, welches man sich homogen mit Masse belegt denkt (s. (8)). Der Schwerpunkt muß dabei nicht auf dem Kurven- oder Flächenstück liegen.

(7) Beispiele: a) Für den Inhalt M der Mantelfläche eines Rotationskegels mit dem Grundkreisradius r, der Höhe h und der Mantellinienlänge s ergibt sich

$$M = s \cdot 2\pi \frac{r}{2} = \pi r s.$$

Für das Volumen V findet man

$$V = \frac{1}{2}rh \cdot 2\pi \cdot \frac{1}{3}r = \frac{1}{3}\pi r^2 h,$$

wobei man ausnutzt, daß sich die Schwerelinien im Dreieck im Verhältnis 2:1 teilen.

b) Ein Torus entsteht, wenn eine Kreisfläche vom Radius r um eine Achse rotiert, wobei der Mittelpunkt des Kreises von der Achse den Abstand R hat. Hier gilt

$$M = 2\pi r \cdot 2\pi R = 4\pi^2 r R$$

und

$$V = \pi r^2 \cdot 2\pi R = 2\pi^2 r^2 R.$$

c) Um die Kugel vom Radius r mit den Guldinschen Regeln zu berechnen, denke man sich diese durch Rotation eines Halbkreisbogens bzw. einer Halbkreisfläche erzeugt. Der Abstand der Schwerpunkte des Bogens bzw. der Fläche von der Achse ist $\frac{2r}{\pi}$ bzw. $\frac{4r}{3\pi}$ (vgl. VI.6 (14) und (17)), es ist also

$$M = \pi r \cdot 2\pi \frac{2r}{\pi} = 4\pi r^2 \quad \text{und} \quad V = \frac{1}{2}\pi r^2 \cdot 2\pi \frac{4r}{3\pi} = \frac{4}{3}\pi r^3.$$

(8) Begründung der Guldinschen Regeln in heutiger Diktion: Wir betrachten einen Rotationskörper, dessen Achse die x-Achse eines kartesischen Koordinatensystems ist, denken uns die x-y-Ebene senkrecht zur Schwerkraft und ferner das rotierende Kurven- oder Flächenstück homogen mit Masse belegt.

a) Das Drehmoment eines Kurvenstücks bezüglich der x-Achse hat das Differential (vgl. Abschnitt V.9) $y\,ds$, wobei ds das Differential der

Bogenlänge ist. Bezeichnet man mit l die Länge des Kurvenstücks und mit y_S die Ordinate des Schwerpunkts, dann ist also

$$y_S \cdot l = \int_0^l y \, \mathrm{d}s$$

(Fig. 8). Für das Differential der Manteloberfläche gilt

$$\mathrm{d}M = 2\pi y \mathrm{d}s \,,$$

woraus man die 1. Guldinsche Regel erhält:

$$M = 2\pi \int_0^l y \, \mathrm{d}s = l \cdot 2\pi y_s \,.$$

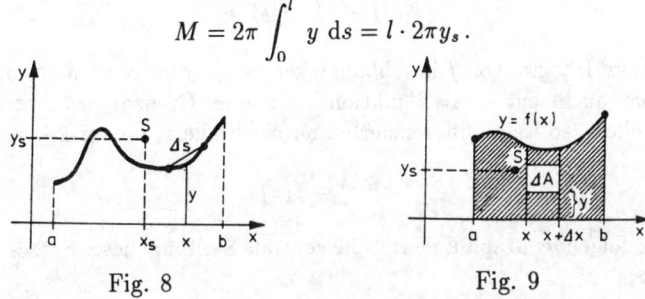

Fig. 8   Fig. 9

b) Das Drehmoment eines Flächenstücks bezüglich der x-Achse hat das Differential $y \mathrm{d}A$, wobei $\mathrm{d}A$ das Differential des Flächeninhalts ist. Bezeichnet man mit A den Inhalt des Flächenstücks und mit y_S die Ordinate des Schwerpunkts, dann ist also

$$y_S \cdot A = \int \int y \, \mathrm{d}A \,,$$

wobei sich die Integration über das Flächenstück erstreckt. Dieses Integral kann man leicht berechnen, wenn das Flächenstück als Fläche unter dem Graphen einer Funktion f gegeben ist (Fig. 9): Der „Streifen" zwischen x und $x + \mathrm{d}x$ hat den Schwerpunkt $(x; \frac{1}{2}f(x))$ und das Gewicht $f(x)\mathrm{d}x$, das gesamte Drehmoment der Fläche ist also

$$y_S \cdot A = \frac{1}{2} \int_a^b (f(x))^2 \, \mathrm{d}x \,.$$

Aus

$$V = \pi \int_a^b (f(x))^2 \, \mathrm{d}x$$

ergibt sich also die 2. Guldinsche Regel: $V = A \cdot 2\pi y_s$.

Weitere nützliche Anregungen findet man vor allem in [Baron 1969], [Boyer 1968], [Kropp 1969], [Popp 1968], [Toeplitz 1949].

VI.2 Integral- vor Differentialrechnung?

Den entscheidenden Zusammenhang zwischen Differential- und Integralrechnung enthält der sogenannte

(1) Hauptsatz der Differential- und Integralrechnung: Es sei I ein Intervall und f eine Funktion, welche auf jedem Intervall $[a; b] \subseteq I$ Riemann-integrierbar ist. Ist $x_0 \in I$, so gilt für die Funktion F mit $D_F = I$ und

$$F(x) := \int_{x_0}^{x} f(t) \, dt$$

(Riemann-Integral von f in Abhängigkeit von der oberen Grenze oder — wie man auch sagt — als Funktion der oberen Grenze): Ist f stetig an der Stelle x, so ist F differenzierbar an der Stelle x, und es gilt

$$F'(x) = f(x).$$

Die folgende Graphik deutet die zentrale Stellung dieses Satzes in der Analysis an:

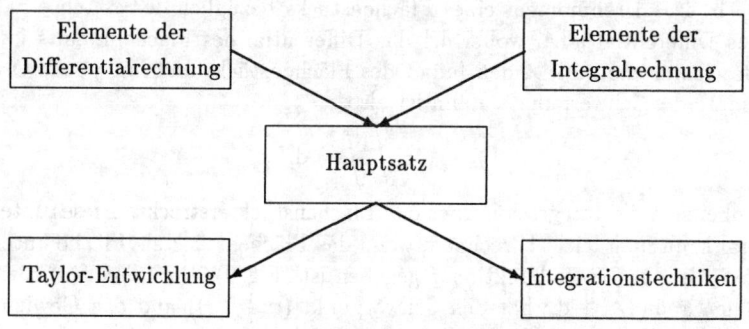

Eine wichtige Anwendung der Differentialrechnung besteht in der Berechnung relativer Extrema differenzierbarer Funktionen. Eine befriedigende (jedoch über die Bedürfnisse der Schule hinausgehende) Theorie hierzu führt bekanntlich über die Taylor-Entwicklung, macht also auf dem Weg über den Hauptsatz Gebrauch von der Integralrechnung. Andererseits benötigt man für die wichtigsten Integrationstechniken für differenzierbare Funktionen (Substitutionsregel, partielle Integration), ebenfalls auf dem Weg über den Hauptsatz, den Begriff der Ableitung. Die Frage, ob man den Analysis-Unterricht mit der Differential- oder der Integralrechnung beginnen sollte, kann sich also jeweils nur auf die ersten Elemente dieser Theorien beziehen. Es ist z. Z. nahezu selbstverständlich, mit der Differentialrechnung zu beginnen, obwohl verschiedene Gründe (auch historische) für einen Beginn mit der Integralrechnung sprechen.

(2) Einige Argumente für einen Beginn mit der Differentialrechnung:

1) Die formelmäßige Ermittlung von f' bereitet i. a. weniger rechnerische Schwierigkeiten als die Berechnung eines Integrals über f. Da der Hauptsatz es gestattet, Differentiationskalküle für gewisse Funktionen in Integrationskalküle zu „übersetzen", ist es zweckmäßig, erst das Differenzieren und dann das Integrieren zu lernen. Hinter dieser etwas oberflächlichen Argumentation steht die Tatsache, daß das Differenzieren „elementar" ist: die Ableitung einer „elementaren" Funktion ist wieder eine solche, während das Bilden der Stammfunktion aus dem Bereich der „elementaren" Funktionen hinausführt, und dies ist ein wesentlicher Aspekt des Integrierens (vgl. Abschnitt VI.5).

2) Das Differenzieren erfordert „nur" die Berechnung des Grenzwerts einer Funktion, während das Integrieren die Betrachtung komplizierter Summen zu möglicherweise unendlich vielen Zerlegungsfolgen erfordert (Grenzwert einer Moore-Smith-Folge, vgl. III.5 (7) und VI.3).

3) Im Physikunterricht benötigt man schon sehr früh den Begriff der Ableitung (Geschwindigkeit, Beschleunigung), erst etwas später den Begriff des Integrals (Energie). Daher empfiehlt sich die übliche Reihenfolge. (Das Argument zieht kaum, da mit einem Einstieg über die Integralrechung die Differentialrechnung nur geringfügig verschoben wird.)

(3) Einige Argumente für einen Beginn mit der Integralrechnung:

1) Die Mathematikgeschichte zeigt, daß am Beginn der Analysis Probleme der Integralrechnung standen, während Probleme der Differentialrechnung erst sehr viel später auftauchten (vgl. die Abschnitte V.1 und VI.1).

2) Motivationen zur Betrachtung infinitesimaler Prozesse sind bei der Berechnung der Inhalte krummlinig begrenzter Flächen eher gegeben als bei der Frage nach Tangentensteigungen, zumal bei der Flächen- und Körperberechnung in den vorangegangenen Schuljahren propädeutische

Untersuchungen durchgeführt worden sind (π, Cavalieri). Möglicherweise ist die Berechnung physikalischer Arbeit interessanter als die Berechnung der Momentangeschwindigkeit, da bei letzterer doch in der Regel nur die gleichmäßig beschleunigte Bewegung im Unterricht vorkommt. Auch die Rolle des Ausdrucks

$$\frac{1}{b-a} \int_a^b f(x) \, dx$$

als *kontinuierliches Analogon des arithmetischen Mittels* ist möglicherweise wichtiger als die Rolle der Ableitung als lokale Wachstumsrate.

3) Plädiert man in einen Einstieg in die Analysis mit der Behandlung von Folgen (wofür es viele vernünftige Gründe gibt, vgl. Kapitel III), so liegen elementare Integrationen als erste Anwendungen näher als etwa die Betrachtung von Folgen von Sekantensteigungen.

4) Das in der Schule zugängliche Material an Problemstellungen ist bei der Integralrechnung sehr viel reichhaltiger (sowohl in mathematischer Sicht als auch bezüglich der Anwendungen) als bei der Differentialrechnung, so daß erstere im ganzen Unterricht die dominierende Rolle spielen könnte.

5) Die Frage nach geeigneten Integrationstechniken stetiger Funktionen führt schnell auf den Begriff der Ableitung und stellt daher eine ausgezeichnete innermathematische Motivation für die Differentialrechnung dar. Mit der Einführung des Differentialquotienten hat man dann zugleich den Hauptsatz zur Verfügung: Sucht man zu der (stetigen) Funktion f eine Funktion F mit

$$F(x) = \int_{x_0}^x f(t) \, dt,$$

so gehe man von der *Grundidee* der Analysis aus: *Um etwas über eine Funktion zu erfahren, untersuche man ihr Änderungsverhalten.* Wegen

$$F(x+h) - F(x) = \int_x^{x+h} f(t) \, dt = h \cdot f(\xi)$$

mit einem ξ aus dem Integrationsintervall (Mittelwertsatz der Integralrechnung) liegt es nahe, die Beziehung

$$\lim_{h \to 0} \frac{F(x+h) - F(x)}{h} = f(x)$$

zur Auffindung von F zu instrumentalisieren.

6) Man wird dem Begriff der Riemann-Integrierbarkeit nur dann gerecht, wenn man (auch in der Schule) nicht-stetige Funktionen integriert, bei welchen also der Hauptsatz und damit der Begriff der Ableitung nicht benötigt wird.

Ist man gemäß (3) 6) bereit, den Integralbegriff nicht einfach auf die Umkehrung der Differentiation hinunterzutrivialisieren, so benötigt man interessante Beispiele nicht-stetiger, Riemann-integrierbarer Funktionen.

(4) Beispiel: Für die Funktion
f mit $f(0) = 0$ und

$$f(x) = \frac{1}{\left[\frac{1}{x}\right]} \quad \text{für } x \in \,]0;1]$$

(vgl. Fig. 1) gilt

$$\int_0^1 f(x)\,\mathrm{d}x = \sum_{i=1}^{\infty} \frac{1}{i^2(i+1)} \, .$$

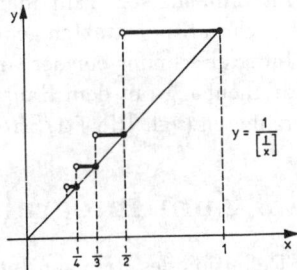

Fig. 1

(5) Beispiel: Die Funktion f aus Abschnitt IV.3 (8) ergänzen wir durch $f(0) := 1$. Dann erkennt man unmittelbar am Graphen von f:

$$
\begin{aligned}
\int_0^1 f(x)\,\mathrm{d}x &= \left(1 + \frac{1}{2} + \ldots + \frac{1}{9}\right) \cdot \sum_{i=1}^{\infty}(\frac{1}{10})^i \\
&= \frac{1}{9}\left(1 + \frac{1}{2} + \ldots + \frac{1}{9}\right)
\end{aligned}
$$

Durch die Existenz einer Stammfunktion zu einer Funktion auf einem Intervall ist noch längst nicht die Integrierbarkeit auf diesem Intervall gesichert. Diese auf den ersten Blick verblüffende Tatsache macht klar, wie fragwürdig es ist, die Integration stetiger Funktionen nur als eine Art Umkehrung der Differentiation zu definieren. Wie wollen ein Beispiel hierfür angeben:

(6) Beispiel: Die auf $\mathbb{R}$ definierte Funktion F mit $F(0) = 0$ und

$$F(x) = x^2 \cos\left(\frac{\pi}{x^2}\right) \quad \text{für } x \neq 0$$

ist differenzierbar; für $f := F'$ findet man $f(0) = 0$ und

$$f(x) = 2x \cos \left(\frac{\pi}{x^2} \right) + \frac{2\pi}{x} \sin \left(\frac{\pi}{x^2} \right) \quad \text{für } x \neq 0.$$

Die Funktion f ist nicht Riemann-integrierbar auf $[-1; 1]$, weil sie dort nicht beschränkt ist. Und trotzdem besitzt sie eine Stammfunktion, nämlich F. Allerdings ist f ist auf $[-1; 1]$ uneigentlich integrierbar (vgl. VI.7 (2)). Beispiele wie dieses können natürlich eine Erweiterung des Integralbegriffs motivieren.

Zusammenfassend kann man sagen, daß entgegen der in Schulbüchern und auch in Studientexten geübten Praxis viele Gründe dafür sprechen, die Integralrechnung *vor* der Differentialrechung zu beginnen und erst im Zusammenhang mit dem Hauptsatz zum Begriff der Differenzierbarkeit überzuleiten (vgl. [Hewitt/Stromberg 1969]).

VI.3 Zum Integralbegriff

Zur Definition des Riemann-Integrals

$$\int_a^b f(x) \, dx \quad \text{bzw. kurz} \quad \int_a^b f$$

(nach Bernhard Riemann, 1826–1866) kann man zunächst zwei unterschiedliche Wege einschlagen:

1) Benutzung von Unter- und Obersummen und Definition des unteren und oberen Riemann-Darboux-Integrals (nach Gaston Darboux, 1842–1917)

$$\underline{\int_a^b} f := \text{Supremum aller Untersummen,}$$

$$\overline{\int_a^b} f := \text{Infimum aller Obersummen,}$$

wobei Supremum und Infimum sich über alle Zerlegungen von $[a; b]$ erstrecken.

2) Benutzung von Riemannschen Summen

$$\sum_{i=1}^n f(\xi_i)(x_i - x_{i-1}) \quad \text{mit } x_{i-1} \leq \xi_i \leq x_i$$

und Betrachtung von Moore-Smith-Folgen; die Menge aller Zerlegungen von $[a; b]$ bildet bezüglich der Mengeninklusion eine gerichtete Menge, die Menge der zugehörigen Riemann-Summen eine Moore-Smith-Folge, wenn man zu jeder Zerlegung ein festes n-Tupel von Zwischenwerten wählt (vgl. III.5 (6)).

Es ist müßig, Vor- und Nachteile dieser beiden Zugänge zum Integralbegriff gegeneinander abzuwägen, denn man wird keinen der beiden Wege in formaler Vollendung in der Schule gehen wollen. Während der erste Weg an Intervallschachtelungen erinnert, wird der zweite Weg bei den Trapezregeln zur numerischen Integration (Sehnentrapezregel, Tangententrapezregel) benutzt. Man wird also die Ideen, die *beiden* Wegen zugrundeliegen, bei der Berechnung von Integralen und eventuell bei Existenznachweisen benutzen. Beispielsweise ergibt sich bei Benutzung der Riemann-Darboux-Integrale ein einfacher Beweis der Integrierbarkeit stetiger Funktionen, der ohne den Begriff der gleichmäßigen Stetigkeit arbeitet:

(1) **Satz:** Jede auf einem Intervall $[a; b]$ stetige Funktion ist dort integrierbar.

Beweis: Für eine auf $[a; b]$ stetige Funktion f betrachte man

$$Z(x) := \overline{\int_a^x} f - \underline{\int_a^x} f$$

für $a \leq x \leq b$, also die Differenz von oberem und unterem Riemann-Darboux-Integral. Es sei $\delta \in \mathbb{R}^+$. Für $a \leq x < x + \delta \leq b$ folgt wegen der Intervalladditivität

$$Z(x + \delta) - Z(x) = \overline{\int_x^{x+\delta}} f - \underline{\int_x^{x+\delta}} f.$$

Ebenso ist für $a \leq x - \delta < x \leq b$

$$Z(x) - Z(x - \delta) = \overline{\int_{x-\delta}^x} f - \underline{\int_{x-\delta}^x} f.$$

Wegen der Stetigkeit von f existieren das Supremum $M_x(\delta)$ und das Infimum $m_x(\delta)$ von f auf $U_\delta(x) \cap [a; b]$, und mit

$$K := M_x(\delta) - m_x(\delta)$$

folgt für alle $h \in \mathbb{R}$ mit $x + h \in U_\delta(x) \cap [a; b]$:

$$|Z(x + h) - Z(x)| \le K \cdot |h|.$$

Also ist Z Lipschitz-stetig und damit erst recht stetig auf $[a; b]$ (vgl. V.5 (4)). Wegen der Stetigkeit von f ist

$$\lim_{\delta \to 0} M_x(\delta) = \lim_{\delta \to 0} m_x(\delta) = f(x),$$

und mit

$$\left| \frac{Z(x + h) - Z(x)}{h} \right| \le K = M_x(\delta) - m_x(\delta)$$

folgt

$$\lim_{\delta \to 0} \frac{Z(x + h) - Z(x)}{h} = 0.$$

Also ist Z sogar differenzierbar auf $[a; b]$ (an den Randstellen „einseitig", worauf wir auch verzichten können), und es gilt

$$Z'(x) = 0.$$

Nun benutzen wir folgenden Satz entscheidend: Eine auf $[a; b]$ stetige Funktion mit auf $]a; b[$ verschwindender Ableitung ist auf $[a; b]$ konstant. Wegen $Z(0) = 0$ folgt

$$Z(x) = 0 \text{ für alle } x \in [a; b]$$

und damit insbesondere

$$\overline{\int_a^b} f = \underline{\int_a^b} f.$$

Möchte man den Begriff der Integrierbarkeit vertiefen, so ist die Frage interessant, wie viele Unstetigkeitsstellen sich eine integrierbare Funktion denn „leisten" kann. Ohne tief in die Theorie des Lebesgues-Maßes einsteigen zu müssen, kann man folgenden Satz plausibel machen:

(2) **Satz:** Es sei f eine auf $[a; b]$ beschränkte Funktion. Genau dann ist f auf $[a; b]$ Riemann-integrierbar, wenn die Menge aller Unstetigkeitsstellen von f das Maß 0 hat, d. h., wenn für jedes $\varepsilon > 0$ abzählbar viele Intervalle der Gesamtlänge ε existieren, welche alle Unstetigkeitsstellen enthalten.

Begründung: Die Intervalle $I_1, I_2, I_3, \ldots$ mögen alle Unstetigkeitsstellen von f in $[a; b]$ enthalten, und die Summe ihrer Längen sei ε. Ersetzen wir in diesen Intervallen die Werte von f derart, daß eine stetige Funktion entsteht, so begeht man in dem Integral einen Fehler von höchstens

$$\varepsilon \cdot \max_{[a;b]} |2f(x)|.$$

Da abzählbare Teilmengen von $\mathbb{R}$ das Maß 0 haben, darf eine auf $[a;b]$ integrierbare Funktion dort abzählbar viele Unstetigkeitsstellen haben.

(3) Beispiele:
a) Die Funktion in IV.3 (11) ist gemäß (2) integrierbar auf $[0;1]$. Es dürfte jedoch schwerfallen, bei einer gegebenen Abzählung von $[0;1] \cap \mathbb{Q}$ das Integral zu berechnen.

b) Die auf $[0;1]$ definierte Funktion

$$x \mapsto \sum_{xi^{-1} \in C} i^{-2}$$

(Summation über alle i mit $x \cdot i^{-1} \in C$, wobei C das Cantorsche Diskontinuum ist, vgl. IV.5 (12)) ist integrierbar, obwohl überabzählbar viele Unstetigkeitsstellen existieren; diese bilden nämlich eine Menge vom Maß 0.

Bei der ersten Behandlung des Integralbegriffs benutzt man in der Regel äquidistante Einteilungen des Integrationsintervalls, um leicht Näherungswerte berechnen zu können. Dies legt den Gedanken nahe, das Integral einfach durch

$$\int_a^b f := \lim_{n \to \infty} \sum_{k=1}^n f\left(a + k \cdot \frac{b-a}{n}\right) \cdot \frac{b-a}{n}$$

zu definieren. Dadurch würde aber ein allgemeinerer Integralbegriff gegeben, den wir hier mit $*\int$ bezeichnen wollen. Dieses Integral wäre nicht mehr intervalladditiv, ferner wäre es als Funktion der oberen Grenze nicht mehr stetig.

(4) Beispiel: Für die auf $\mathbb{R}$ definierte Funktion $f := \mathrm{dir}_{1,0}$ (Dirichlet-Funktion) gilt

$$*\int_0^1 f = 1, \quad *\int_0^{\sqrt{2}} f = 0, \quad *\int_1^{\sqrt{2}} f = 0,$$

also

$$*\int_0^{\sqrt{2}} f \neq *\int_0^1 f + *\int_1^{\sqrt{2}} f.$$

Ferner gilt

$$* \int_0^x f = f(x) \quad \text{für alle } x \in \mathbb{R};$$

also ist dieses Integral keine stetige Funktion der oberen Grenze.

Bei einer Einengung des Integrals auf die Klasse der *Regelfunktionen* ist es auch in der Schule möglich, eine sehr schön abgeschlossenen Integrationstheorie aufzubauen (vgl. etwa [Barner/Flohr 1983], [Dieudonné 1972], [Reichel 1974]).

(5) Definition: Für die Treppenfunktion $\varphi : [a; b] \to \mathbb{R}$ mit

$$\varphi(x) = c_i \quad \text{für } x \in \,]x_i; x_{i+1}[$$

und $a = x_0 < x_1 < x_2 < \ldots < x_n = b$ nennen wir die Zahl

$$I(\varphi) := \sum_{i=0}^{n-1} c_i(x_{i+1} - x_i)$$

das *Integral* von φ auf $[a; b]$ und schreiben

$$I(\varphi) = \int_a^b \varphi(x)\,\mathrm{d}x \,.$$

Die folgenden Eigenschaften des Integrals von Treppenfunktionen sind unmittelbar einsichtig:

(a) $|I(\varphi)| \le (b - a)\sup_{[a;b]}|\varphi(x)|\,;$

(b) $I(r\varphi) = rI(\varphi)$ für alle $r \in \mathbb{R}\,;$

(c) $I(\varphi + \psi) = I(\varphi) + I(\psi)\,.$

(6) Definition: Eine Funktion $f : [a; b] \to \mathbb{R}$ heißt *Regelfunktion* oder auch *regulierte Funktion*, wenn eine Folge $\langle \varphi_n \rangle$ von Treppenfunktionen auf $[a; b]$ existiert, so daß

$$\lim_{n\to\infty} \left(\sup_{[a;b]} |f(x) - \varphi_n(x)| \right) = 0\,.$$

Wir schreiben dann

$$f =: \mathrm{Lim}\langle \varphi_n \rangle\,.$$

Die Bezeichnung Lim statt lim soll deutlich machen, daß ein neuartiger Grenzwertbegriff vorliegt.

(7) Begriffsbildung: Ist f eine Regelfunktion auf $[a; b]$ mit

$$f = \mathrm{Lim}\langle \varphi_n \rangle,$$

dann existiert

$$I(f) := \lim \langle I(\varphi_n) \rangle.$$

Die Zahl $I(f)$ heißt *Integral* von f auf $[a; b]$ und wird wie üblich mit

$$\int_a^b f(x)\, \mathrm{d}x \quad \text{oder} \quad \int_a^b f$$

bezeichnet. Die Existenz des Grenzwerts folgt aus dem Cauchy-Kriterium: Wegen der Konvergenz der Folge

$$\langle \sup_{[a;b]} |f(x) - \varphi_n(x)| \rangle$$

existiert zu jedem $\varepsilon \in \mathbb{R}^+$ ein $n_0 \in \mathbb{N}$ mit

$$\sup_{[a;b]} |f(x) - \varphi_n(x)| < \frac{\varepsilon}{2} \quad \text{für alle } n \geq n_0,$$

und daraus folgt für alle $m, n \geq n_0$:

$$
\begin{aligned}
|I(\varphi_n) - I(\varphi_m)| &= |I(\varphi_n - \varphi_m)| \\
&\leq (b-a) \cdot \sup_{[a;b]} |\varphi_n(x) - \varphi_m(x)| \\
&\leq (b-a) \cdot \sup_{[a;b]} (|f(x) - \varphi_n(x)| + |f(x) - \varphi_m(x)|) \\
&\leq (b-a) \cdot \sup_{[a;b]} |f(x) - \varphi_n(x)| \\
&\quad + (b-a) \cdot \sup_{[a;b]} |f(x) - \varphi_m(x)| \\
&< \frac{\varepsilon}{2} + \frac{\varepsilon}{2} = \varepsilon
\end{aligned}
$$

Die obigen Regeln (a), (b), (c) gelten auch für alle Regelfunktionen. Außerdem beweist man

$$\int_a^c f + \int_c^b f = \int_a^b f \quad \text{für alle } c \in [a; b]$$

(Intervalladditivität). Die Herleitung des Hauptsatzes geschieht wie üblich.

Stetige Funktionen und monotone Funktionen sind Regelfunktionen; die Umkehrungen hiervon gelten nicht. Jede Regelfunktion ist Riemann-integrierbar; auch hiervon gilt nicht die Umkehrung.

(8) Beispiele:

a) Die Funktion f in VI.2 (4) ist eine Regelfunktion. Die Funktion f ist selbst keine Treppenfunktion, wenn man für solche nur endlich viele Unstetigkeitsstellen in einem Intervall zuläßt. In naheliegender Weise läßt sich f jedoch durch eine Folge von Treppenfunktionen approximieren.

b) Die Funktion f aus IV.3 (8) ist integrierbar (vgl. VI.2 (5)), sie ist aber keine Regelfunktion: Für jede Treppenfunktion φ auf $[0;1]$ gilt

$$\sup_{[0;1]} |f(x) - \varphi(x)| \geq \frac{4}{9}.$$

Dies erkennt man an $\varphi(x) := \frac{1}{2} + \eta$ auf $[0;1]$ mit

$$\sup_{[0;1]} |f(x) - \varphi(x)| = \max\{\frac{1}{2} - \eta, \frac{7}{18} + \eta\} \geq \frac{4}{9}.$$

Schränkt man die Funktion auf $[\delta; 1]$ mit $0 < \delta < 1$ ein, dann liegt jedoch eine Regelfunktion vor (sogar eine Treppenfunktion!). Die Verhältnisse sind hier ähnlich wie bei der auf $[0;1]$ definierten Funktion g mit $g(0) = 0$ und

$$g(x) = \sin \frac{1}{x} \quad \text{für } x \neq 0.$$

c) In IV.3 (9) liegt eine Regelfunktion vor, wie man folgendermaßen sieht: Zunächst wird f ergänzt durch $f(0) := f(1) := 0$. Für $n \in \mathbb{N}^*$ betrachten wir dann die endlich vielen Brüche $\frac{p}{q}$ mit $p, q \in \mathbb{N}^*$ und $p < q$, $\mathrm{ggT}(p, q) = 1$ sowie $q \leq n$, die wir mit $x_{n,i}$ bezeichnen und der Größe nach anordnen:

$$0 < x_{n,1} < x_{n,2} < \ldots < x_{n,k_n} < 1$$

Wir setzen dann für $x \in [0; 1]$

$$\varphi_n(x) := \begin{cases} f(x) & \text{für } x \in \{x_{n,1}, x_{n,2}, \ldots, x_{n,k_n}\}, \\ 0 & \text{sonst}. \end{cases}$$

Offensichtlich ist φ_n eine Treppenfunktion, und es gilt

$$f(x) - \varphi_n(x) = \begin{cases} 0 & \text{für } x \in \{x_{n,1}, x_{n,2}, \ldots, x_{n,k_n}\}, \\ s_n & \text{sonst} \end{cases}$$

mit $0 < s_n < \frac{1}{n}$. Also gilt

$$\lim\langle \sup_{[0;1]} |f(x) - \varphi_n(x)|\rangle = \lim\langle \frac{1}{n}\rangle = 0.$$

Damit ist f eine Regelfunktion ($f = \text{Lim}\langle\varphi_n\rangle$). Wegen $I(\varphi_n) = 0$ ist $I(f) = \lim\langle I(\varphi_n)\rangle = 0$, es folgt also schließlich

$$\int_0^1 f(x)\,\mathrm{d}x = 0.$$

(Ebenso kann man zeigen, daß für *jede* Funktion, die an nur abzähl- bar vielen Stellen des Integrationsintervalls von 0 verschiedene Werte annimmt, das Integral existiert und den Wert 0 hat.)

d) Die Funktion in IV.3 (11) ist eine Regelfunktion, weil sie monoton ist. Dies kann man allgemein schnell einsehen: Ist f auf $[a; b]$ monoton, so definiere man die Treppenfunktion φ_n durch

$$\varphi_n(x) := \sup_{[x_{i-1};x_i]} f(x) \text{ für } x \in [x_{i-1}; x_i[,$$

wobei $a = x_0 < x_1 < x_2 < \ldots < x_n = b$ eine äquidistante Zerlegung von $[a; b]$ ist; ferner sei $\varphi_n(b) := f(b)$. Die Folge $\langle\varphi_n\rangle$ von Treppenfunktionen approximiert f gleichmäßig auf $[a; b]$.

e) Die zweite der in (3) angeführten Funktionen ist zwar integrierbar, sie ist aber keine Regelfunktion auf $[0;1]$, was hier nicht bewiesen werden soll.

Insgesamt zeigen diese Beispiele, daß die Klasse der Regelfunktionen noch hinreichend viele pathologische Beispiele von Funktionen enthält, so daß die Beschränkung der Integralrechnung auf Regelfunktionen durch- aus — auch für die Schule — betrachtet werden kann.

Die Regelfunktionen lassen sich im Gegensatz zu den Riemann- integrierbaren Funktionen sehr einfach charakterisieren:

(9) **Satz:** Genau dann ist f eine Regelfunktion auf $[a; b]$, wenn in jedem Punkt von $[a; b]$ der linksseitige und der rechtsseitige Grenzwert von f existieren (vgl. [Barner/Flohr 1983]).

VI.4 Das unbestimmte Integral

Für die Integration stetiger Funktionen ist der Hauptsatz der Differential-
und Integralrechnung das wichtigste Hilfsmittel.
(1) Definition: Eine Funktion F mit $F'(x) = f(x)$ auf einem geeigneten Intervall I heißt eine *Stammfunktion* von f auf I. Die Menge aller
Stammfunktionen der Funktion f, also

$$\{F \in \mathcal{A}_I \mid F' = f\},$$

nennt man das *unbestimmte Integral* von f und schreibt dafür

$$\int f\,.$$

Das unbestimmte Integral ist also keine Zahl oder Funktion, sondern eine
Menge von Funktionen.
(2) Bemerkungen: Zwei Stammfunktionen einer Funktion unterscheiden sich nur um eine additive Konstante.

Der Hauptsatz der Differential- und Integralrechnung besagt kurz: Ist
f stetig, dann ist $\int f$ nicht leer, und für jedes $F \in \int f$ gilt

$$\int_a^b f(x)\,\mathrm{d}x = F(b) - F(a)\,.$$

Bei stetigen Funktionen kann die Integration also durch Aufsuchen einer Stammfunktion („Aufleiten") bewerkstelligt werden. Dies stößt in
der Praxis natürlich auf Schwierigkeiten, da die Stammfunktionen von
elementaren Funktionen nicht elementar sein müssen (vgl. VI.5).

Statt $\int f$ bzw. $F \in \int f$ verwendet man (z. B. in Formelsammlungen)
die praktische, aber problematische Schreibweise $\int f(x)\,\mathrm{d}x$ bzw.

$$\int f(x)\,\mathrm{d}x = F(x) + \text{const}\,.$$

Die Variable auf der linken Seite könnte hier durch jede andere Variable
ersetzt werden und hat mit der Variablen auf der rechten Seite nichts zu
tun; letztere müßte ja auf der linken Seite als obere Grenze des Integrals
auftreten.

Bei der oben gegebenen Definition des unbestimmten Integrals treten
Formulierungs- bzw. Deutungsschwierigkeiten bei den Regeln für die
unbestimmte Integration auf, welchen man einige Beachtung schenken
muß:

Die Regel

$$\int (f+g) = \int f + \int g$$

bedarf einer Erläuterung, da die beiden Pluszeichen verschiedene Bedeutung haben; auf der rechten Seite werden nämlich Mengen von Funktionen „addiert".

(3) Definition: Es sei $(M, \star)$ ein Verknüpfungsgebilde. Für Teilmengen $A, B \subseteq M$ definieren wir die *Komplexverknüpfung* durch

$$A \star B := \{a \star b \mid a \in A \text{ und } b \in B\}.$$

Für $A = \{a\}$ bzw. $B = \{b\}$ vereinbaren wir

$$a \star B := \{a\} \star B \quad \text{und} \quad A \star b := A \star \{b\}.$$

Wir betrachten hier speziell Verknüpfungen von Funktionen, und zwar die Addition, die Multiplikation und die Verkettung. Im Fall dieser Verknüpfungen für Funktionen ist dann klar, wie cA mit $c \in \mathbb{R}$, $-A, \frac{1}{A}, A^{-1}$ u. ä. für Funktionenmengen A zu verstehen sind.

(4) Partielle Integration oder Produktregel: Für stetig differenzierbare Funktionen f, g gilt

$$fg \in \int (fg)' = \int f'g + \int fg'$$

und daher

$$\int fg' = fg - \int f'g,$$

wobei $fg - \int f'g$ aus allen Funktionen der Form $fg - h$ mit $h \in \int f'g$ besteht. Entsprechend kann man aus der Quotientenregel der Differentialrechnung die Formel

$$\int \frac{f'}{g} = \frac{f}{g} + \int \frac{fg'}{g^2}$$

herleiten, welche aber — entsprechend der Äquivalenz von Produkt- und Quotientenregel der Differentialrechnung — äquivalent zu obiger Formel für die partielle Integration ist.

(5) Substitutionsregel: Unter geeigneten Differenzierbarkeitsvoraussetzungen über F und g ist

$$F \circ g \in \int (F \circ g)' = \int ((F' \circ g) \cdot g').$$

Für $F \in \int f$ ist also

(1) $$F \circ g \in \int ((f \circ g) \cdot g').$$

Ist g auf I umkehrbar, so folgt daraus

(2) $$F \in \left(\int ((f \circ g) \cdot g') \right) \circ g^{-1}.$$

Die Beziehungen (1) und (2) sind die bekannten Substitutionsregeln. Selbstverständlich sind (1) und (2) äquivalent zueinander, falls g umkehrbar ist; im Hinblick auf die Anwendungen ist es aber zweckmäßig, beide Formen der Integration durch Substitution darzustellen.

(6) Sonderfälle: Gewisse Sonderfälle der Substitutionsregel (1) kann man ohne die allgemeine Kettenregel behandeln, da in diesen Fällen f oder g gegeben sind:

$$\frac{1}{n+1} \mathrm{pot}_{n+1} \circ g \ \in \ \int (\mathrm{pot}_n \circ g) \cdot g'$$

$$\ln \circ g \ \in \ \int \frac{g'}{g}$$

$$\frac{1}{a} F \circ \mathrm{aff}_{a,b} \ \in \ \int f \circ \mathrm{aff}_{a,b}$$

wobei im letzten Beispiel $\mathrm{aff}_{a,b} : x \mapsto ax + b \ (a, b \in \mathbb{R})$ und $F \in \int f$ gilt.

Man kann aus geeigneten Differentiationsformeln durch „Umkehrung" weitere Integrationsformeln herleiten, etwa

$$f^{-1} \in \int \frac{1}{(f' \circ f^{-1})}$$

oder

$$\int f^n = \mathrm{id} \cdot f^n - \left(n \int \mathrm{id}^{n-1} \cdot f^{-1} \right) \circ f.$$

Der Sinn solcher Formeln ist fragwürdig, da man sie meistens auf mehr oder weniger triviale Weise auf die Formel für die partielle Integration bzw. auf die Substitutionsformeln zurückführen kann. In beiden Formeln beachte man, daß f^{-1} die Umkehrfunktion von f bedeutet, nicht die Kehrfunktion $\frac{1}{f}$, die man aus f^n für $n = -1$ erhalten würde.

(8) Bemerkung: Gemäß (1) ist $F \in \int F'$. Man ist geneigt, dies in folgenden „Satz" auszusprechen:

Die Integration ist die `Umkehrung der Differentiation.

Beschränkt man die Integralrechnung auf den Bereich der elementar integrierbaren Funktionen (vgl. VI.5), so ist an diesem Satz lediglich die Kritik anzubringen, daß zu den Abbildungen „ ′ “ und „∫“ die jeweiligen Definitionsbereiche genannt werden müßten und der Begriff der Umkehrung (Umkehrabbildung, Umkehrrelation?) präzisiert werden müßte. Die genannte Beschränkung der zu integrierenden Funktionen entspricht aber weder der innermathematischen noch der außermathematischen Bedeutung des Integrals.

Eine wesentliche innermathematische Bedeutung des Integrals besteht darin, daß es als *Instrument zur Konstruktion neuer Funktionen* dient; dies wird in VI.5 näher dargestellt.

VI.5 Elementare Funktionen

Die Technik des Integrierens bereitet größere Schwierigkeiten als die des Differenzierens, was z. T. daran liegt, daß die Ableitung einer „elementaren“ Funktion wieder eine solche Funktion ist, während eine Stammfunktion einer „elementaren“ Funktion nicht stets wieder „elementar“ ist. Wenn man sagt, die Funktion $f : x \mapsto \exp(-x^2)$ sei über $[0;1]$ *nicht geschlossen integrierbar*, dann meint man, daß eine Stammfunktion F der „elementaren“ Funktion f nicht „elementar“ ist. Was ist nun aber eine „elementare“ Funktion?

Eine befriedigende Antwort läßt sich erst in der (komplexen) Funktionentheorie geben, im Reellen findet man unterschiedliche Auffassungen. Zunächst gelten die *Polynomfunktionen* (also die *ganzrationalen Funktionen*) als „elementar“. Ihre Menge ist abgeschlossen gegenüber Addition, Subtraktion, Multiplikation und Verkettung. Fordert man auch die Abgeschlossenheit gegenüber der Division, dann ergibt sich die Menge der *rationalen Funktionen*. Nimmt man zu diesem Bereich die Wurzelfunktionen $x \mapsto \sqrt[n]{x}$ ($n \geq 2$) hinzu und fordert wieder die Abgeschlossenheit gegenüber den oben genannten Operationen, dann ergibt sich eine Teilmenge der Menge der *algebraischen Funktionen*. Dieser Begriff geht auf Leibniz zurück ([Brieskorn/Knörrer 1981]), der von *algebraischen Kurven* sprach, wenn ihre Punkte $(x;y)$ einer Gleichung

$\varphi(x,y) = 0$ genügen, wobei $\varphi(x,y)$ ein Polynom in x und y ist, also

$$\varphi(x,y) = \sum_{i=0}^{n} p_i(y)x^i$$

mit Polynomen $p_i(y)$.

Ist nun f eine *differenzierbare* Funktion und $\varphi(x,y)$ ein Polynom mit

$$\varphi(x, f(x)) = 0 \quad \text{für alle } x \in D_f,$$

so wird f eine *algebraische Funktion* genannt. Die Voraussetzung der Differenzierbarkeit wird dabei als wesentlich betrachtet, weil sonst z. B. die Betragsfunktion wegen $x^2 - |x|^2 = 0$ eine algebraische Funktion wäre. Ist der Grad eines der obigen Polynome $p_i(y)$ mindestens 5, dann ist der Funktionsterm $f(x)$ einer solchen Lösungsfunktion i. allg. nicht mit rationalen Termen und Wurzeln darstellbar. Eine differenzierbare Funktion, für die eine solche zweistellige Polynomfunktion nicht existiert, heißt *transzendent*.

Die Menge der algebraischen Funktionen ist (wie die Menge der rationalen Funktionen) abgeschlossen bezüglich der Differentiation, während die Integration als „Umkehroperation" (also das Aufsuchen einer Stammfunktion) aus dem gegebenen Funktionenbereich hinausführt.

(1) Beispiele: Die Funktionen

$$f : x \mapsto \ln(x) \quad \text{und} \quad g : x \mapsto \arcsin(x)$$

sind nicht algebraisch, ihre Ableitungsfunktionen

$$f' : x \mapsto \frac{1}{x} \quad \text{bzw.} \quad g' : x \mapsto \frac{1}{\sqrt{1-x^2}}$$

sind aber algebraisch (f ist sogar rational).

Nun wird auf dieses Phänomen in einer für die Mathematik typischen Weise reagiert: Man fügt die aus dem bisherigen Bereich herausführenden Objekte (hier also ln und arcsin) dem alten Bereich hinzu und erweitert diesen so, daß er bezüglich der bisherigen Operationen weiterhin abgeschlossen ist, man bildet also die „abgeschlossene Hülle". Zugleich wird damit die Willkürlichkeit des Begriffs „elementare Funktion" deutlich.

Um nun die Exponentialfunktion als „elementare Funktion" zur Verfügung zu haben, müßte entweder als weitere Operation das Bilden der Umkehrfunktion zugelassen werden, oder exp müßte direkt hinzugefügt werden. Meistens geht man den letzten Weg.

Wir betrachten nun die Menge $\mathcal{E}$, welche aus den algebraischen Funktionen und den Funktionen

$$\exp,\ \ln,\ \sin,\ \arcsin,\ \cos,\ \arccos$$

unter Verwendung der Funktionsoperatoren *Addition, Multiplikation, Division* und *Verkettung* (natürlich jeweils mit Einschränkung auf den größtmöglichen Definitionbereich) erzeugt wird.

(2) Definition: Wir nennen $\mathcal{E}$ die Menge der *elementaren Funktionen.*

(3) Bemerkungen: Die so erzeugten elementaren Funktionen sind beliebig oft differenzierbar, da sie von Funktionen mit dieser Eigenschaft erzeugt werden und die verwendeten Operationen die Differenzierbarkeit erhalten. Läßt man das *Bilden der Umkehrfunktion* als weitere Operation zu, dann erzeugen die konstanten Funktionen zusammen mit $\mathrm{id}_{\mathbb{R}}$ sowie ln und sin eine Teilmenge von $\mathcal{E}$. Diese enthält aber nicht jene algebraischen Funktionen, die nicht mit einem aus Wurzelausdrücken gebildeten Funktionsterm beschrieben werden können.

(4) Beispiele:

a) Die auf $\mathbb{R}_0^+$ erklärten *Wurzelfunktionen* sind an der Stelle 0 nicht differenzierbar und mithin im Sinne unserer Begriffsbildung keine algebraischen Funktionen und somit auch keine elementaren Funktionen. Ihre Restriktionen auf $\mathbb{R}^+$ sind jedoch elementar, denn für $x > 0$ gilt

$$(\exp \circ (\underline{n^{-1}} \cdot \ln))(x) = \exp(n^{-1} \cdot \ln(x)) = \sqrt[n]{x}\,.$$

(Dabei bedeutet allgemein $\underline{c}$ für $c \in \mathbb{R}$ die konstante Funktion mit dem Wert c.)

b) Die *Betragsfunktion* und die *Signumfunktion*, die jeweils auf $\mathbb{R}$ erklärt sind, zählen zunächst nicht zu den elementaren Funktionen, wohl aber sind ihre Restriktionen auf $\mathbb{R} \setminus \{0\}$ elementar, denn für $x \neq 0$ ist

$$|x| = \exp(\frac{1}{2}\ln(x^2)) \quad \text{und} \quad \operatorname{sgn}(x) = \frac{|x|}{x}\,.$$

Insbesondere sind diese Restriktionen damit an jeder Stelle ihres Definitionsbereichs differenzierbar.

c) Die Restriktion der Funktion

$$x \mapsto |\sin x|$$

auf $\mathbb{R} \setminus \{z\pi \mid z \in \mathbb{Z}\}$ ist elementar.

d) Die auf $]0; 1]$ definierte Funktion

$$x \mapsto \tan\left(\sqrt[7]{e^{\sqrt{1-x^2}}}\right) \cdot \cosh(\ln(x))$$

ist aufgrund ihrer Termkonstruktion offenbar elementar.

Um zu begründen, daß elementare Funktionen beliebig oft differenzierbar sind, müssen lediglich die Ableitungsfunktionen der erzeugenden Grundfunktionen und die Differentiationsregeln für die zusammengesetzten Funktionen — also der *Differentiationskalkül* — bekannt sein. Daher ist das Differenzieren in der Menge $\mathcal{E}$ ein rein algebraischer, kalkülhafter Vorgang, und das begründet die Möglichkeit der Konstruktion von entsprechenden *Computeralgebrasystemen* bzw. *Formelmanipulationssystemen*. Zwar erlauben solche Systeme auch die symbolische Operation des unbestimmten Integrierens, jedoch ist $\mathcal{E}$ gegenüber der Integration nicht abgeschlossen, d. h., eine Stammfunktion einer elementaren Funktion ist nicht wieder notwendig elementar (so wie auch eine Stammfunktion einer algebraischen Funktion nicht notwendig wieder algebraisch ist).

(5) Beispiele: a) Es sei

$$f : x \mapsto \frac{1}{x}, \quad F : x \mapsto \int_1^x f(t)\,\mathrm{d}t.$$

F ist eine Stammfunktion der algebraischen Funktion f, aber F ist nicht algebraisch.

b) Die elementaren Funktionen

$$f : x \mapsto x^x \quad \text{und} \quad f : x \mapsto \frac{e^x}{x}$$

besitzen keine Stammfunktion in $\mathcal{E}$. Der Nachweis dieser Behauptung ist recht schwierig und muß hier unterbleiben (vgl. [Hardy 1966]).

Nun kann man präzisieren, was man unter „elementar integrierbar" verstehen könnte: Eine stetige Funktion hat diese Eigenschaft, wenn ihre Stammfunktion eine elementare Funktion ist (und damit ist die gegebene Funktion als Ableitungsfunktion einer elementaren Funktion sogar differenzierbar).

Der Bereich der elementaren Funktionen ist natürlich recht willkürlich festgelegt, und man könnte ihn beliebig erweitern. Eine solche Erweiterung könnte nach Gesichtspunkten der Integralrechnung erfolgen, wie dies ja auch schon bei der Erweiterung von den algebraischen zu den elementaren Funktionen der Fall war (vgl. (1)). Beispielweise könnte man $\mathcal{E}$ erweitern durch Hinzunahme des *Gauß-Integrals* $\Phi : \mathbb{R} \to \mathbb{R}$ mit

$$\Phi(x) := \frac{1}{\sqrt{2\pi}} \int_{-\infty}^{x} e^{-\frac{1}{2}x^2} \, dt.$$

Neben der Definition neuer Funktionen als Stammfunktionen bekannter elementarer Funktionen kann man mit Hilfe des Integrals auch dadurch neue Klassen von Funktionen definieren, daß man bestimmte Integrale über Funktionen betrachtet, welche außer der Integrationsvariablen noch einen Parameter enthalten (z.B. die Gammafunktion in VI.7). Auch dies zeigt deutlich das Integral als Instrument zur Erzeugung neuer Funktionen. (So werden viele für die Physik wichtige Klassen von Funktionen als Lösungen von Differentialgleichungen definiert, was diesen Gesichtspunkt noch verallgemeinert.)

Da die elementaren Funktionen beliebig oft differenzierbar sind, muß man im Rahmen von Stetigkeits- und Differenzierbarkeitsuntersuchungen im Unterricht zwangsläufig über den Bereich der elementaren Funktionen hinausgehen. Als erstes bietet sich die Hinzunahme der *Betragsfunktion*, der *Ganzteilfunktion* und der *Signumfunktion* an (vgl. hierzu aber (4b)!). Mit ihrer Hilfe kann man Funktionen konstruieren, welche interessante Mengen von Unstetigkeitsstellen aufweisen (vgl. Abschnitt IV.3).

VI.6 Geometrische Anwendungen

Geometrische Fragestellungen standen am Anfang der Integralrechnung; man wollte Längen, Flächeninhalte und Volumina auch in den Fällen berechnen, wo es sich nicht um Strecken, Polygone und Polyeder handelte. Die Differentialrechnung war dann weniger an der Berechnung von *Maßzahlen*, sondern eher an der Untersuchung der *Gestalt* von Kurven und Flächen interessiert. So ist es selbstverständlich, daß geometrische Probleme auch heute noch einen bedeutsamen Anwendungsbereich der Analysis konstituieren.

Die inverse Beziehung zwischen Differenzieren und Integrieren steckt im Keim schon in der Tatsache, daß zwischen dem Flächeninhalt $A(r)$

und dem Umfang $u(r)$ eines Kreises vom Radius r der Zusammenhang

$$u(r) = \frac{\mathrm{d}}{\mathrm{d}r} A(r) \quad \text{bzw.} \quad A(r) = \int_0^r u(t)\, \mathrm{d}t$$

besteht, so daß man nur eine der beiden Funktionen A und u bestimmen muß. Dies ist eine (vielleicht etwas gewagte) Deutung der Überlegungen von Kepler (vgl. Abschnitt III.1). Man erkennt diesen Zusammenhang, wenn man den Kreis aus infinitesimalen Kreisringen aufbaut. Auch zwischen Oberflächeninhalt und Volumen gewisser geometrischer Körper besteht ein solcher Zusammenhang, den man erhält, wenn man sich den Körper aus infinitesimalen Oberflächenschichten aufgebaut denkt.

(1) Zusammenhang zwischen Oberflächeninhalt und Volumen geometrischer Körper: Mit $O(\dots)$ bezeichnen wir den Oberflächeninhalt, mit $V(\dots)$ das Volumen eines Körpers, dessen Gestalt (Größe) von einem Parameter abhängt. In den folgenden Beispielen gilt stets $O = V'$, wobei nach dem Parameter zu differenzieren ist.

a) Für eine Kugel vom Radius r gilt (vgl. III.1 (6))

$$O(r) = 4\pi r^2 \quad \text{und} \quad V(r) = \frac{4}{3}\pi r^3.$$

b) Für einen Torus, der von einem Kreis vom Radius r erzeugt wird, wobei sich dessen Mittelpunkt auf einem Kreis vom Radius R bewegt, gilt

$$O(r) = 4\pi^2 R r \quad \text{und} \quad V(r) = 2\pi^2 R r^2 \, ;$$

dabei wird R als „fest" angesehen.

c) Für einen Würfel mit der halben Kantenlänge b gilt

$$O(b) = 24 b^2 \quad \text{und} \quad V(b) = 8 b^3.$$

Der beobachtete Zusammenhang $O = V'$ ist keineswegs selbstverständlich, wie man etwa am Beispiel eines Kreiskegels mit dem Grundkreisradius r und der Höhe $h = \alpha r$ ($\alpha > 0$) sieht. Es gilt

$$V(r) = \frac{1}{3}\pi \alpha r^3 \quad \text{und} \quad V'(r) = \pi \alpha r^2,$$

und $V'(r)$ ist weder der Inhalt $M(r)$ der Mantelfläche noch der Inhalt $O(r)$ der gesamten Oberfläche. Es gilt nämlich

$$M(r) = \pi \sqrt{1 + \alpha^2}\, r^2, \qquad O(r) = \pi(\sqrt{1 + \alpha^2} + 1) r^2.$$

Am Beispiel des Kegels sieht man, daß man bei infinitesimalen Überlegungen in geometrischen Zusammenhängen sorgfältig auf die „Geometrie im Kleinen" achten muß, denn es kommt, um mit Newton zu sprechen, auf die „letzten Verhältnisse" an.

Die Berechnung von Bogenlängen, Mantelflächen, Volumina und Schwerpunkten gehört zum Kern des Anwendungsbereichs der Integralrechnung, oft spielen sie jedoch im Unterricht keine sehr große Rolle. Dies ist umso bedenklicher, da hier die Philosophie der Analysis (*Um etwas über eine Funktion zu erfahren, betrachte man ihr Änderungsverhalten!*) und der Hauptsatz wie kaum an einer anderen Stelle des Unterrichts zum Tragen kommen: Um die Länge einer Kurve zwischen zwei Punkten A und B zu berechnen, untersuche man die „Längenfunktion" s (Länge zwischen A und einem variablen Punkt X), man bestimme also ihr Änderungsverhalten s'. Der Hauptsatz liefert dann s und damit die gesuchte Länge.

Dabei sollte für die Schüler weit wichtiger als eine mathematische Präzisierung die Erkenntnis sein, daß hier *etwas zu definieren* ist, was sich an bereits vertrauten Erfahrungen bewähren muß. Wir werden dabei gemäß Abschnitt V.9 im Sinne einer wirklichen Differential-Rechnung vorgehen, indem wir konsequent Differentiale benutzen, und zwar in der für diese Zwecke vereinfachten Form eines Funktionsterms, etwa $dx, df(x), f'(x)\,dx, dm$ usw. Durch Integration („Summation" im Leibnizschen Sinne) dieser Differentiale erhalten wir dann die zu definierenden Größen.

(2) Bogenlänge einer Kurve: Es sei f stetig differenzierbar auf $[a; b]$, ferner sei K der Graph von f über $[a; b]$. Für das Bogenlängen-Differential ds gilt „offensichtlich" (Fig. 1)

$$ds = \sqrt{(dx)^2 + (dy)^2} = \sqrt{1 + (\frac{dy}{dx})^2}\; dx\ ,$$

und das führt durch Integration (Hauptsatz!) zur Bogenlänge

$$l(K) := \int_a^b \sqrt{1 + (f'(x))^2}\; dx\ .$$

Entsprechend ergibt sich die Bogenlänge einer Kurve, welche in einer Parameterdarstellung

$$K = \{(\varphi(t); \psi(t)) \mid t \in [\alpha; \beta]\}$$

(mit stetig differenzierbaren Funktionen φ, ψ) gegeben ist:

$$l(K) = \int_\alpha^\beta \sqrt{(\varphi'(t))^2 + (\psi'(t))^2}\, dt\ .$$

Damit kann man auch Kurven betrachten, die nicht als Graph einer Funktion gegeben sind, z. B. auch geschlossene Kurven.

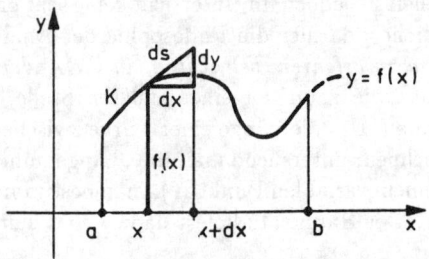

Fig. 1

(3) Bewährungsprobe: Betrachtet man eine Strecke (lineare Funktion f), dann ergibt sich in Übereinstimmung mit dem Satz von Pythagoras

$$l(K) = \sqrt{(b-a)^2 + (f(b) - f(a))^2}\ .$$

Für den Kreis mit der Parameterdarstellung $\{(\cos t; \sin t) \mid t \in [0; 2\pi]\}$ ergibt sich sofort $l(K) = 2\pi$. Betrachtet man den Halbkreis mit der Funktionsgleichung $y = \sqrt{1 - x^2}$, dann ist die Beziehung

$$\int_{-1}^1 \frac{1}{\sqrt{1 - x^2}}\, dx = \pi$$

nachzuweisen. Hier liegt also ein *uneigentliches Integral* vor (vgl. Abschnitt VI.7).

(4) Beispiele:

a) Die *Neilsche Parabel* oder *semikubische Parabel*, also die Kurve mit der Gleichung $y = \sqrt{x^3}$, $x \geq 0$, verdankt ihre Berühmtheit der Tatsache, daß ihre Bogenlänge sehr einfach zu berechnen ist, wie William Neil (1637–1670) im Jahr 1660 gezeigt hat:

$$\int_0^a \sqrt{1 + \frac{9}{4}x}\, dx = \frac{8}{27}\left(\sqrt{\left(1 + \frac{9}{4}a\right)^3} - 1 \right)\ .$$

b) Durch

$$x = a \cos t, \ y = b \sin t \quad (0 \le t < 2\pi)$$

mit $a, b > 0$ ist eine Ellipse E mit den Halbachsenlängen a, b definiert. Der Umfang von E ist

$$l(E) = \int_0^{2\pi} \sqrt{b^2 + (a^2 - b^2)\sin^2 t}\ dt \ .$$

Dies ist für $a \ne b$ ein sogenanntes *elliptisches Integral* und nicht „elementar integrierbar" (vgl. Abschnitt VI.5). Als Näherungsformeln für den Ellipsenumfang verwendet man $l(E) \approx 2\pi r$, wobei r ein Mittelwert aus a und b ist, etwa

$$r = \frac{1}{2}\left(\frac{a+b}{2} + \sqrt{ab}\right) \quad \text{oder} \quad r = \frac{1}{2}\left(\frac{a+b}{2} + \sqrt{\frac{a^2+b^2}{2}}\right).$$

Eine leichtfertige Argumentation wie in (1) könnte hier zu einem falschen Resultat führen: Bekanntlich hat die Ellipse den Flächeninhalt $A = \pi ab$; mit festem Verhältnis $k := \frac{b}{a}$ ist also $A = \pi ka^2$. Eine infinitesimale Änderung da ändert den Inhalt um d$A = 2\pi ka\,$da, also (?) ist $l(E) = 2\pi ka$. Diese Formel ist aber nur für $k = 1$ (Kreis) richtig.

(5) **Warnung:** Bei der Approximation von Kurven durch Polygonzüge (und erst recht von Flächen im Raum durch Polyederflächen) kann folgender Fehlschluß unterlaufen: *Die Folge der Polygonzüge approximiert die Kurve, also (?) approximiert die Folge der Längen der Polygonzüge auch die Länge der Kurve.* Das Wort „approximieren" hat hier zweierlei Bedeutung: Zum einen wird eine Punktmenge K durch eine Folge $\langle K_n \rangle$ von Punktmengen angenähert, und zum anderen ist gefragt, ob eine Zahl $l(K)$ durch eine Zahlenfolge $\langle l(K_n) \rangle$ angenähert wird. In den Beispielen in Fig. 2 und Fig. 3 ist $l(K) \ne \lim \langle l(K_n) \rangle$. (Es wäre sonst $\sqrt{2} = 2$ bzw. $2\pi = 8$.)

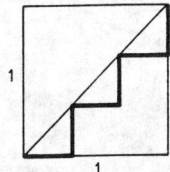 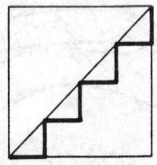 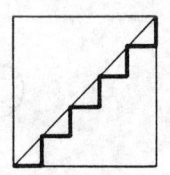

USW.

1

1

Fig. 2

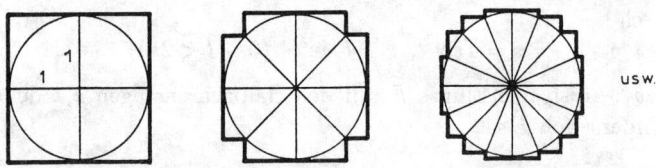

Fig. 3

(6) Volumenberechnung im Sinne des Prinzips von Cavalieri (vgl. VI.1 (4) und (5)): Es sei ein Körper gegeben, ferner eine Zahlengerade, so daß die zur Zahlengerade orthogonale Ebene an der Stelle x den Körper in einer Fläche vom Inhalt $F(x)$ schneidet. Ferner sei ein Intervall $[a; b]$ gegeben, so daß $F(x) = 0$ für $x \notin [a; b]$, und die Funktion F sei stetig. Mit $V(x)$ bezeichnen wir das Volumen des Teilkörpers zwischen den Stellen a und x. Dann gilt

$$\mathrm{d}V(x) = F(x)\,\mathrm{d}x, \quad \text{also} \quad V(x) = \int_a^x F(t)\,\mathrm{d}t \ .$$

Das Volumen des Körpers ist also

$$V(b) = \int_a^b F(x)\,\mathrm{d}x \ .$$

(7) Beispiel: Es soll das Volumen V eines allgemeinen Kegels mit dem Grundflächeninhalt G und der Höhe h berechnet werden (Fig. 4). Es gilt $F(x) = G \cdot (\frac{x-h}{h})^2$, also

$$V = \int_0^h G \cdot (\frac{x-h}{h})^2\,\mathrm{d}x = \frac{G}{h^2} \int_0^h (x-h)^2\,\mathrm{d}x = \frac{G}{h^2} \cdot \frac{1}{3} h^3 = \frac{1}{3}Gh \ .$$

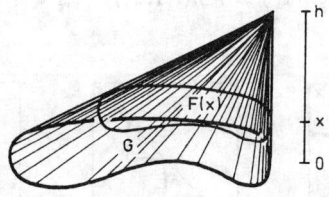

Fig. 4

(8) Bemerkung: Das Volumen einer Pyramide (spezieller Kegel) läßt sich nicht ohne infinitesimale Methoden bestimmen, insbesondere also nicht, wie etwa der Inhalt einer Dreiecksfläche, durch Zerschneiden. Lediglich bei der gleichseitigen Dreieckspyramide (Tetraeder) kann man einen Zerschneidungsbeweis für die Volumenformel finden, der letztlich aber auch wieder das Cavalierische Prinzip benötigt ([Hering 1989]).

(9) Beispiel: Das Volumen V eines Rotationskörpers soll berechnet werden. Diesen denke man sich durch Rotation eines Kurvenstücks um die x-Achse entstanden, wobei das Kurvenstück über dem Intervall $[a; b]$ als Graph einer stetigen Funktion f definiert sein soll. Aus (6) folgt dann mit $F(x) = \pi(f(x))^2$

$$V = \pi \int_a^b (f(x))^2 \, \mathrm{d}x.$$

(10) Beispiel: Das Volumen V des Torus mit den Daten aus Fig. 5 ist

$$V = 4\pi h \int_{-r}^r \sqrt{r^2 - h^2} \, \mathrm{d}x.$$

Die Substitution $x = r \sin r$ liefert $V = 2\pi^2 h r^2$ (vgl. VI.1 (7b)).

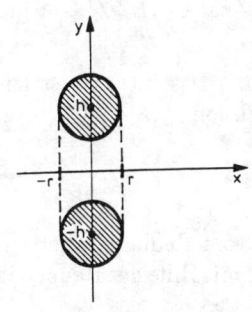

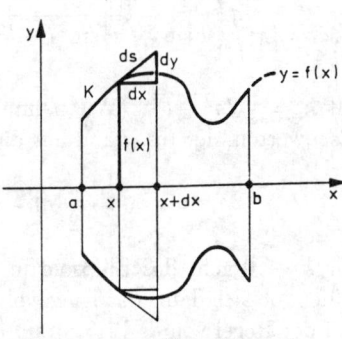

Fig. 5   Fig. 6

(11) Mantelflächeninhalt eines Rotationskörpers: Man zerlege den Körper in infinitesimale Kegelstümpfe (vgl. Fig. 6); deren Mantelflächen haben gemäß VI.1 (8a) den Inhalt

$$\mathrm{d}M = 2\pi f(x) \, \mathrm{d}s.$$

Mit

$$\mathrm{d}s = \sqrt{1 + (f'(x))^2} \, \mathrm{d}x$$

gilt also
$$\mathrm{d}M = 2\pi f(x)\,\sqrt{1+(f'(x))^2}\,\mathrm{d}x\ .$$
Also beträgt der Mantelflächeninhalt
$$M = 2\pi \int_a^b f(x)\sqrt{1+(f'(x))^2}\,\mathrm{d}x\ .$$

Ihre Bewährungsprobe besteht diese Formel an Zylinder, Kreiskegel und Kugel.

(12) Warnung: Bei der Berechnung des Rotationsvolumens kann man in Fig. 6 infinitesimale *Zylinder* betrachten; bei der Berechnung der Mantelfläche eines Rotationskörpers muß man jedoch infinitesimale *Kegelstümpfe* summieren, wie der Faktor $\sqrt{1+(f(x))^2}$ zeigt. Der Unterschied zwischen Volumendifferentialen von Zylindern und Kegelstümpfen ist als von „zu vernachlässigender Größenordnung", nicht aber der Unterschied zwischen den entsprechenden Mantelflächendifferentialen.

(13) Rotationsellipsoid: Das von der Ellipse aus (4b) bei Rotation um die x-Achse erzeugte Ellipsoid hat den Oberflächeninhalt

$$M = 4\pi \int_0^{\frac{\pi}{2}} b\sin t\sqrt{a^2\sin^2 t + b^2\cos^2 t}\,\mathrm{d}t = 4\pi ab\cdot\frac{1}{k}\int_0^k \sqrt{1-u^2}\,\mathrm{d}u$$

mit $k = \frac{1}{a}\sqrt{a^2-b^2}$. (Wir nehmen $a > b$ an.) Das Integral ist leicht auszuwerten, der Integrand hat die Stammfunktion

$$u \mapsto \frac{u}{2}\sqrt{1-u^2} - \frac{1}{2}\arccos u\ .$$

Für $k \to 0$ geht das Ellipsoid in eine Kugel vom Radius a über. Wir prüfen, ob sich dabei das Kugelvolumen ergibt, mit Hilfe des Hauptsatzes und der Regel von de l'Hospital:

$$\lim_{k\to 0}\frac{1}{k}\int_0^k \sqrt{1-u^2}\,\mathrm{d}u = \lim_{k\to 0}\frac{\sqrt{1-k^2}}{1} = 1\ .$$

Wegen $b = a\sqrt{1-k} \to a$ für $k \to 0$ ergibt sich in der Tat für den Inhalt der Kugelfläche $4\pi a^2$.

(14) Schwerpunkt einer Kurve: Wir denken uns ein Kurvenstück K (Fig. 7) homogen mit Masse belegt. Dann ist die Kurvenlänge l ein Maß für die Masse m, und die Kurvendifferentiale $\mathrm{d}s$ sind ein Maß für die

Massendifferentiale dm. Ist $S = (x_S; y_S)$ der gesuchte Schwerpunkt (der nicht auf der Kurve liegen muß!), dann sind die Drehmomente bezüglich der Koordinatenachsen (vgl. VI.1 (8 b))

$$x_S \cdot l = \int_0^l x \, \mathrm{d}s, \quad y_S \cdot l = \int_0^l y \, \mathrm{d}s.$$

Ist die Kurve mit den Voraussetzungen wie in (2) in Parameterdarstellung gegeben, dann ist

$$\int_0^l x \, \mathrm{d}s = \int_\alpha^\beta \varphi(t)\sqrt{(\varphi'(t))^2 + (\psi'(t))^2} \, \mathrm{d}t,$$

$$\int_0^l y \, \mathrm{d}s = \int_\alpha^\beta \psi(t)\sqrt{(\varphi'(t))^2 + (\psi'(t))^2} \, \mathrm{d}t.$$

Darin ist der Sonderfall, daß das Kurvenstück Teil des Graphen einer Funktion f ist, enthalten: $x = t$, $y = f(t)$, $t \in [a; b]$.

(15) **Beispiel:** Für den Schwerpunkt des Halbkreises mit dem Radius a in Fig. 8 ergibt sich

$$x_S = 0 \quad \text{und} \quad y_S = \frac{2a}{\pi}.$$

Damit erweist sich S als Schnittpunkt der Quadratrix mit der y-Achse (vgl. V.4 (3)).

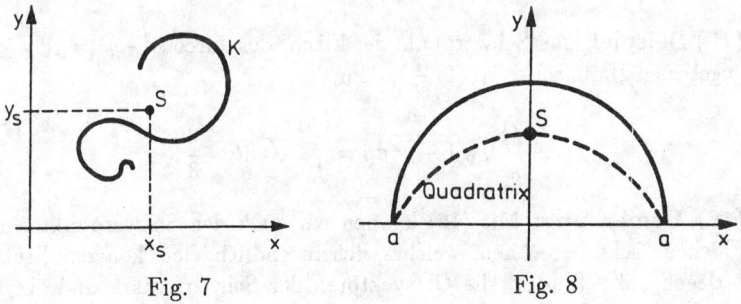

Fig. 7   Fig. 8

(16) **Schwerpunkt einer ebenen Fläche:** Wir denken uns ein ebenes Flächenstück F homogen mit Masse belegt. (Der Schwerpunkt muß nicht auf F liegen!) Das Flächendifferential dA ist ein Maß für das Massendifferential dm. Bezeichnen wir den Inhalt von F mit A_F, so gewinnen wir in Analogie zu (14)

$$x_S \cdot A_F = \int_F x \, dA, \qquad y_S \cdot A_F = \int_F y \, dA.$$

Die hier auftretenden Flächenintegrale können wir bei geeigneten konvexen Flächenstücken (Fig. 9) durch einfache Integrale ausdrücken. Es ergibt sich

$$x_S = \frac{1}{A_F} \int_a^b x(g(x) - f(x)) \, dx, \qquad y_S = \frac{1}{A_F} \int_c^d y(\psi(y) - \varphi(y)) \, dy.$$

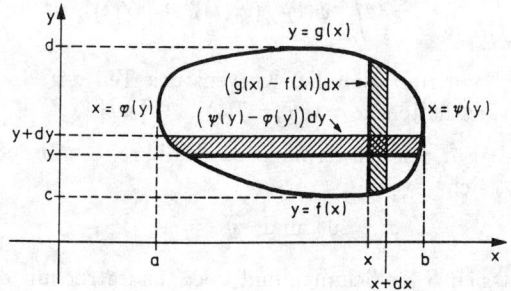

Fig. 9

(17) Beispiel: Der Schwerpunkt der Fläche des durch $x^2 + y^2 = 1$, $y \geq 0$ gegebenen Halbkreises ist $(0; \frac{4}{3\pi})$, denn

$$2 \int_0^1 y \sqrt{1 - y^2} \, dy = \int_0^1 \sqrt{t} \, dt = \frac{2}{3}.$$

(18) Bemerkung: Mit (16) können wir auch den Schwerpunkt eines Flächenstücks berechnen, welches sich in endlich viele konvexe Stücke zerlegen läßt: Sind $\vec{x}_i$ die Ortsvektoren der Schwerpunkte und A_i die Inhalte der Teilflächen ($i = 1, \ldots, n$), ist ferner $A := \sum A_i$, dann ist der Ortsvektor des Schwerpunkts

$$\frac{1}{A} \sum_{i=1}^n A_i \vec{x}_i.$$

VI.7 Uneigentliche Integrale

Obwohl mit dem uneigentlichen Integral wegen der Unbeschränktheit des Integranden oder des Integrationsintervalls der Begriff des Riemannschen Integrals erweitert wird, ist es fraglich, ob von einem neuen Integralbegriff gesprochen werden sollte. Denn der Begriff des uneigentlichen Integrals konstituiert sich in unproblematischer Weise aus den Begriffen des Riemann-Integrals und des Funktionsgrenzwerts. Daher sehen wir keinen Grund, auf die Untersuchung uneigentlicher Integrale im Schulunterricht zu verzichten, zumal in diesem Zusammenhang interessante Problemstellungen auftreten. Da der Integralbegriff ohne Rückgriff auf den Funktionsgrenzwertbegriff formulierbar ist, ergibt sich bei der Untersuchung uneigentlicher Integrale einerseits die Möglichkeit, den Funktionsgrenzwertbegriff wieder aufzugreifen und zu festigen, andererseits kann man ihn an dieser Stelle *problemorientiert* einführen, und zwar für die *beiden Fälle* $\lim_{x \to a} f(x)$ und $\lim_{x \to \pm\infty} f(x)$.

Bei der analytischen Definition des Bogenmaßes tritt das uneigentliche Integral

$$\int_0^1 \frac{1}{\sqrt{1-t^2}}\,\mathrm{d}t := \lim_{\varepsilon \to 0+} \int_0^{1-\varepsilon} \frac{1}{\sqrt{1-t^2}}\,\mathrm{d}t$$

auf. Wegen der inhaltlichen Bedeutung als Bogenlänge $\frac{\pi}{2}$ des Viertelkreises wird hier kaum die Frage nach der Existenz des Grenzwerts gestellt werden. Anders ist es im folgenden Beispiel.

(1) Beispiel: In der Wahrscheinlichkeitsrechnung benötigt man im Zusammenhang mit der Standardnormalverteilung (Fig. 1) die Aussage

$$\int_{-\infty}^{\infty} \exp(-\frac{1}{2}x^2)\,\mathrm{d}x = \sqrt{2\pi}\,.$$

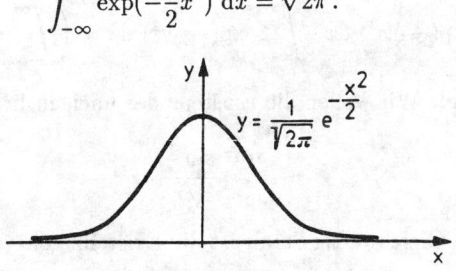

Fig. 1

Die Konvergenz erkennt man z. B. daran, daß der Integrand für $|x| \geq 2$ durch $\exp(-x)$ abgeschätzt werden kann. Nun können wir das betrachtete Integral nicht elementar auswerten (der Integrand ist keine elementare Funktion), wir können aber leicht — und darin besteht hier der Trick — das vom Integranden erzeugte Rotationsvolumen berechnen. Um dies in der üblichen Form zu tun (Rotation eines Kurvenstücks um die x-Achse), betrachten wir die Umkehrfunktion des Integranden für $x \geq 0$, also die Funktion

$$x \mapsto \sqrt{-2 \ln x} \quad \text{für } 0 < x \leq 1 \, .$$

Das gesuchte Rotationsvolumen ist

$$V = \lim_{\varepsilon \to 0^+} \pi \int_\varepsilon^1 (-2 \ln x) \, \mathrm{d}x = 2\pi \cdot \lim_{\varepsilon \to 0^+} (1 + \varepsilon \ln \varepsilon - \varepsilon) \, .$$

Wegen

$$\lim_{\varepsilon \to 0^+} \varepsilon \ln \varepsilon = 0$$

ergibt sich

$$V = 2\pi \, .$$

Nun betrachten wir wieder den Körper, der durch Rotation des Integranden um die y-Achse entsteht, um V auf eine zweite Art zu berechnen. Eine Scheibe der Dicke Δx, parallel zur z-Achse im Abstand x herausgeschnitten, hat näherungsweise das Volumen

$$\exp(-\frac{1}{2}x^2)\Delta x \cdot \int_{-\infty}^{\infty} \exp(-\frac{1}{2}y^2) \, \mathrm{d}y \, ;$$

der gesamte Körper hat also das Volumen

$$V = \int_{-\infty}^{\infty} \exp(-\frac{1}{2}x^2) \, \mathrm{d}x \cdot \int_{-\infty}^{\infty} \exp(-\frac{1}{2}y^2) \, \mathrm{d}y = \left(\int_{-\infty}^{\infty} \exp(-\frac{1}{2}x^2) \, \mathrm{d}x \right)^2 .$$

(2) **Beispiel:** Wir wollen die Existenz des uneigentlichen Integrals

$$\int_0^{\frac{1}{2\pi}} \frac{\sin \frac{1}{x}}{\sqrt{x}} \, \mathrm{d}x$$

nachweisen. Gleichwertig damit ist die Existenz von

$$\int_{2\pi}^{\infty} \frac{\sin u}{u\sqrt{u}} \, \mathrm{d}u \, ,$$

wie die Substitution $u = \frac{1}{x}$ zeigt. Diese ergibt sich folgendermaßen: Für $k \in \mathbb{N}^*$ ist

$$0 < \int_{k\cdot 2\pi}^{(k+1)\cdot 2\pi} \frac{\sin u}{u\sqrt{u}}\, du = \int_{k\cdot 2\pi}^{k\cdot 2\pi + \pi} \frac{\sin u}{u\sqrt{u}}\, du + \int_{k\cdot 2\pi + \pi}^{k\cdot 2\pi + 2\pi} \frac{\sin u}{u\sqrt{u}}\, du$$

$$< \frac{\pi}{2\pi k\sqrt{2\pi k}} - \frac{2}{2\pi(k+1)\sqrt{2\pi(k+1)}}$$

$$\leq \frac{1}{\pi\sqrt{2\pi}}\left(\frac{1}{k\sqrt{k}} - \frac{1}{(k+1)\sqrt{k+1}}\right),$$

und für $N \in \mathbb{N}^* \setminus \{1\}$ folgt daraus

$$\int_{2\pi}^{N\cdot 2\pi} \frac{\sin u}{u\sqrt{u}}\, du = \sum_{k=1}^{N-1} \int_{k\cdot 2\pi}^{(k+1)\cdot 2\pi} \frac{\sin u}{u\sqrt{u}}\, du$$

$$\leq \frac{1}{\pi\sqrt{2\pi}} \sum_{k=1}^{N-1}\left(\frac{1}{k\sqrt{k}} - \frac{1}{(k+1)\sqrt{k+1}}\right) = \frac{1}{\pi\sqrt{2\pi}}\left(1 - \frac{1}{N\sqrt{N}}\right).$$

In der Physik läßt sich der Begriff des uneigentlichen Integrals kaum umgehen.

(3) **Beispiel** („Schuß ins Weltall", Fig. 2): Für die Gravitationskraft gilt

$$F(r) = -f\frac{mM}{r^2}$$

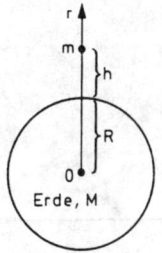

Fig. 2

($f = 6,68 \cdot 10^{-11}\text{Nm}^2\text{kg}^{-2}$, Gravitationsladungen m, M), und für die bis zur Höhe h zu verrichtende Arbeit gilt

$$W(h) = f \int_R^{R+h} \frac{mM}{r^2}\, dr = fmM\left(\frac{1}{R} - \frac{1}{R+h}\right).$$

Soll das Geschoß nicht wiederkehren, so ist die zu verrichtende Arbeit

$$\lim_{h\to\infty} W(h) = \frac{fmM}{R}.$$

Die notwendige Anfangsgeschwindigkeit v_0 ergibt sich aus der Energie-gleichung

$$\frac{m}{2}v_0^2 = \frac{fmM}{R} = mgR$$

(g Erdbeschleunigung) zu

$$v_0 = \sqrt{2gR} \approx 11,2 \text{ km s}^{-1}.$$

(4) **Gammafunktion:** Im Zusammenhang mit kombinatorischen Problemen tritt $n!$ auf, und da auch Schülern zunehmend Formelmanipulationssysteme bzw. Computeralgebrasysteme zur Verfügung stehen, bleibt es nicht aus, daß über den integrierten Funktionenplotter der Graph von $n!$ dargestellt wird. Die Verblüffung ist dann groß, daß $x!$ nicht nur für $x \in \mathbb{N}$, sondern offenbar für alle $x \in \mathbb{R} \setminus \{-1, -2, -3, \ldots\}$ erklärbar ist (Fig. 3). Man kann somit im Schulunterricht zumindest eine Plausibilitätsbetrachtung der Gammafunktion Γ durchführen, deren Schritte im folgenden skizziert seien.

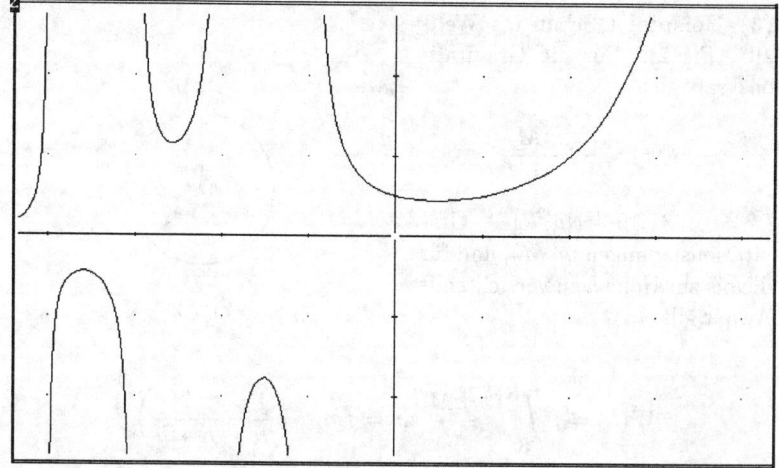

Fig. 3

Zunächst ist Γ für $x > 0$ durch

$$\Gamma : x \mapsto \int_0^\infty t^{x-1} \exp(-t)\, dt$$

definiert. Das Integral ist uneigentlich wegen des unbeschränkten Integrationsintervalls, für $x < 1$ darüber hinaus noch wegen der Unbeschränktheit des Integranden. Ob hier also wirklich eine Funktion auf $\mathbb{R}^+$ definiert ist, hängt somit von der Existenz des uneigentlichen Integrals ab. Diese ergibt sich mit einem Majorantenkriterium, wobei im folgenden der Integrand mit $f(t)$ bezeichnet sei (es gilt stets $f(t) > 0$):
Für $x = 1$ ist die Existenz des Integrals trivial, und es ist $\Gamma(1) = 1$. Es sei nun $x \in \mathbb{R}^+ \setminus \{1\}$. Mit

$$I_1 := \int_\varepsilon^1 f(t)\, dt \quad \text{und} \quad I_2 := \int_1^b f(t)\, dt \quad (\varepsilon > 0, b > 1)$$

würde aus der Existenz von $\lim_{\varepsilon \to 0^+} I_1$ und von $\lim_{b \to \infty} I_2$ die Existenz von

$$\int_0^\infty f(t)\, dt$$

folgen. Wegen $e^{-t} < 1$ für $0 < t < 1$ folgt die Existenz von $\lim_{\varepsilon \to 0^+} I_1$ aus

$$0 < I_1 < \int_\varepsilon^1 t^{x-1}\, dt = \frac{1}{x}(1 - \varepsilon^x) \xrightarrow{\varepsilon \to 0^+} \frac{1}{x}\,.$$

Wegen der Existenz eines $a \in \mathbb{R}^+$ mit $t^{x-1} \le e^{\frac{t}{2}}$ für $t \ge a$ (Wachstumseigenschaft der Exponentialfunktion) ergibt sich die Existenz von $\lim_{b \to \infty} I_2$ aus

$$0 < I_2 \le \int_1^a f(t)\, dt + \int_a^b e^{-\frac{t}{2}}\, dt \xrightarrow{b \to \infty} \int_1^a f(t)\, dt + 2e^{-\frac{a}{2}}\,.$$

Somit ist $\Gamma(x)$ für alle $x \in \mathbb{R}^+$ erklärt. Durch partielle Integration erhält man nun $\Gamma(x) = (x-1)\Gamma(x-1)$ für $x > 1$, was durch Koordinatentransformation auf

$$\Gamma(x + 1) = x\Gamma(x) \quad (x \in \mathbb{R}^+),$$

die *Funktionalgleichung der Gammafunktion*, führt. Da nun auch $n! = n \cdot (n-1)!$ für $n \in \mathbb{N}^*$ mit $0! = 1$ gilt, *interpoliert* die Gammafunktion die Fakultätenfunktion:

$$\Gamma(n) = (n-1)!$$

Schließlich kann man $\Gamma(x)$ auch für $x \in \mathbb{R}^- \setminus \{-1, -2, -3, \ldots\}$ erklären, indem man die Funktionalgleichung verwendet: Für $x > 1$ gilt $\Gamma(x-1) = \frac{\Gamma(x)}{x-1}$. Die rechte Seite dieser Gleichung ist auch für $0 < x < 1$ definiert, was zu

$$\Gamma(x) := \frac{\Gamma(x+1)}{x} \quad \text{für } x \in]-1; 0[$$

führt, und das läßt sich iterativ für

$$x \in \,]-2; -1[, \ x \in \,]-3; -2[, \ \ldots$$

fortsetzen. Der Graph der Gammafunktion entsteht durch Verschieben des Graphen aus Fig. 3 um eine Einheit nach rechts.

Die Gammafunktion (auch *Eulersches Integral zweiter Art*) verdanken wir gemeinsam mit der sog. *Betafunktion B* (auch *Eulersches Integral erster Art*) Leonhard Euler, der in seinem dreibändigen Werk „Institutiones calculi integralis" (Petersburg, 1768–1770) u. a. die Theorie dieser Funktionen entwickelt ([Boyer 1968]). Die Betafunktion ist durch

$$B(m,n) := \int_0^1 t^{m-1}(1-t)^{n-1}\, dt$$

definiert und mit Γ durch

$$B(m,n) = \frac{\Gamma(m)\Gamma(n)}{\Gamma(m+n)}$$

verknüpft. Zwar hatte Wallis einige Eigenschaften dieser Integralfunktionen schon vorweggenommen, aber erst durch Eulers systematische Darstellung erlangten sie ihre bedeutende Stellung in der Höheren Analysis und in der Angewandten Mathematik.

(5) Konvergenz von Reihen: Ist f eine für $x \geq 1$ definierte streng monoton fallende Funktion, dann gilt

$$\sum_{i=2}^{n} f(i) < \int_1^n f(x)\, dx < \sum_{i=1}^{n-1} f(i) < f(1) + \int_1^{n-1} f(x)\, dx.$$

Die Existenzen von

$$\sum_{i=1}^{\infty} f(i) \quad \text{und} \quad \int_1^{\infty} f(x)\, dx$$

bedingen sich also gegenseitig. Stets gilt für $n \in \mathbb{N}^*$

$$0 < \sum_{i=1}^{n} f(i) - \int_{1}^{n} f(x) \, dx < f(1).$$

Damit sind wir in der Lage, über die Existenz von $\lim \Sigma \langle \frac{1}{n^\alpha} \rangle$ zu entscheiden. Insbesondere ergibt sich wieder die Divergenz der harmonischen Reihe, jetzt aber in der präziseren Form

$$\sum_{i=1}^{n} \frac{1}{i} = \ln n + \varrho(n) \quad \text{mit } 0 < \varrho(n) < 1.$$

(Die Folge $\langle \varrho(n) \rangle$ konvergiert gegen die *Euler-Mascheroni-Konstante* $C = 0,577215664901532\ldots$, von welcher bis heute noch nicht bekannt ist, ob sie rational oder irrational ist.) Die Reihe

$$\Sigma \left\langle \frac{1}{n \cdot (\ln n)^\alpha} \right\rangle_{n \geq 2}$$

mit $\alpha > 1$ scheint sich nur wenig von der harmonischen Reihe (ohne den Summand 1) zu unterscheiden. Trotzdem ist sie konvergent, denn für $n > 2$ ist

$$\int_{2}^{n} \frac{1}{x \cdot (\ln x)^\alpha} \, dx = \int_{\ln 2}^{\ln n} \frac{1}{u^\alpha} \, du = \frac{1}{\alpha - 1} \left(\frac{1}{(\ln 2)^{\alpha-1}} - \frac{1}{(\ln n)^{\alpha-1}} \right).$$

(6) Bemerkung: Aus (5) ergibt sich insbesondere die Konvergenz von $\Sigma \langle \frac{1}{k^2} \rangle$. Wir haben schon mehrfach darauf hingewiesen, daß der Wert dieser Reihe $\frac{\pi^2}{6}$ beträgt. Ein elementarer (wenn auch nicht „einfacher") Beweis dieser Behauptung ergibt sich folgendermaßen: Wegen

$$\frac{1}{k^2} = \frac{(-1)^k}{2\pi} \int_{0}^{\pi} x^2 \cos kx \, dx$$

für $k \in \mathbb{N}^*$ ist es naheliegend, mit der (mühelos induktiv zu beweisenden) Formel

$$\frac{1}{2} + \sum_{k=1}^{n} \cos kx = \frac{\sin \left(n + \frac{1}{2} \right) x}{2 \sin \frac{x}{2}}$$

phantasievoll zu experimentieren. Mit

$$F_n(x) := \frac{n+1}{2} + \sum_{k=1}^{n} (n + 1 - k) \cos kx$$

erhält man

$$\int_0^\pi x^2 F_n(x)\, \mathrm{d}x = \frac{n+1}{6}\pi^3 + 2\pi \sum_{k=1}^{n}(n+1-k)\frac{(-1)^k}{k^2}\,.$$

Mit Hilfe der weiteren Formel

$$\sum_{k=0}^{n}\sin(2k+1)x = \frac{\sin^2(n+1)x}{\sin x}$$

gewinnt man durch Anordnen in Dreiecksgestalt

$$F_n(x) = \sum_{k=0}^{n}\left(\frac{1}{2}+\sum_{j=1}^{k}\cos jx\right) = \sum_{k=0}^{n}\frac{\sin\left(k+\frac{1}{2}\right)x}{2\sin\frac{x}{2}} = \frac{1}{2}\left(\frac{\sin((n+1)\frac{x}{2})}{\sin\frac{x}{2}}\right)^2\,.$$

Dann ist

$$\int_0^\pi x^2 F_n(x)\, \mathrm{d}x = \frac{1}{2}\int_0^\pi x^2\left(\frac{\sin((n+1)\frac{x}{2})}{\sin\frac{x}{2}}\right)^2\, \mathrm{d}x\,.$$

Aus den beiden Darstellungen des Integrals ergibt sich die Identität

$$\frac{\pi^2}{12}-\sum_{k=1}^{n}\frac{(-1)^{k+1}}{k^2} = \frac{1}{n+1}\left(\frac{1}{2\pi}\int_0^{\frac{\pi}{2}}\frac{x^2\sin^2(n+1)x}{\sin^2 x}\,\mathrm{d}x - \sum_{k=1}^{n}\frac{(-1)^{k+1}}{k}\right)$$

und hieraus für $n\to\infty$

$$\sum_{k=1}^{\infty}\frac{(-1)^{k+1}}{k^2} = \frac{\pi^2}{12}\,.$$

Wegen

$$\sum_{k=1}^{\infty}\frac{(-1)^{k+1}}{k^2}+2\sum_{k=1}^{\infty}\frac{1}{(2k)^2} = \sum_{k=1}^{\infty}\frac{1}{k^2}$$

erhält man daraus

$$\sum_{k=1}^{\infty}\frac{1}{k^2} = \frac{\pi^2}{6}\,.$$

VI. 8 Numerische Integration

Die Geschichte der Integralrechnung ist eng mit Quadraturproblemen verknüpft, die bereits in der Antike auftraten (vgl. VI.1). Hierzu gehören im weiteren Sinne auch Probleme der Volumenberechnung, mit denen sich später insbesondere Johannes Kepler (1571–1630) befaßte, indem er in bis dahin nicht gekannter Freizügigkeit mit „infinitesimalen" Größen umging (vgl. III.1 (6)).

Im Jahre 1615 publizierte Kepler in Linz das Werk *Nova stereometria doliorum vinariorum*, welches eine faszinierende Sammlung infinitesimaler Methoden zur Volumenberechnung von Rotationskörpern enthielt ([Baron 1969]). Der Titel besagt, daß es um eine „Neue Raummessung von Weinfässern" geht, das Werk ist also *anwendungsorientiert*, und in der Tat war es als Handbuch für Küfer gedacht, damit diese das Volumen von Weinfässern genauer bestimmen konnten, ohne jene immer erst mit Wasser füllen und dann wieder in Meßgefäße entleeren zu müssen. So ist es nicht verwunderlich, daß bereits ein Jahr später eine sehr populäre deutsche Übersetzung dieses Handbuchs erschien, und [Baron 1969] vermerkt hierzu, daß darin der Beginn einer deutschsprachigen mathematischen Terminologie zu sehen sei. Auf dieses Werk geht die *Keplersche Faßregel* zurück, welche die *Kernidee* der numerischen Integration enthält und welche einen Spezialfall der wichtigen *Simpson-Formel* darstellt (s. u.).

Methoden der numerischen Integration („Quadraturverfahren") sind aus heutiger Sicht aus zwei Gründen erforderlich:

1. Stammfunktionen elementarer Funktionen sind nicht stets elementar (vgl. VI.5), elementare Funktionen sind also nicht stets „geschlossen integrierbar", und man ist zur Problemlösung auf Näherungsverfahren angewiesen. Alle diese Verfahren laufen im Prinzip darauf hinaus, die gegebene Funktion durch eine geschlossen integrierbare zu ersetzen, und zwar in der Regel so, daß sie mittels vorgegebener Stützstellen *interpoliert* wird (meistens abschnittsweise durch Polynomfunktionen).

2. In Anwendungssituationen liegen vielfach die zu integrierenden Funktionen noch nicht einmal analytisch vor, d. h., sie sind nicht mit Hilfe von Funktionstermen gegeben, sondern ihre Funktionswerte sind nur an diskreten Stützstellen bekannt — die Funktionen sind also in Form einer *Tabelle* gegeben. Die tabellarischen Werte werden dann ebenfalls in geeigneter Weise interpoliert.

Es ist zwar von „reinen" Standpunkt aus faszinierend, bestimmte
Flächeninhalte oder Volumina von Rotationskörpern durch *analytische
Verfahren* exakt bestimmen zu können, jedoch sind diese in Anwendungs-
situationen meist nicht ohne weiteres zu gebrauchen, und man sollte auch
Schülern *numerische Verfahren* im Rahmen eines beziehungshaltigen Un-
terrichts nicht vorenthalten.

Beginnen wir also mit

(1) Keplers Faßregel: Der
Erfolg dieser Methode bestand
darin, daß die Küfer lediglich
vier Werte ermitteln mußten,
um das Faßvolumen auszu-
rechnen, und zwar die Faßhöhe
H, die Bodenfläche B, die
Deckfläche D und die maximale Querschnittsfläche M,
die wir in der Mitte annehmen
(Fig. 1). Für das angenäherte
Volumen V_K gilt dann nach
Kepler:

$$V_K = \frac{H}{6} \cdot (B + 4M + D)$$

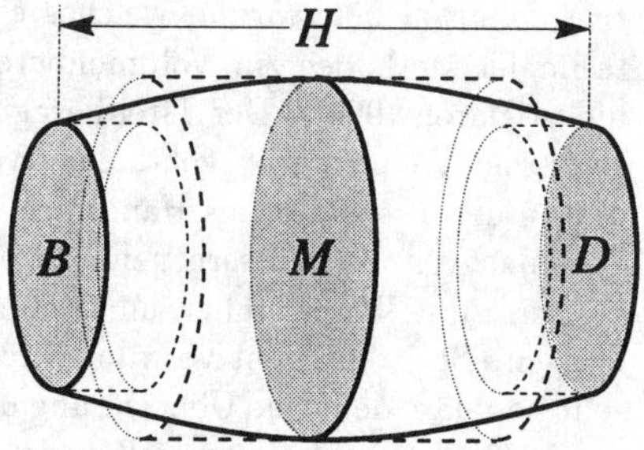

Fig. 1

Zur Veranschaulichung der Faßregel wählen wir gemäß Fig. 1 die folgende

(2) Interpretation: Daß Faß wird durch eine Kombination aus zwei
einbeschriebenen und einem umbeschriebenen Zylinder approximiert, das
Faßvolumen ist also das „gewichtete Mittel" aus den Volumina dieser drei
Zylinder.

Wir testen die Faßregel und stellen uns ein Faß als Rotationskörper
vor, entstanden durch Rotation eines Kreisbogens. In VI.6 (9) sei daher

$$f(x) := \sqrt{r^2 - x^2} - c$$

über dem Intervall $[a; b]$. Beispielsweise für $r = 10$, $c = 8$ sowie
$a = -3$, $b = 3$ errechnen wir mit der Faßregel ein Volumen, daß nur
0,08% unter dem mittels VI.6 (9) errechneten liegt!

Um diese hohe Genauigkeit verstehen zu können, approximieren wir das Faß zunächst durch zwei aneinandergrenzende Kegelstümpfe. Für einen Kegelstumpf mit der Höhe h, dem Radius r der Deckfläche und dem Radius R der Bodenfläche errechnen wir das Volumen

$$\frac{h}{3} \cdot \pi \cdot (r^2 + rR + R^2).$$

Es sei nun f diejenige Funktion, deren Graph bei Rotation um die x-Achse in den Grenzen von a bis b das gebene „Faß" erzeugt, und durch die Funktion $\tilde{f}$ entstehe entsprechend ein aus zwei Kegelstümpfen aufgebauter Approximationskörper; $\tilde{f}$ ist also abschnittsweise affin. Die beiden Kegelstümpfe müssen nicht kongruent sein, sie sollen jedoch die gleiche Höhe h $(= \frac{b-a}{2})$ haben und in kongruenten Bodenflächen aneinanderstoßen. Mit $H = 2h = b - a$ erhalten wir für das Volumen $\tilde{V}$ dieses Rotationskörpers:

$$\tilde{V} = \frac{H}{6} \cdot \pi \cdot \left[(\tilde{f}(a))^2 + \tilde{f}(a) \cdot \tilde{f}(\frac{a+b}{2}) + (\tilde{f}(\frac{a+b}{2}))^2 \right.$$

$$\left. + (\tilde{f}(\frac{a+b}{2}))^2 + \tilde{f}(\frac{a+b}{2}) \cdot \tilde{f}(b) + (\tilde{f}(b))^2 \right]$$

$$= \frac{\pi H}{6} \left[(\tilde{f}(a))^2 + \tilde{f}(\frac{a+b}{2}) \cdot \left(\tilde{f}(a) + 2 \cdot \tilde{f}(\frac{a+b}{2}) + \tilde{f}(b) \right) + \tilde{f}(b))^2 \right]$$

Würde man hier in der mittleren Summe $\tilde{f}(a)$ und $\tilde{f}(b)$ jeweils durch $\tilde{f}(\frac{a+b}{2})$ ersetzen, so erhielte man exakt den Term der Keplerschen Faßregel, und dieser Wert wäre bei konvexer Funktion f etwas größer als das Volumen der beiden Kegelstümpfe. Insofern gewinnt die Keplersche Faßregel an Plausibilität.

Weiterhin gelangen wir durch Nachrechnen zu folgender überraschender

(3) Feststellung: Wird das Faß vom Graphen einer Funktion f erzeugt, für die $f(x) = \sqrt{p(x)}$ gilt, wobei $p(x)$ ein Polynom höchstens dritten Grades ist, so liefert die Keplersche Faßregel stets den exakten Wert für das Volumen.

Und auch mit Hilfe solcher Funktionen lassen sich Fässer modellieren, beispielsweise mit

$$f(x) = \frac{1}{5}\sqrt{2x^3 - 10x^2 + 7x} \qquad 0,17 \leq x \leq 0,64.$$

Überträgt man die Kep-
lersche Faßregel sinngemäß
auf den zweidimensionalen
Fall der Flächenberechnung
(Fig. 2), so ergibt sich die

(4) Simpson-Formel: Ist
f eine ganzrationale Funktion höchstens dritten Grades, so gilt für beliebige
$a, b \in \mathbb{R}$:

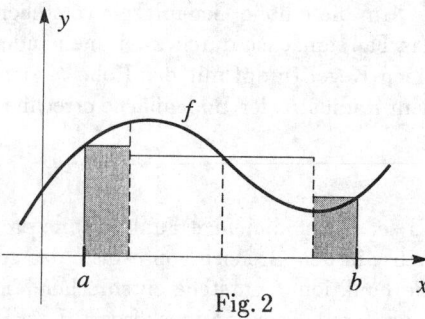

Fig. 2

$$\int_a^b f(x)\,\mathrm{d}x = \frac{b-a}{6}[f(a) + 4f(\frac{a+b}{2}) + f(b)]$$

Diese wichtige Integrationsformel trägt den Namen des genialen Thomas Simpson (1716–1761). Er publizierte sie 1743 in seiner Arbeit *Mathematical Dissertations on Physical and Analytical Subjects*, bei der es um näherungsweise Flächenberechnung mit Hilfe von Parabelbögen ging. James Gregory hatte dieses Ergebnis in ähnlicher Form bereits 1668 in seinen *Exercitiationes geometricae* vorweggenommen ([Boyer 1968]), und eigentlich geht dieses Verfahren ja bereits auf Kepler zurück.

(5) Bemerkung: Die Simpson-Formel liefert bei ganzrationalen Funktionen höchstens dritten Grades die exakten Integralwerte (vgl. (3)). Wendet man sie jedoch auf ganzrationale Funktionen höheren Grades oder auf noch kompliziertere Funktionen an, so wird sie unbrauchbar, weil erhebliche Abweichungen vom exakten Integral entstehen können. Ist $f(x)$ ein Polynom 4. Grades mit dem Leitkoeffizienten a_4, so errechnen wir leicht den Fehler

$$\frac{a_4(b-a)^5}{120},$$

der bei Verwendung der Simpsonformel entstehen würde. Interpoliert man aber f an den Stützstellen $a, \frac{a+b}{2}$ und b durch eine quadratische Funktion q, so stimmt das Integral von q über $[a; b]$ mit dem Wert der Simpsonformel überein.

Die geniale Idee besteht nun darin, das Integrationsintervall $[a; b]$ so in Teilintervalle einzuteilen, daß der Graph von f in jedem dieser Teilintervalle durch eine Parabel zweiten Grades approximiert wird, daß also f stückweise durch quadratische Funktionen interpoliert wird. Bei äquidistanter Einteilung in Intervalle der Breite $\frac{b-a}{n}$ erhalten wir die

(6) Große Simpsonformel: Ist f eine „hinreichend anständige" Funktion auf $[a; b]$, so gilt mit $n \in \mathbb{N}^*$ und $h := \frac{b-a}{n}$:

$$\int_a^b f(x)\,\mathrm{d}x \approx \frac{b-a}{6n} \cdot \Big[f(a) + 4f(a + \frac{1}{2}h) + 2f(a + \frac{2}{2}h)$$
$$+ 4f(a + \frac{3}{2}a) + 2f(a + \frac{4}{2}h) + \ldots$$
$$\ldots + 2f(a + \frac{2n-2}{2}h) + 4f(a + \frac{2n-1}{2}h) + f(b) \Big]$$

Hierbei sind sowohl das „hinreichend anständig" als auch das „$\approx$" zu präzisieren, wobei wir auf Lehrbücher der Analysis oder der numerischen Mathematik verweisen müssen und uns hier auf die Mitteilung beschränken, daß f auf $[a; b]$ als viermal stetig differenzierbar vorausgesetzt wird und dann der Fehler durch

$$\frac{(b-a)^5}{2880n^5} \cdot \max_{[a;b]} |f^{(4)}(x)|$$

nach oben abgeschätzt werden kann.

Nun ist die rechte Seite der Großen Simpsonformel nur eine spezielle Riemannsche Summe (vgl. VI.3) mit

$$x_0 = a = \xi_1 \;<\; x_1 = a + \frac{1}{6}h < \xi_2 = a + \frac{3}{6}h$$
$$<\; x_2 = a + \frac{5}{6}h < \xi_3 = a + \frac{6}{6}h < \ldots \;.$$

Geht man nun vereinfachend zu äquidistanter Teilung über, so erhält man die

(7) Rechteckformeln: Mit $h := \frac{b-a}{n}$ sei

$$L_n := h \cdot \sum_{i=0}^{n-1} f(a + ih) \quad \text{und} \quad R_n := h \cdot \sum_{i=1}^{n} f(a + ih) \,.$$

Diese Rechtecksummen approximieren das Integral von f über $[a; b]$. Der Fehler wird jeweils durch

$$\frac{(b-a)^2}{2n} \cdot \max_{[a;b]} |f'(x)|$$

nach oben abgeschätzt.

(8) **Sehnentrapezformel:** Bildet man anstelle der Rechtecksummen Summen von Trapezen jeweils der Breite $h := \frac{b-a}{n}$, also

$$S_n := \frac{h}{2}[f(a) + 2f(a+h) + 2f(a+2h) + \ldots + 2f(a+(n-1)h) + f(b)],$$

dann gilt

$$S_n = \frac{1}{2}(L_n + R_n).$$

Der Fehler von S_n gegenüber dem Integral wird durch

$$\frac{(b-a)^3}{12n^2} \cdot \max_{[a;b]} |f''(x)|$$

nach oben abgeschätzt.

(9) **Tangententrapezformel:** Bildet man die Rechtecksumme in (7) nicht an den Intervallrändern, sondern jeweils in der Intervallmitte, so kann man diese Rechtecke auch durch Tangententrapeze ersetzen. Bildet man mit $h := \frac{b-a}{n}$ die Summe

$$T_n := h \cdot \sum_{i=0}^{n-1} f(a + (i + \frac{1}{2})h),$$

dann wird der Fehler von T_n gegenüber dem Integral durch

$$\frac{(b-a)^3}{24n^2} \cdot \max_{[a;b]} |f''(x)|$$

nach oben abgeschätzt.

(10) **Zusammenhang mit der Simpsonformel:** Bezeichnen wir die Summe aus (6) in Anlehnung an „Kepler" mit K_n, so gilt:

$$K_{2n} = \frac{1}{3}(S_n + 2T_n)$$

Die Große Simpsonformel ergibt sich damit als gewichtetes Mittel aus der Sehnentrapezformel und der Tangententrapezformel.

VI.9 Differentialgleichungen

In Anwendungsbereichen der Analysis stößt man immer wieder auf Situationen, in denen das Änderungsverhalten einer Funktion durch eine Gleichung zwischen den Funktionswerten und den Werten ihrer Ableitung — also durch eine Differentialgleichung — festgelegt ist. Die häufigsten und zugleich einfachsten Fälle, die wir im folgenden in (1) bis (4) angeben, sind einer unterrichtlichen Behandlung zugänglich, wie man aktuellen Schulbüchern entnehmen kann (vgl. etwa [van Briel / Neveling / Riemer 1985] oder [Griesel / Postel 1991]).

(1) Exponentielles Wachstum:

Ein ohmscher Widerstand R und ein induktiver Widerstand L seien parallel an eine konstante Spannungsquelle U_0 geschaltet. Die zeitabhängige Stromstärke I nach dem Ausschalten der Spannungsquelle wird dann in Abhängigkeit von der Zeit t durch folgende Differentialgleichung beschrieben:

$$L\dot{I} + RI = 0$$

Auf den gleichen Typ einer Differentialgleichung stößt man auch bei der Kondensatorentladung, beim radioaktiven Zerfall und beim Bevölkerungswachstum (vgl. aber (3)!).

(2) Begrenztes Wachstum:

Ein ohmscher Widerstand R und ein induktiver Widerstand L seien in Serie an eine konstante Spannungsquelle U_0 geschaltet. Die zeitabhängige Stromstärke I nach dem Einschalten der Spannungsquelle wird dann in Abhängigkeit von der Zeit t durch folgende Differentialgleichung beschrieben:

$$L\dot{I} + RI = U_0$$

Differentialgleichungen dieser Art beschreiben auch die Kondensatoraufladung, Abkühlungsvorgänge, Lösung von Substanzen in einem Lösungsmittel u. dgl.

(3) Logistisches Wachstum:

Eine Bakterienkultur wächst zunächst etwa proportional zu ihrem Bestand b, bei Annäherung an die durch die Versuchsanordnung gegebene Grenze G aber außerdem proportional zu $G - b$. Experimente legen den Ansatz $\dot{b} = kb(G - b)$ mit geeigneten Konstanten k, G nahe. Der Bestand b genügt also folgender Differentialgleichung:

$$\dot{b} - kGb + kb^2 = 0$$

Auch das Wachstum von Pflanzen kann durch solche Differentialgleichungen charakterisiert werden. Der freie Fall mit Luftwiderstand wird durch eine ähnlich lautende Gleichung beschrieben: Für die Geschwindigkeit v gilt mit gewissen physikalischen Konstanten a, b:

$$\dot{v} + av^2 = b$$

(4) Harmonische Schwingung:
Ein Kondensator der Kapazität C und eine Spule mit dem induktiven Widerstand L seien zu einem Schwingkreis zusammengeschaltet. Beim Entladen des Kondensators gilt für die an der Spule induzierte zeitabhängige Spannung U die folgende Differentialgleichung:

$$LC\ddot{U} + U = 0$$

Die vertikale Bewegung einer schwingenden Feder, an der die Masse m hängt, wird durch die Differentialgleichung

$$m\ddot{y} + Dy = 0$$

beschrieben, wobei D eine (positive) Federkonstante und y die zeitabhängige Elongation (Auslenkung aus der Ruhelage) ist. Räuber-und-Beute-Modelle führen ebenfalls auf Differentialgleichungen von diesem Typ.

Man wird es im Unterricht also durchaus mit den folgenden Typen von Differentialgleichungen zu tun haben ($a, b, c \in \mathbb{R}$):

$$
\begin{array}{lll}
\text{(I)} & y' + ay = 0 & \text{sowie} \quad y' + ay = c \\
\text{(II)} & y'' + ay' + by = 0 & \text{sowie} \quad y'' + ay' + by = c \\
\text{(III)} & y' + ay + by^2 = 0 & \text{sowie} \quad y' + ay + by^2 = c
\end{array}
$$

(5) Bemerkungen zu den Bezeichnungen: Eine (gewöhnliche) Differentialgleichung n-ter Ordnung ist eine Funktionalgleichung für eine Variable x und die $n + 1$ Funktionsterme $f(x), f'(x), f''(x), \ldots, f^{(n)}(x)$. In der Praxis ist es üblich und vor allem nützlich, $y^{(n)}$ statt $f^{(n)}(x)$ zu schreiben, so daß wir etwa die einprägsame Schreibweise $y' = k \cdot y$ statt $f'(x) = k \cdot f(x)$ erhalten. Hierbei sollte man aber nicht, wie vielfach üblich, y als *abhängige* und x als *unabhängige* Variable bezeichnen, weil das zu einem problematischen Variablenverständnis führen kann. Für Anfänger empfehlen wir auch nicht die (bei Physikern gängige und praktische) Schreibweise $y = y(x)$, um Funktionswert und Funktion begrifflich auseinanderzuhalten. Obige Schreibweise für eine Differentialgleichung bietet allerdings den Vorteil, diese so zu schreiben, daß sie — im wörtlichen Sinn — als eine *Gleichung für Differentiale* (vgl. V.9) erscheint. Schreiben wir etwa $\frac{dy}{dx} = y'$, so können wir das Beispiel sinnfällig in der Form $dy = ky \cdot dx$ darstellen, was dann sofort zu der *Integralgleichung* $\int dy = \int (k \cdot y) dx$ führt. Diese müssen wir eigentlich gemäß VI.4 (1) als eine Gleichheit zwischen Mengen von Stammfunktionen interpretieren — „einfacher", wenn auch formal weniger zufriedenstellend, als $y = k \int y \, dx$. Deutlicher wird der Zusammenhang in der funktionalen (und „sauberen") Schreibweise, also in diesem Beispiel durch $f \in \int (k \cdot f)$.

(6) **Historische Entwicklung:** Differentialgleichungen tauchten bei der Entwicklung der Analysis erstmals am Ende des 17. Jahrhunderts bei Leibniz, Johann Bernoulli und Jakob I Bernoulli auf. Die Differentialgleichung

$$y' + P(x)y = Q(x)y^n,$$

die schon von Leibniz und Johann Bernoulli gelöst worden war, reduzierte Jakob I Bernoulli mittels der Substitution $z = y^{1-n}$ auf eine lineare Differentialgleichung. Jacopo Riccati (1676–1754), der Newtons Arbeiten in Italien bekannt machte, untersuchte ausführlich die heute nach ihm benannte Gleichung

$$y' = A(x) + B(x)y + C(x)y^2.$$

Den Sonderfall $y' = x^2 + y^2$ hatte zuvor schon Jakob I Bernoulli behandelt. Euler wies darauf hin, daß bei Kenntnis einer partikulären Lösung $y_p := f(x)$ die „Riccati-Differentialgleichung" durch die Substitution $y = y_p + \frac{1}{z}$ in eine bezüglich z lineare Differentialgleichung umgewandelt werden kann, nämlich $z' + (B(x) + 2C(x)f(x))z + C(x) = 0$. Auf Euler gehen weitere wesentliche Methoden zur Lösung gewöhnlicher Differentialgleichungen zurück: die Verwendung *integrierender Faktoren*, die systematische *Lösung linearer Differentialgleichungen höherer Ordnung mit konstanten Koeffizienten*, ferner die Unterscheidung zwischen *partikulären* und *allgemeinen Lösungen*. Für die nach Euler benannte lineare Differentialgleichung

$$a_n x^n y^{(n)} + a_{n-1} x^{n-1} y^{(n-1)} + \ldots + a_1 xy' + a_0 y = F(x)$$

erhält er durch die uns vertraute Substitution $x = e^t$ eine lineare Differentialgleichung mit konstanten Koeffizienten. Alexis Claude Clairaut

(1713–1765) untersuchte u. a. die Gleichung

$$y = xy' + F(y').$$

Mit der *Substitution* $p = y'$ und anschließender Differentiation der Gleichung $y = xp + F(p)$ nach x erhält er eine Gleichung erster Ordnung in p und daraus schließlich als allgemeine Lösung $y = cx + F(c)$. Lagrange verdanken wir das Verfahren der *Variation der Konstanten* zum Lösen einer inhomogenen linearen Differentialgleichung. Von d'Alembert, Laplace und Clairaut stammen wesentliche Beiträge zur Theorie der partiellen Differentialgleichungen, auf die wir im vorliegenden Rahmen aber nicht eingehen können. George Boole (1815–1864), der vor allem durch seine Beiträge zur Logik und Mengenalgebra bekannt ist, lieferte eine wesentliche Hilfe zum Lösen von linearen Differentialgleichungen, indem er algebraische Aspekte der Differentiationsoperatoren aufzeigte: Ist etwa

$$ay'' + by' + cy = 0$$

zu lösen, so kann man dies mit dem Differentiationsoperator $\mathcal{D}$ (vgl. V.9) auch in der Form

$$a(\mathcal{D}^2 + b\mathcal{D} + c)y = 0$$

schreiben. Mit $y = f(x)$ führt das zu

$$(a\mathcal{D}^2 + b\mathcal{D} + c)f = \underline{0} \, ,$$

so daß $a\mathcal{D}^2 + b\mathcal{D} + c$ als „Nulloperator" bezüglich der gesuchten Funktion f aufgefaßt werden kann. Da f offenbar nur durch die Koeffizienten a, b, c festgelegt ist, deutete Boole das Problem um in eine rein formale Lösung der quadratischen Gleichung $a\mathcal{D}^2 + b\mathcal{D} + c = 0$, jetzt aber mit $\mathcal{D} \in \mathbb{R}$. Sind deren Lösungen etwa u und v, so ergibt sich die allgemeine Lösung bekanntlich als $Ae^{ux} + Be^{vx}$.

Während also zunächst Lösungs*verfahren* für Differentialgleichungen das Interesse der Mathematiker fanden, rückte in der Folgezeit die Frage nach der *Existenz* und *Eindeutigkeit* der Lösungen in den Vordergrund. So befaßte sich beispielsweise Henri Poincaré (1854–1912) in seiner Dissertation mit Existenzsätzen für Differentialgleichungen.

Das *Existenzproblem* ist zwar in der Praxis gelöst, wenn man *eine* Lösung gefunden hat, es bleibt dann aber noch die Frage nach weiteren Lösungen und damit nach der *Eindeutigkeit* und der Gestalt der „allgemeinen Lösung". Insofern kann auf eine *Theorie* der Differentialgleichungen nicht verzichtet werden.

Wir begnügen uns hier mit der exemplarischen Skizze einiger elementarer Verfahren und Beispiele, die im Schulunterricht von Interesse sein könnten. Auf die in der Praxis wichtigen numerischen Verfahren gehen wir dabei nicht ein.

Zunächst betrachten wir gewöhnliche Differentialgleichungen *erster Ordnung*.

(7) Separation der Variablen: Hier kommt es darauf an, durch Termumformung die Gleichung auf die Form

$$y'g(y) = h(x)$$

bzw. in Differentialschreibweise auf $g(y)\,\mathrm{d}y = h(x)\,\mathrm{d}x$ zu bringen, was auf die Integralgleichung

$$\int g(y)\,\mathrm{d}y = \int h(x)\,\mathrm{d}x$$

führt. Das Lösen der Gleichung reduziert sich also i. w. auf das Bestimmen von Stammfunktionen.

(8) Lineare Differentialgleichungen: Die Gleichung $y' + a(x)y = b(x)$ wird folgendermaßen behandelt: Man bestimmt zunächst die allgemeine Lösung der *homogenen* Gleichung $y' + a(x)y = 0$ durch Separation der Variablen. Diese *homogene Lösung* y_h enthält noch eine Integrationskonstante c. Im nächsten Schritt wird c variabel in der Form $c = k(x)$ angesetzt (*Variation der Konstanten*), und der so entstandene Term für y_h wird in die *inhomogene* Ausgangsgleichung eingesetzt mit dem Ziel, $k(x)$ durch Integration zu ermitteln.

(9) Beispiel: Für $(1 - x^2)y' + xy = 1$ ergibt sich die homogene Lösung $y_h = c \cdot \sqrt{1 - x^2}$, und mit dem Ansatz $c = k(x)$ folgt durch Einsetzen in die Ausgangsgleichung

$$(1 - x^2)\left(k'(x)\sqrt{1 - x^2} - \frac{xk(x)}{\sqrt{1 - x^2}}\right) + xk(x)\sqrt{1 - x^2} = 1,$$

also

$$k'(x) = (1 - x^2)^{-\frac{3}{2}}.$$

Die Stammfunktionen von k' haben den Term

$$c_0 + \frac{x}{\sqrt{1 - x^2}}$$

mit $c_0 \in \mathbb{R}$. Als allgemeine Lösung der inhomogenen Differentialgleichung ergibt sich damit $y = c_0\sqrt{1 - x^2} + x$, also $y = y_\mathrm{h} + y_\mathrm{p}$ mit $y_\mathrm{p} := x$. Interessanterweise ist y_p für sich bereits eine Lösung der Ausgangsgleichung ($c_0 = 0$). Nach Euler heißt sie *partikuläre Lösung.*

Die allgemeine Lösung einer inhomogenen Differentialgleichung setzt sich additiv aus der homogenen und *einer* partikulären Lösung zusammen. Wie in obigem Beispiel lassen sich partikuläre Lösungen manchmal „raten".

Die in (7) und (8) genannten Methoden sind ebenso wie die im folgenden dargestellte *Methode der Substitution* schon vor 300 Jahren ersonnen worden (vgl. (6)). Ähnlich wie die Anwendung der Substitutionsregel beim Aufsuchen einer Stammfunktion besteht der Reiz — aber auch die Schwierigkeit — dabei in dem Problem, eine „geeignete" Substitution zu finden.

(10) Substitution: Die Substitution, also die Ersetzung einer Verknüpfung von in der Gleichung auftretenden Funktionen durch eine neue Funktion, hat das Ziel, die Gleichung zu vereinfachen. Das kann z. B. bedeuten, ihre *Ordnung zu erniedrigen* (falls sie nicht schon von erster Ordnung ist), sie in eine *lineare* Gleichung zu überführen oder sie durch Separation der Variablen lösbar zu machen. Die folgenden drei elementaren Substitutionsmethoden sind hervorzuheben:

Gleichung	$y' = F\left(\dfrac{y}{x}\right)$	$y' = F(ax + by + c)$	$y^n,\ y^{n-1}y'$ in Dgl.
Substitution	$\dfrac{y}{x} =: p$	$ax + by + c =: p$	$y^n =: p$
Differential	$\dfrac{\mathrm{d}x}{x} = \dfrac{\mathrm{d}p}{F(p) - p}$	$\mathrm{d}x = \dfrac{\mathrm{d}p}{a + bF(p)}$	$y^{n-1}y'\mathrm{d}x = \dfrac{1}{n}\mathrm{d}p$
Beispiel	$y' = \dfrac{y - x}{y + x}$	$y' = 1 - \dfrac{1}{x + y + 2}$	$3y^2y' = x^2(1 - y^3)$
Lösung	log. Spirale	$2(x - y) =$ $\ln|2x + 2y + 3|$	$y^3 = 1 + ce^{\left(-\frac{x^3}{3}\right)}$

(11) Gleichungen höherer Ordnung: Hier kann man zunächst versuchen, die Ordnung zu verkleinern. Tritt die Funktionswertvariable y nicht auf, und ist $y^{(k)}$ die niedrigste auftretende Ableitung, so kann man trivialerweise die Ordnung durch die Substitution $y^{(k)} =: p$ verkleinern.

Interessanter ist der Fall, daß die Argumentvariable x nicht explizit auftritt. Wie bei der Clairaut'schen Differentialgleichung (vgl. (6)) sub-
stituiert man hier $y' =: p$, wobei dann p als $p = g(y)$ mit $D_g = W_f$
aufzufassen ist. Mit $y = f(x)$ gilt dann

$$y'' = \frac{d}{dx}y' = \frac{d}{dx}p = \frac{dp}{dy} \cdot \frac{dy}{dx} = \frac{dp}{dy} \cdot p,$$

so daß auch hier die Ordnung erniedrigt werden kann.

Schließlich sind lineare Differentialgleichungen mit konstanten Koeffizienten — zumindest solche zweiter Ordnung — leicht zu behandeln.
Der Ansatz $y = e^{\lambda x}$ für die homogene Gleichung führt auf die charakteristische Gleichung, womit im Sinne von Boole (vgl. (6)) ein Problem
der Analysis auf ein Problem der Algebra, nämlich die Berechnung der
Nullstellen eines Polynoms, zurückgeführt wird.

In folgendem Beispiel läßt sich die Gleichung zweiter Ordnung aufgrund ihrer einfachen Gestalt sofort auf eine solche erster Ordnung redu-
zieren.

(12) Beispiel: Der Zentrale Grenzwertsatz der Wahrscheinlichkeitsrechnung garantiert u. a., daß eine standardisierte Binomialverteilung mit geeigneten Parametern durch die Normalverteilung approximiert wird, also
durch eine Verteilung mit der Dichtefunktion

$$\varphi : x \mapsto \frac{1}{\sqrt{2\pi}} \exp\left(-\frac{1}{2}x^2\right).$$

Bei einem Beweis oder auch nur einer Plausibilitätserklärung für diese
Tatsache (vgl. etwa [Riemer 1985]) stößt man für die gesuchte Funktion
φ auf die Differentialgleichung

$$\varphi''(x) + x\varphi'(x) + \varphi(x) = 0$$

mit den Bedingungen $\varphi'(0) = 0$ und $\displaystyle\int_{-\infty}^{\infty} \varphi(x)\,dx = 1$. Aufgrund der
Produktregel der Differentiation und der ersten Bedingung findet man

$$\varphi'(x) + x\varphi(x) = 0.$$

Diese Gleichung hat die Lösung

$$\varphi(x) = c \cdot \exp\left(-\frac{1}{2}x^2\right).$$

Die Konstante ergibt sich aus der zweiten Bedingung zu $\frac{1}{\sqrt{2\pi}}$ (vgl. VI.7 (1)).

(13) Lösung der logistischen Differentialgleichung:
Die Gleichung $y' + ay + by^2 = 0$ kann man folgendermaßen umformen:

$$\frac{y'}{Ay} + \frac{y'}{A(A-y)} = B,$$

wobei A, B durch a, b auzudrücken sind und $a \neq 0$ sein muß. In dieser Form läßt sich die Differentialgleichung sofort integrieren. Einfacher ist es, für diese Bernoullische bzw. Riccatische Differentialgleichung (vgl. (6)) die Substitution $p := \frac{1}{y}$ zu benutzen, was auf die lineare Gleichung $p' - ap = b$ führt. Dieses Beispiel zeigt, daß es häufig nicht nur *eine* („kanonische") Methode zum Lösen einer Differentialgleichung gibt.

(14) Lösung der Differentialgleichung für den freien Fall:
Obwohl die Gleichung $y' + ay^2 = b$ (mit $ab > 0$) eine ähnliche Gestalt wie diejenige in (13) hat, ist die dort angewandte Substitution hier nicht hilfreich, sie führt auf eine Gleichung vom gleichen Typ. Hier benutzt man stattdessen eine Partialbruchzerlegung: Mit $c^2 := \frac{b}{a}$ läßt sich die Gleichung umformen zu

$$\frac{y'}{c^2 - y^2} = a \quad \text{bzw.} \quad \frac{y'}{c+y} + \frac{y'}{c-y} = 2ac.$$

Die Lösung ist

$$y = c \cdot \frac{e^{2acx+d} - 1}{e^{2acx+d} + 1}$$

mit einer Integrationskonstanten d.

(15) Differentialgleichungen im Unterricht: Differentialgleichungen könnten im Analysisunterricht eine besondere Rolle spielen, denn bei diesem Thema werden — wie wohl kaum in einem anderen Bereich — verschiedene interessante Aspekte zusammengeführt:

- reichhaltige Anwendungsorientierung,

- große Methodenvielfalt und damit die Möglichkeit zu offeneren, eher divergenten Vorgehensweisen,

- wechselseitiges Zusammenspiel zwischen Differential- und Integralrechnung.

Daß die Differentialgleichungen de facto im Schulunterricht — trotz (marginaler) Erwähnung in Lehrplänen und Behandlung in Schulbüchern — nur eine geringe Rolle spielen, mag verschiedene Ursachen haben, über die wir nur spekulieren können:

• Eine begrifflich anspruchsvolle Behandlung bis hin zu Existenz- und Eindeutigkeitsfragen geht weit über das hinaus, was Schule im Rahmen von Allgemeinbildung leisten kann und soll.

• Differentialgleichungen sind — aufgrund der Erfahrungen der Lehrer als ehemalige Studenten — eher minderwertig im Ansehen, weil sie wohl als kalkülhaftes und durch erforderliche Trickvielfalt gekennzeichnetes Gebiet empfunden werden.

• Anwendungsaspekte sind den Lehrern nicht mehr so geläufig wie in den Zeiten, als Physik als weiteres Unterrichtsfach quasi Standard war. Andere zunehmend wichtige Anwendungsbereiche wie Wachstumsprobleme, insbesondere Populationsdynamik, sind in der Regel vom nichtmathematischen Hintergrund weniger vertraut, so daß verständlicherweise Berührungsängste entstehen.

• Schließlich spielt anwendungsorientierter Unterricht trotz großer fachdidaktischer Bemühungen eine geringe Rolle im Unterricht — möglicherweise deshalb, weil er an Lehrer und Schüler aufgrund seiner prinzipiell offenen Struktur erhebliche Anforderungen stellt, die im verplanten Schulalltag dann oftmals nicht erfüllt werden können.

Folgt man den historischen Spuren bei der Entwicklung der Behandlung von Differentialgleichungen, so sollte man jedoch Mut bekommen, diese spannende Thematik doch stärker in den Unterricht zu integrieren, weil die Altvorderen nämlich sehr anwendungsorientiert vorgingen und dabei zunächst die Phantasie und Kreativität erfordernden Lösungsstrategien im Vordergrund standen, während die sehr viel schwereren Existenz- und Eindeutigkeitsuntersuchungen erst später ihre berechtigte Bedeutung erlangten.

Literatur

Andersen, H. A. A Nontraditional Introduction to Irrational Numbers, *The Mathematics Teacher* **61** (1968), 272–275

Artmann, B. Der Zahlbegriff, Vandenhoeck & Ruprecht Göttingen 1983

Barner, M., Flohr, F. Analysis I, De Gruyter Berlin 1983[2]

Baron, M. The Origins of the Infinitesimal Calculus, Pergamon Press Oxford 1969

Becker, O. Grundlagen der Mathematik in geschichtlicher Entwicklung, Alber Freiburg 1964[2]

Bernoulli, J. Die Differentialrechnung (1691/92). Nach einer Handschrift übersetzt von P. Schafheitlein. In: Ostwald's Klassiker der exakten Wissenschaften Nr. 211, Leipzig 1924

Beutelspacher, A., Petri, B. Der Goldene Schnitt, BI Wissenschaftsverlag Mannheim 1988

Brieskorn, E., Knörrer, H., Ebene algebraische Kurven, Birkhäuser Boston 1981

Blum, W., Törner, G. Didaktik der Analysis, Vandenhoeck & Ruprecht Göttingen 1983

Bolzano, B. Rein analytischer Beweis des Lehrsatzes, daß zwischen je zwey Werthen, die ein entgegengesetztes Resultat gewähren, wenigstens eine reelle Wurzel der Gleichung liegt. In: Ostwald's Klassiker der exakten Wissenschaften Nr. 153, Leipzig 1905

Bourbaki, N. Éléments de Mathématique III, Hermann Paris 1951

Bourbaki, N. Elemente der Mathematikgeschichte, Vandenhoeck & Ruprecht Göttingen 1971

Boyer, C. B. A History of Mathematics, Wiley New York 1968

Braunmühl, A. von Geschichte der Trigonometrie, Leipzig 1900 (Nachdruck bei Dr. Sändig 1971)

Bürger, H., Schweiger, F. Zur Einführung in die reellen Zahlen, *Didaktik der Mathematik* **1** (1973), 98–108

Cantor, M. Geschichte der Mathematik, Teubner Leipzig; Band 1: 1894; Band 2: 1900; Band 3: 1901[2]

Cigler, J. Grundideen der Mathematik, BI Wissenschaftsverlag Mannheim 1992

Cohen, L. W., Ehrlich, G. The Structure of the Real Number System, Van Nostrand Princeton 1963

Courant, R., Robbins, H. Was ist Mathematik?, Springer Berlin 1967

Czuber, E. Einführung in die Mathematik, Teubner Leipzig 1909

Dedekind, R. Stetigkeit und Irrationalzahlen, Vieweg Braunschweig 1872 (auch als Nachdruck bei Vieweg)

Dedekind, R. Was sind und was sollen die Zahlen? Vieweg Braunschweig 1888 (auch als Nachdruck bei Vieweg)

Dieudonné, J. Grundzüge der modernen Analysis, Vieweg Braunschweig; Band 1: 1972; Band 2: 1975

Endl, K., Luh, W. Analysis I, Akademische Verlagsgesellschaft Wiesbaden 1978[5]

Euler, L. Vollständige Anleitung zur Differentialrechnung, Ersther Theil, Berlin 1790 (Übersetzung der lateinischen Originalausgabe: Institutiones calculi differentialis, Petersburg 1755)

Feigl, G., Rohrbach, H., Einführung in die höhere Mathematik, Springer Berlin 1953

Fermat, P. de Abhandlung über Maxima und Minima (1629). Übersetzung von M. Müller, in: Ostwald's Klassiker der exakten Wissenschaften Nr. 238, Leipzig 1934

Freudenthal, H. Mathematik als pädagogische Aufgabe (2 Bände), Klett Stuttgart 1973

Fritz, K. von Die Entdeckung der Inkommensurabilität durch Hippasos von Metapont. In: Zur Geschichte der griechischen Mathematik, Wissenschaftliche Buchgesellschaft Darmstadt 1965. Nachdruck aus Annals of Mathematics 46 (1945), 242–262

Gericke, H. Geschichte des Zahlbegriffs, BI Wissenschaftsverlag Mannheim 1970

Griesel, H., Postel, H. (Hrsg.) Mathematik heute: Einführung in die Analysis 2 – Leistungskurs, Schroedel Hannover 1991

Hanisch, G. Die Auswirkungen der Computeralgebra auf den Mathematikunterricht. In [Hischer 1992], 14–20

Hardy, G. H. The integration of functions of a single variable, University Press Cambridge 1966 (Nachdruck)

Hasse, H. Proben mathematischer Forschung, Salle Frankfurt a. M. 1967

Hausdorff, F. Grundzüge der Mengenlehre, Veit & Co. Leipzig 1914 (Nachdruck bei Chelsea New York 1947)

Heine, E. Die Elemente der Functionenlehre, *Journal f. d. Reine u. Angew. Math.* 74 (1872), 172–188

Heller, S. Die Entdeckung der stetigen Teilung durch die Pythagoreer. In: Zur Geschichte der griechischen Mathematik, Wiss. Buchgesellschaft Darmstadt 1965

Hering, H. Begriffsentwicklung und präformales Beweisen bei infinitesimalen Prozessen, *Journal für Mathematikdidaktik* 10 (1989), 123–140

Hewitt, E., Stromberg, K. Real and Abstract Analysis, Springer Berlin 1965

Hilbert, D. Über die stetige Abbildung einer Fläche auf ein Linienstück, *Math. Annalen* 38 (1891)

Hischer, H. Differenzierbarkeit als (Lipschitz-)Stetigkeit der Sekantensteigungsfunktion, *Praxis der Mathematik* 17 (1975), 177–184

Hischer, H., Lucht, L. Zum Verständnis des Induktionsaxioms, *Mathematisch Physikalische Semesterberichte* 23 (1976), 228–236

Hischer, H. Neue Technologien als Anlaß einer erneuten Standortbestimmung für den Mathematikunterricht, *Beiträge zum Mathematikunterricht* (1991), 49–58

320

Hischer, H. (Hrsg.): Mathematikunterricht im Umbruch? — Bericht über die 9. Arbeitstagung des Arbeitskreises „Mathematikunterricht und Informatik" in der GDM vom 27. bis 29. September 1991 in Wolfenbüttel, Franzbecker Hildesheim 1992

Hischer, H. Geschichte der Mathematik als didaktischer Aspekt (1): Entdeckung der Irrationalität am Pentagon — ein Beispiel für den Sekundarbereich I, *Mathematik in der Schule* 32 (1994) 4, 238–248 (1994a)

Hischer, H. Geschichte der Mathematik als didaktischer Aspekt (2): Lösung klassischer Probleme mit Hilfe von Trisectrix und Quadratrix — ein Beispiel für den Sekundarbereich II, *Mathematik in der Schule* 32 (1994) 5, 279–291 (1994b)

Hischer, H. Mittelwerte, Algorithmen und Folgen — ein Beispiel beziehungshaltigen Unterrichts durch „historische Verankerung", *Beiträge zum Mathematikunterricht* 1994, Franzbecker Hildesheim 1994, 147–150 (1994c)

Hofmann, J. E. Geschichte der Mathematik, Erster Teil, Sammlung Göschen Berlin 1953

Isaacs, G. L. Real Numbers, McGraw-Hill London 1968

Juschkewitsch, A. P. Geschichte der Mathematik im Mittelalter, Pfalz-Verlag Basel 1964

Kießwetter, K. Ein methodisch interessanter Beweis für die Nichtabzählbarkeit des Kontinuums, *Der Math. u. Nat.wiss. Unterricht* 19 (1966/67), 14–15

Kirsch, A. Aspekte des Vereinfachens im Mathematikunterricht, Vortrag am 19. 8. 1976 auf dem 3. Internationalen Kongreß über Mathematikunterricht in Karlsruhe

Kirsch, A. Vorschläge zur Behandlung von Wachstumsprozessen und Exponentialfunktionen im Mittelstufenunterricht, *Didaktik der Mathematik* 4 (1976) 257–284

Klein, F. Vorlesungen über die Entwicklung der Mathematik im 19. Jahrhundert, Springer Berlin 1926

Knoche, N., Wippermann, H. Vorlesungen zur Methodik und Didaktik der Analysis, BI Wissenschaftsverlag Mannheim 1986

Köhnen, W. Didaktische Analyse von Beweisen der Überabzählbarkeit von $\mathbb{R}$, *Beiträge zum Mathematikunterricht* 1973, 14–15

Konforowitsch, A. G. Guten Tag, Herr Archimedes, Fachbuchverlag Leipzig 1986

Kowalsky, H.-J. Vektoranalysis I, de Gruyter Berlin 1974

Kropp, G. Vorlesungen über Geschichte der Mathematik, BI Wissenschaftsverlag Mannheim 1969

Landau, E. Grundlagen der Analysis, Chelsea New York 1960 (Nachdruck)

Laugwitz, D. Ist Differentialrechnung ohne Grenzwertbegriff möglich?, *Mathematisch Physikalische Semesterberichte* 20 (1973), 189ff

Laugwitz, D. Zahlen und Kontinuum, BI Wissenschaftsverlag Mannheim 1986

Leibniz, G. W. Neue Methode der Maxima, Minima sowie der Tangenten, die sich weder an gebrochenen, noch an irrationalen Stelle stößt, und eine eigentümliche darauf bezügliche Rechnungart. Acta Eruditorum 1684. Übersetzung von

G. Kowalewski in: Ostwald's Klassiker der exakten Wissenschaften Nr. 162, Leipzig 1920

Moore, E. H., Smith, H. L. A General Theory of Limits, *Amer. Journal of Math.* 44 (1922), 102–121

Ness, W. Anwendung des Satzes vom arithmetischen und geometrischen Mittel auf Extremwertaufgaben, *Der Math. u. Nat.wiss. Unterricht* 20 (1976), 266–267

Newton, I. Abhandlung über die Quadratur der Kurven (1704), Übersetzung von G. Kowalewski in: Ostwald's Klassiker der exakten Wissenschaften Nr. 164, Leipzig 1908

Oberschelp, A. Aufbau des Zahlensystems, Vandenhoeck & Ruprecht Göttingen 1976^3

Papy, G. Topologie als Grundlage des Analysisunterrichts, Vandenhoeck & Ruprecht Göttingen 1970

Pasch, M. Einleitung in die Differential- und Integralrechnung, Teubner Leipzig 1882

Patzig, G. (Hrsg.) Gottlob Frege — Funktion, Begriff, Bedeutung (Fünf logische Studien), Vandenhoeck & Ruprecht Göttingen 1962

Perron, O. Irrationalzahlen, Göschen Berlin 1960

Popp, W. Geschichte der Mathematik im Unterricht, II. Teil, Bayerischer Schulbuch-Verlag München 1968

Rademacher, H., Toeplitz, O. Von Zahlen und Figuren, Springer Berlin 1930; Neuauflage Heidelberg 1968

Reichel, H.-Chr. Zur Didaktik der Integralrechnung für Höhere Schulen, *Didaktik der Mathematik* 2 (1974), 167–188

Riede, H. Die Einführung des Ableitungsbegriffs — Thema mit Variationen, BI Wissenschaftsverlag Mannheim 1994

Scheid, H., Endl, K. Mathematik für Lehramtskandidaten, Band 4: Analysis, Akademische Verlagsgesellschaft Wiesbaden 1977

Schupp, W. Optimieren, BI Wissenschaftsverlag Mannheim 1992

Siegel, C. L. Transzendente Zahlen, BI Wissenschaftsverlag Mannheim 1967

Sierpiński, W. Sur une courbe cantorienne, qui contient une image biunivoque et continue de toute courbe donnée, *Comptes Rendus* 162 (1916)

Stark, E. Endlicher Inhalt und unendlicher Umfang, *Praxis der Mathematik* 16 (1974), 319–321

Steinberg, G. Von $f : x \mapsto \sin\frac{1}{x}$ zum Satz von Darboux. Eine konstruktive Vertiefung im Analysisunterricht, *Der Math. u. Nat.wiss. Unterricht* 34 (1981), 395–400

Steiner, H.-G. Äquivalente Fassungen des Vollständigkeitsaxioms für die Theorie der reellen Zahlen, *Mathematisch Physikalische Semesterberichte* 13 (1966), 180–201

Steiner, H.-G. Aus der Geschichte des Funktionsbegriffs, *Der Mathematikunterricht* 15 (1969) 3, 13–39

Strubecker, K. Einführung in die Höhere Mathematik, Oldenbourg München 1956

Struik, D. J. Abrisse der Geschichte der Mathematik, VEB Deutscher Verlag der Wissenschaften Berlin 1965

Toeplitz, O. Die Entwicklung der Infinitesimalrechnung, Springer Berlin 1949

Vilenkin, N. Y. Stories about Sets, Academic Press New York 1968

Volkert, K. Geschichte der Analysis, BI Wissenschaftsverlag Mannheim 1987

Vollrath, H.-J. Zur algebraischen Behandlung von Widerstandsschaltungen, *Mathematisch Physikalische Semesterberichte* **19** (1973), 159–165

Weigand, H.-G. Zum Verständnis von Iterationen im Mathematikunterricht, Franzbecker Bad Salzdetfurth 1989

Weigand, H.-G. Zur Didaktik des Folgenbegriffs, BI Wissenschaftsverlag Mannheim 1993

Wenner, B. R. The Uncountability of the Reals, *American Mathematical Monthly* **76** (1969), 679–680

Weth, Th. Zum Verständnis des Kurvenbegriffs im Mathematikunterricht, Franzbecker Hildesheim 1993

Wieleitner, H. Geschichte der Mathematik, II. Teil, I. Hälfte, Göschen Leipzig 1911

Wieleitner, H. Über den Funktionsbegriff und die graphische Darstellung bei Oresme, *Bibliotheca mathematica* **14** (1914), 193–248

Wippermann, H. Über die Definition des Stetigkeitsbegriffs mit Hilfe von Wurzelfunktionen, *Didaktik der Mathematik* **3** (1975), 29–35

Symbolregister

Namensregister

Abel, Niels Henrik 63, 113
Ahmes 74
Apollonius von Pergae 171, 187
Archimedes von Syrakus 15, 18,
    20–22, 81, 101, 106, 118,
    171, 187, 257–261
Archytas von Tarent 9, 19
Aristoteles 143, 144

Bachmann, Paul 25, 29
Bacon, Roger 143
Barrow, Isaac 106, 110, 189, 190
Bernoulli 111, 227
Bernoulli, Jakob I 62, 112, 119, 120,
    311
Bernoulli, Johann 62, 192, 311
Bolzano, Bernhard 113, 145–147
Boole, George 312, 315
Bourbaki 218
Bradwardine, Thomas 61, 143, 144
Bryson von Heraklea 141, 142

Calculator (Richard Swineshead) 102
Cantor, Georg 24, 25, 29, 63, 113,
    115, 181
Cassini 251
Cauchy 63, 87, 113, 129, 132, 145,
    146, 147, 195
Cavalieri 106, 107, 262
Chuh-Shih-Chieh 93
Clairaut, Alexis Claude 111, 311
Cues, Nikolaus von 144

d'Alembert, Jean le Rond
    111, 112, 194, 195, 312
Darboux, Gaston 204, 270
Dedekind, Richard 24, 25, 26, 29, 30,
    63, 113, 139, 140, 141, 143,
    144, 170
de l'Hospital 192, 227
de Moivre, Abraham 111

Demokrit von Abdera 107, 143
Descartes, René 62
Diderot 112
Dinostratos 214, 216
Dirichlet, Peter Gustav Lejeune-
    63, 64, 113

Elias Misrachi 89
Epaphroditus 88
Eudoxos von Knidos 18, 142, 143,
    257, 258
Euklid von Alexandria 13, 18, 79,
    83, 142, 172
Euler, Leonhard 62, 63, 76, 77, 79
    111, 112, 113, 121, 145, 194,
    195, 206, 300, 311, 314

Fermat, Pierre de 86, 106, 108, 109,
    110, 187, 190, 262
Fibonacci (Leonardo von Pisa) 74, 83
Frege, Gottlob 59
Freudenthal, Hans 41, 245
Fritz, von 13

Galilei, Galileo 60, 61, 144
Gauß 63
Grégoire de Saint-Vincent (Gregorius
    a S. Vincentio) 106, 110, 262
Gregory, James 23, 106, 110, 118, 239
Guldin, Paul 106, 107, 263

Hamilton, William R. 57
Hausdorff, Felix 180, 183
Heine, Eduard 113
Hermite, Charles 63, 113
Heron von Alexandria 19, 83, 88, 172
Hilbert, David 19, 25, 29, 38
Hippasos von Metapont 13, 15
Hippias von Elis 171
Hippokrates 141, 257
Hudde, Johannes 189

Sachregister

329

330

340